# 水辺の賑わいをとりもどす

世界のウォーターフロントに見る水辺空間革命

中野恒明

花伝社

# はじめに

本書は、２０１７年2月、筆者の大学教授退任記念にとりまとめた研究報告『建築と都市のはざま――１９６０年代~欧米諸都市の試行を訪ねて・まちの賑わい再生の軌跡』（注０‐１）のうち、後半部分の「水辺」をキーワードとした「賑わいをとりもどす」事例集である。前半の部分は1年前の同年9月に『まちの賑わいをとりもどす――ポスト近代都市計画としての「都市デザイン」』（花伝社）として刊行しているが、本書は後半の部分にその後の追加分も含めて増補し、とりまとめたものである。書名は前掲書とのつながりを持たせ『水辺の賑わいをとりもどす』とした。ここに紹介するのは、かつてのさびれた水辺の都市風景を、20世紀以降の新たな発想のもと、賑わいを復活せしめた事例である。

そもそも国内外の都市の多くは、川や海、湖のほとりに成立し、水のもたらす豊かさが、まちに潤いと賑わいを醸成してきた。それが近代以降の都市の発展とともに、水辺は産業や物流の拠点として自動車に占拠され、水質汚濁等の公害や洪水等の自然の猛威に備えるため高い堤防で仕切られるなど、市民生活とは縁遠い存在となった。いつしか蓋掛けや埋立て、場合によっては高架道路の橋脚が林立するなど、実に厳しい環境下に置かれてきたのである。

それが20世紀後期に始まる新たな「環境革命」の時代を迎え、世界各地で水辺再生へと大きく動きつつある。筆者は都市計画分野の専門家として、この数十年間、努めて各地の現場を訪れ、その経験を自ら関わる都市デザインの世界で活かし、かつ大学の教育現場で若者たちに伝えてきた。ここに紹介する事例の多くは、断片的ながら多くの文献で紹介されてはいるが、一人の人間が再訪を繰り返し、

注０‐１　筆者の大学教授退任を記念し、それまで講義資料や雑誌投稿などで書き記してきた内容を合本・限定配布したもの。特に『建築ジャーナル』12年3月~15年6月連載の「都市計画は誰のためにあるのか――建築と都市のはざま」掲載分を中心に、冊子としての体裁も含め増補加筆したもの。A５判変形全４１４頁、発行・芝浦工業大学中野研究室、２０１７年2月

まちの賑わいをとりもどす
中野恒明
空洞化した中心市街はどうやってよみがえったのか？
図０‐１　筆者著『まちの賑わいをとりもどす』（花伝社、２０１７年9月）書影

時代の変化と成果を確認してきたという、実践事例とその後の報告集でもある。その対象は河川や運河に限らず、湖や海辺そして港の再生にまで幅を広げているため、副題は「世界のウォーターフロントに見る水辺空間革命」とした。

かように筆者なりに評価する水辺の再生事例集であるが、過去の収集資料に加え、最新の現地写真、そして自作の各都市・集落の案内図を加えているため、工学書としてだけでなく、旅行ガイドとしての活用も考えられるに違いない。世界各地のすばらしい水辺空間そしてその背景となったまちはどのようなプロセスで実現してきたのか、また守られてきたのかを理解する一助となること、それによって国内各地の水辺の環境改善に勤しむ方々への応援メッセージとならんことを願うものでもある。

いま、都市の「水辺」をめぐる話題は実に豊富である。例えば、「水辺のテラス」「水辺のカフェ」「かわまちづくり」「水辺のライトアップ」そして「舟運の復活」などが各地で進行し、河川や海辺空間を舞台とするタクティカルアーバニズム運動（注0-2）、すなわち公共空間の積極的活用も盛んである。これらまちの潤いや賑わいを復活する活動には大いなる賛意を表したい。

その中で国土交通省河川局を中心とする「ミズベリング」運動、かつての治水一辺倒と言われた河川行政も、この半世紀の間に大いなる変貌を遂げてきたといえよう。そして同省港湾局による歴史的港湾などを対象とした「ウォーターフロント再生」も、この数十年の間に着実に成果を挙げつつある。そこには多くの市民が様々なかたちで水辺を楽しみ、憩う光景が出現している。

明らかに時代は大きく変わろうとしている。高度な物質文明社会が定着してきたいま、人びとはその疲れた生活を癒す力を水辺に見出したのであろうか、水辺を取り巻く価値観が大きく変容を遂げている。そのような動きの中で本書をとりまとめるに至った幾つかの経緯を、少し冗長となるが前置き

注0-2　タクティカルアーバニズム（TACTICAL URBANISM）：市民主導の都市内公共空間を簡易に居心地の良い空間に改善する活動のことを指す概念。イベント開催や大道芸、可動椅子やピクニッククラブの空間占拠など、様々な手法がある

しておこう。

筆者は都市デザイン活動の実践者として、各地のまちづくりに関わり、そのなかで水辺再生の設計や学識者として委員会委員に名を連ねてきた。

たとえば、土木学会景観デザイン賞初年の01年最優秀賞となった「門司港レトロ地区環境整備」（注0-3）は、明治・大正・昭和初期には大いに賑わった港町が第二次大戦後に大きく寂れていたところを、昭和末から平成にかけて再生事業を行い、今では北部九州屈指の観光名所でかつ住みたいまちと言われるまでに大きく変貌した。また03年同賞の「松江宍道湖岸公園」では、背後の島根県立美術館敷地と市管理公園、国管理の湖護岸の一体設計による緩傾斜の土堤とそこに置かれた彫刻群、そして湖面との連続性が注目され、夕日の写真撮影スポットとしても賑わっている。05年優秀賞の「皇居周辺道路および緑地整備」も、お濠端の道路や緑地の一体設計による水辺の環境デザインがそれなりに評価されてきたように思える。至近の話では、18年9月にオープンした東京・渋谷駅周辺再開発事業の公共貢献で実現した「渋谷川再生事業」の壁泉流水と水辺カフェの実現に関与してきた。このように公共空間の環境改善に大きく関わってきたことも事実である。

筆者は大学卒業後、槇総合計画事務所に入所し、槇文彦氏（注0-4）のもとでアーバンデザイン・セクションの10年間の実務を経て、84年にアプル総合計画事務所を設立した。設立直後に学生時代の知人から声をかけられたのが、当時の土木学会の景観グループとの付き合いの始まりで、同学会の土木計画学委員会を中心とする景観に関わる啓蒙書をとりまとめることとなり、同分野の方々と交流したことも大きな転機となった。中でも、広島・太田川の基町環境護岸デザインで知られる中村良夫さん（注0-5）に依頼され、関連する同川の基町長寿園桜堤プロムナードや支流の元安川元安橋橋詰広場の景観設計を協働したことを機に、筆者の専門領域である都市計画・都市デザインに、土木の景

注0-3　門司港レトロのまちづくりに関しては、『まちの賑わいをとりもどす』の序章に簡潔ながら紹介している。参照されたい

注0-4　槇文彦（まきふみひこ、1928-）：建築家、槇総合計画事務所主宰。ワシントン大学とハーバード大学で都市デザインの准教授も務め、65年に帰国、帰国後も40人の所員と共にオフィスを構えながら、東京大学教授を務め、89年まで教壇に立つ。国内外で数多くの建築作品、都市デザインプロジェクトに関わる

注0-5　中村良夫（なかむらよしお、1938-）：東京工業大学名誉教授。景観工学の第一人者。作品に太田川環境護岸、古河総合公園など。著書に『風景学入門』（中公新書、1982）、『風景学・実践篇　風景を目ききする』（中公新書、2001）など多数

観設計が加わることとなる。これらの基盤となったのが、槇事務所時代の実務であり、そして本書でも紹介する、国内外を巡って得た豊富な事例ストックにほかならない。

その関連と言うべきか、ある雑誌の座談会で知り合うこととなった故・関正和さんとの出会い、これも結果として本書に大きくつながることとなる。氏は当時の建設省（現国土交通省）河川局で現在の多自然型川づくりの先導役となる、7章に紹介する「近自然河川工法」の国内普及に取り組まれた方である。後に財団法人リバーフロント整備センター（現・公益財団法人リバーフロント研究所）に出向され、筆者に「水辺と市街地を隔てる高速道路などを回避、撤去または覆蓋化するなど水辺を市民にとりもどした海外事例を紹介してくれないか」と声掛けされた。予算も限られ、筆者の海外写真や記憶を辿っての調査となったが、様々な事例をリストアップできた。氏はガンとの闘いの中で『大地の川』『天空の川』の書（注0-6）を上梓された後惜しくも他界されたが、その思いの一端を筆者なりに受け止め、海外に出かけるたびに関連事例の収集に努めてきた。これも本書に収録されている。

もう一つの伏線となったのが前掲の槇事務所時代の経験である。76年、3か月間の欧州諸都市行脚を経験し、その行動力からか、槇さんの東京大学教授就任（79年）を機に所長となられた故渋谷盛和さんから、都市小屋「集（しゅう）」の主宰者・田中栄治さんを紹介され、活動を託されたことも大きな転機となった。そこを舞台に始めた勉強会「トシコロジー」は10年間続き、そこで多くの参加者や講師陣とつながることが出来た。

後に田中さんはNPO法人地域交流センターを設立し、「地域連携」をテーマに国の各省に跨る活動を展開され、筆者もその応援に駆り出されてきた。その中で水辺活用のために開発された10人乗りのEボートは全国に普及し、筆者が05年に大学教員となった翌年から退職までの11年間、春は関東の各大学の学生たちと東京・下町Eボート探訪、夏は「お台場Eボート大会」を開催し、その大学対抗

注0-6　関正和著『大地の川――甦れ、日本のふるさとの川』と『天空の川――ガンに出会った河川技術者の日々』（ともに草志社、1994）。平成7年度土木学会出版文化賞受賞。

写真0-1　都市小屋「集」の入口に置かれた看板・ロゴマーク（新橋時代）

戦では、芝浦工大中野研究室は法政大学陣内秀信研究室、中央大学山田正研究室と良きライバル関係を続けてきた。本書においても、陣内さんから贈られた法政大学エコ地域デザイン研究所の数々の海外港町研究レポートを随所に参考、一部引用もさせていただいている。

それらの縁もあり、11～15年にかけて東京都隅田川ルネサンス推進協議会の専門委員として、水辺の開放に努めてきた。現在、隅田川や支流の日本橋川などに展開する水辺のカフェや川テラスは、その活動の成果でもある。それは前掲の渋谷川再生事業にもつながっている。17年より大学を離れ、地域活動にも協力すべく、居住する地元の「水辺の会」に参加し、春～秋には子供たちのEボート乗船活動の船頭役を楽しんでいる。

これもすべて、今は長らく病床にある田中さんやこれまで関わってきた多くの方々の思いを、次の世代に引き継ぐべき筆者の役割なのであろう。

その関連で付け加えておきたいことがある。06年に当時の小泉純一郎首相の指示で提言「日本橋地域から始まる新たな街づくりにむけて」がまとめられ、東京・日本橋川上空の首都高速道路の撤去、河川再生の実現が新聞報道などで大いに期待されたことを記憶される方々も少なくないであろう。その提言に至る座長役が伊藤滋さん（注0-7）で、その直後に陣内さんたちが企画された国際交流シンポジウム＋Eボートパレード「東京エコ・シティ―水の都市の再生に向けて―」で久しぶりにご一緒し、控室でその話を直に聞いたことがある。以来12年、18年にようやく地下化ルート案が発表されたが、実現までには多額の費用と期間を要すると聞き及ぶ。

一方で海外では、ソウルの清渓高速道路撤去と川の再生は05年、ボストンのセントラルアーテリーの地下化は06年には概成し、スペインの首都マドリッドは高速環状30号の全線地下化を宣言し、マンサナレス川沿いのマドリッド・リオ区間は04年に着手、06年一部開通、11年に完成を見ている。その

写真0-2　お台場Eボート大会学生の部のレース風景

注0-7　伊藤滋（いとうしげる、1931-）：東京大学名誉教授、専門は都市防災論、国土及び都市計画。内閣官房都市再生戦略チーム座長、国土審議会、都市計画中央審議会委員などを歴任。NPO法人日本都市計画家協会を設立し初代会長を務める。筆者の大学時代の恩師の一人で、筆者の槇総合計画事務所入所に重要な役割を果たされたことを後に知る

他、本書においては高速道路もしくは幹線道路の回避もしくは地下化によって実現した河岸のプロムナードを紹介している。

この十数年の間に、世界各地で高架構造物の撤去もしくは地下化の方向が示されつつある。これは構造物の耐久性と維持修繕、災害時の安全性に加え、地下化に伴う周辺環境の改善効果、そして土地利用の転換等の総合的な観点での議論で、ソウルでは94年の漢江に架かる橋の崩落事故が契機となり、中心部の高架道路は軒並み廃止の方向となったと聞く。アメリカでもシアトルやミルウォーキーなど各地で議論が進められている。そこに18年夏のイタリア・ジェノヴァの高架高速道路橋崩落事故の報が届く。今後わが国でも、既存高架構造物の維持修繕と撤去の議論が再燃するに際し、本書の事例報告は何らかの参考となるに違いない。筆者なりには、東京も局所的な高架高速道路の地下化ではなく面的な見直しを迫られているように感じるが、果たしてどのような方向にまとまるのであろうか、今後の推移を見守りたい。

写真0‐3　東京・日本橋川の高速道路下でのEボートのパレード風景。2005年10月開催の「東京／アムステルダム／ヴェネチア・東京エコ・シティ—水の都市再生に向けて—国際交流シンポジウム＋Eボートパレード」のイベント

少し視点を変えて、水辺の賑わいとは何か、に論を進めよう。国内外の水辺を巡り、海外事例とわが国の大きな差異を感じるのが、水辺に集う人びとの姿そしてその量的密度である。かつて日本の各地では、水に親しむ生活が根強く定着してきた。下町であれ漁村集落であれ、夏には夕涼みや花火大会が風景の一部となっていた。水辺には人びとの暮らしの場があり、それこそ「生活街」という世界が展開していたのである。しかしある時を境に前面の海や水路は埋め立てられ、車の道や新たな非居住の街へと変貌していった。それは結果として、まちの賑わいの喪失にもつながったように思える。それを促したのが皮肉にも、区域を定めて「職」と「住」を分離し、秩序あるまちの姿を追求すべく導入された、都市計画というものではなかったか。

本書で紹介する海外諸都市の多くが、60～70年代以降それを見直し、港湾機能を失った旧港地区への「生活街」の回復すなわち住宅立地に積極的に努めてきた。そこには当然のことながら防災の視点が組み込まれ、人々は水に親しみつつ水の持つ特性を知り、恩恵とともに自然の脅威を理解することになる。その積み重ねによって、より自然を慈しむことの重要性を覚えていく。小さな川や水路・運河から都市内主要河川、そして湖から海、港湾に至る実に多様な水辺が、その「革命」の舞台となっている。一方でわが国の水辺は、様々な制約から賑わいの達成には至っていないところが少なくない。それを見直す一助にこの書がならんことを願うものである。

優れた水辺空間を保全もしくは実現し得たがゆえに、そこに展開する様々な人びとの活動が誘発され、実に心地よい光景が展開する。その舞台づくりに、都市計画の仕組みに加え、建築や都市デザイン、ランドスケープや景観、そして工業デザインなどの領域が重要であることも付け加えておきたい。

本書最終章の28章では、「魅力の地中海沿いの港町・集落（イタリア）」の事例紹介を行っている。少し異質に思われるかもしれないが、筆者が訪れた水辺都市のなかの最高傑作のまち・集落と評価しうるがゆえ、あえてここに収録した。その美しい景観は、一朝一夕で成し遂げられたものではない。永い年月の間、先人たちから受け継いできたもので、それを近代以降の自動車社会との共存や海面利用の秩序、そして歴史的街並みの色彩・意匠の継承というように環境保全を徹底している。そして、伝統的な行事や地域産業と観光産業のコラボレーションを通じ、訪れた人々を驚嘆させる。この事例から感じ取ることができるものは少なくないはずである。

本書の執筆にあたっては、過去に訪問した際の収集資料に加え、各都市の専門家諸氏の論文、文献そして現地自治体のホームページなどの情報をもとにとりまとめを行っていることをお断りしておきたい。またグローバルな情報社会の到来によって、現地の往時の書籍もインターネット購入が可能になった。特に筆者が最初に訪れた40余年前の関係図書の収集にあたっては、多くが現地の公共図書館除籍本として古本屋ネットワークから実に安価に入手できたのも幸運と言えよう。そして自作の各都市および集落の案内図を掲載しているが、図の作成にあたっては市販の観光ガイドブックに加え、グーグルマップとグーグルアースを用いて、自ら地図トレースを繰り返してきた。その作業のなかで現地の記憶を思い起こしながら解説文の加筆などを行ってきたが、意外と現地で見損なった貴重な現場があることも発見し、それが改めて再訪への意欲を湧き立ててきた。とはいえ、事務所での実務の合間を縫っての休日と夜の限られた時間での執筆、図作成を行っているため、若干の不備は否めない。その点もご容赦いただきたい。

最後に、本書のもととなった最終講義の研究報告作成にご協力いただいた芝浦工業大学の関係各位、そして在職期間中に筆者と一緒に水辺活動を楽しんでくれた同大学中野研究室のOB・OGの皆さんにも深く感謝したい。再度、本書がわが国の水辺の賑わい再生に少しでも寄与することを願っている。

２０１８年9月　筆者記す

水辺の賑わいをとりもどす——世界のウォーターフロントに見る水辺空間革命◆目次

# 第1章　高速道路地下化――マドリッド・リオ（スペイン）

イベリア半島の中央部に位置するスペインの首都マドリッドの都心部を北西から西、そして南東に流れるマンサナレス川（Río Manzanares）の両岸に沿って、延長約６㎞、総面積１５０haの広大な公園緑地が２０１１年に完成した。これこそマドリッド・リオ（Madrid Río）と名付けられた、環状高速道路M30号線の地下化＋上部の水際公園空間整備プロジェクトである。この水辺の環境再生の事業規模はこれまで筆者が訪れた中では最大級のもので、市内の地下鉄マップに記された市街の西南に細長く連なる様はその広大さを示している。多くの駅から到達できるマドリッド・リオの広がりこそ、このまちの市民の貴重な水辺の公共オープンスペースとなったことを如実に表している。

## 1　マドリッドの母なるマンサナレス川と高速道路建設

スペインの首都マドリッドの人口は約３３０万人、広域圏人口では約５４０万人と同国最大の都市圏で、標高６５５mの高原地帯に位置し、周囲には雨が非常に少ない乾いた広大な台地が続いている。その高原地帯の数少ない川の一つが、今回紹介するプロジェクトの舞台となる、マドリッド市街の西側を北から南にかすめて流れるマンサナレス川である。

そもそもマドリッドの都市名の元となったのが、「豊かな水の流れる場所」を意味するMagerit（マ

写真１・１　完成したマドリッド・リオの中央部のアルガンズエラ公園、中央に見えるのは橋長２８０mのアルガンズエラ歩行者専用橋（設計：ドミニク・ペロー）

写真1-2　マンサナレス川を渡るセゴビア橋から東の高台に立つ王宮を望む

写真1-3　マドリッド王立植物園前のプラド通り

ジュリート）という呼び名であり、865年にイスラム王朝のムハンマド1世がこの地に要塞を築いたことが始まりとされる。その後、キリスト教勢力の復活するレコンキスタ期の1083年に、カスティーリャ王国のアルフォンソ6世がここを取り戻し、後にスペイン王国の全盛時代を築き上げたとされるフェリペ2世の時代の1561年にマンサナレス川の東岸の高台に王宮を置き、首都はトレドからマドリッドに移ることとなった。マドリッドの市街は王宮を中

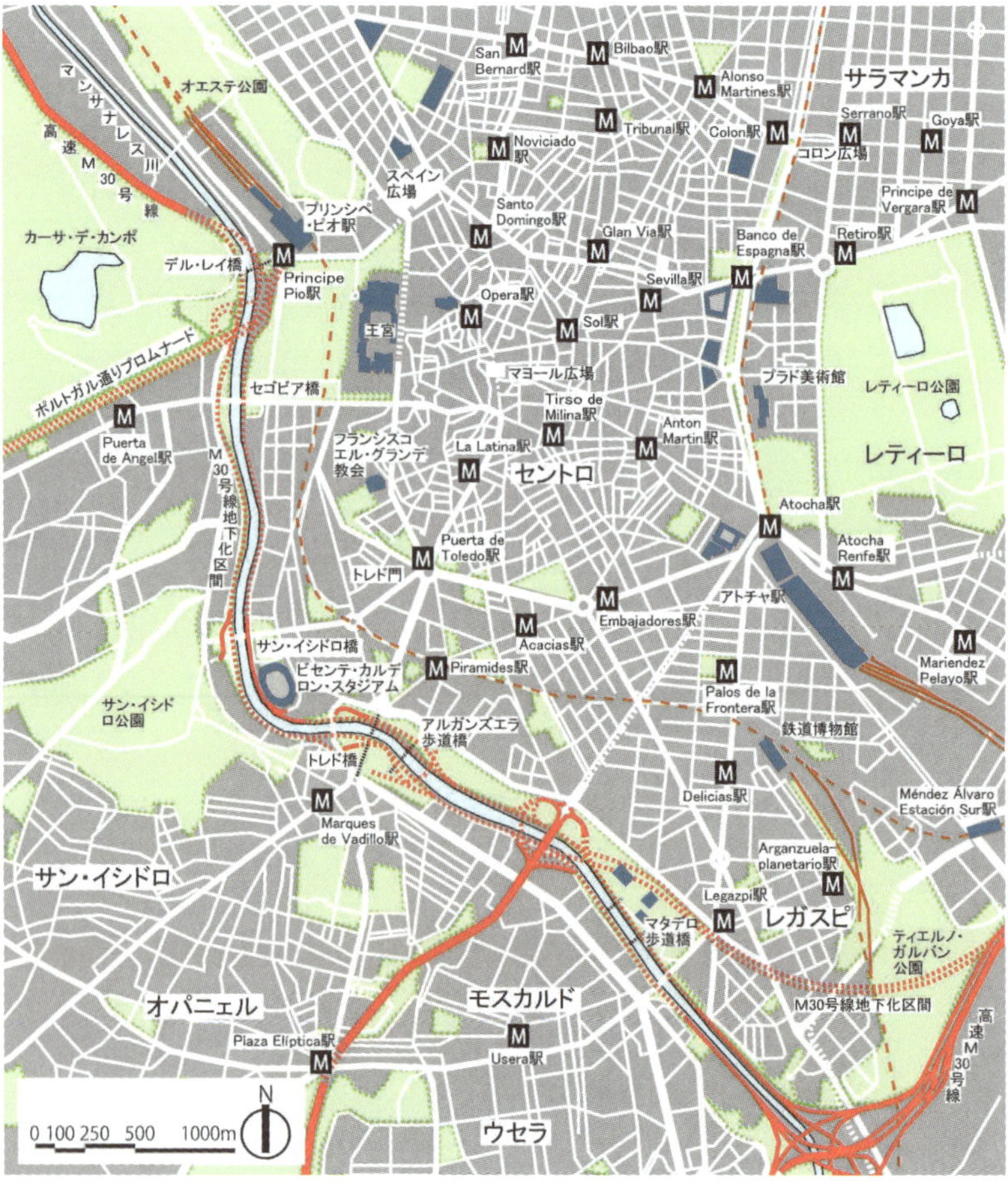


図1-1　マドリッド市街図におけるマドリッド・リオ位置図

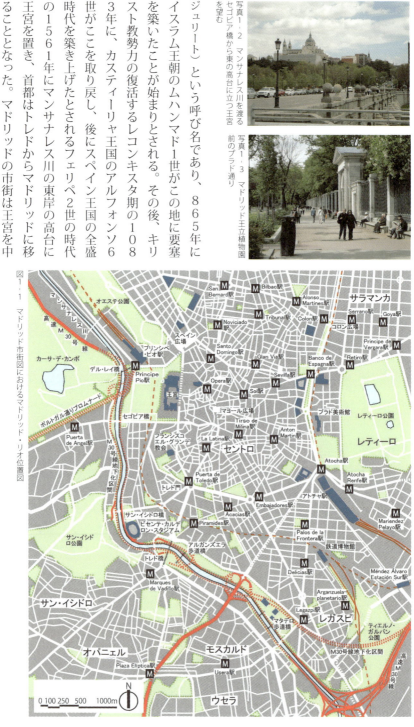

心とする旧市街（セントロ）と、東の現在のプラド美術館からアトチャ駅一帯そして北のチャマルティン駅一帯の新市街とに分けられるが、旧市街は王宮の城郭外に1619年に完成したマヨール広場を中心に大きく発展していく。このマヨール広場はイスラムの時代に魚市場のあるアラバル広場と言われた場所だが、フェリペ2世の命で全面改造となり、宮廷建築家フアン・デ・エレーラの設計で、次のフェリペ3世の治世に完成している。

マンサナレス川はイベリア半島の中央に位置する2000m級の山々の連なるグアダラマ山脈（Sierra de Guadarrama）に水源を持ち、マドリッドを経て、下流（南）側の古都トレドの手前でタホ川と合流し、流れを変えて西に向かい国境を越え、ポルトガルではテージョ川と名を変え、首都リスボン近くで北大西洋に注いでいる。その流れは高低差が激しく、舟運には適していなかったものの、水利により川沿いの一帯には大いなる恵みをもたらしてきた。この川の水の恵みが、マドリッドの歴史、文化、経済を支え、都市発展の基盤を形成したと言っても過言ではないだろう。それを示すのが随所に設けられた歴史的な堰の存在で、これによって都市側や農地への飲料水、産業用水、農業用水の取水を行ってきたことが読み取れる。しかし、川沿いの低地の一帯は川の氾濫原としての経緯から、永らく農地や原野が拡がり、産業革命期以降の近代になり、首都を支える工場や倉庫、そして屠殺場などの大型施設や公園・墓地などが建設される。

川沿いに高速道路が走り始めるのは1970年代で、スペイン内戦終結と第二次世界大戦後の自動車社会の到来とともに、マドリッドの環状高速道路の役割を担うべく全長32・5kmのM30号線が計画された。建設工事は60年代から始まり、70年代に全体の80%が開通し、全線の開通は90年代まで下ることとなる。そのうち当該西側区間はほぼマンサナレス川に沿っていち早く開通したが、それは営々と続いてきた市街地と川との繋がりを分断することとなった。その間に高速道路の自動車交通量は時

注1-1 LANDSCAPE IN THE CITY MADRID RIO: GEOGRAPHY, INFRASTRUCTURE, AND PUBLIC SPACE FRANCISCO BURGEOS GINE GARRIDO FERNANDO PARRAS-ISLA EDITORS

写真1-4 マヨール広場での騎馬隊の閲兵式の風景、1808年のナポレオン軍との戦いに市民蜂起で勝利したことを記念し、毎年5月2日のマドリッド州の祝日に行われる

代とともに増え続け、渋滞の頻発と騒音・排気ガス・振動などの環境問題が新聞の社会面などで取り上げられていく。

そのような状況下で環境意識の高まる90年代以降に浮上したのが、同高速道路の地下化計画であり、それによって車線数増が図れるうえに、沿道の騒音・排気ガス等の環境対策にもつながる、加えて地下化によって生み出される上部空間利用と河川環境整備の一石二鳥いや四鳥ともいうべき計画であったものの、最大の課題はその地下化工事に伴う膨大な事業費の捻出であった。

EL MUNDO, SÁBADO 31 DE MARZO DE 2007

M2

**Urbanismo.** El alcalde inaugura los seis kilómetros de soterramiento de la M-30 desde Marqués de Monistrol al Nudo Sur, eliminando así los coches de la ribera del río Manzanares

LA M-30 EN LOS AÑOS 90.

図1-2　2004年にガラルド市長がM30高速道路地下化を発表した翌日の新聞に紹介された川沿いを走る高速道路の航空写真　出典：注1-1

## 2　マドリッド・リオ計画の始まり

M30高速道路の地下化プロジェクトが本格的に始動する契機となったのが、2

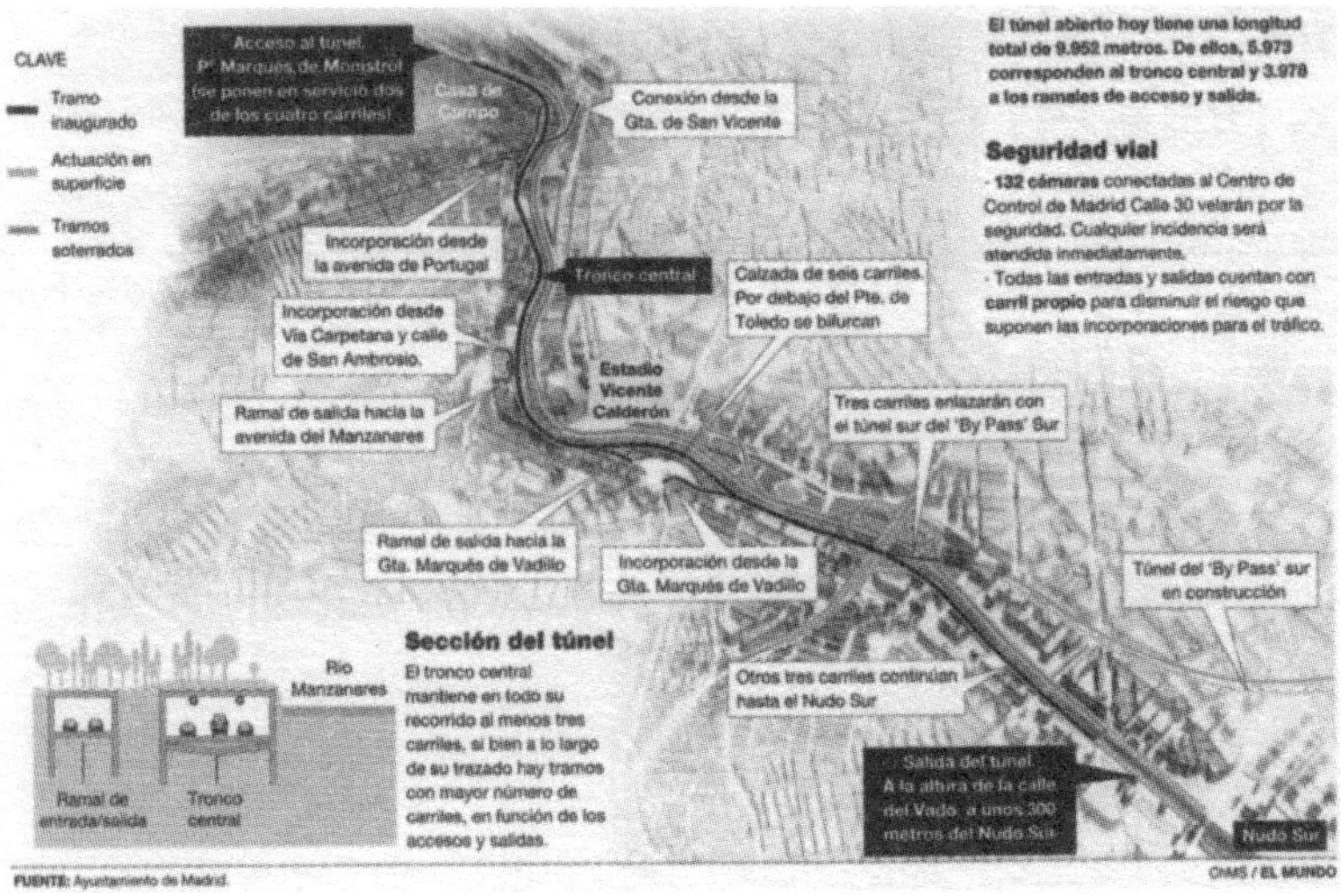


図1-3　M30高速道路地下化計画を報じる新聞記事に紹介された地下化計画案　出典：注1-1

００３年の市長選で当選した新市長、アルベルト・ルイス・ガラルド（注１‐２）の登場であった。背景として、ボストン市のセントラル・アーテリー高速道路地下化（別名・ビッグディッグ、１９９１年着工、02年完成）、ソウル市の清渓川の河川上空高速道路の廃止に伴う清流復活（03年着工、05年完成、11章）の２つのプロジェクトの成功の報が、その推進に大きな力となったとも言われている。Ｍ30地下化計画を推進すべく、新市長は約60億ユーロの財源確保の目処を付け、早くも同年には地下化対象のマンサナレス川沿いの６km区間の設計作業に着手し、それと並行し翌04年にはＭ30環状区間と関連道路も含めた総延長43・５kmを対象とする全体のマスタープラン策定へと迅速に進展していく。

そして04年早々にはＭ30高速道路地下化計画のマンサナレス川沿いの全長約６kmを対象とする北側区間から着工され、06年には一部が開通する。着工の翌05年には早くも全体の上部空間を対象としたランドスケープデザインを中心とした国際コンペが開催され、同年秋の第二次審査に残った錚々たる

注１‐２　アルベルト・ルイス・ガラルド（Alberto Ruiz-Gallardón, 1958-）：市長在任期間03‐11の８年間、国民党に所属、11年から14年まで国の法務大臣を歴任

写真１‐５　地下化された高速道路の上部は遊歩道を散歩する多くの利用者たち

写真１‐６　撤去された高速道路跡に整備されたプラガ公園。たくさんの市民が集まっている

写真１‐７　公園内のプレイロットは多くの子供たちの歓声がある。子供たちを見守る母親たち

写真１‐８　川沿いの遊歩道には松並木が続く（松並木のサロンと訳）

写真１‐９　セゴビア橋下の遊歩道から復元された歴史的な堰と川の両岸を結ぶ歩道橋を望む。地下には高速道路が走っている

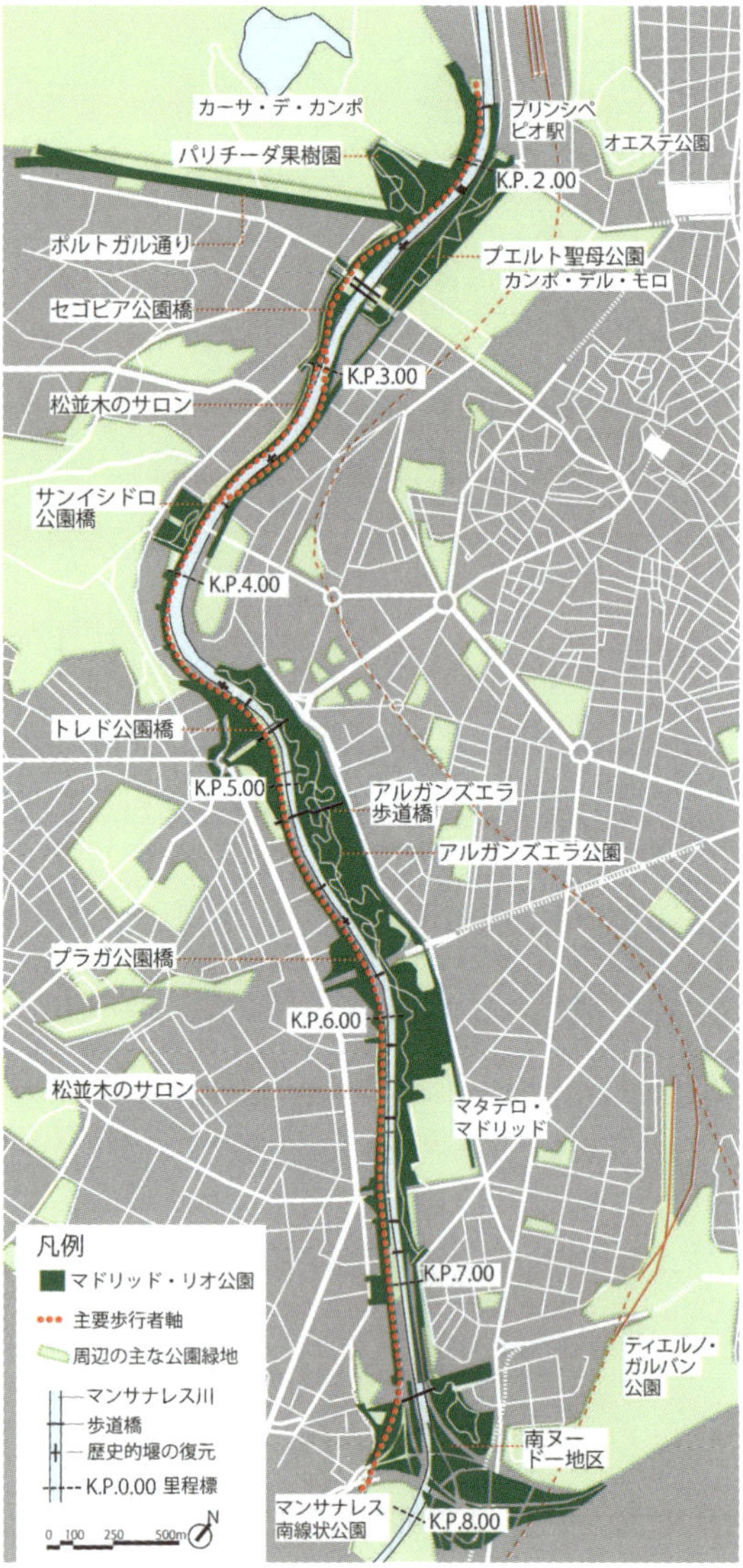


図1-4 マドリッド・リオ計画の範囲図（主要部）。注1-1に掲載された図をもとに筆者作成、日本語表記

顔ぶれの10チーム（注1-3）の中から選ばれたのが、アムステルダムの建築家集団ウエスト8（West 8）とマドリッドのギネス・ガリド・コロメロのMRIO協働チーム（注1-4）である。当選案は、M30全線の地下化計画を盛り込んだ広域的な都市デザイン構想案を含む、マドリッドの環境再生に寄与するマンサナレス川沿いの計画を盛り込んだ点で高い評価を得た。その提案はすぐさま設計に移行し、各施設の細部の設計には、後にコンペ参加者も含む多くの国内外の建築家やランドスケープ・アーキテクトが加わることとなり、壮大な環境デザインプロジェクトへと発展していく。

写真1-10 マドリッド・リオの北側の起点・プリンシペ・ピオ駅

注1-3 ピーター・アイゼンマン（ニューヨーク）、ノーマン・フォスター（ロンドン）、ヘルツォーク・ド・ムーロン（バーゼル）、レム・クールハウス（ロッテルダム）、ホセ・アントニオ・マルティネス・ラペーニャ（バルセロナ）、ジャンヌーベル（マドリッド）、ファン・ナバロ・バルデウェグ（マドリッド）、ドミニクペロー（パリ）、妹島和代・西沢立衛（東京）、ウエスト8（アムステルダム）とギネス・ガリド・コロメロ（マドリッド）のMRIO協働チーム

注1-4 ウエスト8（アムステルダム）とギネス・ガリド・コロメロ（マドリッド）のMRIO協働チーム：Madrid RIO 設計企業体／Burgos & Garrido – Porras La Casta + Rubio & Álvarez-Sala + West 8

## 3　広大な上部空間の創出と質の高い環境デザイン

この全長約6㎞の地下化プロジェクトで新たに生み出された上部空間の総面積は約150haもの広がりで、右岸・左岸側に跨るかつての高速道路区間や接続道路やインターチェンジ用地にも及び、その修景工事も06年から11年の6ヵ年にわたって行われている。ここでは高速道路の消えた河川空間およびかつての道路区域を対象に、遊歩道そして公園緑地、広場のランドスケープデザインと併せ、両岸を繋ぐための道路の改修や新たな歩道橋の建設が進められていった。

07年に完成した第一期区間は約13・4haの広がりを有し、北側の王宮近くのプリンシペ・ピオ（Príncipe Pío）駅側から川の対岸（右岸）のかつての王族の専用狩猟場で、現在はスペイン最大の公園

写真1・11　地下化された高速道路ランプ上部に桜並木が植えられているポルトガル通り

写真1・12　アルガンズエラ公園内の遊歩道には多くの利用者の姿がある

写真1・13　公園の前面の川側には親水のための階段護岸も設けられている

写真1・14　螺旋筒状のメッシュ構造のメタリックなシリンダーのアルガンズエラ歩行者専用橋

写真1・15　完成したマドリッド・リオの南区間、川をまたぐ橋はマタデロ・グリーンハウス歩道橋（橋長49m、幅員4・2〜7・5m）

写真1・16　歩行者専用橋のマタデロ橋、同じ形状の橋が2橋架かっている

写真1・17　川の随所に復原された堰、向こうは新しく整備された集合住宅群

写真1・18　1955年に架けられた玉の橋（PUENTE DE BOLAS）も歩道橋として改修された

写真1・19　唯一残された川を斜めに渡るオブリークオ橋、上部に松並木が植えられている

として知られるカーサ・デ・カンポ（Casa de Campo）の一部となっているフエルタ・デ・ラ・パルチダ公園（Huerta de la Partida、かつての果樹園・菜園）の一帯である。その双方をつなぐ1816年築の石造りの歴史的橋梁レイ橋（Puente del Rey、かつての王様専用の橋）は、60年代以降に自動車通行用の橋となっていたものが完全な歩行者空間に生まれ変わり、その歴史的意匠も復原されている。

そして同公園の南側の延長約1・2kmのポルトガル通り（Avenida de Portugal）は埋設された河川下の高速道路へのランプ接続道路として地上の道路から地下の高速道路へのランプとなり、その上部が新たに歩行者専用空間として石畳の舗装に街路樹として桜の木が植えられ、桜の花のモチーフがちりばめられたベンチとなる植栽桝の造形など、特徴的な修景が施された緑道となっている。ちなみにこの通りの下には1000台規模の地下駐車場が併設されている。

第二期工事は08年から11年にかけて、第一期の約10倍もの規模の124・4haの区域にのぼり、川

表1・1　マドリッド・リオの経緯（2003～2011）

03・3：マドリッド市長選でアルベルト・ルイス・ガラルドが当選
04・5：マドリッド・リオ・プロジェクト地下化マスタープラン発表
05・5：マドリッド・リオ・プロジェクト始動（M30高速道路地下化）
05・6：世界最大級のトンネルシールド機械がM30南区間に到着、トンネル工事着手
6：マドリッド・リオ上部空間ランドスケープデザイン国際コンペでWEST8＋MRIOが当選
11：ガラルド市長がマドリッド・リオ整備に際し、新たな植樹25万4000本の計画を発表
06・12：第一期トンネル区間開通
07・1：第一期トンネル区間約2km完成、上部植栽工事開始
4：最終M30トンネル区間完成
5：同区間開通
08・2：エル・マタデロ区間完成
10・7：サッカーワールドカップ大会祝祭でマドリッド・リオが注目される
10・8：シーフロント・プロムナード完成
11・3：サロンドピノス、プエルト公園区間完成
11・4：マドリッド・リオ・プロジェクト最終区間アルガンズエラ公園完成、全区間オープン

の両岸に連続する遊歩道、サイクリングコース、ジョギングコースが整備されている。そして周囲にはアルガンズエラ公園（Parque de Arganzuela）やマンサナレス公園（Parque de Manzanares）など多くの公園緑地が創出され、芝生広場や花壇・緑地が幾何学模様を描くように配置されている。公園内には、人工ビーチのほか、子供の遊び場、広場、展望台、レストラン・休憩所、カルチャーセンターに加え、フィットネスセンター、サッカー場、テニスコートなど、実に多岐にわたる施設が造られている。その中の中心的な遊歩道区間が、かつての川の両岸を斜めに走る高速道路橋を遊歩道に改造したオブリークオ橋（Puente oblicuo＝斜めの橋）とその両側区間に広がるサロン・デ・ピノス（Salón de Pinos＝松並木の広間の意味、10年完成）と命名された修景区間であり、そこには８０００本近くの松の木が植えられ、実に心地よい歩行者プロムナードそして緑地が広がっている。

その他、両岸をつなぐ橋として、歴史的橋梁としてのトレド橋（Puente de Toledo）やセゴビア橋（Puente de Segovia）、そして幾つかの堰の復原および修復も行われるなど、かつての歴史的遺産を後世に伝えていくことを積極的に行っているのも、この事業の特徴である。

また、川を隔てた両岸の緑地間を結ぶ新たな歩道橋機能の充実も図られている。その中でも異彩を放つのが、広々とした公園のなかでトレド橋とプラハ橋の間に設けられた橋長２８０ｍのアルガンズエラ歩行者専用橋（Pasarela de la Arganzuela）であり、これは当初のコンペの2次審査にも残った建築家ドミニク・ペロー（Dominique Perrault）の設計による左右2つの螺旋筒状のメッシュ構造のメタリックなシリンダーが両岸から突き出した形で、公園全体で際立ったランドマーク施設となっている。その他、歩行者専用のマタデロ橋（Puente de Matadero）、アンドラ公国橋（Puente del Principado de Andorra）、カスカラ橋（Puentes Cáscara）、プリンセス歩道橋（Pasarela de la Princesa）などの様々な橋が随所に造られている。

写真1-20　歴史的橋梁・セゴビア橋も復原され、川の水面には曝気のための水中噴水が設けられている

写真1-21　アルガンズエラ歩道橋の下面も実に繊細にデザインされている

## 4　新たなマドリッドの環境・文化拠点としてのマドリッド・リオ

マドリッド・リオ区間のマンサナレス川の延長は前掲のように約6㎞だが、枝葉のように周囲に延びる関連道路の地下化区間も含め、総延長は10㎞余りにも及んでいる。それに連動して周辺の土地利用転換が積極的に進められたこと（再開発計画の進展）も、この地域のイメージを大きく変えることとなり、現在も継続中である。それを支える形で、市も新たな地下鉄やバス網を整備充実し、その転換促進の呼び水ともなっている。

高速道路の地下化とともに、工場や倉庫などが立地していたかつての道路敷と周辺の一帯が広大な公園緑地帯に転換され、そこに様々な運動スペースや遊戯施設が配されているわけだが、一方で旧工場や倉庫も歴史的建造物として残され、その大空間を生かし、新たな時代の必要施設へと転換されていくこととなった。それらはマドリッドを代表する巨大なレジャーおよびカルチャーエリアとなり、展覧会、音楽フェスティバル、演劇など様々な文化イベントが開催され、老若男女全ての市民が楽しめる憩いの場が形成されてきたのである。中でも異彩を放つのがマドリッド・リオのほぼ南端の位置にある文化複合施設、マタデロ・マドリッド（matadero madrid）である。これは1925年に造られ96年に閉鎖された、レンガ造のかつての家畜市場兼食肉処理場と関連施設群であり、その一部が保存修復コンバージョンされ、コンサートホールや多目的展示スペース、現代アートセンターなどの文化芸術活動拠点となっている。その他は、次世代に必要とされる施設の予備地として現在も残され、簡易な補修を施す程度で、長期短期も含めた様々なイベント施設として貸し出しも行われている。

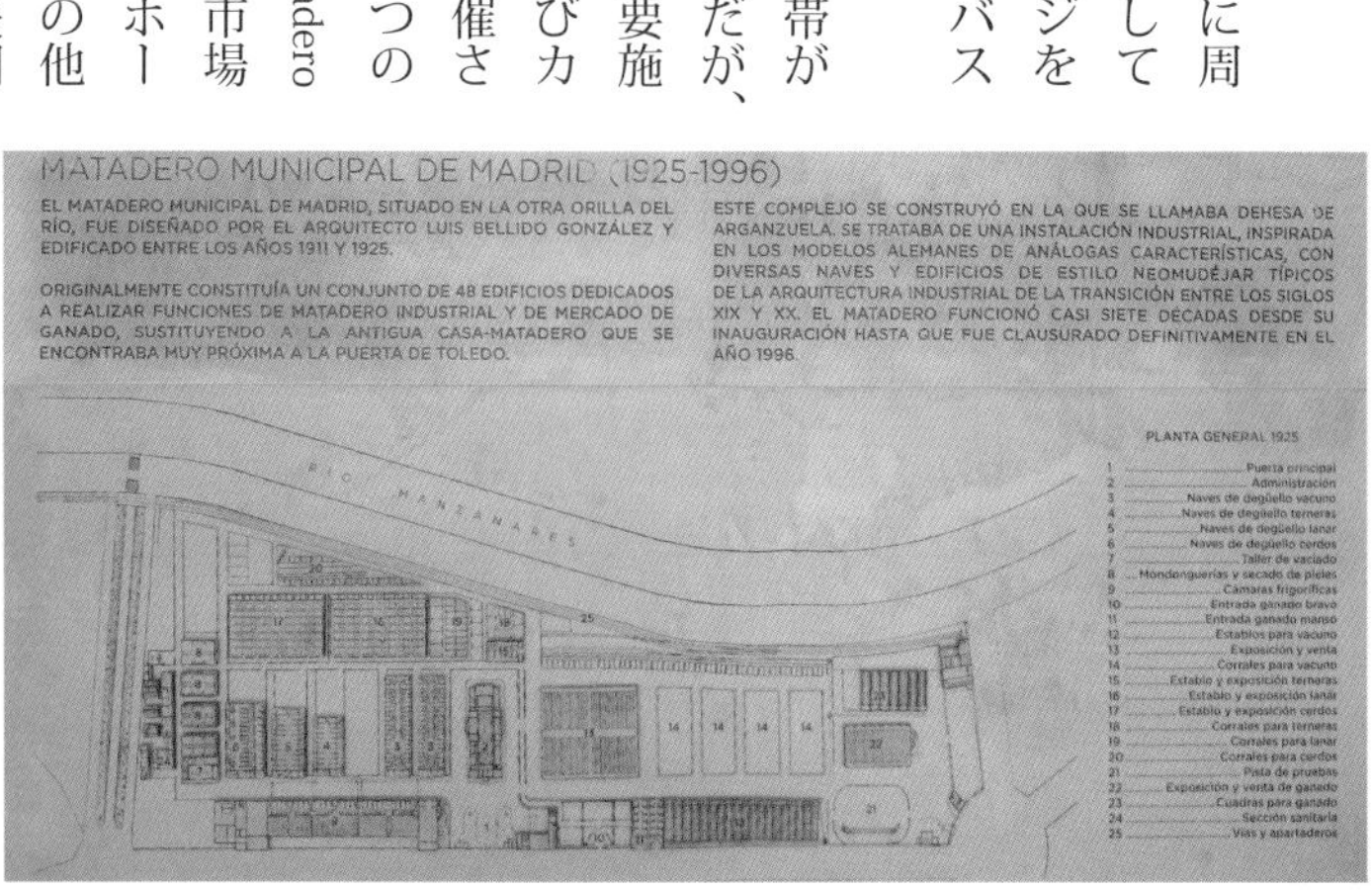

図1－5　現地に掲示されていた文化複合施設「マタデロ・マドリッド」の全体配置図。活用されている区域はごく一部にとどまっている

新たなレジャー・カルチャーエリアの出現は、当然のことながら周辺の工場等の土地利用転換を促した。結果として集合住宅やオフィスなど様々な施設が出現し、また人口の定着に伴って商業施設も進出しつつある。こうした交通アクセスの整備や生活利便施設の充実とともに、この区域一帯がマドリッドの新たな人気の生活街へと変身を遂げつつあるように映る。実際、マドリッド・リオを歩いてみると、多くの子供たちを連れた家族の姿を見かける。そして、マドリッドにとっての唯一と言ってもよい水辺空間で、週末ともなればその水辺そして緑陰を求めて多くの市民が集まってくるという。

これもすべて、高速道路地下化プロジェクトを契機として実現されてきたものである。まさに都市計画の勝利と言えるだろう。このように、マドリッドの母なる川・マンサナレス川は、全世界の脱自動車社会の流れを先取りする新たな形で、その姿を甦らせたのである。

写真1・22　マドリッド・リオの南区間のマタデロ・マドリッドの前面のアルガンズエラ公園

# 第2章　奇跡の再生――ビルバオのネルビオン川（スペイン）

スペインの首都マドリッドから北に約400km、北大西洋に臨むバスク地方の中核都市、ビルバオ（スペイン語 Bilbao、バスク語 Bilbo／ビルボ）のネルビオン川（Río Nervión／バスク語 en euskera Nerbioi）を取り上げる。ビルバオはグッケンハイム美術館（設計：F・ゲーリー、Frank O. Gehry、97年竣工）でその名が知られるが、その敷地周辺一帯はかつての繁栄を支えた港湾・工業地で、1970年代以降は廃墟然となり、しかも川は悪臭を放つなどの課題を抱えていた。それが80年代以降の新たな再生計画によってイメージを一新した。

## 1　かつての重工業都市の繁栄と衰退

バスク州（人口約200万人）は第二次世界大戦終結後、永らくの間スペインからの独立を目指す抵抗運動が続けられたことでも知られるが、その中心都市、人口約37万人のビルバオ市は、周辺の市町村を含め100万人規模の都市圏（ビスカヤ県域）を構成している。地名の由来はバスク語で「両側」を意味する「ビアルボ」とされ、ネルビオン川を挟む両岸に市街が成立した。北大西洋の干満の差は実に4～5mと大きく、加えて海流と冬の北西風でその差は10m級に達するという地形条件もあり、港はビスケー湾（スペイン語読みでビスカヤ）の河口から10数km上流に拓かれ、その周囲に市街が形成さ

注2-1　参考文献：『サスティナブルシティEUの地域・環境戦略』岡部明子、学芸出版社。筆者とビルバオの接点は岡部明子氏（現東京大准教授）からお誘いを受けた2001年の講演会でビルバオ市副市長のIbon Areso Mendiguren氏とBM30代表のAlfonso Martinez Cearra氏の話の聴講から始まる

写真2-1　ネルビオン川に立地しているグッケンハイム美術館。水面には観光船ビルボートが就航している

れてきた。

この港の存在によって、中世のカスティーリャ王国（Reino de Castilla、1035~1715年）の時代に大きく発展し、1500年代にはこの地の羊毛がベルギーやフランスへ大量に輸出され、16世紀中頃から17世紀前半のスペイン黄金時代（Siglo de Oro）には、北スペインの経済や金融の中心地として大いに栄えた。

この地は古代ローマ時代から良質の鉄鉱

図2-2　20世紀中期頃の工業地帯の様子が紹介されている知事元紹介の本「BILBAO BIZKAIA」の表紙　出典：注2-2

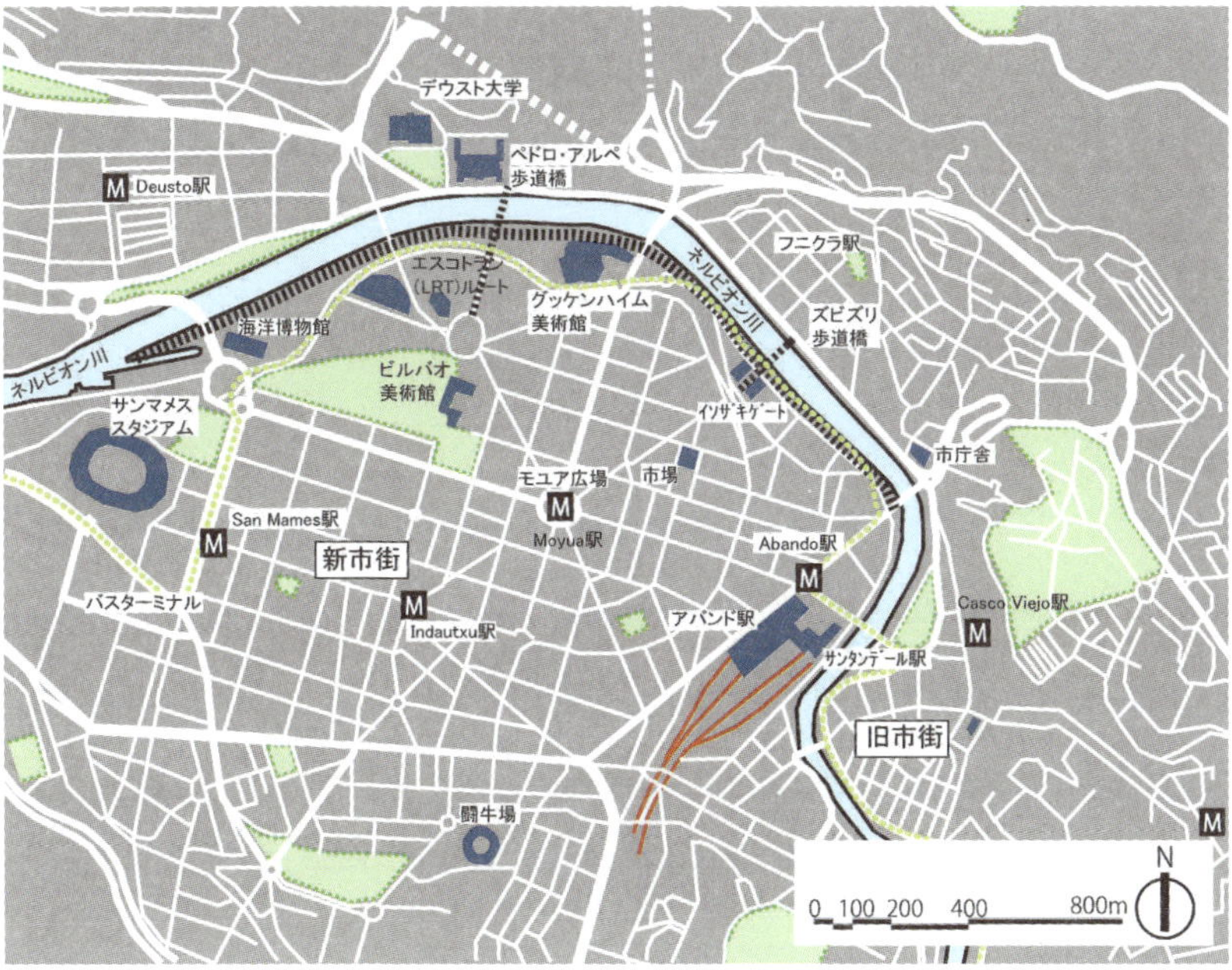

図2-3　ビルバオ市街図におけるネルビオン川周辺状況

図2-1　欧州におけるビルバオ市の位置

注2-2　BILBAO BIZKAIA, Published by Cámara de Comercio, Industria y Navegación de Bilbao

石産地としても知られ、18世紀以降の欧州の産業革命期には製鉄業の拠点となり、英国との交易つまり石炭の輸入と鉄の輸出によって、まちは大きく拡大する。地図を見れば川の上流側、蛇行する部分の稠密なまちが歴史的な旧市街で、下流側は、広場を中心に放射状と格子状街路網の整然とした新市街地が広範囲に広がっていることが見て取れるであろう。

19世紀、ビルバオの鉄は欧州一円に運ばれ、各地の工業化を支えてきた。その繁栄の時代の象徴として、ネルビオン川河口部のユネスコ世界遺産・ビスカヤ橋（Gran puente colgante de Viscaya）がある。橋桁の高さは水面から45m、全長１６０ｍであり、人や車を運ぶために吊り下げられたゴンドラが電気モーターで動く運搬橋で、１８９３年に完成した。建築家アルベルト・パラシオの設計になるこの橋は、実に巨大な鉄のモニュメントといってよい。20世紀以降は製鉄に加え、造船や石油化学工業等の重工業が発展することで大きく経済成長を遂げ、一時はスペインで最も豊かな都市とも称される。

それが70年代以降の新興諸国の台頭に伴い競争力を失うと、製鉄所の閉鎖も相次ぎ、失業率は30％に及ぶなど経済は停滞していった。工場・港湾地区は寂れ、市街には失業者・貧困者が溢れ、そして83年には大規模な洪水も経験する。積年の工場排水による河川のヘドロ堆積、水質汚濁、土壌汚染などの負の遺産も、深刻な形でそのまま残されたのであった。

## 2　ビルバオ都市圏再生戦略プランと河川浄化と土地利用転換

１９８６年にスペインのＥＵ加盟が認められるが、その条件として国内各都市に欧州先進地域レベルの環境目標達成が求められていく。これを機に、新たなビルバオ再生計画が始動する。ＥＵ支援のもとで都市パイロット事業（ＵＰＰ：Urban Pilot Programme）が導入され、都市圏の川沿いの市町村が

写真２・２　ネルビオン川河口部の世界遺産・ビスカヤ橋（Gran puente colgante de Viscaya）

連携し、89年に「ビルバオ大都市圏再生戦略プラン」が策定された。これこそ交通インフラ、文化振興、水質浄化に重点を置いた都市再生事業であった。その再生戦略の柱として、①工業の衰退で荒廃した市街地の環境再生と市民生活の質的向上、②地元企業の世界市場での競争力発揮のための最新式マーケティング・流通サービスの導入、③交通・情報ネットワークの充実、の3つの方針が掲げられ、ビルバオの中心軸とも言うべきネルビオン川の水質浄化と沿川土地利用転換政策が進められていった。

併せて、バスク州には人口30万人のサン・セバスチャン、20万人のビトリアがあり、ビルバオとは60～100kmの距離にあるが、連携経済圏の考え方のもと、その3市を結ぶ高速鉄道の建設を含む斬新な都市政策が進められていく。こうした取り組みを通じ、環境ビジネスや情報・通信、観光などの新たな産業分野が発展し、国境を接する隣国フランスからの様々な投資や観光客の流入の効果もあって、次第に雇用は改善されていく。図2-4は65年から02年までの40年近くのビルバオ市内の失業

写真2-3　ネルビオン川沿いのリバーサイドプロムナード

写真2-4　リバーサイドプロムナード沿いに建てられた集合住宅

写真2-5　かつての工場地帯がリバーサイドプロムナードに生まれ変わった

写真2-6　対岸（右岸）側の小公園には多くの親子連れの姿がある

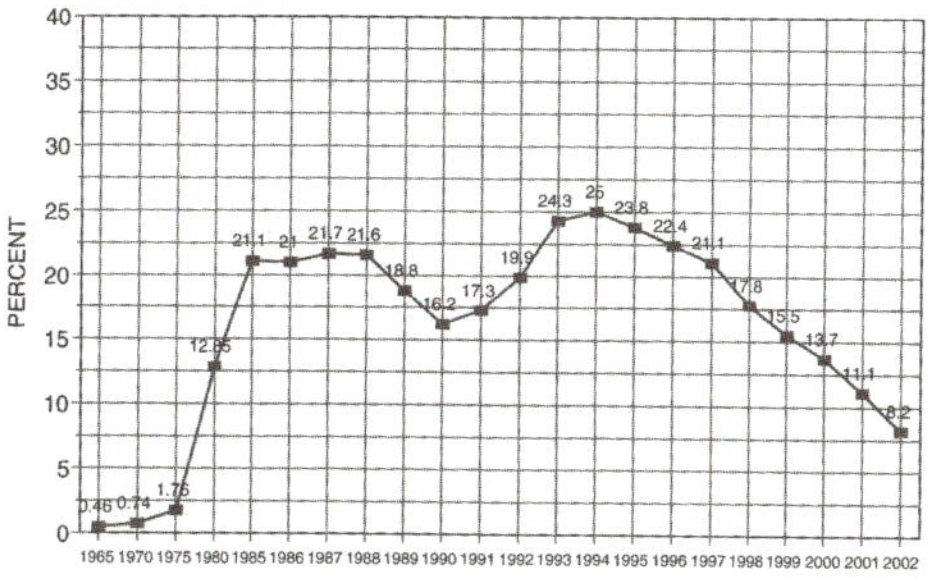

図2-4　ビルバオの1965年から2002年までの失業率の推移　出典：Bilbao Basque Pathway to Globalizatio; Gererdo del Cerro Santamaria

写真2－7　アバンドイラ地区のネルビオン川、左に12年に竣工したイベルドローラタワーが見える

写真2－8　グッゲンハイムのすぐ脇には周囲の子どもたちの遊び場が設けられている

写真2－9　グッゲンハイム美術館入口前広場に置かれたJ・クイーンズのパピー

写真2－10　グッゲンハイム美術館の正面入口広場前にはカフェで休む人々の姿があった

写真2－11　グッゲンハイム美術館の前面に置かれたクモの彫刻・ママンと足元で噴き出すミスト噴水を見入る観光客の姿

率の推移を示すグラフだが、94年以降急速に低下していったことがわかる。

前述の3市を結ぶ高速鉄道網のバスクY（スペイン語Y vasca）は17年に開通している。この路線はフランス側国境のアンダイエには20年に結ばれる予定で、ボルドー（3章にて解説）への直通運転も可能となるという。ちなみに同線の軌道幅はスペイン仕様の狭軌ではなく、国際規格の標準軌（1435㎜）が採用されている。

改めてネルビオン川周辺の再生プランに話を戻すと、1991年に川を軸とする30の市町村と州、県、民間企業、大学、NPOなどからなる「ビルバオ・メトロポリ30（注2－3）」が組織され、地元市民の意見も採り入れながら様々なプロジェクトを推進した。河床のヘドロの除去を含む本格的な水質浄化と並行して、川沿いの老朽化した港湾施設や鉄道貨物コンテナヤード、工場地など600haの用地を公的機関が取得し、大規模な土地利用転換計画が展開されていったのである。

注2－3　ビルバオ・メトロポリ30（Bilbao Metropoli 30）：1991年設立の都市再生と活性化プラン立案と実現を推進する組織。州・県・市ほか27自治体や公社等公的機関と民間企業28社・メディア・大学・業界団体などで構成。参考までにビルバオ・リア2000（Bilbao Ria 2000）は1992年に設立の中央政府系4団体（住宅省・港湾・鉄道事業2社）と地方政府（州・県・2市）が出資する共同会社　※Riaは現地語で川を意味する

その中心的な再開発地区がアバンドイバラ（Abandoibarra）地区（約34・8ha）であり、そのマスタープランは建築家シーザー・ペリー（César Pelli）に委ねられ、文化施設やオフィス、商業施設、ホテルなどの新たな都市機能用地、そして定住のための住宅、約20haの公園・緑地、河岸プロムナードが確保されている。それらの設計にあたっては著名な建築家やランドスケープ・アーキテクトを登用することを義務付けられており、隣接する上流側の旧税関施設のウリビタルテ（Uribitarte）地区の再開発計画においては磯崎新が指名され、下流側の60haの古いドックや工場跡地ゾロザウレ（Zorrozaurre）の再開発計画はザハ・ハディド（Zaha Hadid）がマスタープランを担当している（注2－4）。

その他、同時並行で進められたプロジェクトとして、ビルバオ新空港の建設、港湾拡張計画、国際展示場、アルボレダ自然公園の整備などが進められている。

注2－4　ザハ・ハディドのゾロザウレ（Zorrozaurre）の集合住宅計画は18年現在、一部着工も実現には至っていない

## 3　文化を起爆剤とした都市再生と職住複合型開発の推進

川沿いのかつての工場地帯で中心部に隣接するアバンドイバラ地区における開発の象徴的な施設が、前掲のグッゲンハイム美術館である。これは、アメリカ・ニューヨークに本拠を置くグッゲンハイム美術館のビルバオ分館誘致として始まったプロジェクトで、まちに雇用を創出し再び活気を与えるための「文化創造」と、関連するサービス産業の振興を都市再生の中心に据えるというヴィジョンのもとに進められた。その事業費として1億3000万ユーロ（当時約150億円）が用意され、国際指名コンペの結果、フランク・ゲーリーが選ばれている。

グッゲンハイム美術館のチタン合金のシルバー曲面の集合体で構成された特異な外観は、まさにネルビオン川再生のシンボルとも言うべき存在感を放つ。昼間はその外観が太陽の動きにつれ変化

写真2－12　ズビズリ歩道橋と背後のウリビタルテ地区の住宅・商業等複合ビル、通称 Isozaki Atea

し、また夜はライトアップにより全く異なった表情を見せる。高台の市街地側の入口にはJ・クーンズ（Jeff Coons）の「パピー（大型の植物オブジェ）」、川沿いのプロムナード上にはL・ブルジョワ（Louise Bourgeois）作「ママン」が置かれ、外部空間に彩りを添えている。この美術館を目当てに街を訪れる観光客は増加、開館後2年間の入場者数は130万人と当初見込みを大きく上回る入場者数を記録し、ビルバオ市に大きな経済効果をもたらした。

1999年にエウスカルドゥーナ国際会議場・コンサートホール（注2-5）が開館し、2012年にはビルバオで最も高い165mのオフィスビル、イベルドローラタワーが完成した。足元には200人収容のイベントホールが併設されている（注2-6）。その他、周囲にはオフィス棟、住宅棟、ホテル棟、商業・レジャーセンターなどが建設され、その複合都市の全容が見えてきたのが、つい数年前のことである。そして、15年には新たなサッカー場、エスタディオ・サン・マメスが正式オープンした。

これらの開発と並行し、川沿いの工場跡地に続々と集合住宅が建設されていく。つまり、文化施設の周囲には多くの居住人口が定着しており、リバーサイドプロムナードは常に人の気配を感じることで、安心感を与える空間となるように造りこまれている。

プロムナードに沿って小公園も整備され、そこには市民、子供たち、老人たち、そして来街者が憩う姿がある。とりわけ川沿いには実に多くのプレイロットが用意され、子供たちとそれを見守る親たちの姿が常に目に入る。また午後のシエスタの時間帯にはプロムナードのベンチや芝生上で日向ぼっこをする市民の姿、そして夕涼みの時間帯には多くの家族連れが川べりで談笑する。そうした光景が美術館や庁舎のすぐ側で展開しているのである。水面では人々がカヌーを楽しみ、川の遊覧船(Bilboat)もいつしか就航した。船からみるグッケンハイム美術館や新旧の街並みも壮観であろう。

注2-5　エウスカルドゥーナ国際会議場・コンサートホール、設計：Federico Soriano and Dolores Palacios

注2-6　イベルドローラタワー、設計：シーザー・ペリー（César Pelli）

写真2-13　エウスカルドゥーナ国際会議場脇のリバーサイドプロムナード

写真2-14　復活したネルビオン川の遊覧船（Bilboat）

このように、ビルバオのネルビオン川沿いの工場跡地の土地利用転換計画は、文化および公共施設と庶民の生活街を共存させることで、ウィークデイから週末まで常に人が溢れる界隈を創り出すような仕掛けがなされているところに特徴がある。

一方で、このまちが多くの人々を惹き付ける魅力のひとつが、地下鉄カスコ・ビエホ駅近くの、永い歴史を有する旧市街の存在とも言われる。狭い路地街に伝統的な町家が連なり、建物の1階には様々なショップやバール、レストランが存在する。その中にある1851年に造られた新広場（ヌエバ広場）と呼ばれる矩形の広場に面する1階には、昼間は古本屋や物販の露店が並び、夕方は多くの子供たちや市民が集い、語らう日常的な光景が展開する。そのレストラン街にはバスク名物のピンチョス料理を目当てに観光客が集まり、地元の人たちとの交歓が行われる。

写真2‐19　旧市街はまさに「生活街」、観光客のすぐそばを子供たちが平気で遊ぶ光景が日常的

写真2‐15　ネルビオン川の水面に浮かぶカヌーの群れ。かつては見られなかった風景が復活した

写真2‐16　ネルビオン川の右岸プロムナード沿いには芝生のベンチで休む人や散歩する多くの市民の姿がある

写真2‐17　旧市街の休日の昼の光景。近所のバールやレストラン前も多くの家族連れで賑わい、まさに生活街が根付いている

写真2‐18　旧市街のサンチャゴ大聖堂前広場の多くの市民の姿。屋外を楽しむバスク地方の人々の日常風景でもある

写真2‐20　旧市街のヌエヴァ広場は地元市民の交歓の場。子供たちの遊ぶ光景が実に微笑ましい。夕方になるとここはレストラン・バール街に様変わりする

写真２・21　グッケンハイム美術館脇の対岸にあるデウスト大学側をつなぐ特異な形のペドロ・アルペ歩道橋

写真２・22　フォスター設計の地下鉄ホームから地上部へつながるエスカレーター。天空光が地下まで心地よく入る

写真２・23　フォスター設計の地下鉄出入口。「エスカルゴ」（＝かたつむり）として市民に親しまれている

写真２・24　１８７５年築のビルバオの中央駅アバンド駅のコンコースのホール空間。ステンドグラスが見事である

写真２・25　リバーサイドプロムナードに沿って走る芝生軌道の新型ＬＲＴのエスコトラン（EuskoTran）

この旧市街に限ったことではないが、まち全体が実にいきいきとしているのが実に印象的であった。

## 4　ネルビオン川沿いプロムナードと周辺の都市環境デザイン

両岸に延長数㎞にもわたる川沿いプロムナードが整備され、そこは自動車交通から解放された世界が展開する。市街地との境界部には芝生軌道の新型ＬＲＴ（EuskoTran、02年開通）が走り、旧市街・新市街・再開発地区がひと繋がりになり、そこに新たな機能が張り付く形となっている。

プロムナード上空には、川を渡るための、段丘状の地形差を活かした幾つかの斬新なデザインの歩行者専用橋が設けられている。上流側のウリビタルテの白い鋼アーチの橋はズビズリ歩道橋（Zubi-

Zuri、97年完成）、グッゲンハイム美術館脇を対岸のデウスト大学側とつないでいるペドロ・アルペ歩道橋（Pasarela Pedro Arrupe、04年完成）などであるが、その他歩車道橋も含め、多彩な橋に遭遇する。

街のインフラとも言うべき地下鉄駅のデザインはノーマン・フォスター（Norman Foster）に委ねられ、地下鉄駅出入口上屋はエスカルゴの愛称で親しまれるガラスのデザインで、まちに彩りを添えている。その他、旧市街の街並み、リノベーションされた19世紀の劇場や中央駅・アバンド駅など（注2-7）、新旧の融合もこのまちの魅力でもある。

川沿いには最先端の都市デザインプロジェクトが展開し、ビルバオ都市圏の新たな魅力ゾーンとなった。これも一昔前の用途分離を誘導し、都市の分解・解体を招いたとされる近代都市計画を根本から見直した結果である。職住一体つまり秩序ある用途混在を実現したわけだが、これが可能になった要因は、かつて重工業地帯であった川沿いに「生活街」を成立せしめたことに尽きるであろう。

人々を誘い、人の気配を感じさせるように、公共オープンスペースとりわけ水辺の価値を見出し、新たなデザイン展開を行う。それが都市環境の魅力度を高める――この再生戦略が見事に当たっている好例と言えるだろう。

注2-7　旧市街側には、アリアーガ劇場（Teatro Arriaga、1890年）、ビルバオ市庁舎（Casa Consistorial、1892年）、聖アントン教会（Iglesia San Anton、1530年）、リベラ市場（Mercado Ribera、1930年）、アバンド駅（Abando、1876年）などが現役として機能している

# 第3章　世界遺産「月の港」——ボルドーのガロンヌ川（フランス）

２００７年に月の港（Port de la Lune）としてユネスコ世界遺産に指定されたフランス南西部の都市ボルドー（Bordeaux、人口約24万人）。その歴史は紀元前３００年頃のケルト系ガリア人の時代、そしてローマ帝国の占領期（ＢＣ１〜ＡＤ５世紀頃）など古くから北大西洋に注ぐガロンヌ川（la Garonne）に面した港町として発展し、市街地は川の三日月形に湾曲した外側左岸に沿って形成され、その形状から「月の港」と呼ばれてきた。

ボルドー周辺はワインの一大産地として知られ、川の水運を活かし、河岸には18〜20世紀初頭の繁栄期を象徴する素晴らしい街並みが残されている。一方で、20世紀末にはこの河岸一帯は港湾物流のために鉄柵で仕切られ、一般市民は出入りが規制され、その港も鉄道・自動車輸送の発展のなかで取り残され、廃れた倉庫群と青空駐車場が広がる殺伐たる光景が続いてきた。それが１９９０年代以降の都市計画の転換によって、美しいピュブリック公園そして有名な水鏡（Le miroir d'eau）、河岸遊歩道で知られる街に大きく変身していった。そのガロンヌ河岸再生計画を紹介しよう。

## 1　ボルドーのまちの発展を支えたガロンヌ川

ガロンヌ川は水源をスペインとの国境・ピレネー山脈のマラデタ山塊に有し、フランス側の低地を

写真３・１　再生されたガロンヌ川のほとりには多くの市民や観光客が集まるスポットがある

貫通して大西洋に注ぐ。その間にアリエージュ川、タルン川、ロト川、ドルドーニュ川と合流し、河口のジロンド川三角江へと連なる、全長575㎞に及ぶ河川である。その流域はフランスを代表する豊かな穀倉地帯そしてブドウ栽培地で、農業生産と川の水運がこの地域の産業を支えてきた。

また、下流のジロンド川は約90㎞で大西洋につながるが、川幅が5～10㎞に達する深い内湾で、ボルドーは最奥部の良港としての諸条件を備えてきた。加えて17世紀にルイ14世の命で上流（南）側に開削されたミディ運河や、19世紀のガロンヌ並行運河によって地中海やローヌ川とも直結され、大西洋と地中海を結ぶ安全な短絡路としての機能を果たしてきた。また海からの外洋船と運河用の船への積み替えポイントでもあり、その接点となったのが、1822年に築造されたボルドーのシンボルブリッジとされる石造多連アーチのピエール橋であった。

この水運網によって、ボルドー産のワインやその他の産物が首都パリやフランス全土、そして欧州一円へと運ばれ、ガロンヌ川の存在による莫大な富の集積が、このまちの美しい街並み景観を形成してきた。一方で、もうひとつの世界遺産「フランスのサンティアゴ・デ・コンポステーラの巡礼路」を構成する2つのカトリック大聖堂、サン・タンドレ大聖堂とサン・ミシェル大聖堂に象徴されるように、

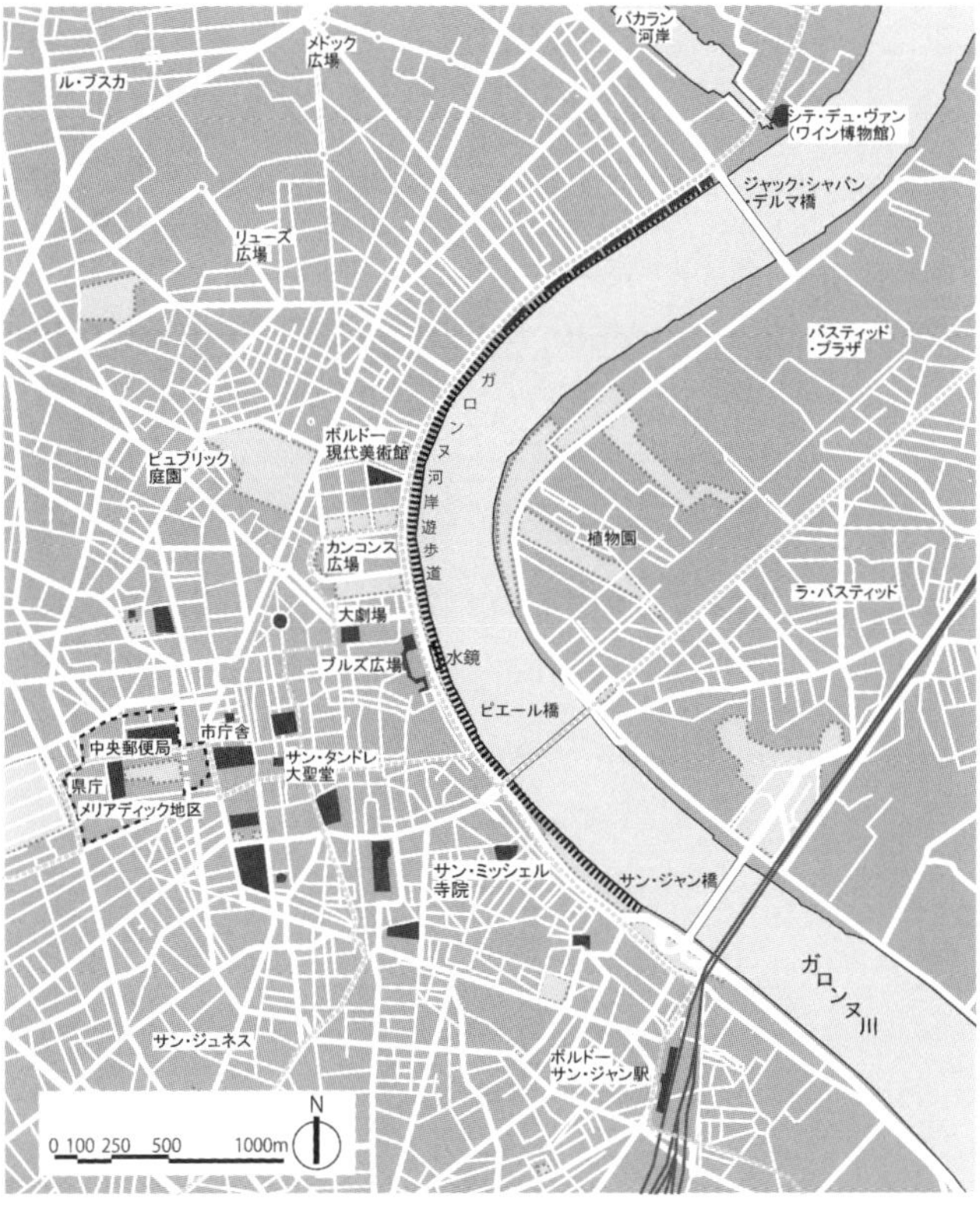

図3-1　ボルドー市街図におけるガロンヌ川周辺状況

写真3-2　現在のピエール橋（Pont de Pierre）。右岸（市街の対岸）の上流側橋詰から撮影。諸元は幅員19m、橋長487m、多連式レンガアーチ橋、1822年築造

写真3-3　ガロンヌ河岸のブルス広場の噴水と背後の建物群。背面の旧証券取引所や税関などの連続する建物と一体的に1730年に完成

写真3-4　大劇場（Grand Théâtre）は1780年に前面のシャルポールージュ広場と一体的に建てられている

写真3-5　川岸のカンコーンス広場の緑の中を走るLRT。ここはA線とB線の重要な乗り換え結節点となり、週末にはマーケットが開催される

図3-2　17世紀初頭のガロンヌ川のボルドー港を描いた絵　出典：BORDEAUX, PORT DE LA LUNE PATRIMOINE MONDIAL: AREA・MOLLAT

交易都市としてだけでなく、キリスト教ゆかりの地としての性格も有している。

水運に支えられたボルドーの繁栄期とされる18~19世紀にかけて、左岸の河岸一帯の市街地の大改造が行われたが、その際の規範となったのが同市の建築線制度であり、弓状に曲がる川に対して直交する軸線を意識した、整った街並みが形成されている。例えば前面の川側に開く形のブルス広場（Place de la Bourse）は、背面の旧証券取引所や税関などの連続する建物と一体的に1730年に完成した。北側にはボルドー国立歌劇場のグラン・テアトル（Grand Théâtre、大劇場）とシャポールージュ広場（Cours du Chapeau rouge）、カンコーンス広場（Place des Quinconces、1828年）などの主要施設や広場が続いている。また南側の河岸にはカイヨ門（Porte Cailhau、1883年）、ブルゴーニュ門（Porte Bourgogne、1755年）などの施設群が配置されていく。また西側のサン・ピエール地区（Saint-Pierre）

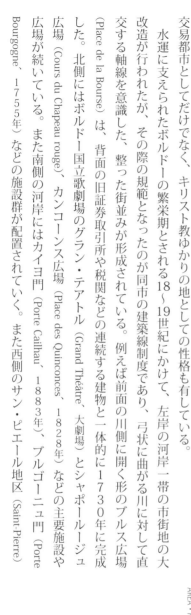

にはこの街のシンボルでもある大鐘楼（Grosse Cloche、１８８６年）もあり、まさにこれらの新古典主義的な様式建築群がこのまちの景観を形づくっていったのである。

## 2　20世紀以降の河岸の港湾機能の変化

一方で、ガロンヌ川の水は産業革命期以降の発展の基盤となり、周囲に化学、金属、食品、製油関連の工業が発達していく。とりわけワイン産業に加え、植民地からの砂糖やコーヒーに関連する食品系の産業もまちの大きな基盤ともなる。その後19世紀後半からの鉄道の発達によって水運は陰りをみせるも、北海や大西洋への玄関口としての港湾の重要性は増し、鉄道開通（注3－1）とともに河岸に直結する貨物専用軌道が敷設されるなど、周辺地域からの物資の集積地としての役割を担うこととなった。

20世紀に至り、自動車の普及とともにトラック輸送が始まると、大型クレーンや鉄道貨物車などの動き回る港湾区域への一般者の自由な立ち入りを禁止する措置が採られ、１９２７年に港湾と市街側とを隔てる高い鉄柵が河岸のルイ18世通りとの間に連続して設置されていった。港湾区域内には旅客船ターミナルや倉庫、船舶修理のための上屋が続々と増設され、それは60年代までには河岸を埋め尽くすように並ぶこととなった。

第二次世界大戦時のナチス・ドイツ占領下41～43年にかけて、下流側の左岸に閘門で仕切られたバカラン（Bacalan）河岸ドック内にドイツ・イタリア両海軍の巨大な潜水艦基地（La Base Sous-Marine）が建設され、そこが連合国軍の海上経済封鎖への対抗拠点となる。しかし、44年ドイツ軍撤退時に河川内に多くの艦船が沈没され、港湾物流機能が麻痺するなどの被害を蒙った。戦後いち早く機能回復

写真3－6　ガロンヌ川から市街に入る際のゲートとなったカイヨ門（Porte Cailhau）、1883年築

注3－1　1841年ボルドー・ラ・テスト鉄道　参考：パリ～ボルドー間鉄道開通1853年、Gare de Bordeaux-Saint-Jean駅開設1898年

写真3-7　バカラン河岸の水面。向こうに第二次世界大戦時の巨大なUボート基地の遺構が見える

写真3-8　メリアディック地区内の人工地盤広場。意外と荒れ果てていた印象はぬぐえない

写真3-9　メリアディック地区の入口に立つ案内サイン。全体はスーパーブロック(大街区)の構成で、街区の中央に高層建物が配され、周囲は人工地盤でつながれている。1950~60年代の都市開発手法でもある

写真3-10　1960年代のガロンヌ川沿いの航空写真、港の部分には港湾関連倉庫などの上屋がぎっしりと建てられていることが読みとれる　出典：le port autonome de bordeaux, BORDEAUX, DELMAS; 1973

に至るも、いまも航路外の水中にはその残骸の一部が残されるなど、大戦の傷跡を留め続けているという。

50年代そして60年代以降は、物流機能を自動車輸送に奪われ、水運は急速に衰退し、川沿いの港湾地帯には廃屋然と化した倉庫群や荷役作業のための大型クレーンが遺されていく。

## 3　ボルドーの都市改造とガロンヌ河岸の変貌

20世紀後期、第二次大戦後のボルドーのまちは自動車社会の受容のための改造が進められ、河岸のルイ18世通りは、自動車のための幹線道路として往復4~6車線に改造されていく。

戦後のボルドー市政の舵取りを担ったのが、後に下流部に建設された大型の昇降式可動橋にその

名を刻む、約半世紀の間（47～95年）市長を務めたジャック・シャバン＝デルマス（Jacques Chaban-Delmas, 1915-2000）である。かつてのレジスタンスの闘士で、その間に国会議員そしてジョルジュ・ポンピドゥー政権のフランス共和国首相も兼務（69～72年）している。

港湾機能の衰退と自動車社会の進展を見据えて彼の選択した政策は、新たな産業基盤である工業化の推進と都市の拡張であり、例えばグランパーク地区（Quartier du Grand Parc）の開発、ボルドー大学の郊外移転（Talence Pessac Gradignan 地区）、そして都心環状道路の建設とガロンヌ川に架かる４つの橋（65年サン・ジャン橋［Pont de Saint-Jean］、67年アキテーヌ橋［Pont d'Aquitaine］、93年フランソワ・ミッテラン橋［Pont François Mitterrand］、２０１２年ジャック・シャバン・デルマス橋［Pont Jacques Chaban-Delmas］）を建設し、そして前掲の河岸道路ルイ18世通りの車道拡張整備を行っている。また、60～70年代には旧市街メリアディック地区（Mériadeck）の再開発計画を推進しているが、これはまさに１９３０年代にル・コルビュジエの提唱した「輝く都市」の具現化であり、ボルドーの歴史的な市街地への近代的なビル群の挿入は、当時から賛否両論が渦巻くこととなり、その評価はいまも二分されているという。

ともあれ、この時代の都市改造によって都市域は大きく拡張し、住民の郊外転出を誘発したことは言うまでもない。その結果、中心部の歴史的市街の人口は５万人近く流出し、空き家の増加が問題視されるようになったのは、他の欧州諸都市と共通する現象であった（注３‐２）。その間にブルス広場近くの河岸の港湾地帯の廃屋と化した上屋群は順次除却されていき、そこは自動車社会を象徴するかのように青空駐車場と化していく。

それが95年に新市長となったアラン・マリー・ジュペ（注３‐３）の登場で、河岸再生計画が大きく進展する。港湾管理者であるボルドー広域共同体（注３‐４）が主体となり、河岸再生基本計画が策定されることとなったのである。

写真３‐11　ジャック・シャバン＝デルマス橋、大型船が航行する際には、橋が上に上がる昇降式可動橋である

注３‐２　参考、拙著『まちの賑わいをとりもどす』花伝社、２０１７年

注３‐３　アラン・マリー・ジュペ（Alain Marie Juppé, 1945-）：１９９５～２００４年、２０１４年～市長在任。95～97年にかけて首相兼務

注３‐４　ボルドー広域共同体、ＣＵＢ：La Communauté Urbaine de Bordeaux、別名・ボルドーメトロポール。ボルドー市を中心とする28自治体によって構成される広域行政組織

写真3‐12　ブルス広場前の水鏡を楽しむ家族の姿

写真3‐13　水鏡の南側に広がるお花畑と芝生。ここは自由に出入りすることが可能となっている

写真3‐14　水鏡の北側に続くお花畑と河岸遊歩道。その向こうには豊かな緑が配されている

写真3‐15　河岸遊歩道と水鏡との間には段差が設けられ、そこは即席のベンチにもなる

写真3‐16　河岸遊歩道の船着場。ここは大型客船も停泊できる

## 4　ガロンヌ河岸再生計画の全貌

その再生計画とは、都心部に流入する自動車交通を抑制し、川沿いのルイ18世通りの約4・5㎞を対象に車道を往復2車線に縮小し、路内にはＬＲＴ専用軌道を併設するなど、河岸側の概ね80ｍの空間を市民主体の公園緑地と遊歩道へと改造するものであった。先の１９８６年に市内の交通渋滞を解消するためにボルドー地下鉄建設計画が決定したものの、財政的な課題から着工されずにいたことも幸いした。結果的に、97年には河岸側を隔てる無粋な鉄柵が撤去されることとなった。

99年にこの河岸再生計画はＣＵＢとボルドー市共催のもとで正式発表となり、その設計者選定のための公開設計コンペ（競技設計）が実施されている。応募された数多くの設計提案の中から選ばれたのが、

注3‐5　ミッシェル・コラジュ（Michel Corajoud, 1937-2014）：フランスを代表するペイザジスト（ランドスケープ・アーキテクトで都市デザイナー）、この作品が遺作の一つとなった

ランドスケープ・アーキテクトのミシェル・コラジュ（Michel Corajoud、注3－5）のチームで、翌00年1月に公表されている。同年3月には一部工事が着手され、新型ＬＲＴが03年に開通し、目玉プロジェクトであるブルス広場前の「水鏡」は06年の完成をみる。そして09年には川沿いの遊歩道と自転車道、そして緑地が整備され、その全貌を現すことになった。

このガロンヌ河岸再生計画は、現地では「le projet Corajoud pour les quais」、さしずめ日本語では「コラジュ・プロシェ」と訳すべきであろうか、設計者の名を冠する点は私どもから見ると実に羨ましい限りである。それだけ、実現した河岸プロムナードの空間に対する地元市民の高い評価を物語っており、この空間をデザインした設計者に敬意を表しているのである。

南の上流側のピエール橋側から北の下流側ジャック・シャバン＝デルマス橋までの４・５kmには、それぞれ特徴的な施設が配置され、質の高いデザインが展開されている。第1ゾーンはピエール橋の

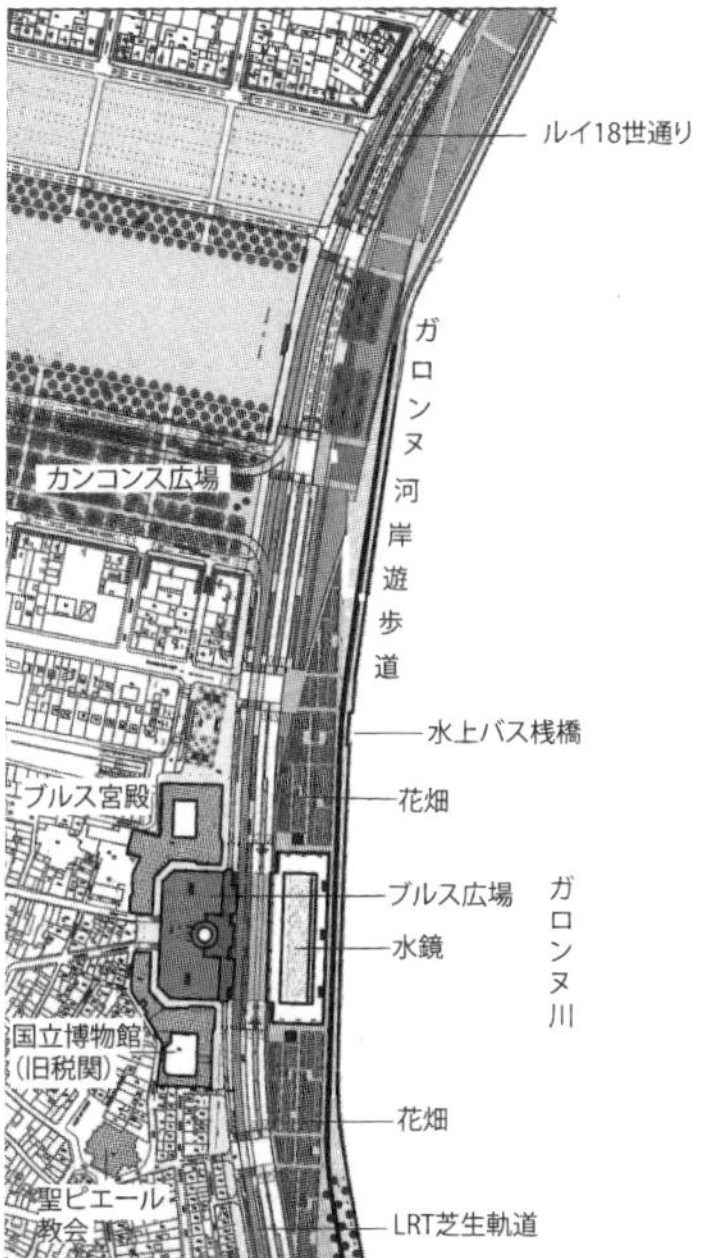


図3－3　ガロンヌ河岸遊歩道中心部の計画図。中央に水鏡、その両側に花畑・芝生の構成　出典：On Site: Landscape Architecture Europe, 2009、筆者が一部トレースの上キャプション日本語表記

写真3－17　ブルス広場の前面のガロンヌ河畔に配置された水鏡の夜景。水面には美しい広場の様式主義の建物群が映り込み、実に幻想的な光景が出現する

写真3-18　水鏡近くの遊歩道を行き交う散歩する家族連れや自転車利用の人々

写真3-19　第二ゾーンの水上バス乗り場。干満の差に対応するためにポンツーンが置かれている

写真3-20　北側の第5ゾーンには旧上屋を改造した計10棟もの店舗やレストランなどが連なる

写真3-21　河岸近くの通りには多くのオープンカフェが展開される。実に幸せな光景である

写真3-22　河岸に近いかつての市場の前の広場ではパラソルが並べられ、屋外飲食を楽しむ市民の姿がある

上流（南）側のサンジャン橋までの間の約600m区間の河岸緑地のサン・ミッシェルスポーツ公園(Parc des sports Saint-Michel)であり、ここは多くのジョギングやサイクリングなどを楽しむ人たちの拠点となっている。そして圧巻なのが第2ゾーンとされるピエール橋からボルドー現代美術館前の河岸部で、その中心施設が水鏡を中心とする石の広場である。周囲は花畑と低い植え込みの緑地で、天気の良い季節には多くの市民が日向ぼっこをしながら水辺の景観を楽しみ、語らう姿がある。また水鏡の薄い水面は、風の無い時間帯は背景のブルス宮殿を映す鏡ともなり、噴水やミストと戯れる人びとの光景がこの場の魅力となる。そして圧巻はライトアップされた宮殿が水鏡に映る夜景（写真3-17）で、これを目当てに多くの観光客がシャッターチャンスを伺う。実に心憎い演出装置である。

北側に続く第3ゾーンは、ボルドーの中心広場と言うべきカンコンス広場の前面に芝生公園（約1万5千㎡）が広がる。それに対し第4ゾーンは広場の設えでオープンカフェ・レストランのテラスとなり、

写真3-23　ボルドーの新名所となった2016年にオープンしたワイン博物館「シテ・デュ・ヴァン」

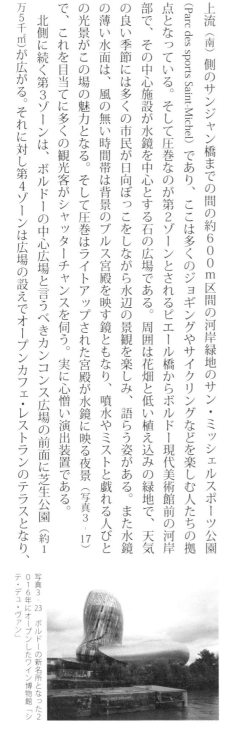

マルシェやローラースケート場、子供の遊び場などの多目的な利用の場となる。そして新たに造られたかつての倉庫をイメージするイベントホールが配されている。

その北側に広がる第5ゾーンは、かつての港の施設であった細長い旧上屋群の5番から14番を保存修復活用した2層の商業施設やレストラン、専門学校、レジャー施設である。その屋上は連結された駐車場となり、一番北側のジャック・シャバン＝デルマス橋のそばの車路から屋上に上がり、目当てのお店のある上屋まで延々と車を走らせることも可能で、それが功を奏し多くの集客があるという。

また長い河岸遊歩道に並行し、ＬＲＴやバスの公共交通共通チケットで乗れる水上バスが運行しており、上流のピエール橋の対岸からブルス広場前～倉庫街～ワイン博物館「シテ・デュ・ヴァン」～下流のアキテーヌ橋（Pont d'Aquitaine）のたもとの船着場間を往復している。とりわけワイン博物館船着場はＬＲＴとともに博物館に訪れる人たちへの貴重な足ともなり、多くの利用者で賑わっていた。

そして水辺の再開発の最終章とも言えるのが、同博物館の西側に広がるかつての近代港湾バカラン河岸一帯の広大な港湾地区である。中央に位置する船溜まりには今も船が停泊し、倉庫街としても活用されている。その最奥部に位置するのが旧ドイツ軍の潜水艦基地の巨大なコンクリート構造物の一部を活用した現代美術やアート、展示スペースの文化施設であり、長大さゆえに未利用空間も残され、多くが暫定のイベント対応となっているが、これも恒久活用に向けて改修が続けられている。その周囲も含めた港湾地区再生事業が順次進められ、新たな水辺の集合住宅を主体とした商業・業務等の複合施設群へと生まれ変わりつつある。

このようにガロンヌ河岸再生計画は、水辺のランドスケープ整備から旧港湾施設の保存再生、新たな住宅複合都市へと着実に成果を広げつつある。これも新たなボルドーの魅力地区に成長していくことは間違いないであろう。今後の展開が楽しみなまちの一つである。

写真3‐24　かつての倉庫街の再開発地区。足元には店舗やオフィス、上層階は集合住宅の複合型開発となる予定

写真3‐25　かつての倉庫街の再開発地区にオープンしたマーケット。多くの買い物客で賑わっていた

# 第4章　ローヌ川・ソーヌ川とリヨン・ローヌ左岸遊歩道（フランス）

フランス第二の都市リヨン（Lyon）市は、人口約45万人（広域行政体人口約165万人）を擁し、首都パリから南に約500㎞に位置する、ローヌ川（Le Rhône）とソーヌ川（La Saône）の合流点に拓かれた大都市である。その歴史は古代ローマに遡り、中世以降は絹織物産業で栄え、わが国の幕末、明治期から昭和初期にかけて生産された生糸や絹の輸出品はここに運ばれた後、欧州一円に拡がっていった。そして当時の一大金融中心都市でもあり、欧州でここに初めての海外支店を開いた横浜正金銀行に勤務した永井荷風が1909年に記した「ふらんす物語」には、このまちの繁栄ぶりが忠実に描かれるなど、わが国には馴染みの深い都市であったことがわかる。筆者のこのまちの初訪問は1976年、それから幾度か訪れた記憶があるが、実に印象深いのが、これから紹介するローヌ川左岸遊歩道の光景である。

## 1　リヨンのまちの繁栄を築いた両川の水運～鉄道

リヨンの街を形づくった2つの川を解説しておこう。ローヌ川はフランス4大河川の一つで全長812㎞、スイス国内のアルプス氷河を源流とし、ジュネーブ・レマン湖から12章で紹介するアヌシーを経て、この街でソーヌ川と合流し、南のアルルで2つのローヌ川（グラン・ローヌ、プティ・ローヌ）

図4-1　リヨン周辺の水系位置図　出典：注4-1

注4-1　Rivers in the City, Roy. Mann, Praeger Publisher, 1973

に分流し、地中海に注いでいる（図4－1）。

　一方のソーヌ川は北側のヴォージュ山地に源を有し、合流点リヨンに至るまで幾つかの支流を集める全長480㎞の川である。支流のドゥー川を経てライン川に、そして産業革命以降の開削となる中

図4－2　リヨン市街図におけるローヌ左岸遊歩道の位置

写真4－1　旧市街から望むローヌ川左岸のギョティエールテラス

写真4－2　旧市街のソーヌ川、デュ・パレ・ド・ジュスティス歩道橋から左岸側を望む

央運河（Canal du Centre）によってロアール川と、ブルゴーニュ運河（Canal de Bourgogne）でセーヌ川やマルヌ川、そしてミディ運河（Canal du Midi）でガロンヌ川やジロンド川を経てトゥールーズやボルドーとも繋がり、地中海からパリを経由して北大西洋へ注ぐ。

この２つの河川により、リヨンはフランス国内の主要都市を結ぶ河川・運河の大回廊の中心都市となる。それは地中海そして大西洋を経て、イギリスやアメリカ、そしてアフリカ南端の喜望峰を通過し、インド洋、太平洋、日本へと繋がれていった。

西を流れるソーヌ川と東を流れるローヌ川を境にして、このまちは大きく３つの異なった姿を見せる。まず、ソーヌの西側のフルヴィエールの丘の高台と川に挟まれ、１９９８年に世界遺産に指定された「旧市街」（Vieux Lyon：リヨンの歴史地区）には、ローマ時代からルネッサンス期の多くの歴史的建造物が残る。それに対し、ベルクール広場やカルノ広場を中心とした両川に挟まれた古典的な鉄道玄関口リヨン・ペラーシュ駅（Gare de Lyon-Perrache、１８５５年築）の北側に広がる界隈は「新市街」と呼ばれるリヨン一の繁華街であり、さらに、リヨン・パールデュー駅（Gare de Lyon-Part-Dieu、１９７８年開業、83年築）のＴＧＶ駅のあるローヌの東側は、「新・新市街」とも言うべき現代的なビジネス街の風情を見せる。

リヨンは、両川の水運がローマ期の街の成立から中世の発展の源となり、産業革命後の鉄道の発達とともに市街地が東に広がったとも言える。とりわけフランス初の鉄道とされるのが１８３２年に開業したサン＝テティエンヌ（Saint-Étienne）～リヨン間58㎞の路線で、パリ・リヨン駅への延伸は17年後の49年であった。首都パリに先んじてこの街に鉄道が引かれたのは、当時の繁栄の賜物であろう。その鉄道は地中海側のマルセイユまで55年に延伸され、荷役、旅客輸送は次第に並行する河川・運河の舟運を凌駕していくこととなる。

写真４・３　フルヴィエールの丘から望むリヨン市街、手前がソーヌ川

そして81年にパリ〜リヨン間の初のＴＧＶ営業路線が開業し、以降ＴＧＶ駅となったリヨン・パールデュー駅が新たな玄関口となっていく。そして中心部から約20㎞離れた空港と接続するリヨン・サン＝テグジュペリＴＧＶ駅（Gare de Saint-Exupéry TGV）が新線建設に伴い94年に開設され、09年にはリヨン・パールデュー駅との間を30分で結ぶ新型路面電車「ローヌ・エクスプレス」が開通している。

## 2　ローヌ左岸遊歩道整備へのプロセス

リヨンのまちの繁栄の基盤を支えたローヌ・ソーヌの両河岸は産業革命以降大きく変化した。物流の拠点となり周囲には工場倉庫の立地が進んでいったが、19世紀から20世紀に至り、物流の中心は鉄道そして自動車へと大きくシフトしていく。その結果、舟運は寂れ、取り残されたのが港湾物流の中

写真４－４　新たなリヨンの空の玄関口となったリヨン・サン＝テグジュペリ空港ＴＧＶ駅の外観

写真４－５　リヨンの新たな玄関口となったリヨン・パールデュー駅前の広場

写真４－６　旧市街のアントワンヌ・ポンセ広場からフルヴィエールの丘を望む

写真４－７　パールデュー駅側のローヌ左岸の新市街の夜景。ホテルやオフィスなどが立地している

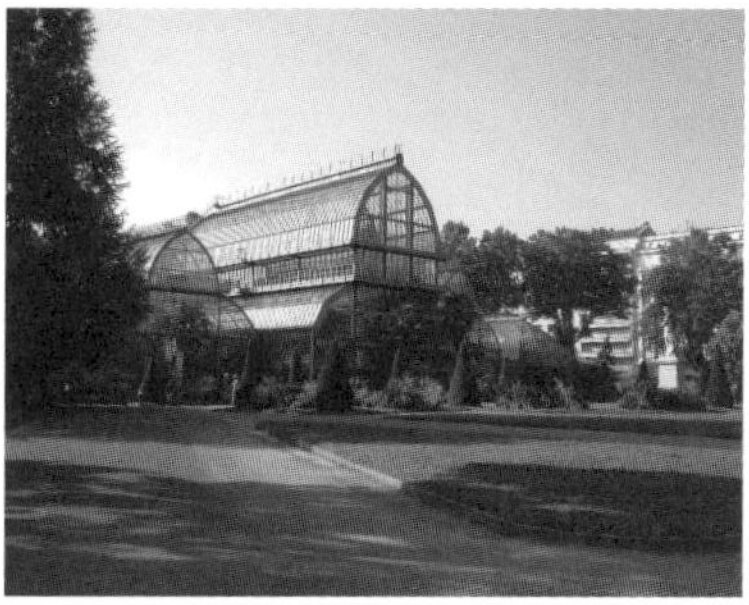
写真４－８　リヨンを代表する国内最大級の規模を誇る1887年に造られた由緒あるテット・ドール公園

心を担った旧河岸一帯であった。とりわけその中心を担ったローヌ川岸には、自動車社会の進展する第二次大戦後は市街側の右岸に高速道路A７号線が建設され（69年）、パールデュー駅側の左岸のギョティエール橋からラファイエット橋にかけての一帯の高水敷、かつての物揚場は一面が青空駐車場と化し、その駐車車両は数千台規模に及んでいたという。

それが01年に新市長となったジェラルド・コロンブ（Gérard Collomb,1947-）の登場によって大きく動き出す。ローヌ川左岸遊歩道計画（Ammagement des Berges du Rhnes）の始まりである。

そこで提唱された内容は、リヨンを代表するローヌ上流河川左岸湿地帯に造られた１２０haの国内最大級の規模の由緒あるテット・ドール公園(Parc de la Tête d'Or、１８５７年竣工)と下流の80ha規模のジェルラン公園（Parc de Gerland、00年竣工）との間、ウィンストン・チャーチル橋の上流から始まり、下流側の先に挙げた２つの橋を含む計９つの橋のたもとをくぐり鉄道橋を越えて、プリスクール半島の先端に至る幅20～30ｍ、延長５㎞、対象面積約10haのサイクリングコースを含む遊歩道の整備計画であった。

翌02年にはリヨン市長とリヨン広域行政体（グラン・リヨン）理事長の連名でローヌ左岸遊歩道計画の全体構想が発表され、議会によって承認された後、03年にグラン・リヨン主催によるデザインコンペが実施されている。そのコンペに先立ち同年、その後の公共事業にかかる計画案の決定から実現までのプロセスにおいて市民参加を促すための「グラン・リヨン市民参画憲章（Charte de la participation du Grand Lyon)」が採択されている。この憲章は大リヨンが執行するすべての事業への市民参加の概念とプロセス等を定めたもので、①合理性に基づく意思決定、②第三者によるチェック機能、③情報公開、④合意を図らない協議、⑤時間管理、等が定められるなど、その後の公的事業を行う際の規範となったのである。

写真４-９　１９７０年頃のローヌ川左岸の高水敷は青空駐車場と化していたことを示す航空写真　出典：注４-１

そして最終審査に残された3つの設計グループの案について、市庁舎前での市民公開のもとでプレゼンテーションが行われ、その後も続けられた。提案パネル展示には延べ8万5千人が訪れ、自由記帳ノートや質問票で多くのコメントが寄せられていった。その市民意見も踏まえ、専門家や市民代表等による審査会で最終的に選ばれたのが、インシーズ・アーキテクツ・ペイザジスト（IN SITU Architectes Paysagistes）を中心とするデザインチームである（注4-2）。

さらに２００３～05年の間に15回も開催された市民との対話型のワークショップなどの後に、現場のローヌ川のラファイエット橋～ウィルソン橋間に水面に浮かぶ船上展示館が設けられた。そこではデザイン案の図面パネルや模型展示が行われ、計画の周知とともに、市民からの様々なアイデアが寄せられている。その後、デザインチームを中心とした具体の設計に移行し、06年からの2カ年事業の改修工事を経て、07年に実現している。

注4-2 ランドスケープデザイン：インシーズ・アーキテクツ・ペイザジスト（In Sits Architectes Paysagistes、同社 Annie Tardivon, Emmanuel Jalbert）、協働：David Schulz, Yann Chabod, Eve Marre, Marie-Gabrielle Beuvier、建築設計：JOURDA architectes (Françoise Jourda)、照明：COUP D'ECLAT

写真4-10 ローヌ左岸遊歩道のカレッジ歩道橋橋詰のプレイコーナーと休憩空間

写真4-11 ウィルソン橋とギョティエール橋の間、水際には柵は設けられていない

写真4-12 遊歩道の芝生面で遊ぶ近所の子供たちの光景

写真4-13 遊歩道南側のベルジュ・デュ・ローヌ北公園近くの光景

写真4-14 ギョティエール・テラスの階段では多くの人が川を眺めて休憩する。川べりの徒渉池には子供たちの姿

## 3　ローヌ左岸遊歩道の環境デザイン

完成後の初訪問の際の第一印象は、実に質の高いレベルのランドスケープ作品に仕上がり、心地よい空間演出がなされているということで、長い区間の各所に多くの子供たちも含む老若男女の市民層がこの水辺に集い、憩い、楽しんでいたのも驚きであった。そして延長約５㎞の区間が８つのゾーンに分節化され、それぞれの場所の特性に合わせかつ自然生態系に配慮した、きめの細かい設計が行われている。ここでは遊歩道、自転車道に加え、芝生のピクニックサイト、プレイグラウンド、バレーボール、釣り、フィットネスエリア、スケートパーク、ドッグラン、プール、徒渉池、階段スロープ、船着き場、自転車置き場などが併設されている。水面には大型のレストラン船などが幾艘も係留され、賑わいの拠点となり、ところどころに木製ポンツーンが配され、多くのボートも係留されている。

遊歩道に沿って、８つの区間の特性にあわせた実に多様な樹種があたかも自然に育った河畔林を形成するように配されており、そこに草花、灌木類そして野草類がふんだんに植えられ、春から夏の色とりどりの花卉、秋にはススキ野原が出現する。また水際の水生植物や、遊歩道から見える魚たちの群れ、水鳥たちが浮かぶ景色が見られるなど、全体として野性味豊かな自然が回復され、多くの昆虫や小動物などの生息域となっている。

随所に多様なベンチやスツールなどの休憩施設が上手く設えられ、市民はそこで思い思いの活動が出来る。ちなみにほぼ中央に位置する河岸プールは１９６０年代の築で、これも高い配水塔などの施設をそのまま残して改修利用されている。

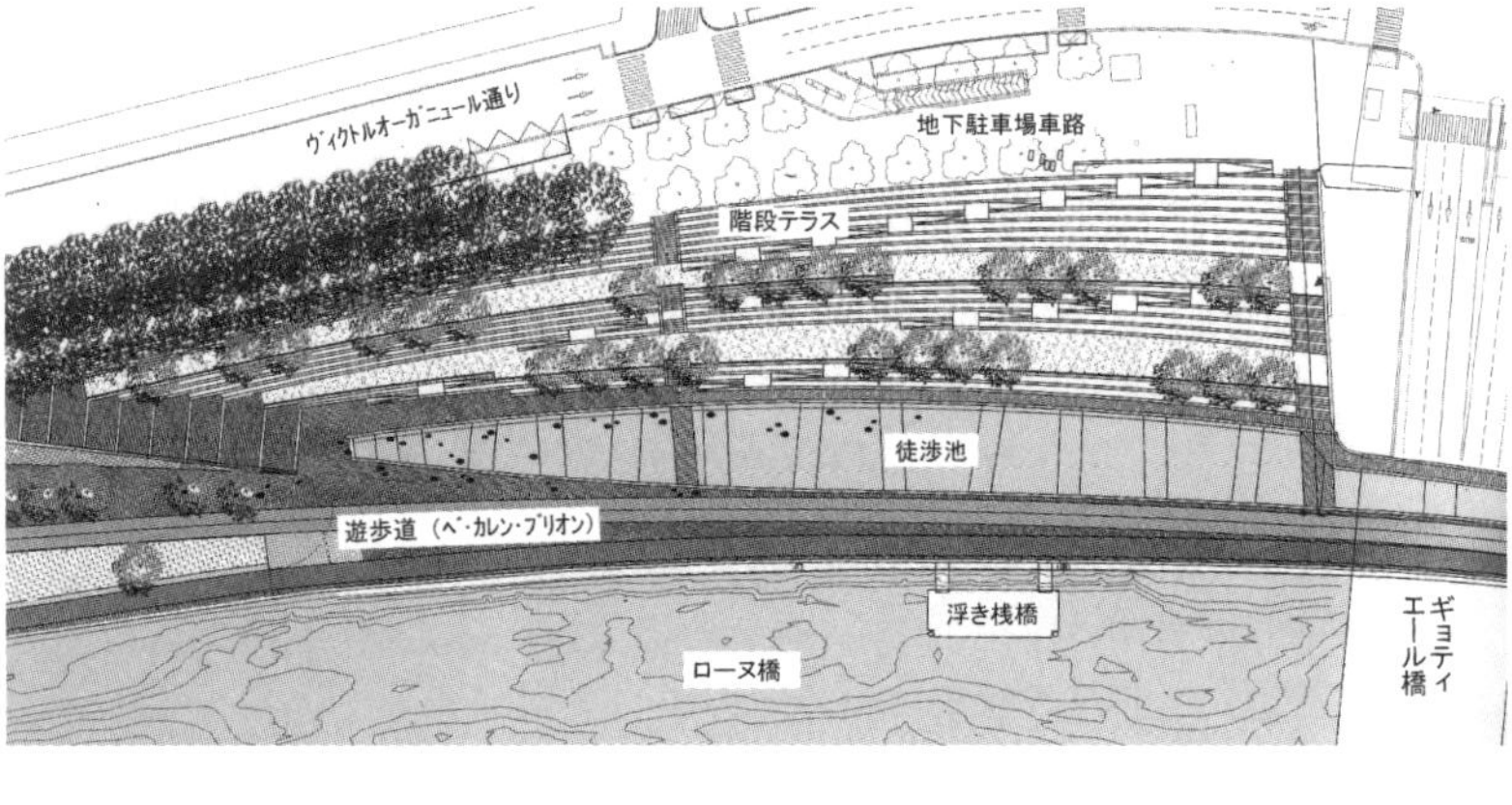


図４・３　ギョティエールテラスの計画平面図　出典：a+t architecture 35-36 STRATEGY Series Landscape Urbanism Strategies: STRATEGY PUBLIC, 2010、筆者が一部トレースの上キャプション日本語表記、原画 ©IN SITU.fr

その中で中心的な施設と言えるのが、プール上流側に位置するギョティエール橋東詰の両側に広がる、ギョティエール・テラスと命名された階段テラスの護岸と徒渉池の水面で構成される水辺空間である。この橋詰からは対岸の中心市街そして旧市街の丘を一望でき、階段テラスの中腹には日向ぼっこする老人や若者の姿があり、下面には水の張られた徒渉池で水遊びする子供たち、それを見守る母親たち、ローラーブレードで遊ぶ少年たちのいきいきした風景がある。ここも以前は単なる河川敷の駐車場であったという。まさに環境デザインの勝利と言うべき水辺の景観整備の事例であろう。

完成から2度目の訪問の印象は、高水敷内に植えられた樹木類が大きく成長し、あたかも昔からそこに自然に植わっていたかのようで、以前の駐車場として固い舗装面に覆われていたことを忘れさせるものであった。あらためて全線を踏破してみたが、いまやこのリヨンのまちを代表する賑わいのスポットとなり、この周囲に居住する多くの人々の日常の溜まり場となっているのである。

写真4-15　ギョティエール・テラスのひとコマ

写真4-16　ギョティエール橋とユニヴェルシテ橋の間の市民プール前の遊歩道

写真4-17　ラファイエット橋とギョティエール橋の間の遊歩道、川べりの遊歩道に多くの市民の姿

写真4-18　遊歩道にはレストランもオープンしている

写真4-19　ギョティエール・テラスの徒渉池を楽しむ子供たち

写真4-20　河岸内に設けられたスケボー広場。夕刻には若者たちが集まってくる

一方で、その対岸（西側）の「新市街」側のローヌ右岸は、北側の幹線道路のドクター・ガイユトン通り（Quai Dr Gailleton）、シュール・クレモン通り（Quai Jules Courmont）や、南側の高速Ａ７号線（Autoroute A7）が走る対照的な風景が続くが、この道路の交通機能が、逆に中心部の歩行者空間化、広場整備を支えていると言うこともできる。

## 4　リヨン中心市街の都市デザインプラン

次に、70年代以降進められる中心部の都市デザイン事情にも言及しておきたい。リヨンの中心部となる「新市街」プレスキル地区（Presqu'île ＝半島）のメインストリートと言えば、中央駅リヨン・ペラーシュ駅から北側のカルノ広場（Place Carnot）そして北に延びるビクトル・ユーゴー通り（Rue Victor

写真４‐21　リヨン・ペラーシュ駅北側のカルノ広場

写真４‐22　レピュブリック広場近くの同通りに展開するオープンカフェ風景

写真４‐23　リヨンの中心部、噴水のあるレピュブリック広場

写真４‐24　リヨン市庁舎とその前のテロー広場。並んだパラソルの下にカフェが広がっている

写真４‐25　リヨンのシンボル道路ともいうべき歩行者空間化されたレピュブリック通り

写真４‐26　ＺＡＣ地区となったコンフリュアンス地区の新たな商業施設と通りを走るＬＲＴ

Hugo)、ベルクール広場（Place Bellecour）からレピュブリック通り（Rue de la République）を経てコメディ広場（Place de la Comédie）へと続く延長約２㎞にわたる連続歩行者街路である。この一連の歩行者天国の実現は１９７４年、この下を走る地下鉄の完成とほぼ重なる。

その後、中心市街においては、80年代以降に自動車を締め出した歩行者街路や広場の整備が続々と進められていく。例えば、レピュブリック通りの中央に位置するレピュブリック広場は噴水広場に生まれ変わり（77年）、そして市庁舎前のテロー広場（Place des Terreaux、94年、設計：Christian Drevet＋Daniel Buren）、ジャコバン広場（Place des Jacobins、07年、設計：Jacqueline Osty）などが整備されていく。それは中心部の自動車交通抑制とも連動し、都市内公共交通整備すなわち地下鉄網、バス交通網に加え、新型トラム（ＬＲＴ）、ケーブルカーの整備も進められている。またこの時期に始まる歴史的建造物のライトアップや広場照明等の光環境計画、中でも毎年12月８日の前後４夜にわたって開催される「光の祭典」は、今では市内３５０カ所以上に拡がり、内外から数百万人もの来街客が訪れる一大インスタレーションへと成長した。

そしてプレスキル地区の南すなわち両河川の下流側、ローヌ左岸遊歩道の対岸のコンフリュアンス地区（Confluence）、かつての物流倉庫や造船所等の工場地帯であった一帯が協議整備地区（ＺＡＣ、注４‐３）に指定され、新たな住宅街とオフィス、商業等の複合都市に生まれ変わりつつある。その突端にあるコンフリュアンス博物館（Musée des Confluences）はまさにこの２つの河川の将来を象徴する実にシンボリックな建築である。その他、この新都市には様々な斬新な施設群が造られている。

このように、リヨンのまちは古代ローマから中世そして近世から近代の絹による繁栄の時代、そして未来志向を象徴する現代の施設群が集積し、そこに市民生活が密接に結びつき、実に魅力的な存在となっているのである。

写真４‐27　ローヌ川とソーヌ川の合流点の建つコンフリュアンス博物館、通称「クリスタルの雲」（Nuage de Cristal）。設計：コープ・ヒンメルブラウ Coop Himmelb(l)au

注４‐３　協議整備地区（ZAC＝Zone D'aménagement Concerté）：開発計画にあたっては従来の都市計画規制に捉われないいわば特区のような考え方で計画者に進める権限が認められる

参考　連載 ヨーロッパから学ぶ「豊かな都市」のつくり方１ アイデンティティを発露する人間中心の都心空間の創造、服部圭郎 配信：財団法人ハイライフ研究所

# 第5章　ライン河畔プロムナード(1)——ケルン（ドイツ）

本章では、アルプスの麓スイスに源を発し、ドイツそしてオランダを経て大西洋に流れるライン川の中流域の大都市ケルンの、ライン河畔プロムナードを紹介しよう。ケルンは次章で紹介するデュッセルドルフとともに古くから川の水運を活かした拠点都市として栄え、ともに産業革命以降の一大工業地帯ルール地方の玄関港として重要な地位を占める。20世紀の自動車社会の進展に伴い、かつての物流を支えた川沿いの道路に大量の自動車交通が流入し、次第に市街地と水辺とが分断されていく。一方で、自動車社会の中で郊外住宅開発が進行し、中心市街の居住人口も減少していく。

これに対し、１９６０〜70年代以降進められる中心市街の再生計画の中で、ともに地下トンネルバイパス計画を立案する。それが実現するのはケルンでは80年代、デュッセルドルフは90年代のことであった。

## 1　ケルンのまちの発展を支えたラインの水運

ケルン（Köln）の人口は約１００万人、ルール地方の最大の都市で、その地名の語源はローマ時代の植民都市（Colonia）に由来し、古くからライン川の水運によってまちが栄えてきた。ケルンの名所と言えば川の西側の高台にあるゴシック様式の大聖堂で、高さ１５７ｍの2本の塔で有名だが、その

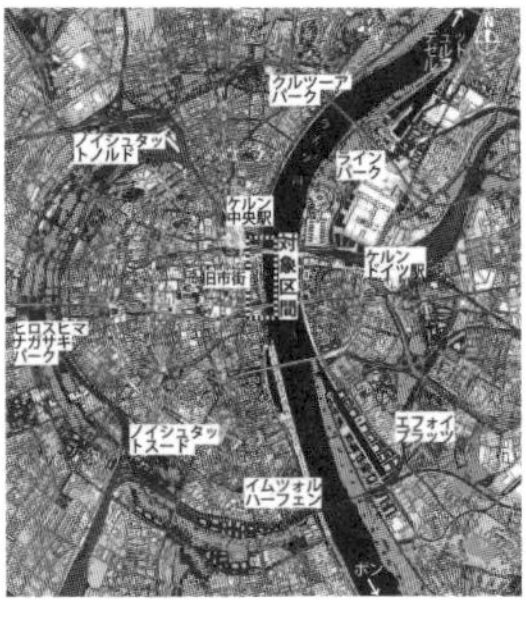


図5-1　ケルン市街図における対象区間。ライン川左岸の港を中心に環状に発達したケルン市街、その中央部にライン河畔プロムナードが位置する

着工は１２４８年、完成したのが５００余年後の１８８０年である。その川べりこそ、この街の成立を促した歴史的河川港であった。そして19世紀の産業革命以降発展し一大工業地帯となったルール地方の玄関港として重要な地位を占める。

あらためてケルンのまちの地図を見ると、中央駅と聖堂の前からホーエ通り（Hohe Straße）が南に延びる。欧州でもいち早く歩行者空間化されたことで知られるが、この通りとライン川に挟まれた区域がケルンの旧市街である。今はライン川の遊覧船発着場が並び、多くの観光客も訪れるこの一帯が、まちの原点とも言うべき歴史的港湾地区であり、この川べりの港を中心に半月状に市街が形成されてきたことが読み取れる。

写真５-１　ライン河畔プロムナードの緑地からみたローマ・ゲルマン博物館と大聖堂

写真５-２　ケルン大聖堂の前にあるケルン中央駅前広場

写真５-３　ケルン大聖堂前の広場には多くの人々が集まる

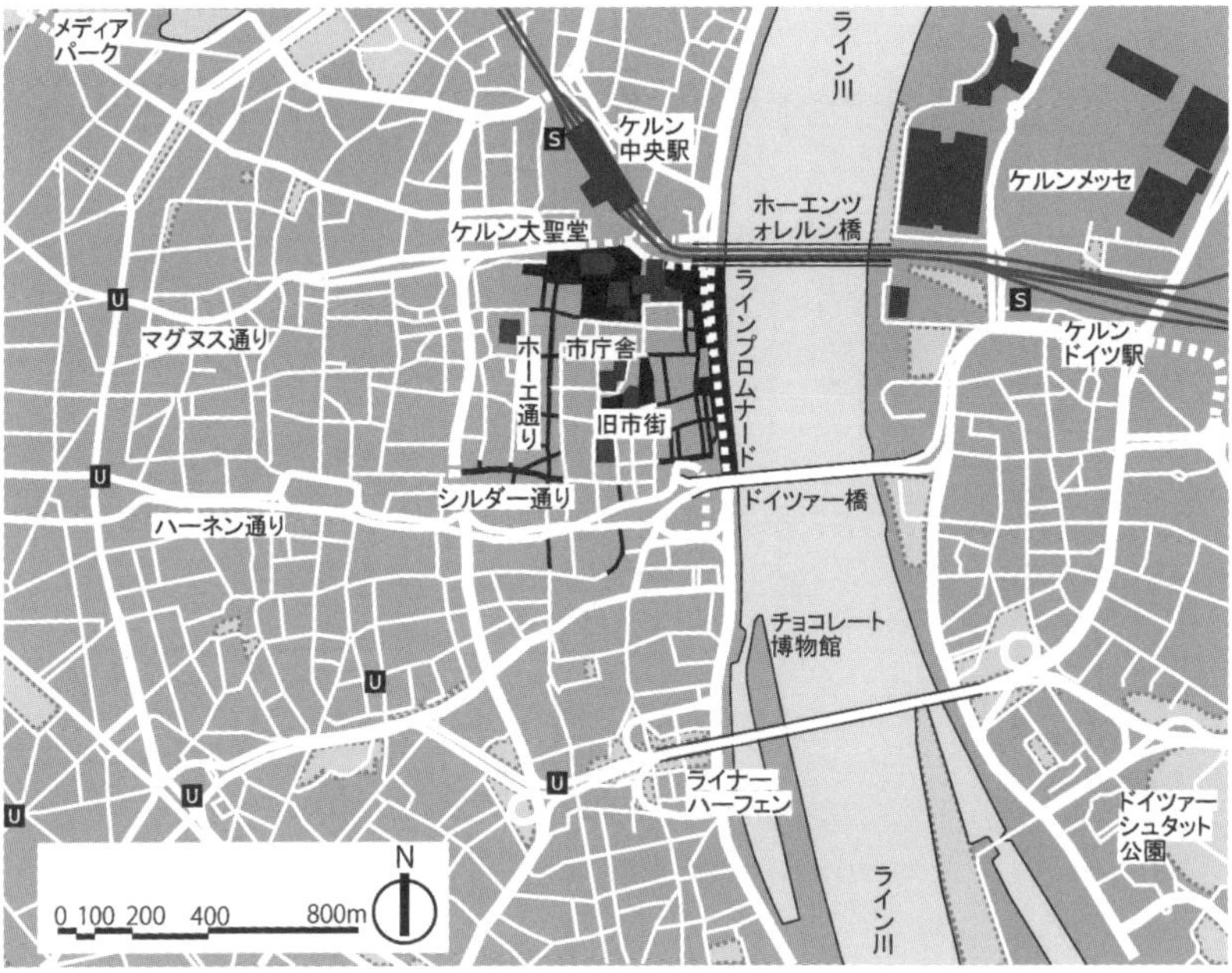

図５-２　ケルン市街図におけるライン河畔プロムナードの位置と歩行者街路

一方、鉄道のケルン中央駅は聖堂完成の21年前、1859年に北側至近の位置に開設され、以降、欧州の鉄道ターミナル都市としても発展してきた。しかし鉄道の発達と自動車の発明とともに、水運は衰退の一途を辿り、港湾は寂れていく。とりわけ1940年代の第二次大戦の空襲で市街は大きく破壊され、この街はいち早く戦災復興計画を導入し、街区の整序と自動車社会への対応を進めていく。

## 2　面的な広がりの歩行者区域の実現と商住複合型市街地

戦後、郊外開発が促進されると、中心市街地見直しの動きが始まる。駅前の大聖堂広場（Domplatte）から南に延びる商店街道路・ホーエ通り（幅員8・5m、延長450m）では、48年から限定的ながら自動車進入禁止措置が採られる。隣接するルール地方の工業都市・エッセンでの成功の報がこの街にも伝わると、59年から本格的な歩行者街路化の試みが進められ、午前10時から翌朝5時まで自動車進入が規制されている。その後、ホーエ通りから西に延びるシルダー通り（Schildergasse、幅員18m、延長500m）がノイマルクト広場（Neumarkt）まで歩行者街路に組み込まれる。そして、両通りともに本格的な歩行者街路としての装いを持たせるべく石畳とコンクリート平板の歩きやすい路面舗装と新たな街路灯などの改修が行われ、67年に完成する。同時に大聖堂広場および周辺街路も含めた歩行者区域に組み入れ、その総延長は1・42㎞にも及んでいる。

歩行者街路化の実現を支えるべく、市は65年に新しい総合交通計画を策定し、いち早く都心環状道路を建設するとともに、周囲に7千台の駐車場の確保を行っている。またLRTの復活に加え、地下鉄Uバーンなどの公共交通機関と連動する形で、郊外部にパーク・アンド・ライドの大規模駐車場の整備など、脱自動車のための環境整備も進められてきたことは言うまでもない。

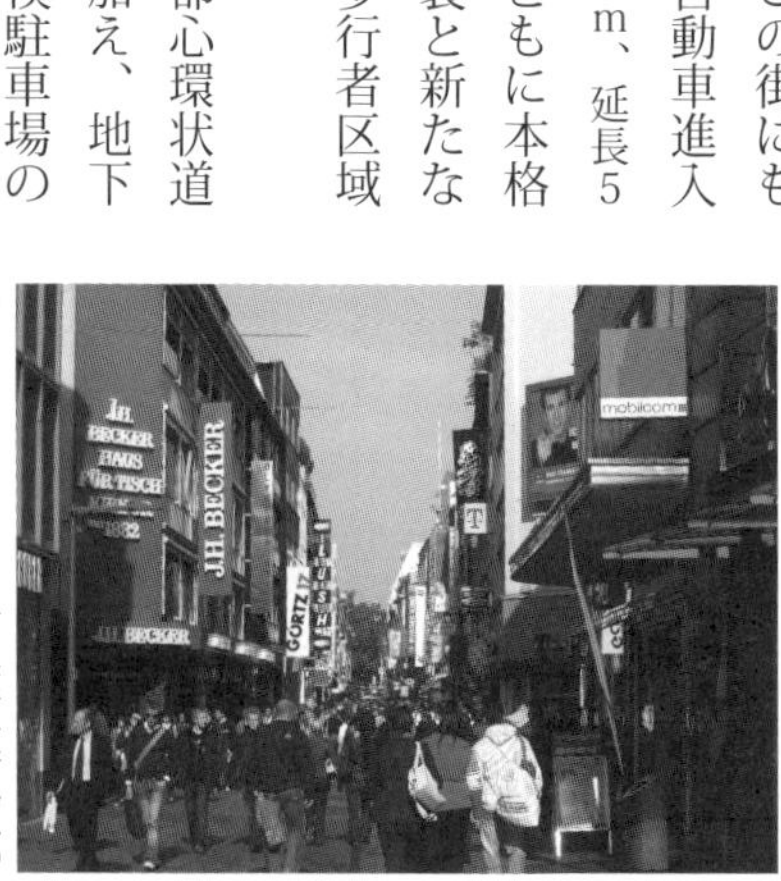

写真5・4　1967年に歩行者街路への改修が実現したケルンのホーエ通り

その後、歩行者街路は周辺区域にも続々と誕生する。その広がりは、かつての港町の風情を残すホーエ通りとライン川に挟まれた歴史的港湾地区、いわば旧市街の狭い街路網と飲食店街の連なるこのまちの原点ともいえる一帯にも波及する。ここも第二世界大戦の災禍を受け、市街の建物は大聖堂や幾つかの歴史的建物を除き多くが建て替えられたが、中でも市庁舎（Rathaus）からほど近い、昔風の居酒屋が数多く建ち並ぶアルター・マルクト（Alter Markt）やホイマルクト（Heumarkt）から川にかけての狭い路地の一帯は、旧き良きケルンの港町の雰囲気を保ち続けている。その区域一帯が歩行者区域に組み入れられ、後にライン川プロムナードの実現への伏線となっていくこととなった。

歩行者街路化は、シルダー通り西端の環状道路以西の新市街区域などへ大きく拡大していく。それと併せ、中心市街への人口呼び戻し策として、Bプランに基づき1階がショップやレストラン、2階より上層が住居階の立体用途が定められるなど、伝統的な4～5層の都市型集合住宅が保全されると

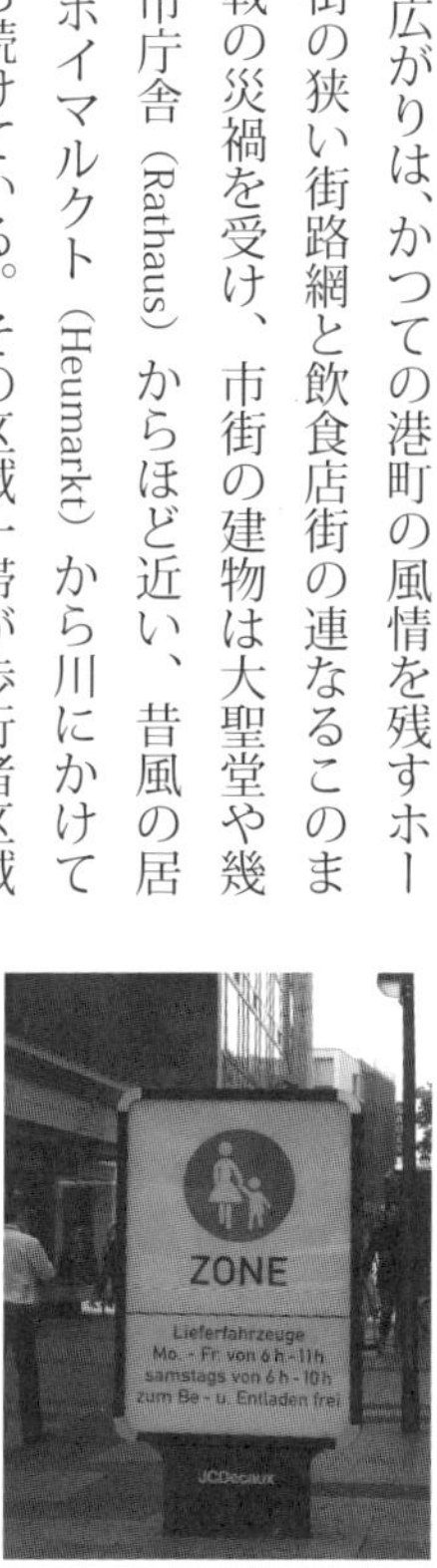

写真5 - 5　歩行者区域を示す交通標識。月～金曜日は午前6時～11時・土曜日午前6時～10時の時間帯のみ自動車の進入可能、日曜祭日は終日規制

写真5 - 6　多くの利用者で賑わうホーエ通り

写真5 - 7　シルダー通りの路上店舗の果物屋さん。周囲に生活街が存在することを示している

写真5 - 8　ホイマルクト広場でのオープンカフェ・レストランの風景

写真5 - 9　ライン河畔の旧魚市場近くのレストラン街。夕方以降は大いに賑わう

写真5 - 10　ライン河畔プロムナードから望むフランケンヴェルトの旧市街の街並み

ともに、新規の建替え事業においてもそれが踏襲されていく。このように、歩行者区域の実現と商住複合型市街地の回復とは連携しているのである。

## 3　市街とライン川を隔てていた連邦道路51号線の地下化計画

アルター・マルクトやホイマルクトから川にかけての狭い路地の一帯は、旧き良きケルンの港町の雰囲気を保ち続けているが、その前面の川沿いには、細長いラインガルテン（Rheingarten）が広がり、それに連続するプロムナードがある。その地下には１９８２年に完成した幅員24ｍ、計６車線のケルン・ライン河畔トンネル（Köln Rheinufertunnel）が走っているが、それ以前は、地上部に日交通量４万台の連邦道路（国道）51号線（Bundesstraße 51、ブレーメン～ザールブリュッケン間５７０㎞区間の一部）が走り、川と市街とを大きく分断していた。

地下化の背景には、１９５０年代以降の自動車の爆発的な増加があった。ライン河畔を通過する大量の自動車交通はもとより、市内に流入する車両交通が巻き起こす交通渋滞、騒音、排気ガスなどで市民生活は大きく支障をきたす。それは郊外住宅地の開発期と重なり、中心市街からの人口流出を誘発し、商店街の衰退などにもつながっていく。

ケルン市はそれを克服すべく、60年代にいち早く環状道路を建設し、前掲のように駅前の大聖堂広場からメインの商店街道路を含む中心部の面的な歩行者区域を設定し（シルダー通り［65年実施］とホーエ通り［67年］、大聖堂広場［Domplatte、70年］）、再活性化に取り組んできた。その歩行者空間整備の最終目標として、市街と川とを分断する51号線の地下化計画が位置づけられていたわけだが、そのルーツは戦前の40年代にまで遡り、その思いが戦災復興事業の進行する50年代そして60年代へと引き継がれ、

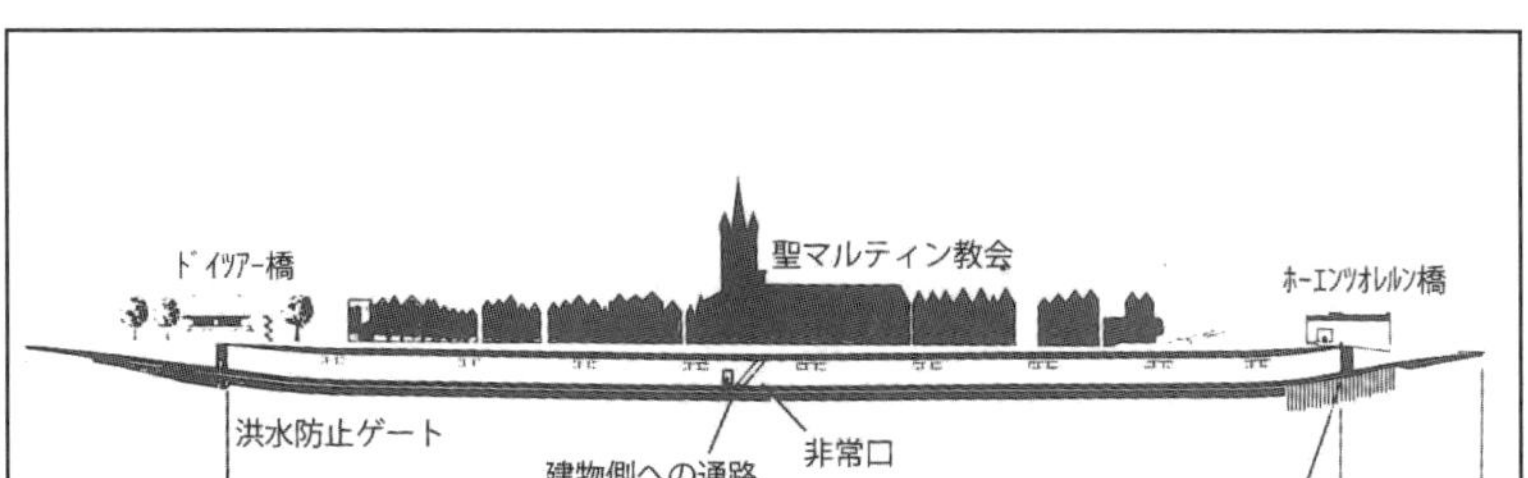

図５-３　ケルン・ライントンネル縦断面解説図　出典：注５-１

70年代にようやく実現に向けた具体策が動き出す。

## 4　2つの博物館計画と地下トンネル＋プロムナードデザイン

51号線の地下化計画が、2つの博物館計画と一体で進められたことを知る人は少ないだろう。その博物館とは大聖堂の裏手に74年に完成したローマ・ゲルマン博物館（Römisch-Germanisches Museum）と76年完成のルートヴィヒ美術館（Museum Ludwig）の2つのミュージアムで、そこから緩やかな坂を下った位置に、ライン河畔緑地とプロムナード、地下トンネルがある。

それらの完成の翌年（83年）に出版された建築雑誌（注5-1）に、2つの

写真5-11　ライン河畔トンネルの北側の入口部分

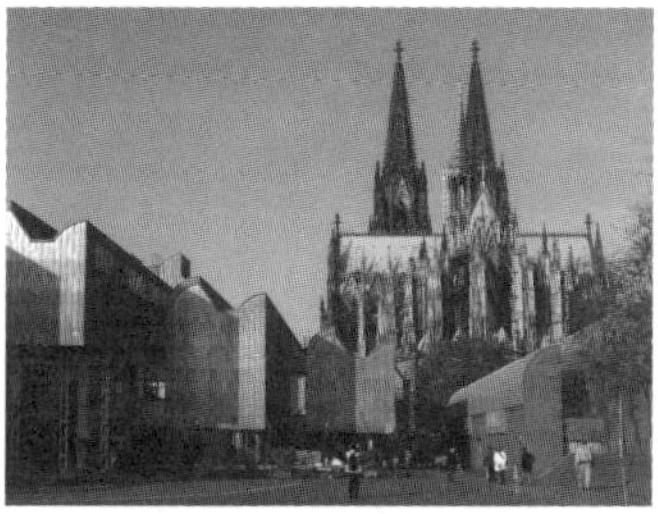

写真5-12　ケルン大聖堂とその脇にあるローマ・ゲルマン博物館（左）とルートヴィヒ美術館

写真5-13　国道地下化上部のライン河畔プロムナードとラインガルテンの緑地

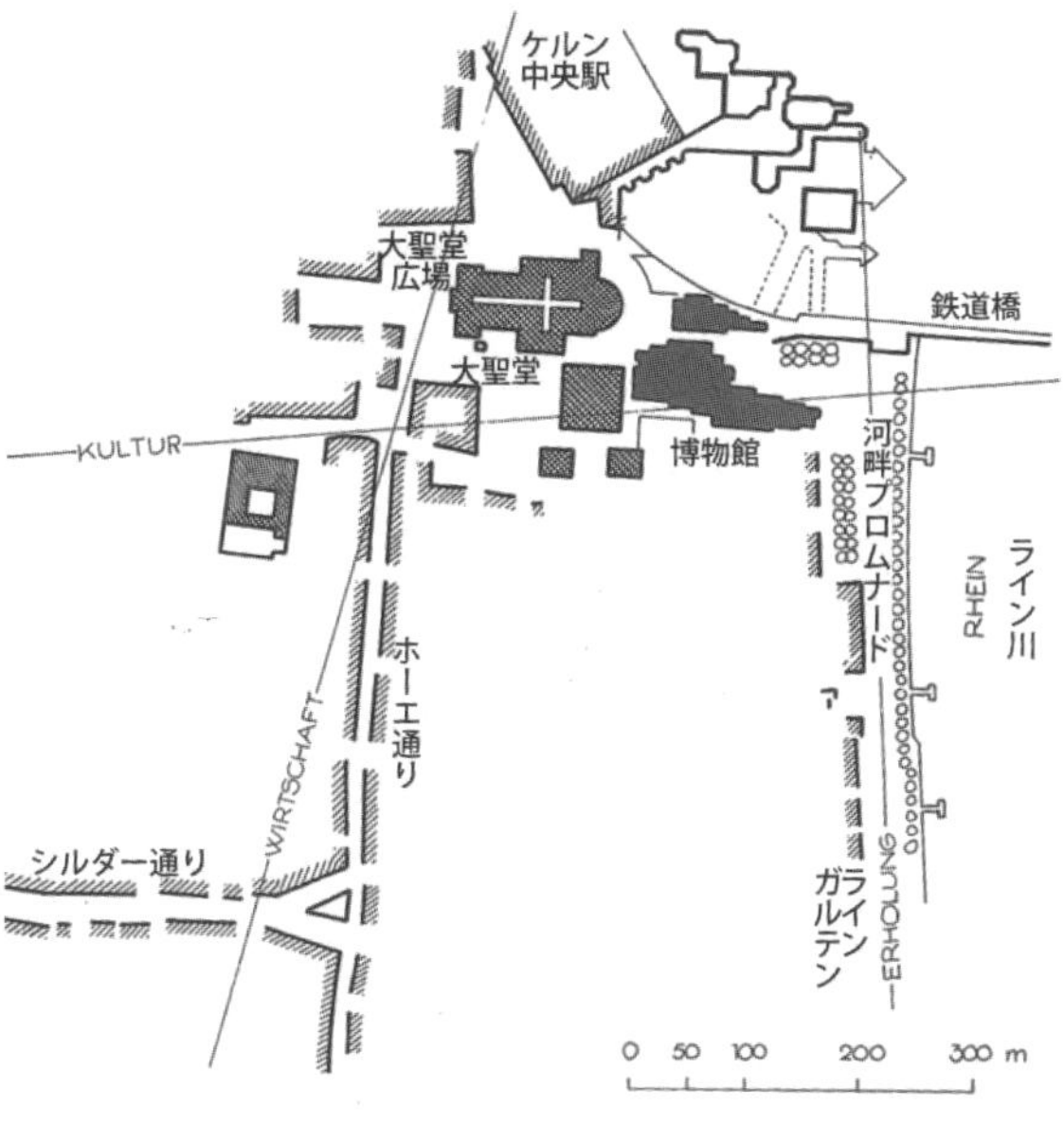


図5-4　ケルン中心部の2つの博物館とライン河畔プロムナード、ホーエ通りとシルダー通りの位置関係図　出典：注5-1

注5-1　出典：Baukultur 3/1983. THEMA・Flexibilität und Variabilität. Köln,ehv Niedernhausen EHV（独語・建築文化 3/1983. 特集：柔軟性と可変性）

写真5‐14　河畔プロムナード、ここに国道が走っていたことも忘れるのどかな風景

写真5‐15　国道地下化上部に設けられたラインガルテンの徒渉池に集まる多くの親子連れの光景

写真5‐16　ラインガルテンの芝生面で憩う家族連れ。向こうにライン川に浮かぶ船が見える

写真5‐17　ライン河畔プロムナードをジョギングする人たちも多く見かける

ミュージアムの建築計画と河畔緑地、道路地下化計画が紹介されている。これによると、これらの計画～設計は67年に始まり、ローマ・ゲルマン博物館の着工する70年までの3カ年、同時並行でトンネルの技術的検討などが行われてきた。地下化区間は南の道路橋・ドイツァー橋（Deutzerbrücke）と中央駅脇の鉄道橋・ホーエンツォレルン橋（Hohenzollernbrücke）間の約６００ｍと両側の接続ランプを含むわずか８００ｍだが、それを実現するにあたっては、周辺交通計画との整合性、大量の自動車を通しながらの工事計画、とりわけ歴史的市街であるがゆえの遺跡の調査も含め、多くの課題をクリアしていく必要があった。

現在は、トンネル上部の河畔プロムナードと緑地、それと一体化された2つの博物館の建物外構が実に魅力的な空間を演出し、そこに多くの市民の集う幸せな光景が展開する。しかもトンネルの存在は、あえて坑口付近を覗かない限りは誰も気が付かないように設えられている。このトンネルの完成

写真5‐18　ラインガルテンから望む河畔の風景

によって、ケルンの中心市街は母なるライン川との連続性を再び取り戻したのである。

　今ではかつてここに国道が走り、ライン川と中心市街を隔てていたという歴史的事実を忘れてしまうくらいに、街と川が結び付けられている。多くの市民がこの河畔に憩い、語らう、散策する、そのごく当たり前の行為が、大量の自動車の流れによって不可能となっていた。その地下化には多額の費用を要したが、これを批判する市民はいないであろう。それこそ、健全な都市計画の遂行によって、この水辺は甦ったのである。

　河畔プロムナードの南側には、２０１１年に完成したかつての河川港湾地区のライナウハーフェン再開発地区（Rheinauhafen、約15・4ha）が続く。今では職住複合型の３棟の斬新な高層建物群が並ぶ実に先端的な新市街風景となっているが、その足元には１８９８年に開港された当時の一部の建物やクレーンなどが当時の姿を刻む形で、生活利便施設や文化や展示や工房そしてオフィス空間へとリノベーションされている。これも物流手段の変革のなかで取り残された旧港地区の再生プロジェクトに他ならない。

　このように、ケルンはこのまちの発展の礎を築いたライン川を、市民のための空間へと転換することで、新たな生活街が続々と実現しつつある。

写真５‐19　かつての河川港湾地区のライナウハーフェン再開発地区に実現した新たな風景

# 第6章　ライン河畔プロムナード(2)——デュッセルドルフ（ドイツ）

ケルンからライン川を約40㎞下ったところに位置するデュッセルドルフ（人口約60万人）は、古くから川の水運を活かした拠点都市として栄え、産業革命以降、鉄と石炭で栄えたルール地方の玄関港として重要な地位を占めてきた。ここでは港からの物資を各地に向けて輸送するための道路網が発達し、それらは、20世紀の自動車社会の進展に伴い舟運から自動車輸送へと大きくシフトする中で、交通量の増加を受け入れるべく拡幅されていく。このデュッセルドルフにおいても川沿いの道は連邦道路（国道）に指定され、次第に増えていく自動車交通によって川と市街地とは大きく隔絶されていく。それを地下化する話が持ち上がるのが１９３０年代、それが実現するのが前章で紹介したケルンの道路地下化から遅れること10年ほどの80年代であった。

現在、国道跡には素晴らしい河畔プロムナードが実現し、その脇の高水敷には夏になると世界最大級とも言うべき河畔の屋台街が出現する。その地下化プロジェクトを紹介しよう。

## 1　ラインの舟運と陸上交通の交わるデュッセルドルフ

ライン川の蛇行する右岸側に発達したデュッセルドルフは、スイスからドイツ、オランダを経て北大西洋へと欧州を貫く大動脈・ライン川の物流の中継の港として発展した。今では広く長い高水敷が

写真6‐1　南側のラインクニー橋から望むライン河畔プロムナードの全景（デュッセルドルフ）

連なり、その一角にライン観光船発着場が存在するが、つい数十年前までこの地方最大の大型船の寄港する物流港であり、そのためには広大な物揚場が必要なのであった。その背面には、聖ランベトゥス教会、マルクト広場、そして市庁舎や主要公共施設が位置しているが、この河川港がまちの繁栄の礎を築いた原点であり、周囲に歴史的な旧市街の街並みが残されている所以である。

旧市街と川との間に永らく存在していたのが、ドイツを東西に貫く街道、連邦道路1号線（Bundesstraße 1、アーヘン～ブランデンブルグ間780㎞）である。ここはかつての馬車の時代から20世紀の自動車社会へと移行する間、ラインの舟運と陸上交通の交わる重要な物流結節地でもあった。それがこのまちの成立要因でもある。

その旧市街の南隣のカールシュタット（Karlstadt）と呼ばれる地区は、かつての「旧港」すなわち歴史的港湾であり、比較的小さな船で物資や人を運ぶ時代に発達した中世～近世の時代の港で、川とは堤防で隔てられた内港の形状の船溜まりの名残でもある。それに対しさらに南側に連なる「新港」を冠するのは、かつてのベルガー内港である。南のラインクニー橋（Rheinkniebrücke）以西に広がるメディエンハーフェン地区は、

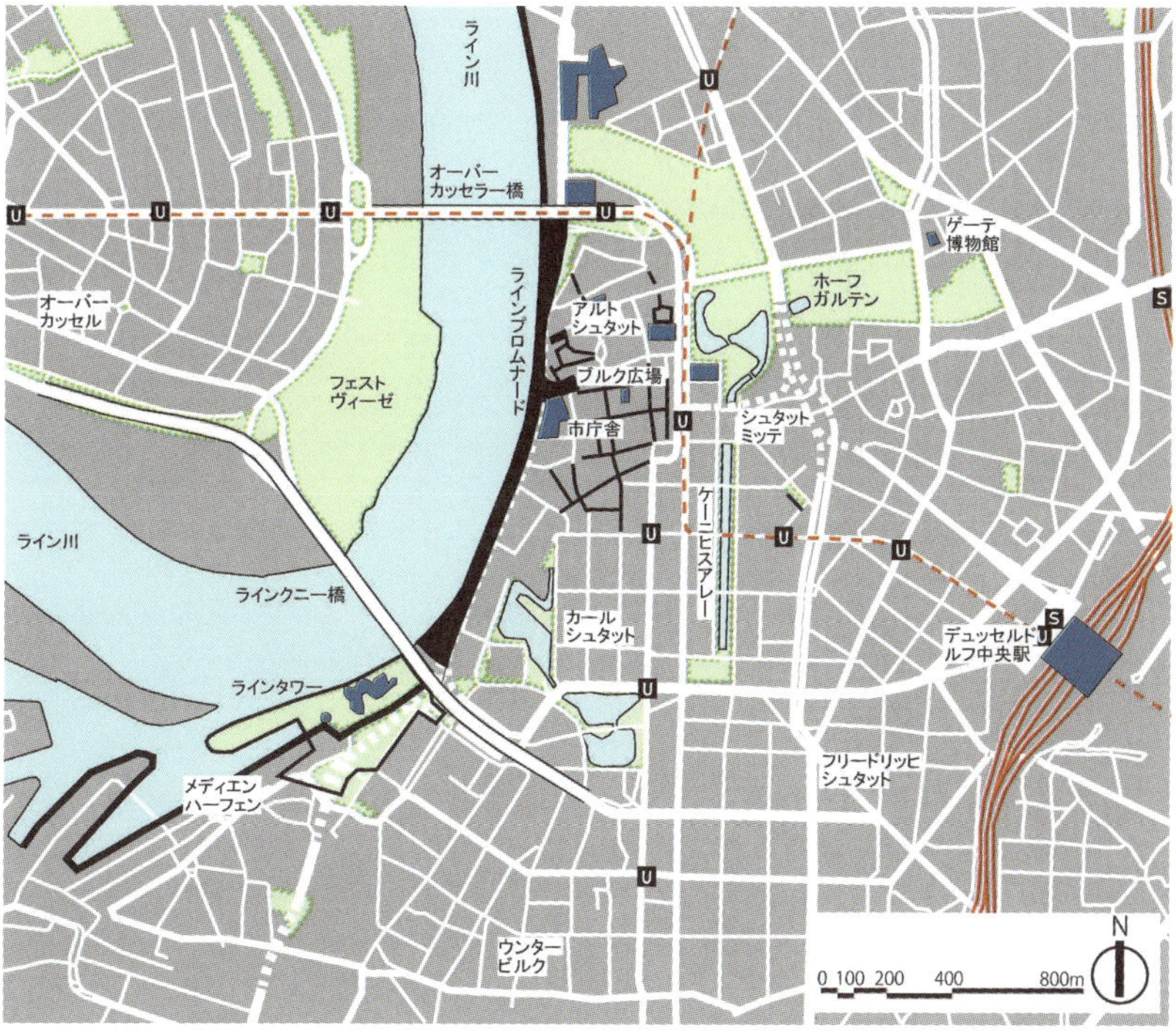

図6-1 デュッセルドルフ中心市街地図

産業革命期以降の近代化を支えた新港地区で、数十年前までは広大な港湾倉庫街が形成されていたが、今はラインタワー（高さ240m、82年完成）を中心に、ほぼ大半が埋立てによって、行政文化施設、オフィス・商業施設、住宅などからなる複合型の新都市が建設されている。

## 2　60年代より始まる旧市街の歩行者空間

ドイツ初、いや世界初の、中心市街の歩行者街路が実現したとされるのが、このデュッセルドルフの北東約40㎞に位置するエッセンの街（1930年代）である。2番目が前掲のケルン（50年代）とされ、そのほぼ中間点に位置するデュッセルドルフも、行政主導でいち早く60年代には面的な広がりを有する2カ所の歩行者区域が成立している。

その一つが、市庁舎とマルクト広場の東側に拡がるアルトシュタット（Altstadt）と呼ばれる旧市街の一角である。メルテン通り、カプツィーナー通りの南北の通りを軸に、漢字の「王」の字の形で東西方向に延びるクルツェ通り、アンドレアス通り、ボルカー通り、フリンガー通りにグラーベン通りを加えた幅員6〜11m程度の街路網の区域である。もう一つがこの街のシンボル的なお堀端の並木道ケーニッヒスアレー（Königsallee）の東、ヨハネ教会の北側に位置する、シャードー通り、スカド広場（Schadowplatz）、ブルーメン通りなどの一角であった。いずれの沿道にも飲食街や商店街が形成され、これらの街路網の自動車進入規制時間帯は概ね午前10時30分より午後7時までと定められ、通りごとに沿道条件に基づき多少の前後は許容されていたことも、面的な歩行者区域の成立を促してきた要因と言えよう。

市は歩行者区域の実現のため、都心環状道路建設、公共交通機関の拡充、集合駐車場建設など様々

写真6-2　旧市街の歩行者街路の通りの両端のオープンカフェが連続する光景（2015年）

写真6-3　旧市街の歩行者区域の交通標識（2015年）

な施策を展開する。公共交通機関の最たるものが地下鉄Uバーンそして近郊鉄道のSバーン、LRTの整備であり、そのシステムは一元化されていく。これら施策は結果として、中心市街の生活環境の向上に大きく寄与することとなり、一時は郊外居住のために中心部を離れた人たちの帰還を促進することとなった。それは年々拡大していった歩行者街路網の実現、すなわち歩行者区域の拡張へとつながったのである。

筆者の初訪問は1976年で、その後2013年、15年とほぼ40年ぶりの再訪であったが、以前にも増して街なかは素晴らしいほどの賑わいを見せていた。これも他都市の解説と同様に、中心市街の居住人口の回復が着実に図られてきたことを物語るものであろう。

あわせて驚くのは、路上飲食のオープンカフェ風景の定着である。その最たるものが、ライン川の

注6－1　出典：La reconquista de Europa: espacio publico urbano 1980-1999 (= La reconquesta d'Europa: espai public urbà); Published by Institut d'Edicionis, 1999

注6－2　Landeshauptstadt Düsseldorf / Tieflegung Rheinuferstraß・Die Stadt kehrt zurück an den Rhein.

写真6－4　1980年代のライン河畔道路（国道1号線）の自動車交通の状況。一日当たり5万5千台の交通量　出典：注6－1

写真6－5　ライン河畔プロムナードの現在の風景（国道地下化の上部空間）

写真6－6　57年当時のまだ自動車交通量が少ない時代の国道1号線の北側からの風景　出典：注6－2

写真6－7　2013年の北側のオーバーカッセラー橋から見たトンネルの坑口

図6－2　ライン河畔プロムナード・トンネル断面図　出典：注6－2

右岸高水敷で展開される世界最大規模とされるオープンカフェ・レストラン街の光景に他ならない。これこそケルンと同様に国道地下化によって実現したものだが、あらためてこの経緯を再確認してみよう。

## 3　ライン河畔を走る国道1号線の地下化計画

川沿いの街道が連邦道路となるのが戦前の１９３２年で、自動車社会の進展とともに水運が廃れていく。かつての港湾の衰退と相反して道路は拡幅され、往復6車線のドイツを代表する大動脈となり、70年代には日交通量が約6万台を超え、年間2千万台近くに達する。かつての物揚場は駐車場と化し、川沿いは自動車に占拠され、それがライン川と旧市街とを分断する大きな障壁となり、市民生活は川とは切り離されていく。

市は戦災復興計画の中で同道路の地下化計画を検討するも、当時の厳しい財政状況下では実現に至らず、それが市議会によって承認されるのは約40年後の87年であった。新都市メディエンハーフェン地区の再開発計画が始動し、79年にノルトライン・ウェストファーレン州議会の移転が決定する。議事堂建築計画が動き出すが、敷地前面を走る連邦道路と北側の高架・ラインクニー橋に挟まれた場所ゆえ、歩行者動線と環境面での課題を抱えていた。そこに永年の悲願でもあった連邦道路の地下化計画が84年に再浮上し、市庁舎北側のオーバーカッセラー橋からラインクニー橋を経て、メディエンハーフェン南側のグラドバッハー通り間の約２㎞区間がその検討対象となる。当然のことながら、82年のケルンの成功に触発されたといってよいだろう。87年12月市議会でその計画が承認され、かくして地下トンネル工事は90年に始まり、93年末には完成している。

写真6・8　ライン河畔プロムナードの中間点、市庁舎前の階段護岸にたたずむ多くの市民の姿。向こうの橋はオーバーカッセラー橋

## 4　ライン河畔プロムナードと世界最大規模の高水敷のオープンレストラン街

プラタナス並木のライン河畔プロムナードは、トンネル開通2年後の1995年に完成したが、総延長とその一段下のかつての物揚場の高水敷で展開される様々な活動は、筆者が訪れた河畔プロムナードの中では最大級の規模であった。高水敷の広い空間に数百柱ものパラソルやオーニング、テントが並び、また様々な催し物・ダンスなどの会場となり、ブルグ広場前の大階段はイベントの観客席となる。

その他、プロムナード沿いには水面を望む芝生広場、木陰のベンチや街灯、かつての港湾を彷彿する灯台遺構やクラシックな時計塔、そしてデザインされたトンネル換気塔などがあり、実に上手くデ

写真6・9　市庁舎前の階段護岸からラインクニー橋とラインタワー方向を望む

写真6・10　高水敷で展開されるオープンレストラン、向こうに市庁舎の尖塔がみえる

写真6・11　夏の高水敷のオープンレストランには多くの市民が繰り出している

写真6・12　高水敷のレストランでの食事、歓談風景

写真6・13　実に微笑ましいオープンカフェ・レストランの光景

写真6-14 船着場の前面の高水敷の広場は即席のダンス会場ともなる

写真6-15 ラインクニー橋の近くの芝生面、夕涼みや日向ぼっこなどの市民が休む光景が続く

写真6-16 ラインクニー橋の側からラインプロムナードと芝生斜面を望む

写真6-17 ラインクニー橋の脇のカフェの前にはパラソルが置かれ、休憩する人々も少なくない

写真6-18 メディエンハーフェン地区を走るLRT

ザインされている。ちなみに河畔プロムナードの設計者は、コンペで選ばれた地元デュッセルドルフの建築家で都市デザイナーのニコラウス・フリッチ（注6-3）であり、このプロジェクトは98年ドイツ都市計画賞（Deutscher Städtebaupreis）を受賞している。なお、高水敷のオープンレストランの厨房、常設のレストランやバー、そして公衆トイレがかつての港湾倉庫や事務所を活用した形でプロムナード地下に設けられている。

前章のケルンとデュッセルドルフの2つのドイツの事例は、これこそ都市計画と土木、建築、ランドスケープなどの多くのデザイナーとエンジニアのコラボレーションによって実現した風景である。行き過ぎた自動車社会によって奪われた水辺環境を市民の手にとりもどす——80年代から各地で加速していく運動を象徴するプロジェクトとも言えよう。

注6-3 Niklaus Fritschi, Benedikt Stahl, Günter Baum の共同主宰（Atelier_FSB：http://www.fritschi-stahl.de/）

注6-4 参考：春日井道彦氏の「ライン河岸プロムナード・道路地下化で河辺を取り戻したデュッセルドルフ」、http://www.kasugai.de/buero/mirror/Gakugei/mi0401.htm、服部圭郎氏の「ヨーロッパから学ぶ『豊かな都市』のつくり方：公益財団法人ハイライフ研究所・デュッセルドルフ」http://www.hilife.or.jp/yutakanatoshi/yutakanatoshi_3.pdf

## 5　メディエンハーフェン地区の複合開発の先端都市

河畔プロムナードの南、ライン川上流側に前掲のメディエンハーフェン（MedienHafen）の港湾再開発地区がある。かつての港湾水面を残し、ラインタワーの周囲に配された世界の先端的な建築家たちによるオフィスやホテル、集合住宅等の建物群が存在する。その中で異彩を放つのは、フランク・ゲーリー設計の「ノイアー・ツォルホーフ（Neuer Zollhof）」の3棟のオフィスと集合住宅であるが、これに代表されるように開発計画も実に斬新である。同時に歴史への配慮もなされ、歴史的港湾の水面は保全され、その周囲を巡る遊歩道にはかつて稼働したクレーン、そして移動の痕跡を留めるレールも遺されている。さらに、カラフルな外装の建物や極端に迫り出した建物の足元に、長い間放置されていたであろう港湾倉庫が上手に改修されるなど多様な風景が演出され、そこにはメディア・広告会社やクリエイター、デザイナーの事務所として、またレストランや専門学校としても活用されている。

その意味では、再開発地区といえども単一用途に偏らず、既存市街と同様の複合用途地区として、現代版「生活街」の形成が図られている。そこでは豊かな公園緑地や水際遊歩道に沿って、市内と同じようにオープンカフェも展開されている。この開発計画およびデュッセルドルフの街づくりは、明らかに新しい時代の都市計画＝アーバンデザイン計画の先端を行っているように思える。

写真6・19　メディエンハーフェンの新しいビル群とラインタワー

# 第7章　河川上空高速道路建設中止——チューリッヒのジール川（スイス）

これまでに解説したような、欧州諸都市における河川と市街を隔てる高速道路や幹線道路の地下化の議論が始まるのは１９７０年代以降のことだが、これに大きな影響を与えたとされるのが、スイス最大の都市・チューリッヒ（Zürich、人口約40万人）市内の河川上空高速道路計画に対する住民の反対運動に端を発する計画中止である。市街を南西から北へと貫くジール川（Sihl）の上空に、60年代、高速道路工事が開始され、南側区間が70年代に完成して開通するも、その後の北への延伸が中断したままの高架高速道路がある。その建設中断に至る経緯は、その後の世界の都市内高架道路計画の転換、そして川と市街を分断する幹線道路計画の見直しへの契機となったとも言われる。知る人が少ないと思われる、この事例を紹介しておきたい。

## 1　チューリッヒ市街の形成とリマト川・ジール川

チューリッヒは南に大きく広がるチューリッヒ湖（Zürichsee）の北西端に位置し、この地から流れ出るリマト川（Limmat）はアーレ川に繋がり、首都のベルン市街を流れ、北西部のコブレンツで大河のライン川に合流し、ドイツそしてオランダを経て大西洋に注ぐ。水に恵まれたこのまちは、欧州の東西そして南北を結ぶ交通の要衝として重要な位置にあり、その歴史は紀元前のローマ時代から始ま

写真7-1　チューリッヒ湖からチューリッヒの中心市街を望む。正面の川はリマト川、右の教会は聖母教会、左の塔は聖ペーター教会、対象地のジール川はその背後にある

り、中世にはスイスにおける宗教改革の拠点となり、また近世そして近代以降も道路・鉄道のターミナル都市として、また国際金融拠点としても名高い。

河川上空の高架高速道路建設中断の舞台となったジール川は、チューリッヒ中心市街の西側を流れ、チューリッヒ中央駅付近でリマト

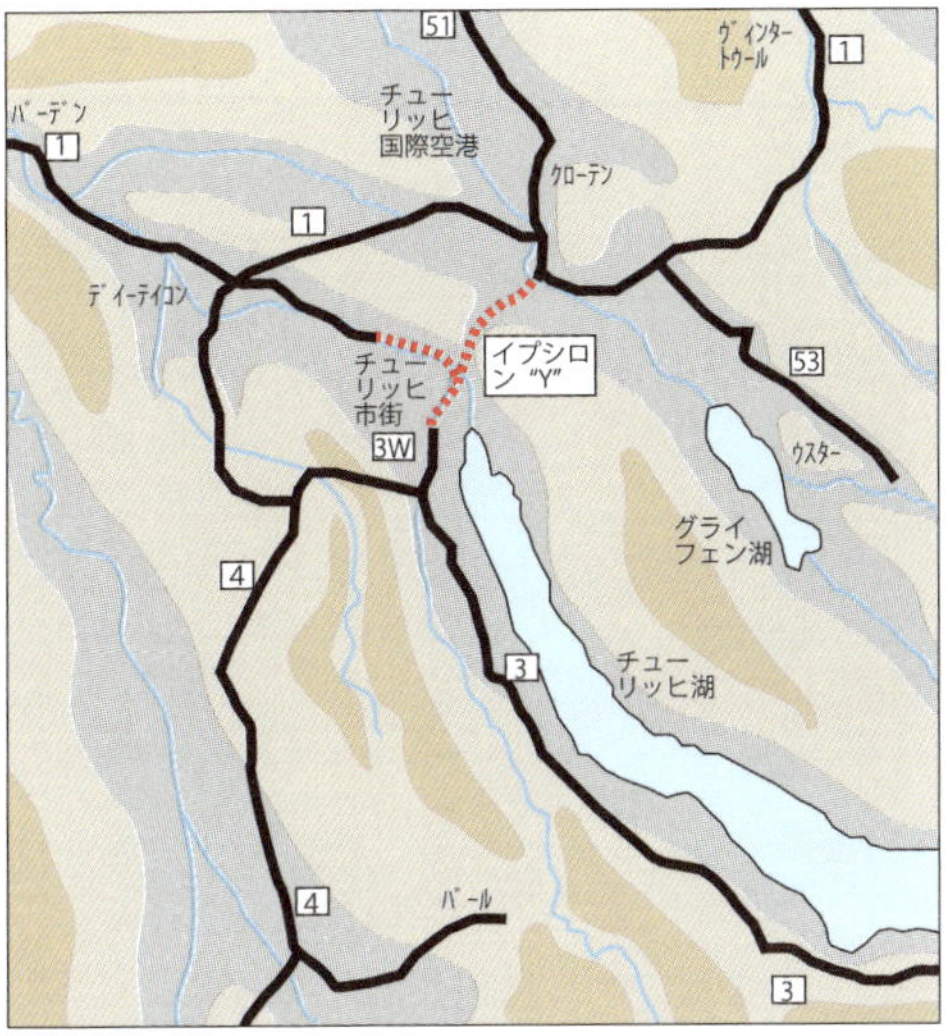


図7-2　チューリッヒを取り巻く高速道路網、未開通の部分が濃い色の「イプシロンY」と呼ばれる路線

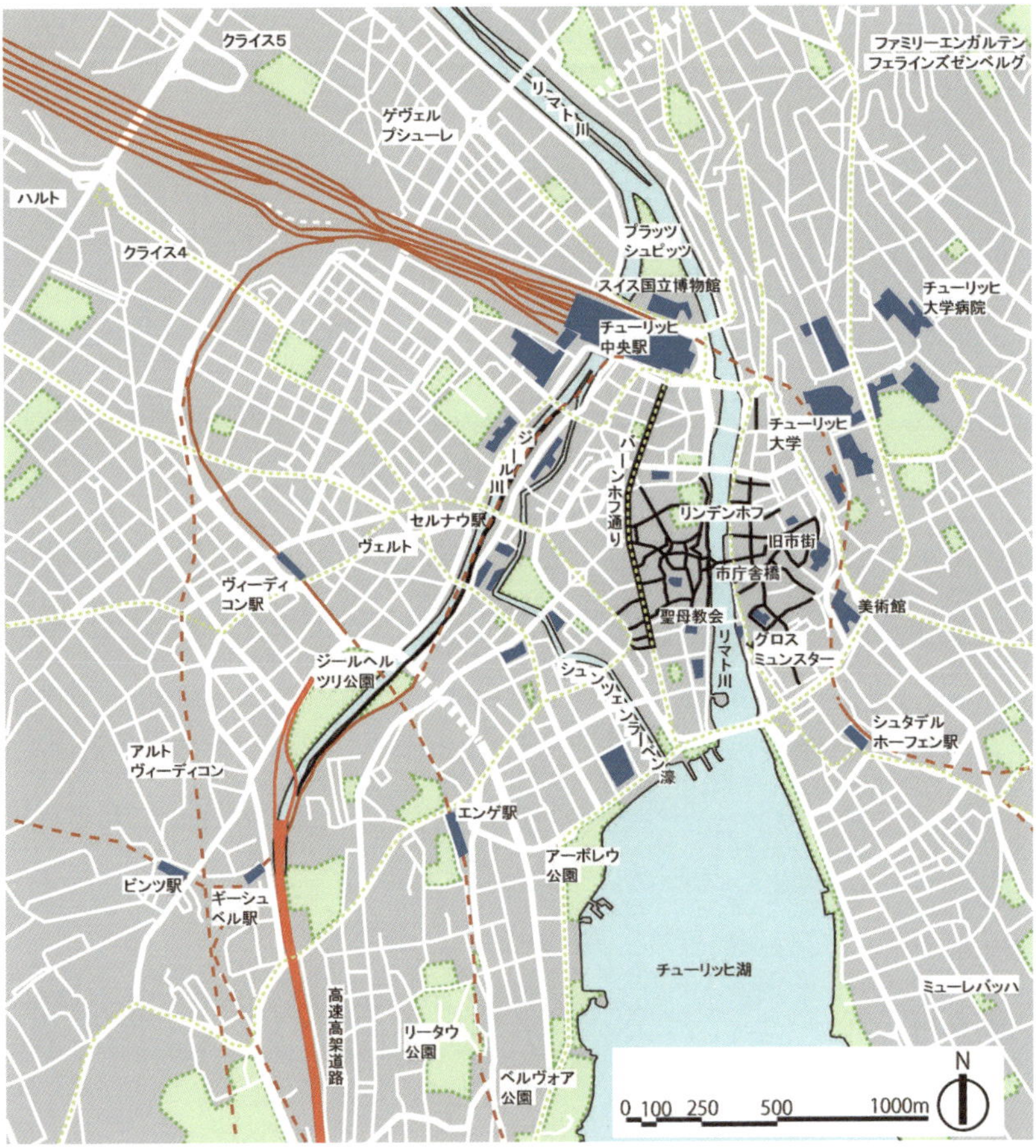


図7-1　チューリッヒ中心市街地地図におけるジール川の位置

川に合流している。その源流は南のスイス中央部の山々に降った雨や雪がせせらぎとなり集まったもので、その語源「Silaha」は静かなる川の意で、春先の雪解け水の時期以外は一種の枯れ川となっていたとされる。このジール川の上流部、すなわち市街の南側に位置するジール湖（Sihlsee）は、１９３０年に発電や水利のためにせき止められた人工湖で、以来この川には常に水が流れるようになったのである。前述のようにこの川はリマト川に合流する支流の一つだが、かつてはこの川の水は市街の北西側から南東側のチューリッヒ湖に幾筋にも別れて流入し、その三角洲上にチューリッヒの市街を成立させたという歴史を有する。その意味ではこのジール川こそが、チューリッヒの母なる川とも言えるだろう。

９世紀に三角州の中の高台の地、現在のリマト川西岸の聖母教会（フラウエン・キリヒェ：Frauenkirche）の場所に城が築かれ、13世紀頃に環濠城塞都市の形態、つまり星型の濠を築き、流路が洪水対策と水運のために市街を遠巻きに南西から北東に流れるように固定されたことで、今のジール川の形が成立している。その環濠の名残が、湖とジール川をつなぐシャンツェングラーベン濠（Schanzengraben）である。

この一帯は低地ゆえに、永らくの間、周囲は農地と樹林地の広がる郊外風景が続いていた。それが近代の産業革命により、川沿いには水利と水運の便益から続々と工場が進出し、１８４７年の鉄道開通を機に、両川の合流地点の南側に頭端式の中央駅が開設され、背後地には利便性から工場地帯が形成されていく。それは水力発電所、重工業から薬品、ビール醸造、紡績、製紙工場など多岐に渡り、各所に高い煙突が建てられ、水面には幾艘もの運送用の貨物船が浮かんでいたという。そして鉄道は中央駅を起点に幾筋にも放射状に延び、川沿いにも線路が引かれ、貨物輸送の手段は水運から鉄道へと大きくシフトしていく。

図７-３　１８４５年のチューリッヒ市街鳥観図。中央の太い川がリマト川、下の細い川がジール川、ジール川沿いには農地や樹林地が分布していることが読み取れる
出典：注７-１

注７-１　Rivers In The City, ROY MANN, David & Charles, 1973

## 2　ジール川の高架高速道路建設計画の経緯

第二次大戦後の自動車の普及とともに、チューリッヒを中心に東西そして南に延びるスイス国内の高速道路網建設の必要性が叫ばれ、その計画立案が１９５５年に行われている。そのルートは東はザンクト・ガレンを経てオーストリア国境方面へ、西は首都ベルン、ジュネーブを経てフランス国境へ（高速1号線、Ａ1=Autobahn 1）、途中で分岐しバーゼルを経てドイツ国境へ（高速3号線、Ａ3）、南方向もクールからイタリア方面へ（同Ａ3）延びるが、このチューリッヒを中心とする3方向「Y字」ルートは、枢要なルートとしてギリシャ文字の「イプシロン〝Y〟」とも名づけられている。当該路線は60年、国の道路建設計画で正式に位置づけられ、62年にはスイス連邦議会の予算承認を得て、ジール

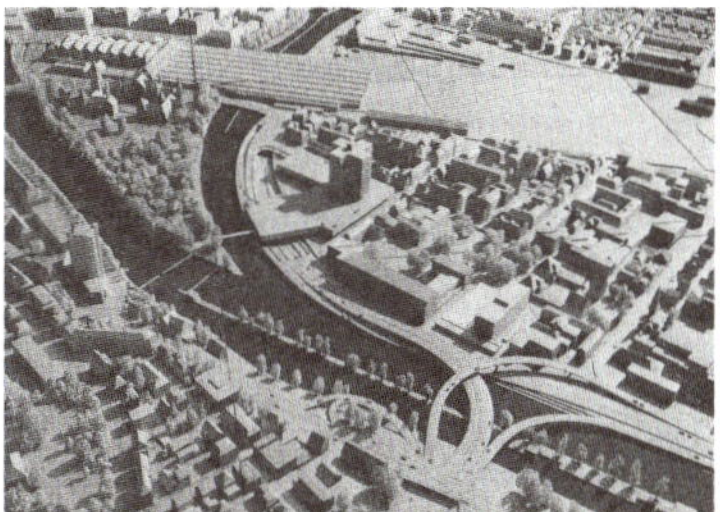
写真7-2　1960年代のジール川上空高速道路計画の中央駅側の部分模型　出典：注7-1

写真7-3　ジール川上空の高速道路の本線の中断部分が現れている。側道ランプが両側に延びる

写真7-4　ジール川上空に残された高速道路区間。現在もこの上を車が走る

写真7-5　高速道路完成区間の郊外部の状況。周囲の住宅地への配慮のため遮音壁が連続している

写真7-6　ジール川を跨ぐ高速の上下線ランプ。本線は凍結されている

写真7-7　高速道路が中断したことで守られたジール川の自然。豊かな水の流れが見える

川上流の南側区間の建設が先行していった。そして69年には北側区間の延伸が連邦議会の追加承認へと至っている。

しかし、河道内に約1・5㎞にわたり93基の柱脚が林立し、河川上空を覆う高速道路が姿を顕すに従って、川の自然を破壊する建設工事に疑問を抱く市民層が声を上げ、工事の中止を訴えはじめた。市街への延伸計画に対し、激しい反対運動が巻き起こり、71年には州議会に延伸中止措置の訴えを提出、その延伸の可否は市民、マスコミ、議会を巻き込んだ大きな論争へと発展する。

延伸反対を唱える市民層は、いったん承認された決定を覆すべく連邦裁判所に提訴するも、73年には棄却されている。その後、連邦議会においては延伸計画の可否についての議論が継続し、その賛否を国民投票にかけることが同年に決定、翌74年9月に実施された国民投票で反対票が上回り、この計画を否定することとなった。

中止決定までの間も当然のことながら高速道路は着々と工事が進められ、南側区間は74年には開通し、ランプで既存道路に接続されている。延伸中止が決まったものの、その必要性を訴える建設推進派は80年代に至るまで、様々な代替ルート案の提案を行ったが、いずれも中止決定を覆すに至らず、半世紀近くの歳月が流れてきた。その意味では、あくまで中断であって、完全な中止という解釈ではないのが実情のようである。

## 3　高速道路延伸を前提とした様々な代替案

専門家を交えた様々な検討が行われたことは、73年出版のロイ・マン著『Rivers In The City』に紹介されている。あらためて同書に掲載されている代替案を再確認してみよう（図7‐4〜7）。

写真7‐8　高速凍結区間の下流部、川の中にあるガラスで覆われた搭状の箱は鉄道地下駅チューリッヒ・セルナウ駅（Zürich Selnau）の階段のエスカレーター

A案：当初計画の河川内高架高速道路案——上流部に建設された計画案がほぼそのまま延伸される。鉄道中央駅部はさらに高い高架道路で、駅に直結した大規模駐車場にはランプで直接アクセスできるように計画されていた。

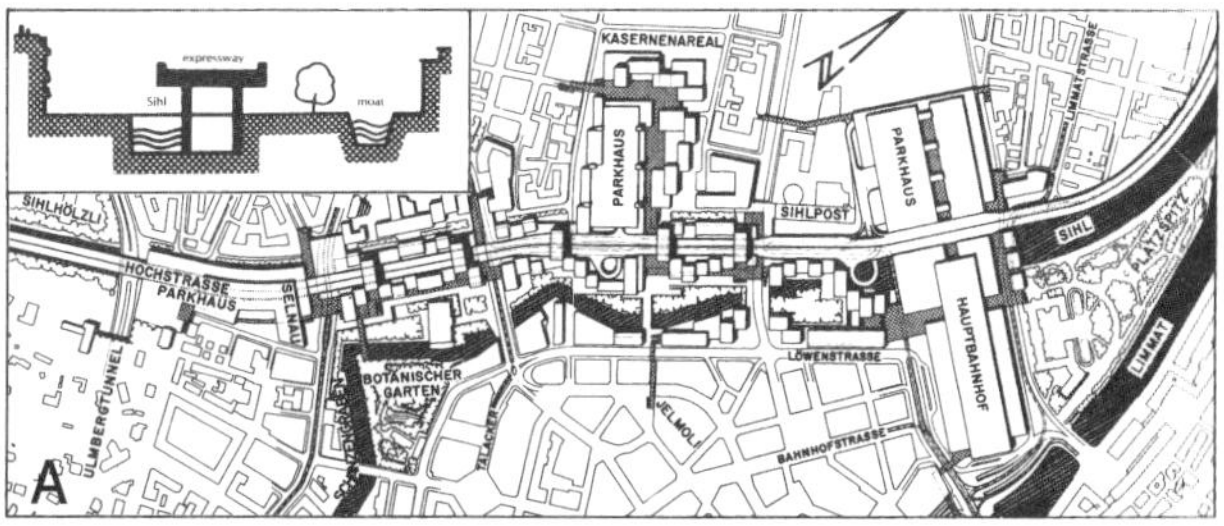


図7-4　河川上空高架高速道路案（当初計画案）。河積確保のため川の護岸も直立護岸に変更される

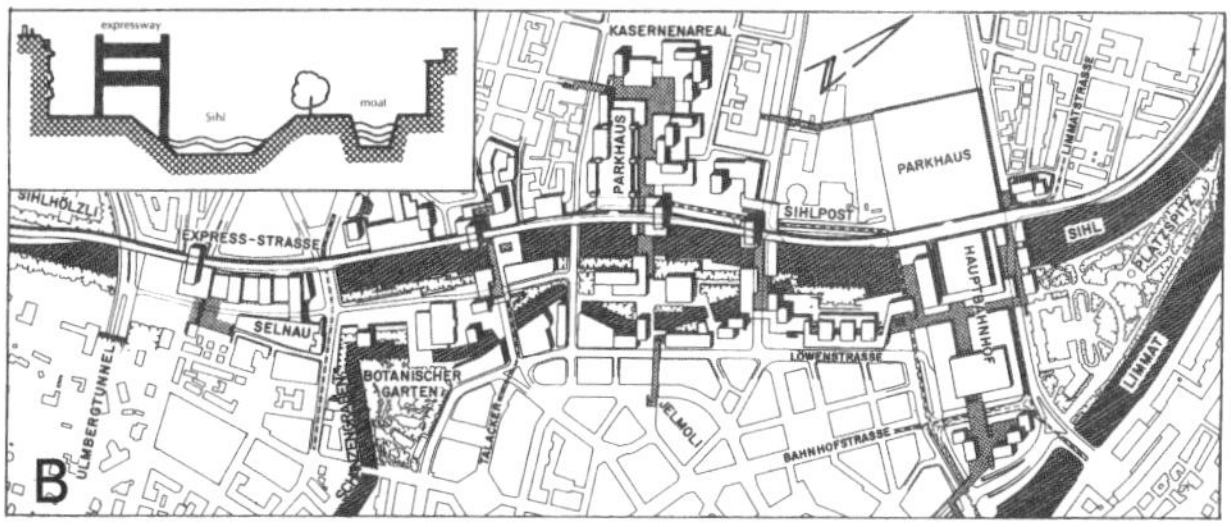


図7-5　左岸に2段式高架高速道路とする案

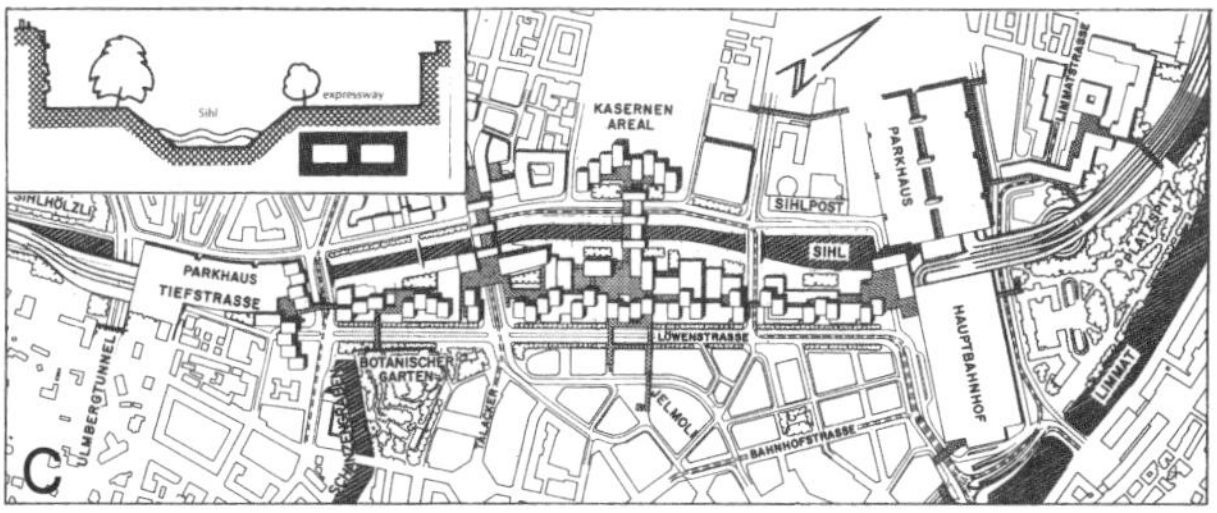


図7-6　右岸側再開発地区の地下部に設ける案。シャンツエングラーベン濠が消滅している

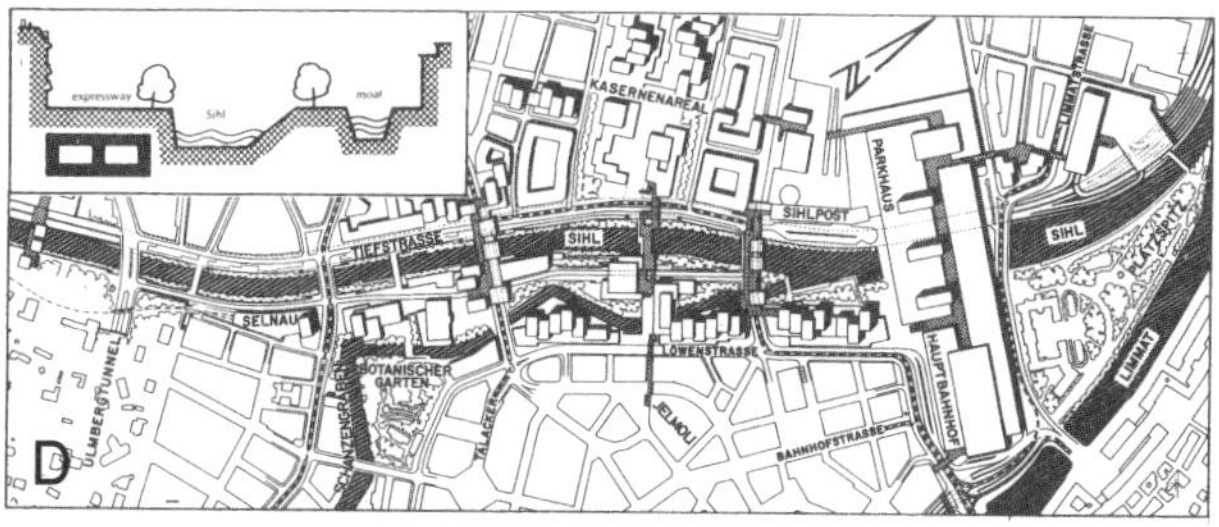


図7-7　左岸側地下に設ける案。左岸の護岸形状も直立護岸に変更される

写真7-9　高速凍結区間の下流部のミリテーア橋。右岸にはかつての工場建物を活用した芸術劇場（Theater der Künste）

写真7・10　チューリッヒの表玄関・チューリッヒ中央駅。駅前通りからは地下道で結ばれる

写真7・11　リマト川沿いの遊歩道。ここも歩行者専用空間となっている

写真7・12　チューリッヒ市内でもいたるところに路上のオープンカフェが展開する

写真7・13　駅前のペスタロッチ公園。市民の憩いの場となっている

写真7・14　中央駅前通り（ハウプト・バーンホフ通り）のLRTと歩行者のトランジットモール区間

B案：西側左岸の高架構造物を寄せた2層式道路計画案——比較的建物密度の薄い西側つまり左岸側に構造物をシフトし、河川上空を極力覆わない計画案、幅員縮小のために二層式の高架道路となる。

C案：東側右岸の地下式高速道路案——右岸の市街地側のかつての環濠の星型の水路と緑地を再編・基盤整備し、地下式の構造物を設ける。

D案：西側左岸の地下式高速道路案——左岸側に地下式の構造物を建設する案だが、用地の関係上ジール川の幅を狭め、直立護岸に近い断面形状とせざるを得ない。沿道の再開発なども含む提案。

以上の代替案の検討のなかで、地下式であっても既設高架部との接続部が複雑なランプ形状とならざるを得ず、河川の環境そして景観面、周辺市街地への影響などを懸念する意見が大勢を占めたと報告されている。加えて、60年代以降の世界各地で巻き起こる行き過ぎた車社会への反省、環境意識の高揚、そして73年の中東戦争に端を発するオイルショックとガソリンなどの石油製品の高騰も、脱自動車社会、省エネ社会への大きな契機となっていく。こうした流れのなか、チューリッヒ市内の都市計画も大きな転機を迎えるのであった。

## 4　チューリッヒの脱自動車社会・環境保全政策への流れ

筆者がチューリッヒを初めて訪れたのは76年、高速道路延伸中止決定の2年後のことであった。欧州3ヶ月行脚の最初の訪問地で、槇総合計画事務所で協働した仲間のスイス人建築家との交流も含め現地に1週間逗留したが、その間の情報もこの街を知るよい機会となった。最も記憶に残るのが、中央駅前から湖に至る延長約1・2㎞の実に緑豊かな菩提樹並木の大通り、ハウプト・バーンホフ・シュトラーセ（Hauptbahnhof Strasse、中央駅前通り）において、住民投票の末に地下鉄建設を断念し、トラム（路面電車）と歩行者のトランジットモールを選択したとの話だ。通りにはクリスマスイルミネーションも実現し、2万個余りのランプの輝くその光景は欧州一の美しさを誇るという。後に調べたところ、イルミネーションの開始は71年とのことで、60年代に始まる世界各地での歩行者空間整備と符合する。中央駅前通りは2つの川に挟まれた市街を南北に貫く広幅員道路で、もしジール川上空の高架高速道路が実現すればバイパス機能も期待できたであろうに、チューリッヒ市民、州およびスイス連邦の住民は、歩行者そして環境優先を選択したのだ。

この流れは連邦スケールでの自然保護、環境保全運動へと発展していくこととなる。具体的には74年のスイス連邦憲法改定による「環境保護」規定、79年の「連邦空間計画法」へと繋がっていく。河

写真7・15　シャンツェングラーベン濠の遊歩道

写真7・16　シャンツェングラーベン濠の遊歩道を楽しむ市民の姿

川においては、洪水対策として、それまでの人工的な流路固定の改修から、より自然な近自然工法が採用され、世界の河川にも大きな影響を与えることとなった。近自然工法を世界に先駆けて提唱・実践したのは、チューリッヒ州技術者であったクリスチャン・ゲルディ（Christian Göldi、注7-2）である。

また、ジール川に合流するシャンツェングラーベン濠は、60年代にはヘドロが堆積し悪臭を放つなどの悲惨な状況にあったが、70年代以降に全面的な水質浄化作戦や遊歩道整備が行われ、75年に一部完成、84年には全線が完成している。この濠の遊歩道のレベルは、親水性を確保すべく水面ぎりぎりの低い位置に保たれているが、これは水門による水位調節のおかげでもある。その結果、多くの市民の利用する水辺空間として、今では「チューリッヒのベネチア」とも呼ばれる名所ともなっている。

## 5　ジール川沿いの新たな施設群の誕生とイプシロン〝Y〟

河川上空の高架高速道路の延伸中断によって、周辺の環境そして景観が保全された。今では川沿いの遊歩道が完成し、水辺に親しむことのできる階段護岸が設けられるなど、多くの市民の憩いの空間となっている。そして周囲のかつての工場地帯は80年代半ば以降、商業施設やホテル、レストラン、クラブ、劇場、ギャラリー、音楽ホール、体育施設など続々と新たな施設に転換されつつある。例えば、シャンツェングラーベン濠との合流点であるゲスナー橋（Gessner-brücke）の脇にあったジール郵便局の屋外駐車場は、住民投票を経て97年には地下化され、シギ・フェイゲル・テラス（Sigi Feigel Terrace）と呼ばれる階段護岸と緑地へと生まれ変わった。

また、川と屈曲した濠に挟まれたかつての乗馬場であった「島」は、89年にクルトゥールインスル（芸術島）の劇場や各種文化施設に、そして南側の旧セルナウ鉄道駅の貨物駅一帯は再開発され、Sバー

写真7-17　ジール川沿いのシギ・フェイゲル・テラスの階段護岸

注7-2　クリスチャン・ゲルディ（Christian Göldi, 1943-）：スイス連邦工科大学土木工学科卒業、近自然河川工法の先駆者として知られる。チューリッヒ州建設局の元建設専門官、1987年イギリス・フォード保存財団（Ford Conservation Foundation）より近自然河川改修事業の実績を評価され、表彰。参考：『近自然河川工法の研究―生命系の土木建設技術を求めて―』クリスチャン・ゲルディ・福留脩文共著、編集・信山社出版、発行・大学図書、1994

ン地下駅と住宅・商業・文化等の複合施設となっている。そして、高速道路の中止ポイントの右岸東側に07年に完成したジールシティ（Sihlcity）は、80店舗のショップに加え、マルチプレックスシネマ、オフィス、ホテル、図書館、カルチャーセンターなどの10万㎡の複合施設であるが、かつての製紙工場を産業遺産として活用した、実に斬新な施設群と言ってよい。

このように、ジール川沿いのかつての工場地帯はチューリッヒ市民の集う新たな魅力スポット群へと生まれ変わっている。その背景に、約半世紀前の高架高速道路延伸中止という決断があったことは明らかだろう。高架高速道路の存在する上流部は、厳しい土地利用規制によって自然樹林地として保全されているのが救いでもある。

一方のイプシロン〝Y〟だが、その路線の重要性から完全に消去されたとは言えず、燻り続けていることも事実で、深度地下化ルート案を含めた様々な代替案が継続して検討されている様子がインターネット情報から伝わってくる。西側を迂回する高速4号線（A4）ルートの整備も着実に進められているようだ。この状況をみれば、わが国の各地に40～50年前に建設された河川上の高速道路も何年か先には消えていくのではないだろうか、との思いを抱くが、それはいつのことになるのだろうか。

写真7-18　かつての工場を改修した芸術劇場

# 第8章　ウィラメット川ウォーターフロント公園——ポートランド（アメリカ）

世界の自動車社会の進展を牽引してきたアメリカにおいても、前章のチューリッヒの高速道路建設中止の報が伝わったことは想像に難くない。70年代以降、各地で市民運動による高速道路回避に向けての動きが加速していく。そのなかでもいち早く川沿いの自動車専用道路を廃止し、ウォーターフロント公園へと転換したオレゴン州ポートランド市（Portland）における事例を紹介しよう。

20世紀後半のアメリカにおける大きな転機は、70年代のベトナム戦争の終結・撤退、そして73年のオイルショックを契機に市民の大きな意識変革が起きつつあったことで、ポートランドの事例はそれを如実に示す出来事の一つであった。その成功は90年代以降、各地の川沿いの自動車道路の撤去運動へとつながっていく（注8－1）。

## 1　ポートランドの都市建設と自動車社会の進展

ポートランドはアメリカ西海岸のオレゴン州最大の、人口約64万人、ウィラメット川の流れる緑豊かな風光明媚の都市で、全米では最も暮らしやすい都市として知られている。その歴史は19世紀アメリカ西部開拓史の「オレゴン・トレイル（Oregon Trail）」に代表されるように、大西洋側東海岸から太平洋側の西海岸に至る主要陸路上に位置し、ウィラメット川から大河川・コロンビア川を経て太平洋

写真8－1　ウィラメット川沿いトム・マッコール・ウォーターフロント公園の北側区間。正面は歴史的橋梁スチールブリッジ

注8－1　アメリカの高速道路等の撤去運動：サンフランシスコで1989年のロマ・プリータ地震で倒壊したフェリーターミナル地区等のエンバカデロ・フリーウェイの再建を断念、遊歩道整備。ミルウォーキーのパークイースト（2001～2006年）、ボストンのセントラル・アーテリー地下化（1991～2006）、その他フィラデルフィアのデラウェア川沿いの高速道路地下化、シアトルのアラスカ高速道路地下化プロジェクトなども進行中

につながる交通の要衝として、港を中心に大きく発展する。鉄道開通（ユニオン駅、1896年開設）後も、西海岸北部における貿易・商業の拠点都市として成長してきた。

その都市建設の初期、1903年にはフレデリック・ロー・オルムステッドの「オープンスペースシステム構想」、1912年のエドワード・H・ベネットの「グレーター・ポートランド計画」が提唱され、それらをもとに現在の都市基盤が形成されてきた。現在も整然とした格子状の都市基盤の中に街区単位や複数街区規模の帯状公園が存在するが、これは当時の「都市美」思想等に基づく都市づくりの成果と言ってよい。

それが30年代以降の自動車社会の進展に伴い、市街地は大きく拡大する。40年代までには川を渡る橋が9本も架けられ、43年には西岸の港に沿って6車線の自動車専用道路、ハーバードライブ（Harbor Drive US-99W）が建設される。それは60年代に東岸

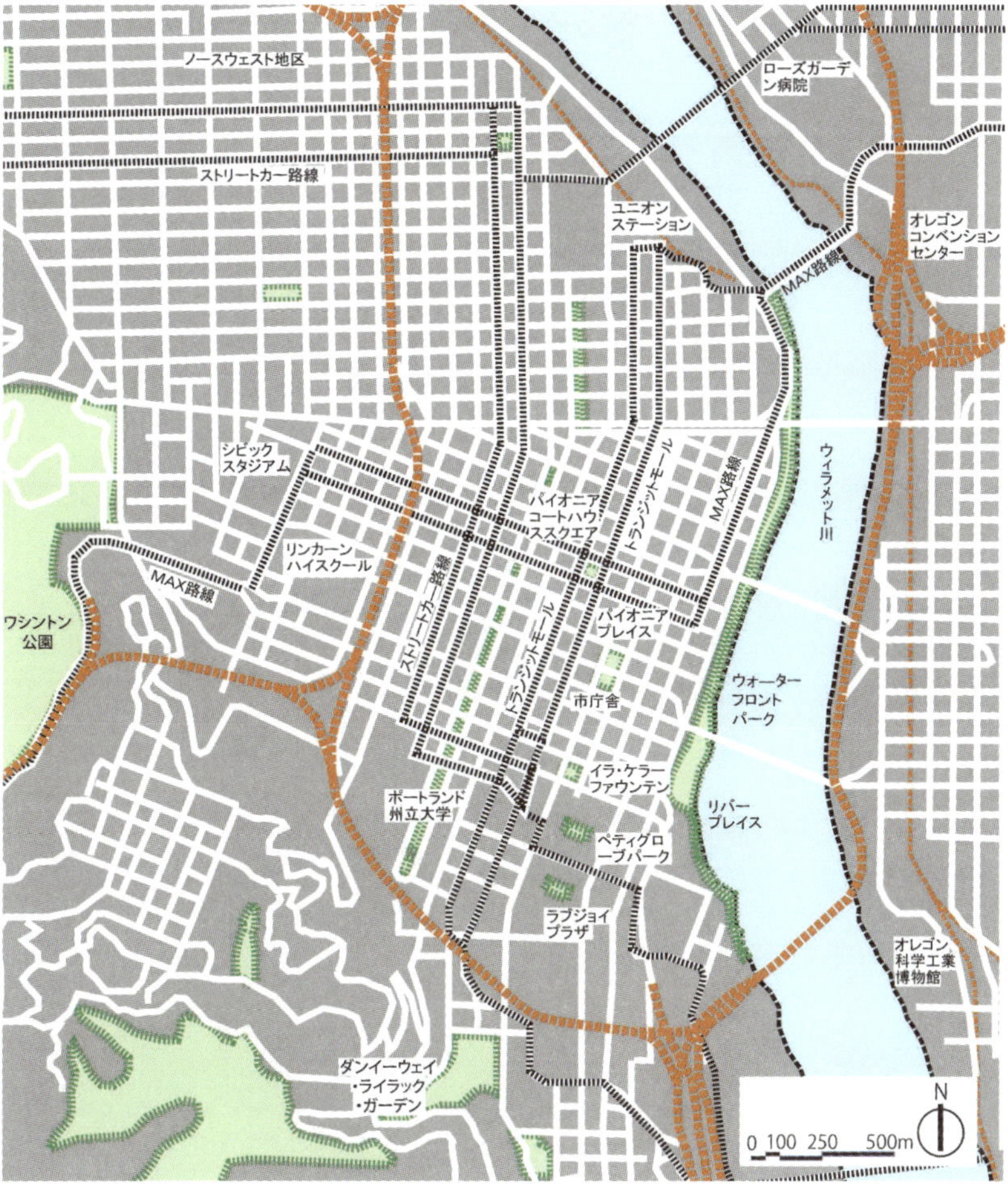


図8-1 ポートランド中心市街地地図におけるウィラメット川の位置

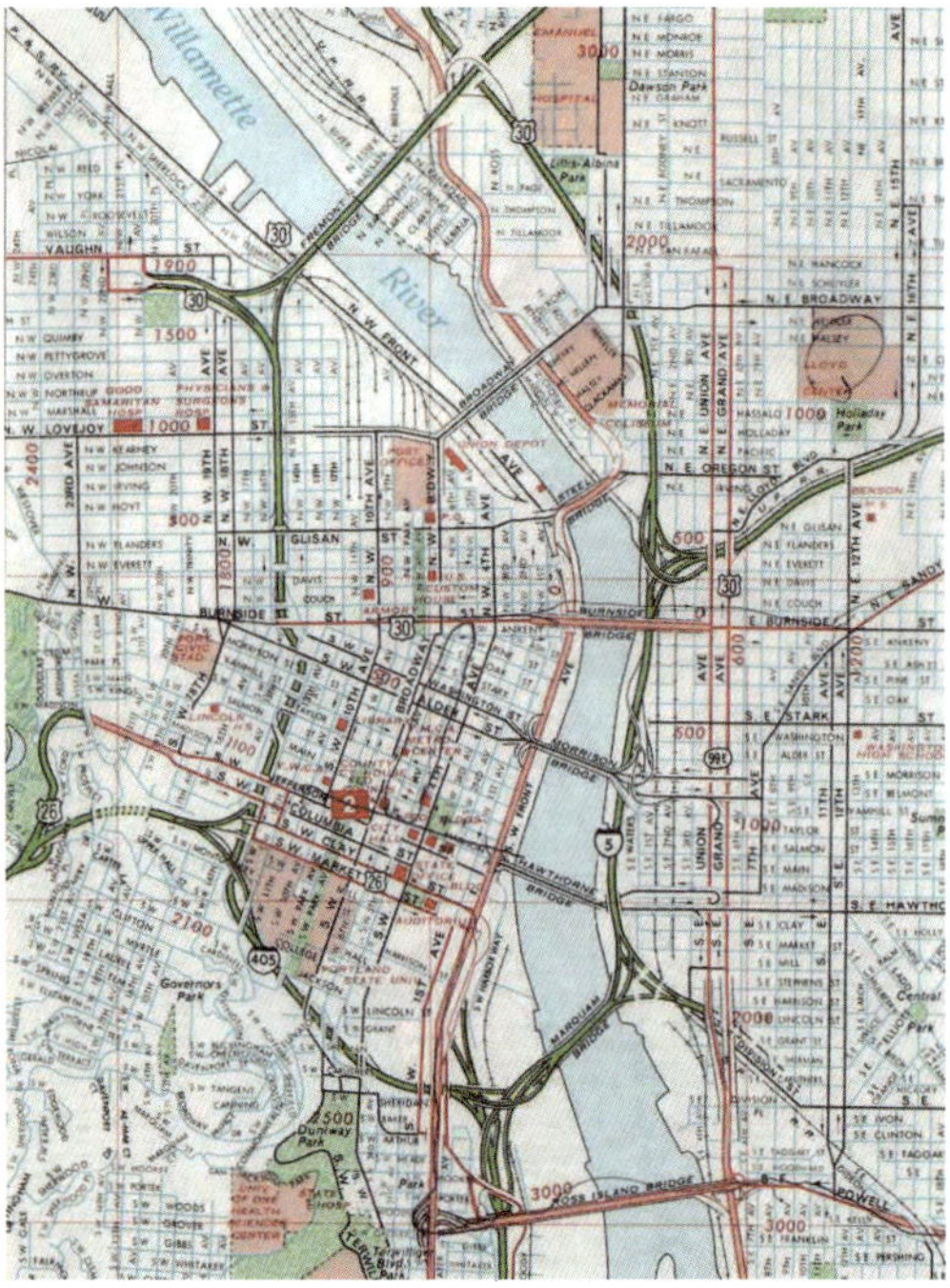


図8-2　ハーバードライブ廃止直前1980年頃のポートランド中心部道路網図　出典：筆者が1983年に現地を訪れた際に入手、手書きのペンの○は現地ガイドの方が記入したもの（トランジットモールとロイドセンター位置）

に建設された広域高速道路インターステイト5号（I-5）ともつながり、70年代初頭には日交通量2万4千台、そのうち大型車が2500台を数えるなど、中心市街（旧市街）と川は大きく隔てられていく。ハーバードライブは、オルムステッドやベネットが強く主張し実現した、川沿いのグリーンウェイへのパブリックアクセスを大きく阻害する存在になる（注8-2）。

一方で60年代以降のモータリゼーションと郊外開発の進展は、開拓時代から定着した市民層の流出を促進させ、中心市街の生活環境の悪化、そして商店街の衰退などの現象が顕著に現れる。市民は近距離の移動にも車を利用し、中心部の慢性的な交通渋滞、そしてバス会社の倒産などがもたらされた。夕方以降には市街を歩く人も消え、治安が悪化する。それに伴い住民や企業も流出するという悪循環に陥っていった。

写真8-2　ウィラメット川右岸上空からみたスチール・ブリッジ　出典：Bridges of Portland

注8-2　ポートランド市現地調査にあたっては、『アーバンデザインレポート　1992』ヨコハマ都市デザインフォーラム実行委員会（編著）の倉田直道氏の論文を参考にさせていただいた。その後、氏の紹介で故ロバート・ムラセ氏に現地案内いただいた

## 2　再生の象徴としてのハーバードライブ廃止とウォーターフロント公園

現在のウィラメット川西岸に広がるのは、延長約２km、総面積14・8 haのトム・マッコール・ウォーターフロント公園（Tom McCall Waterfront Park）で、74年に交通閉鎖されたかつての自動車専用道路、ハーバードライブの跡地である。この道路の機能を前掲の対岸のインターステイト５号（I-5）、さらにポートランドの中心市街を囲むように西側に新たに建設されたインターステイト４０５（I-405、73年完成）にシフトし、沿道の地先交通用の道路に格下げ、縮小したのであった。かくして川沿いの一帯が広大なウォーターフロント公園に生まれ変わり、78年の公園の部分開設を経て、84年に完成の運びとなる。

その後、水辺の公園は南北に拡大され、北は歴史的土木遺産の可動橋スチール・ブリッジ、南は河川マリーナ周辺までにも及び、遊歩道はさらに南側のリバーフロント再開発地区まで続いている。その中央部には噴水（サーモン・ストリート・ファウンテン）、芝生広場、そして日系アメリカ人史跡広場（注8-3）があり、晴れた日は散歩や自転車に乗る人々が行き交っている。この公園は市民の休息・レ

写真８-３　ウィラメット川沿いの日系アメリカ人史跡広場　設計：ロバート・ムラセ

写真８-４　トム・マッコール・ウォーターフロント公園のひとコマ。階段護岸で休む利用者

写真８-５　中央部のサーモン・ストリート・ファウンテンの噴水風景

写真８-６　トム・マッコール・ウォーターフロント公園の遊歩道と芝生広場

注８-３　日系アメリカ人史跡広場：Japanese-American Historical Plaza、設計：ロバート・ムラセ（Robert Murase, 1938-2005）。第二次世界大戦時、日系人が捕虜としてオレゴン州の収容所に抑留されていたことを反省、後世にその記憶をとどめるためにトム・マッコール・ウォーターフロント公園の一角に設けられた

写真８-７　トム・マッコール・ウォーターフロント公園の遊歩道を行き交う多くの市民の姿

クリエーションの場として親しまれ、市民マラソンの拠点として、また定期フェスティバルの中心として近郊から百万人以上の人々が集うなど、ダウンタウンの様々なイベントの場となっている。

公園の名は、67年にオレゴン州知事に選ばれ、その実現に尽力し、完成の前年に亡くなったトム・マッコール氏（注8－4）を称え命名された。マッコール氏は知事時代に多くの環境保全に関する条例の制定、そして都市計画への積極的な市民参加の仕組みづくり等を実践したことでも知られ、その最大の功績が当プロジェクトと言われる。プロジェクトの実現は、72年にポートランド市の新市長に就任したニール・ゴールドシュミット氏（注8－5）との協働によるものと言ってよい。その市長選ではハーバードライブの撤去が大きな争点となり、市民は当時32歳の若き市長を選択したのである。州知事と新市長の両輪で進められたのは、かつての都市美構想の実現、そしてグリーンウェイの復活計画、その中核となったのがトム・マッコール・ウォーターフロント公園の実現であった。

## 3　リバープレイス地区の再開発計画〜広域ネットワーク

そして川沿いの市民開放は、南側のリバープレイスと呼ばれる、かつての港湾物流・工場等の寂れた地区（約30 ha）の再生へと結実していく。この地区のウォーターフロント開発は70年代に計画立案され、再開発計画の第一期事業は85年に完成している。その内容は１５８戸の集合住宅、75室のホテルに、川沿いの遊歩道とそれに沿ったショップやレストラン、そして２００隻のボート用マリーナに加え、オフィス、駐車場などの複合開発となっている。第二期計画はさらに南側に広がる旧港湾地区を対象とし、４８０戸の集合住宅、高層オフィスビルや商業施設、駐車場などを含み、第一期から10年後の95年に完了している。05年には、さらに南のポートランド州立大学キャンパスにまでつながる。

注8－4　トム・マッコール（Thomas Lawson McCall, 1913-1983）：知事在任期間1967-1975

注8－5　ニール・ゴールドシュミット（Neil Edward Goldschmidt, 1940-）：市長在任1973-1979、後にオレゴン州知事、連邦交通省長官もつとめる

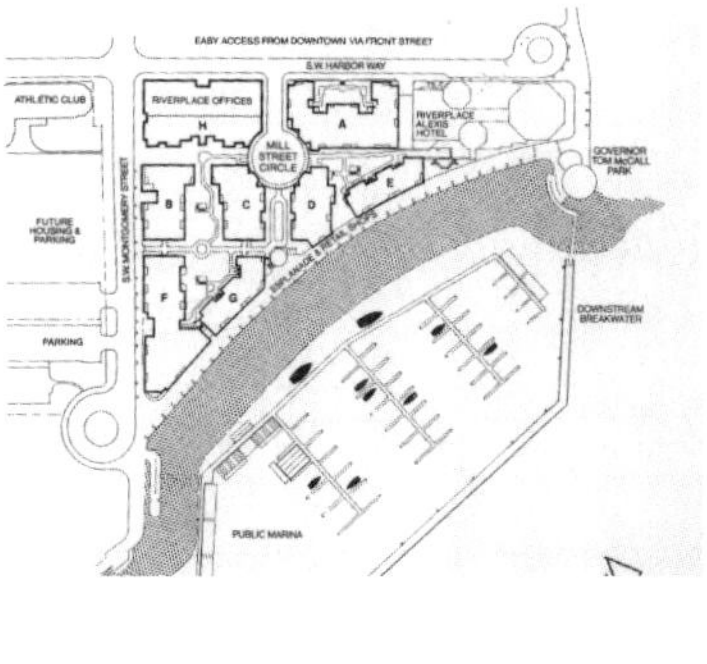


図8－3　リバープレイス地区マスタープラン　出典：The New Waterfront Aworld-: A Worldwide Urban Success Story, Ann Breen, Dick Rigby, McGraw-Hill Professional; 1996/11

開発計画に際しては、前もって定められたポートランドのデザイン審査制度とPDCによるサウス・ウォーターフロント都市再開発地区の都市デザインガイドラインに従ってそれぞれの施設デザインが進められ、都度、全体計画とのフィードバックが繰り返されてきた。

その計画実現によって、ウィラメット川の南北延長5kmもの遊歩道が完成した。遊歩道は、リバープレイスにある、アメリカを代表するランドスケープ・アーキテクト、ローレンス・ハルプリン設計のラブジョイ・プラザ（Lovejoy Plaza、1963年）やペティグローブ公園（Pettygrove Park、1966年）、アイラ・ケラー・ファウンテン（Ira Keller Fountain、1970年）などの小公園や広場、緑道とも繋がれ、後述する5番街・6番街の2本のトランジットモールそしてパイオニア・コートハウス・スクエアの都心軸ネットワークにも接続した。そして川沿いの遊歩道ネットワークは、川の対岸やフッド山などを結ぶ40マイルの広域緑道（40-Mile Loop）へとつながっていく。

写真8-8　リバープレイス地区のコンドミニアムと足元のレストラン・カフェ

写真8-9　リバープレイスのマリーナ。向こうに見えるのは対岸に渡る高速道路橋

写真8-10　トム・マッコール・ウォーターフロント公園の南の端の川沿い遊歩道

写真8-11　ローレンス・ハルプリン設計のラブジョイ・プラザ（Lovejoy Plaza、1963年）

写真8-12　アイラ・ケラー・ファウンテン（Ira Keller Fountain、1970年）で遊ぶ子供たちの光景

リバープレイス地区の再開発計画と並行して進められた、ポートランドの先進的な都市づくりを幾つか紹介しておこう。

## 4　ポートランドの先端的な都市計画と中心市街地の都市デザイン

第一の施策は、都市成長境界（ＵＧＢ、注8-6）による成長管理である。中心市街の疲弊の最大の要因を、自動車社会の進展に伴う無秩序な市街地の膨張とし、それを抑制するために、ＵＧＢの外側を非都市地域として上下水道などのインフラ供給を行わないとし、厳格な開発規制を行い、自然環境・農地を保全した。メトロ圏内はアメリカでも有数の農業生産地で生産者からの強い要請があり、豊かな自然が大きな経済価値を生むとの考えが、広く市民の共感を得たことが背景にあったといえる。

第二は、車から環境にやさしい公共交通・自転車へ、という交通計画の転換である。メトロは自動車依存型都市から公共交通機関優先へと大きく舵を切るべく、各自治体や民間で行われていた公共交通機関管理の一元管理のための公共交通機関運営主体（TRI-MET）を設置し、86年に新型ＬＲＴの「ＭＡＸ（Metropolitan Area Express）」を導入、既存のバス網との連携によるポートランド中心部約2㎢の無料ゾーンを設定した。無料ゾーンには自動車の乗り入れが大きく規制される一方、「パーク&ライド」の無料駐車場を郊外部に用意して公共交通シフトを支援した。98年には第二のＬＲＴ「ストリートカー」が登場し、ゾーン運賃制も導入され、時間内であればＬＲＴと路線バス等も含め何度でも乗り換え可能となった。無料ゾーンは12年まで継続され、その間に自動車から公共交通へのシフトに大きく貢献したことは言うまでもない。今では都心に通う人の40％以上が公共交通機関利用という。

第三は、都心部歩行者環境整備、グリーンネットワークの推進である。中心市街地の全般にわたっ

注8-6　都市成長境界・ＵＧＢ（Urban Growth Boundary）：ポートランド市では農業者の発言力が強く、郊外開発を抑制することで、酪農や農業生産性の障害を排除することが期待された

写真8-13　パイオニア地区の再開発地区前を走るＭＡＸ

て歩行者環境の整備が全面的に進められている。その中心的なプロジェクトが、南北に走る2本の大通り（5番街・6番街）の「トランジットモール」（78年、94年延伸）と、それに沿った歴史的建物パイオニア・コートハウス脇の「パイオニア・コートハウス・スクエア」である。後者は民間で計画された立体駐車場を中止させ、用地取得後、市民と協同し実現したことでも知られ（84年）、今では全米で最も利用率の高い都市広場と言われている。

第四は、88年に策定されたセントラル・シティ計画に基づく再開発、アーバンデザイン計画の展開である。それは72年のダウンタウン計画を見直し、計画対象をダウンタウン地区からウィラメット川の両岸の広い地域を含む一帯にまで拡大したもので、現在もポートランドの中心市街地のアーバンデザイン計画の基本に位置づけられている。その特徴は、ウォーターフロント公園を実現させた市民の力をベースに、策定プロセスにおける徹底した市民参加によって策定されたことにある。その中でウィラメット川沿いのリバー・ディストリクト（地区）や歴史的市街であるユニオン・ステーション周辺などの再開発計画への積極的な取り組み方針が示され、それに沿って実現が図られてきた。

ちなみにセントラル・シティ計画は12年に改訂され、35年を目途に、様々な計画が進められつつある。これら施策はすべて、車社会のもとで行われてきた無秩序な都市開発を改め、そして市民参加によって実現されていく持続社会型の都市計画であった。その展開から30～40年経過した今、中心市街は見事に再生され、世界で最も注目される環境再生都市の一つとして知られることになる。

ポートランドは、着実に人間環境都市の実践を続けている。とりわけウィラメット川沿いのウォーターフロント地区は、市民のための空間として水辺の価値を最大限に活用した、最先端のプロジェクトと言ってよいだろう。

写真8‐14　修復されたユニオン・ステーションの駅舎

# 第9章　シカゴ川回廊計画――シカゴ都心部（アメリカ）

アメリカ中北部のミシガン湖畔に成立した全米で3番目の大都市シカゴ（Chicago、人口約270万人）の「シカゴ川再生計画」を解説しよう。このプロジェクトは1998年から開始され、2016年には、中心市街の主流部区間の整備についてある程度の形が見えてきた。筆者は計画に着手したばかりの02年に都市景観関連調査の公式視察団の一員としてシカゴ市を訪れ、担当者から同計画の解説を受けた。その後、10年、16年に訪れ、その進捗の確認を行ってきた。

シカゴの中心市街を流れるシカゴ川は3本の流路から構成され、鉄道のユニオン駅北側で三叉に分岐するが、主流部（Main Stem）と言われる区間はそこからミシガン湖にかけての東西方向の流路で、そこを境に北部支流（North Branch）および南部支流（South Branch）と名付けられている。ここには、開拓時代から続く「水との闘い」、つまり洪水や水質汚染に苛まれてきたシカゴ、そしてそれを克服してきた歴史がある。

## 1　シカゴの水との闘いの歴史

シカゴの発展の経緯は、まさに水の恵みから始まる。1836年よりミシガン湖とミシシッピ川とを結ぶ運河の建設が始まり48年に完成するが、その間、38年に鉄道の開通を機に、水陸の交通の要衝

写真9‐1　ジョン・ハンコックセンターから望むミシガン湖とシカゴ市街

としてまちは大きく発展していく。

都市の発展とともに人口も爆発的に増加していく1850〜60年代にかけて、元来ミシガン湖畔の低地に成立した市街地の、水との闘いが始まる。排水不良による衛生問題から腸チフスや赤痢、コレラなどが広がり、数万人もの病死者が発生する事態となり、市は本格的な雨水排水計画と下水道敷設計画に着手する。それは、湖の水位の関係から道路の盛土嵩上げを行い、市街地の4〜5階建ての石積みや煉瓦造の建物群を油圧ジャッキを用いて一斉に基礎から揚げるという一大事業となった。揚程は1〜4m（4〜14フィート）で、概ね1層分程度の嵩上げが連続的に行われたという。

1871年、シカゴ大火が発生し、まちの大半が灰燼と帰す災禍を経験する。その復興と繁栄を目指し、当時としては画期的な鉄骨造の高層オフィ

写真9・2　シカゴ川主流部南岸のリバーウォークをミシガン大通り橋から望む

写真9・3　シカゴ川の川沿い遊歩道整備されたばかりのシヴィック地区の緑地（2002年）

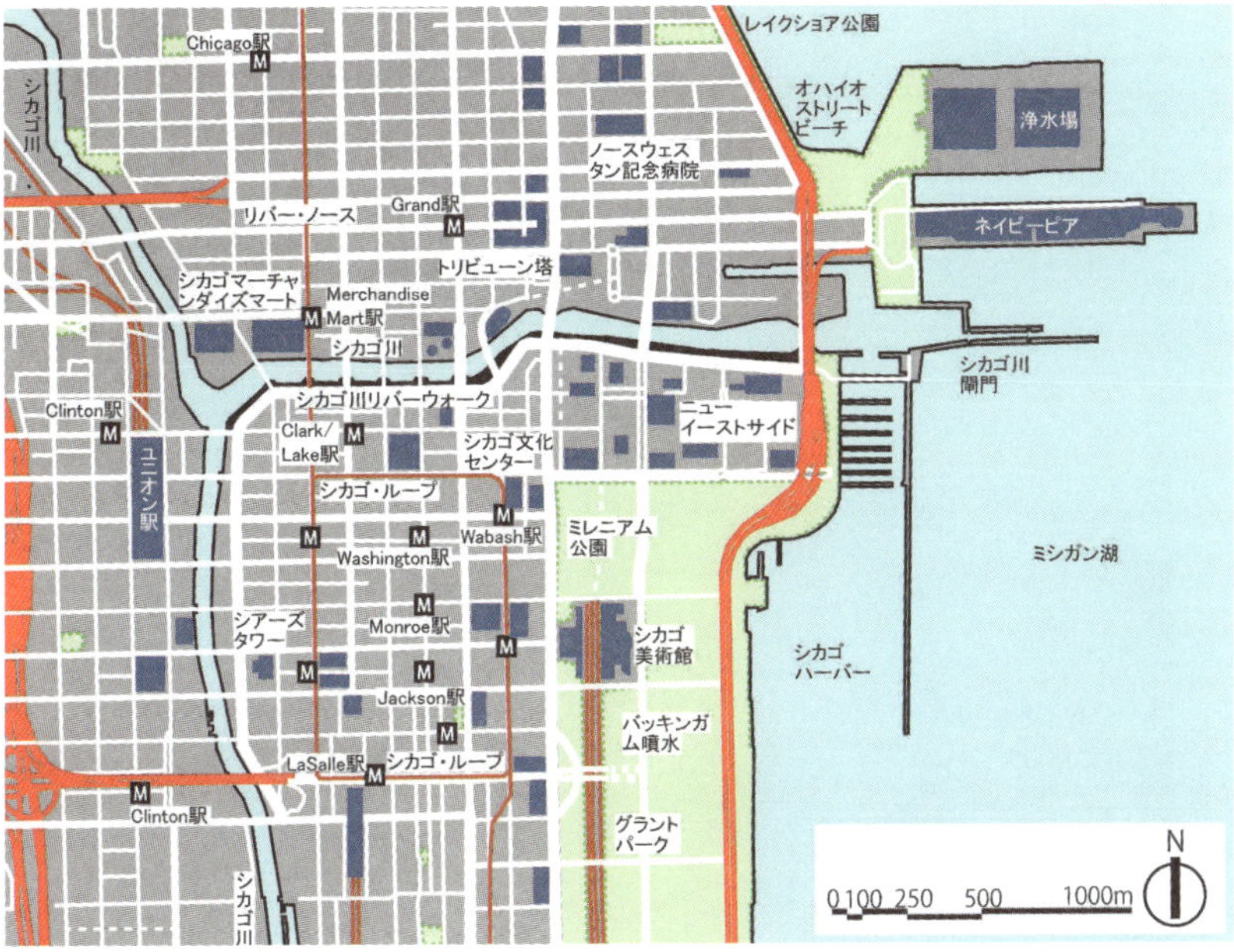

図9・1　シカゴ中心市街地におけるシカゴ川の位置

写真9-4　ミシガン湖上の遊覧船から望むシカゴ川の河口部。川の周囲には数多くの超高層ビルが立ち並ぶ

写真9-5　シカゴ川河口部に設けられた閘門間で水位調整のために待機する多くの遊覧船やプレジャーボート

写真9-6　シカゴ川主流部南岸の河口近くを走る2層式の主要幹線道路ワッカードライブ。背後はかつての鉄道操車場跡地再開発イリノイセントラル地区のビル群

写真9-7　イリノイセントラル人工地盤下のワッカードライブの車道部。多くの自動車交通量が走る様子がわかる

スビルが続々と建設されるようになる。19世紀末から20世紀初頭のルイス・サリヴァンやダニエル・バーナム、ライト、ミースなどの近代建築の巨匠たちの作品群、そして戦火の欧州を逃れた建築家たちのバウハウス建築スタイルなど、近代そして現代建築の建築群もこのシカゴで花開いたことはよく知られている。

１８９３年、コロンブスのアメリカ大陸発見４００周年記念のコロンビア万国博覧会（World's Columbian Exposition）が湖畔南のジャクソン公園を会場として開催され、バーナムとフレデリック・オルムステッドが会場計画を担当し、後のアメリカ全土そして世界に拡がる都市美運動の嚆矢ともなる。バーナムは後の１９０９年にシカゴ計画（1909 Chicago Plan）を発表し、私有地で占められた湖及びシカゴ川沿いのレクリエーション・コリドー（Recreational Corridor）の実現を説き、湖畔プロムナー

写真9-8　シカゴ川の水面上を行き交う市民のカヤックを漕ぐ風景が見られる

写真9-9　シカゴ川主流部の旧河口部に完成した遊歩道

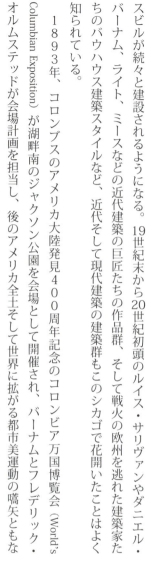

ドとリバーウォーク計画を発表した。湖岸遊歩道は約半世紀後に実現し、後者は21世紀のリバーウォークにつながっていく。

その主舞台となるシカゴ川主流部は、土木技術の世界では有名な「シカゴ還流」の舞台となった。これは、1850~1900年の間に、主流部の元来西から東への水の流れを逆転したという事業である。発展する経済の陰で、シカゴ川には流入する産業廃水や大量の廃棄物が溜まり、悪臭を放つなどの問題を抱えていた。シカゴ川の水が上水源であるミシガン湖に流れ込まないように、水面の高さを湖から概ね40㎝程度低く抑えて逆流させる案が考案され、ルドルフ・ヘリングが代表のシカゴ衛生区主導で大手術が行なわれている。その仕組みは湖河口部に閘門を設け、その操作によって新たに開削されたシカゴ衛生・船舶運河（Chicago Sanitary and Ship Canal）に導水し、ミシシッピ川を経てメキシコ湾に流すという壮大な土木事業であった。

以来、主流部の水位は抑えられるも、湖からの流出量はアメリカ・カナダ両国で共同管理する五大湖委員会によって制限された結果、浄化は進まなかった。さらに1926年、自動車交通を担う2層式のワッカードライブが南支流部東岸から主流部南岸に沿って建設され、増加する交通量の中で騒音や排気ガスに満ちた川沿いは不快な環境となり、半ば放置されたまま20世紀末を迎えることとなる。

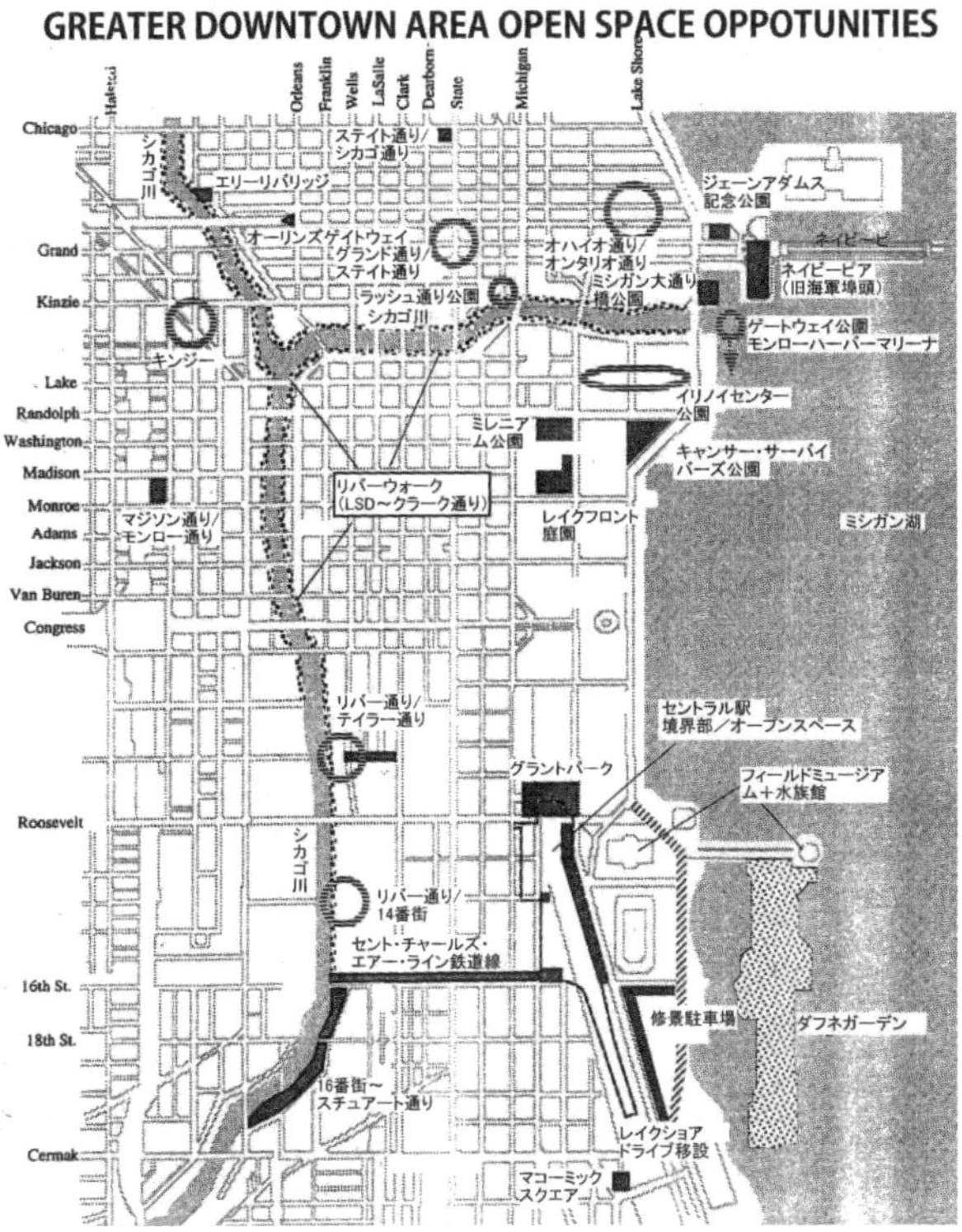

図9・2　1992年代の大シカゴダウンタウンエリアのシカゴ川再生計画の公共空間整備構想素案　出典：2002年シカゴ市役所公式訪問時提供資料コピーより（筆者日本語表記作成）

一方で、シカゴ川還流計画については、五大湖とミシシッピ川が人為的につながれたことで、生態系への影響、そしてシカゴ川の汚濁水を南部に流すことについての疑問の声が挙がっていることも注釈しておく必要があるだろう。

## 2　シカゴ川回廊開発計画

１９９０年代になり、シカゴ市長リチャード・デイリー（注９－１）の提唱のもとでシカゴ川流域の美化運動が始まり、広い範囲で河床も含めた清掃活動が実施されている。しかし92年４月に「シカゴ洪水」が発生し、中心市街のほぼ全域が水に浸かった。ビルの地下にも水が流れ込み、シカゴ自慢の延長97㎞もの地下貨物鉄道網も水浸しとなり、地域経済への影響も深刻なものとなった。この洪水被害は、川沿いに立地してきた多くの工場や倉庫群の転出に拍車をかける。

市も市民の間で展開された水辺再生の必要性の議論を受け、「シカゴ川回廊開発計画（Chicago River Corridor Deveropment Plan）」に着手し、沿川地域を都心居住の集合住宅やオフィス等への土地利用転換を誘導し、川筋の自然環境の保全、そして川沿いの遊歩道整備に向けての検討を開始した。92年末には素案が提示され、市民意見や関係機関協議を経て、98年にはシカゴ都市計画委員会によって承認される。

この計画は、シカゴ川に関する共通のビジョンを定め、公有地および私有地に関する具体的な勧告の概要を示し、川の環境形成のため戦略を提示するものであった。その内容は次の5項目の目標、①川に面する開発事業に際し、川沿いに連続した多目的の緑道を設ける、②川筋へのパブリックアクセスを向上するために、公共に開放された緑地を積極的に創出する、③ランドスケープを施すことで川

注９－１　リチャード・デイリー（Richard Michael Daley,1942-）：市長在職期間 1989～2011）

写真９－10　シカゴ川に架かる跳ね橋・ディアボーンストリート橋と左に見えるのは64年築の通称「コーンタワー」のマリーナシティ（設計：バートランド・ゴールドバーグ）

の自然生態系とりわけ魚類の生息環境の回復、保全に努める、④川沿いの修景などを通して憩いの場を積極的に創出し、居住者、就業者、来街者や観光客などに貢献することでシカゴのイメージアップに努める、⑤環境に優しいアメニティ空間としての河川空間に寄与する開発事業を促進する、が掲げられている。

２００２年にはシカゴ川回廊開発計画のマスタープランが発表される（注9-2）。その内容は川沿いの土地所有者に対するインセンティブゾーニング手法、すなわち敷地に対する水際遊歩道の提供による規制緩和で再開発計画を誘導し、既に一部区間では具体の民間開発誘導が行われていた。

さらに01年、岸側を走る2層式のワッカードライブ高架構造物の老朽化問題から構造調査が行われ、02年には大規模修繕および再建計画とあわせ南岸の遊歩道計画も提示された。これは、遊歩道と同レベルのロウワー・ワッカードライブ車道との間に階段や建築床を配することで、騒音の遮蔽とともに、

注9-2 MAIN BRANCH FRAMEWORK PLAN, Chicago Department of Zoning and Planning, Chicago Department of Transportation, Goodman Williams Group, Terry Guen Design Associates, AECOM, Construction Cost Systems, 2009

写真9-11 コンフルエンス地区北側工場跡地に建設された集合住宅とその前面に整備された遊歩道

写真9-12 シカゴ川リバークルーズ船から望む歴史的橋梁の跳開式鉄橋と周辺再開発地区

写真9-13 コンフルエンス地区分岐部から南部支流側の街並みを望む（２００２年時点）

写真9-14 コンフルエンス地区リバーポイントビルの工事現場に掲げられた緑地計画完成予想図

写真9-15 アーケード地区の橋梁下のピア形式の張り出し通路、夜間景観が実にうまく演出されている

遊歩道沿いに博物館やショップ等の賑わい施設を配する計画でもあった。

## 3 シカゴ川リバーウォークの実現

そして07年に沿川地権者、関係機関等で構成されるリバーウォーク開発委員会が設立され、09年にレイクストリートとミシガン湖間の主流部区間の川沿いの約2㎞のリバーウォーク基本計画が発表される。そのプランは主流部区間を4つの地区にゾーン分けし、それぞれをコンフルエンス地区（The Confluence District）、アーケード地区（Arcade District）、シヴィック地区（Civic District）、マーケット地区（Market District）と名付け、各々の地区特性にあわせた整備の方向付けが示されている。加えて、連続したリバーウォークへの市民の利用向上のための施策、すなわちパブリックアクセス実現のための沿川敷地を対象とした建築計画や、ランドスケープデザインなどの種々のガイドラインが盛り込まれている。

コンフルエンス地区は北と東の2つの川の流れの合流部、アーケード地区はワッカードライブの高架構造物を連続するアーケードと見立て、シヴィック地区は市民のための緑地中心、最も東のミシガン湖側のマーケット地区は将来的には水辺のマーケットが構想されているこ

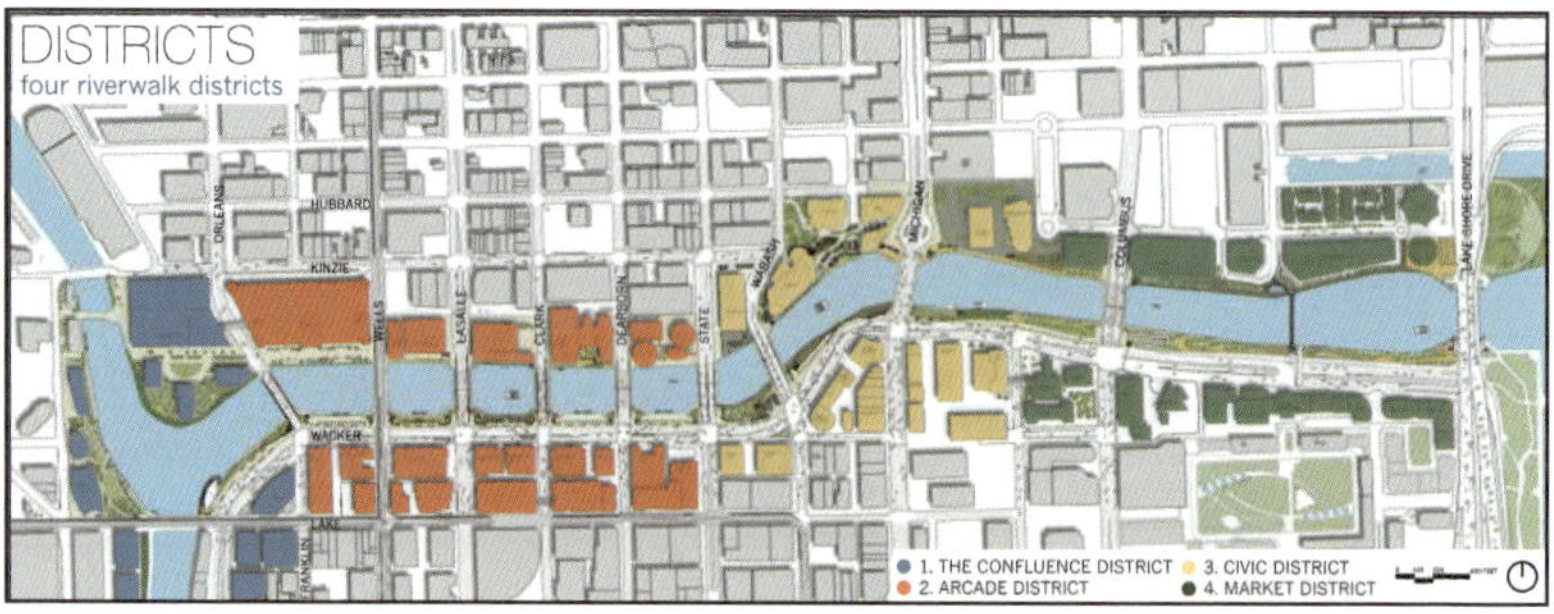


図9・3 リバーウォーク基本計画の4つの地区のゾーン区分 出典：注9・2

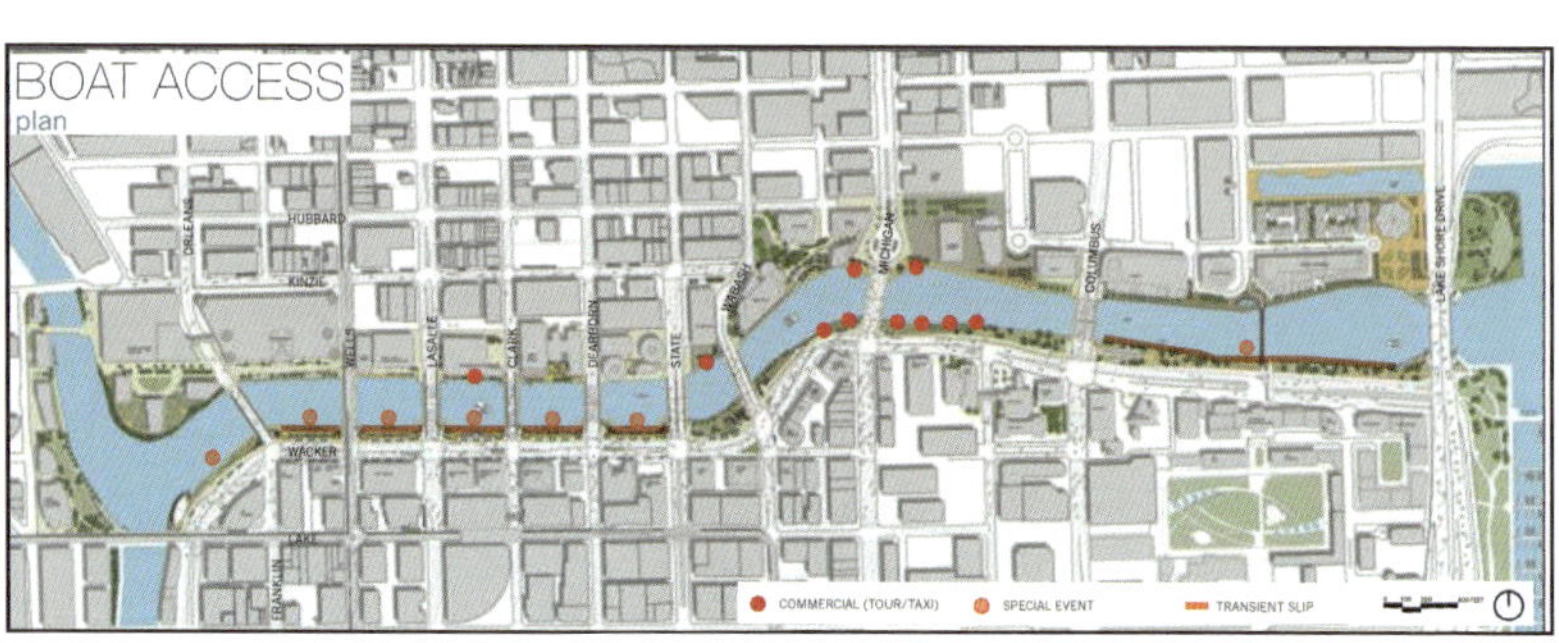


図9・4 同基本計画の各種ボートの発着場配置計画 出典：注9・2

とからその名が付けられ、それが各々の地区区分に表現されている。

主流部のアーケード地区からシヴィック地区までのリバーウォークの南岸には、市の事業として、連続する遊歩道と車の大量の交通を捌くワッカードライブの間に階段護岸や斜面緑地が整備され、リバーウォークへの騒音や排気ガスの流入を遮断する。一部は遮蔽壁として後退させ、そこには店舗スペースを確保し、ここには実際キオスクやカフェ、ワインバーなどが続々と出店している。

またアーケード地区には橋で挟まれたセグメントごとにマリーナプラザ、ザ・コーブ、リバーシアター、ウォータープラザ、桟橋などの名が付けられ、多様な階段護岸の設えがなされている。リバーシアターは水面に舞台となる台船を係留すれば野外劇場に早変わりし、ザ・コーブ（Cove＝入り江）やマリーナプラザ（Marina＝港）など、文字の通りに川の水面も様々な使われ方が可能となる。そして各地区に計画的に配された小広場やお店の前にはパラソルと椅子、テーブルが置かれ、多くの市民

写真9-16　ザ・コーブの階段広場前は船が横付けできる設えとなっている

写真9-17　アーケード地区の飲食ショップの前にも沢山の人が集まっている

写真9-18　シヴィック地区北岸の歴史的建物と新たなビル群の共存する風景

写真9-19　シヴィック地区の斜面緑地とスロープ、写真9-3の14年後の姿

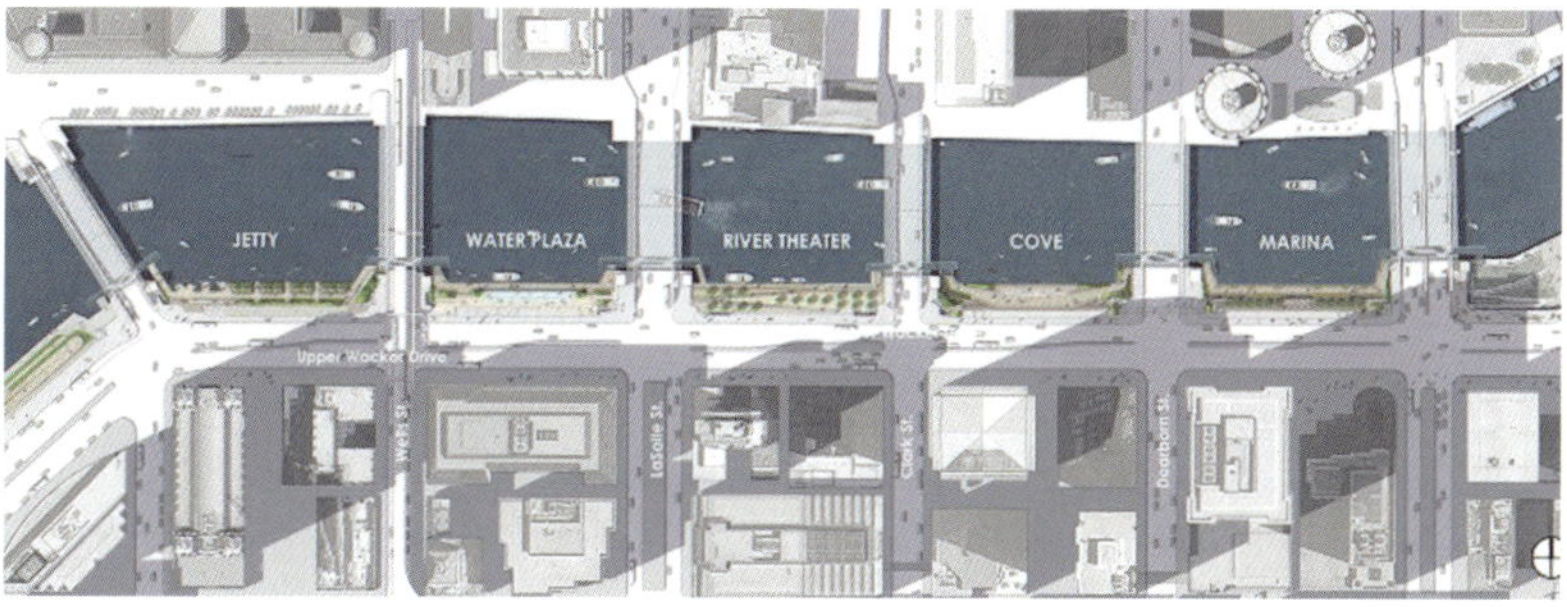

図9-5　リバーウォーク・アーケード地区の計画案　出典：注9-2

写真9‐20　シカゴ川北岸のマーケット地区の新しい集合住宅とホテル、ショップの複合施設

写真9‐21　リバーイーストの旧港湾倉庫のリノベーション改修による集合住宅とアートセンターの外観

写真9‐22　ネイビーピア近くのジェーン・アダムス公園。市街を望む絶好の水辺の視点場

写真9‐23　旧海軍埠頭の桟橋上のネイビーピアはレクリエーションや大型の商業施設などが備わっている

や来街者の集まる実に賑やかな光景が、昼間だけでなく夜まで続く。

そしてシヴィック地区には緑地や遊覧船発着場が設けられ、ここも多くの人々の集う場所になっている。

## 4　沿川の再開発誘導と都心居住

一方でコンフルエンス地区の西岸やアーケード地区、シヴィック地区、マーケット地区の北岸は民間再開発が誘導され、新たなオフィスや集合住宅、ホテルなどの複合ビルが続々と建てられている。その新しいビル群の中で異彩を放つのが、415mの高さを誇るトランプ・インターナショナル・ホテル・アンド・タワーの複合型超高層ビルであり、周囲にはリバーウォークの整備に触発され、多く

写真9‐24　シカゴの新たな魅力スポット・ミレニアム公園の大型アート作品「クラウドゲート」

写真9‐25　ミレニアム公園の巨大なガラスの壁泉と浅いプールで遊ぶ多くの子供たちの光景

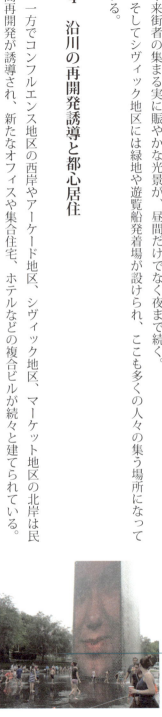

の複合ビル計画が進行中とも聞き及ぶ。そして歴史的建物のシカゴ・トリビューンタワー（1925年築）、そしてリグレービルの本館（21年築）、北館（31年築）などに加え、59年から67年にかけて建設された2棟のトウモロコシの形をした900戸の高層住宅ビル「マリーナシティ」など、様々な名建築と評される建物が上手く共存している。

シカゴ川河口部の入江に立つ長大な細長い8階建ての、かつての港湾倉庫リバーイーストは、修復・コンバージョンされ240戸の集合住宅となり、1階にはアートセンターが入居している。その他、旧い倉庫群も集合住宅やオフィスなどの新たな活用への道が拓かれつつあるのも、シカゴのウォーターフロントの特徴である。

このように実に多くの集合住宅群が川沿いに新たに設けられてきた。市は積極的に都心居住を奨励し、職住近接指向の若者たちをターゲットにした住宅建設に民間投資が振り向けられているという。それは明らかに、リバーウォークを含めた環境改善の成果と言えるだろう。そしてこのシカゴの経済発展に伴い続々と建設される最先端の超高層オフィス複合ビルの陰で、築50年以上を経過した超高層オフィスビル群の住宅へのコンバージョン計画も進行しつつあり、これも新たな職住近接ニーズの受け皿になっているという。それを支えるのが、水際も含めた公共オープンスペースの改善事業である。

ここでは、足元の水辺の環境を活かした住まい方が実現している。湖岸のマリーナのヨットやプレジャーボート、川のカヤックなどのマリンスポーツに加え、湖畔にはミレニアム公園やグランドパーク、ジェーン・アダムス公園、そして旧海軍埠頭のネイビーピアなどがある。多くの魅力が備わった大都市シカゴのウォーターフロントは、今後の展開が実に楽しみなまちに生まれ変わったと言えるだろう。

写真9‐26　グランドパークのエリザベス噴水と背後の中心部の街並み風景

# 第10章　ソウルの清渓川《チョンゲチョン》再生（韓国）

前章までは欧米における水辺再生を中心に解説してきた。ここではわが国の隣国、韓国の首都・ソウル市都心部における、１９７０年代に築造された清渓《チョンゲ》高架道路、そして地上部の覆蓋道路の撤去を経て２００５年に水流の復活を実現させた清渓川《チョンゲチョン》の再生事業を紹介しておきたい。この事業は着手から完成までわずか2年、その成功は世界に大きく報道され、各地の「水辺再生」に大きな影響を与えたことは言うまでもない。特に1章で紹介したマドリッド・リオ計画、そしてアメリカ各地の河川やウォーターフロント近傍の高架高速道路を抱える都市の撤去運動などにも拍車をかけた。わが国でも「はじめに」に記したように06年に当時の小泉純一郎首相の指示で、東京・日本橋川上空の首都高速道路撤去にかかる議論が始まったことも記憶に新しい。

筆者は完成の翌年（06年）夏に訪れ、高架高速道路の撤去された区間を踏破し、復元された川の流れ、そして市民の喜ぶ光景を目のあたりにし、大きな衝撃を受けた。そして12年後の18年夏に再度訪れ、河川周辺に回復された動植物等の生態系の状況や沿川のまちの変化を確認してきた。そこには涼を求め水辺を楽しむ多くの人々の姿が見られ、当該事業を契機としてソウル市民の意識が大きく変革され、市内各地に環境再生への試みが展開されてきている。まさに、「都市計画がまちを再生させる」好例と言えるであろう。あえて近場の事例として紹介する意味を読み取っていただければ幸いである。

写真10-1　高速道路撤去によって再生した清渓川の下流部の２０１８年の姿。向こうには北から南に延びる高架高速道路が見える。右の大きな建物は清渓川博物館

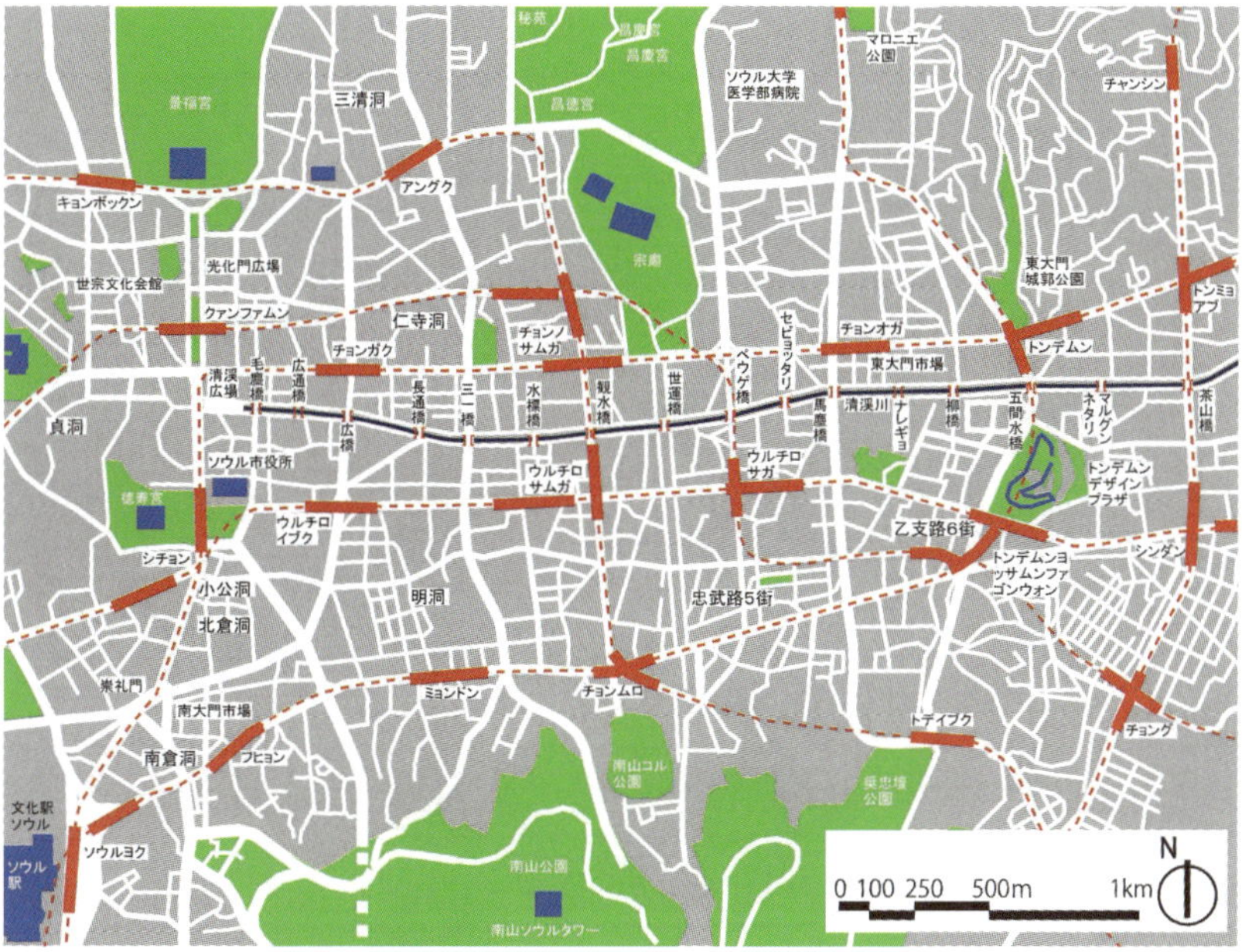

図10-1　ソウル中心市街地における清渓川の位置

図10-2　ソウル都心部における清渓川と漢江の位置図

写真10 - 2　2006年夏、清渓川の上流の滝の周辺に集まる多くの市民の姿

写真10 - 3　同年夏の清渓広場の光景、多くの市民が滝から流れる水を眺めている

写真10 - 4　清渓川の上流部の清渓広場とモジョンギョ（毛塵橋）の間の水辺を楽しむ市民

写真10 - 5　清渓川の中流域の水面から上がる噴水。曝気による水質浄化の意味もある

写真10 - 6　2006年夏の中流域の風景。植えたばかりの樹々は時間の経過とともに大きく成長していくこととなる　2018年夏の写真と見比べていただきたい

## 1　清渓川復元計画の背景

清渓川はソウルの西北の仁王山《イヌァン》、北岳山《フガク》の南麓、南山《ナムサン》の北麓などから始まり、中心部を東西に流れ、西はソウル市庁や業務街のビル群、東はソウル市民の台所で観光名所ともなっている東大門《トンデムン》市場を経て、ソウルの母なる川とされる漢江《ハンガン》に注ぐ、延長10・92kmの川である。その意味では漢江の支流のひとつではあるが、都心を東西に貫く、ソウルの歴史を刻む最も重要な川であったと言っても過言ではない。

都市としてのソウルの歴史だが、古くは韓国史書「三国史記」に紀元前18年建国と記された百済《ペクジェ》の都・漢城《ハニャン》が4世紀頃にソウル南部の蚕室《チャムシル》あたりに築いたとされ、475年に高句麗軍に陥落され、後

注10 - 1　本稿の記述に関しては左記の文献を参考にさせていただいた

・『清渓川　復元ソウル市民葛藤の物語――いかにしてこの大事業が成功したのか』（黄祺淵 他2名、監修・㈶リバーフロント整備センター、日刊建設工業新聞社、2006年）

・『ソウル清渓川再生―歴史と環境都市への挑戦』（朴賛弼、鹿島出版会、2011年）、『都市伝説 ソウル大改造』（李明博、屋良朝建訳、マネジメント社、2007年）

・『清渓川博物館パンフレット2018年版』、同博物館

・情報誌「ネルシス」VOL．5、特集「清渓川復元プロジェクト―都心部の清流復元でヒートアイランドの緩和なるか」、TOEXネルシスネット（2004）

は暫くの間記録が途絶えている。そして中世に至り、１３９２年の李氏朝鮮王朝建国から2年後の94年にこのソウルが都と定められ、以来城郭都市として６００年以上の歴史が積み重ねられていく。その名残が現在も断続的に残るのは漢城都城の石積城壁遺構であり、ソウル四山の稜線に沿って巡らされ、南大門《ナンデムン》、東大門のほか6つの小門が開かれ、城内には景福宮《キョンボックン》、昌徳宮《チャンドックン》、徳寿宮《トクスグン》、昌慶宮《チャンギョングン》、慶熙宮《キョンヒグン》の五大古宮の宮殿が続々と建てられている。

その間、清渓川は都の歴史とともに市民の生活の川でもあり、この川を境に北村《プチョン》（景福宮と昌徳宮の間の三清洞《サムチョンドン》辺り）、南村《ナムチョン》（忠武路《チュンムロ》、明洞《ミョンドン》辺り）と呼ばれ、地理、政治、文化的にもソウルを南北２つに分ける境界であり、繋ぎの川でもあった。４つの山に囲まれた平地を緩やかに流れる川は洪水の氾濫・浸水を幾度も経験し、その都度改修工事が行われている。その中で本格的な改修の記録は１４０７年の氾濫の後の１４１１年であり、１６３７年に清国の支配下となって以降もそれが繰り返され、１７６０年には水路の直線化工事が行われている。以来、浚渫が2～3年ごとに行われ、清の滅亡後に独立した１８９７年以降、１９０８年まで定期的に行われたとされている。

近代以降のソウルは急速に都市人口が増加し、19世紀末には河川内に柱を立てて建物を設け、居住する不法占拠も始まる。これの撤去を目的とした川の覆蓋化の提案がなされるのが１８９５年で、首都の近代化のための都市基盤整備の機運が高まっていく。その中で川の北側の東西道路である鍾路（通り名はチョンロ・地区名はチョンノ）は直線状の大通りに拡幅されている。

日本統治下の１９１０年代以降、日本朝鮮総督府は「京城市区改正」計画を立案し、既拡幅の鍾路を軸とした東西南北と放射状の広幅員道路計画を発表する。その後も農村部からソウルに流入する人

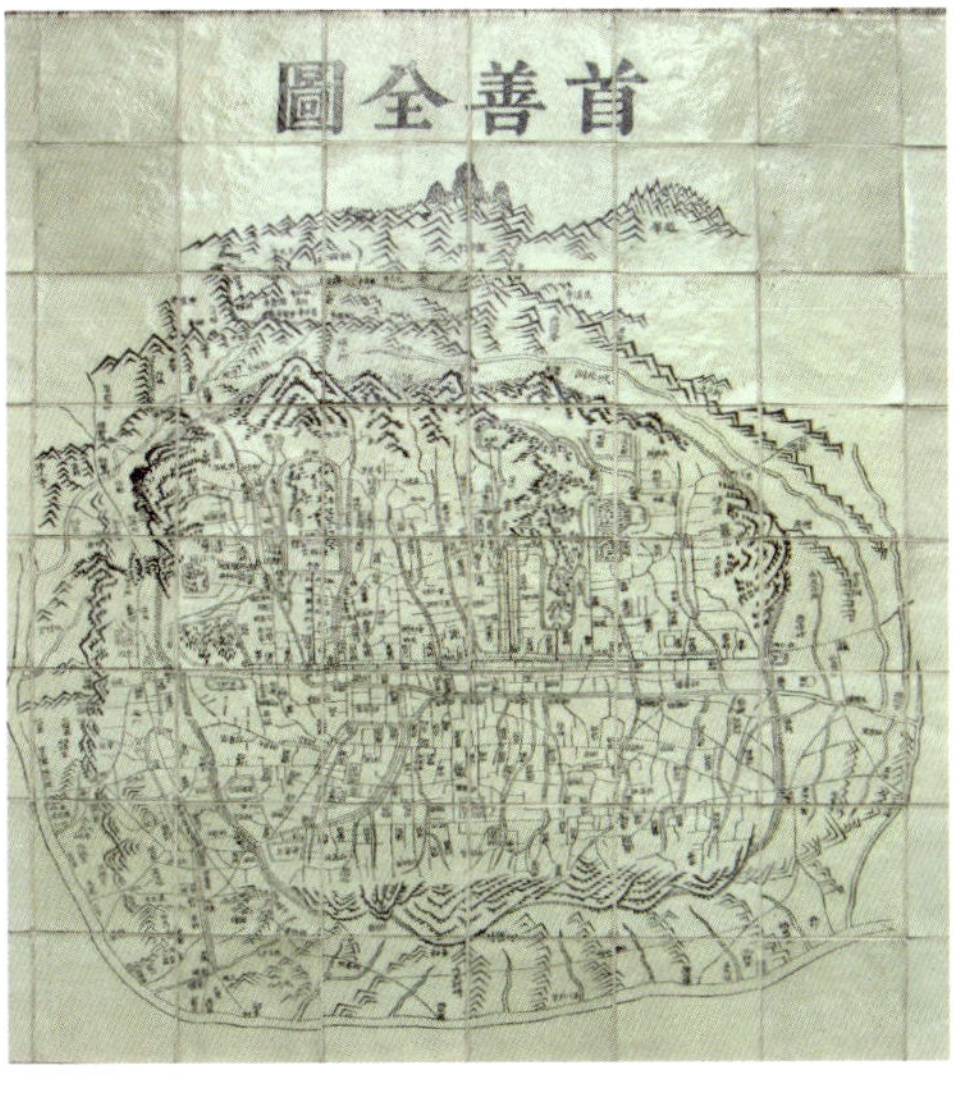


図10-3　清渓川の復活した護岸壁面に埋め込まれた１８４０年の『首善全図』の絵タイル（現地撮影）

注10-2　ソウル四山：外山と内山があり、外四山は北に北漢山（海抜８３６m）、南に冠岳山（６２９m）、東に龍馬山（３８４m）、西に徳陽山（１２５m）、内四山は市内にある山で、北は北岳山（３４２m）、南は南山（２６２m）、東は駱山（１２５m）、西は仁王山（３３８m）と、ソウルは風水に基づき決められてきたことを示している

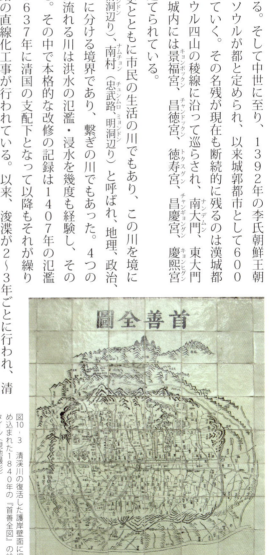

写真10-7　現地の護岸壁面に埋め込まれた1800年代と思われるのどかな清渓川の光景の写真

写真10-8　現地の護岸壁面に埋め込まれた1900年代の清渓川沿いの不法占拠の状態の写真

写真10-9　現地の護岸壁面に埋め込まれた清渓高速道路完成後の大量の自動車が走行する写真

写真10-10　同じく清渓高速道路完成後の地上部の車道と歩道の状況を示す写真

口は増え続け、低地の清渓川沿いには不法占拠の建物が並び、雨が降れば辺りは浸水し、排水不良に加え衛生問題も深刻化する。こうした事態から、18年から24年にかけて川の浚渫と支流改修が行われている。時の総督府は川の徹底した浚渫と覆蓋（暗渠）化と上部を道路とする計画を承認し、26年には全線の覆蓋計画が練られていく。31年には「大京城計画」が発表され、35年に清溪川の全面的な覆蓋計画と覆蓋上部への道路建設、上空には高架鉄道を設けるという構想が作られたが、朝鮮鉄道局が財政上の理由で拒否し、立体鉄道計画は挫折する。しかし、覆蓋計画は着々と進められ、37年から42年にかけて太平路付近の覆蓋化が行われている。そして39年に全線の覆蓋後の上空自動車専用道路建設計画が発表されるも、第二次大戦の戦禍で中断している。この経緯を見ても明らかなように、総督府主導で清渓川の覆蓋化が進められていったのである。

45年の大韓民国独立後に本格的な下水道改修工事が行われることとなり、広橋《クァンギョ》から永尾橋《ヨンミギョ》までを対

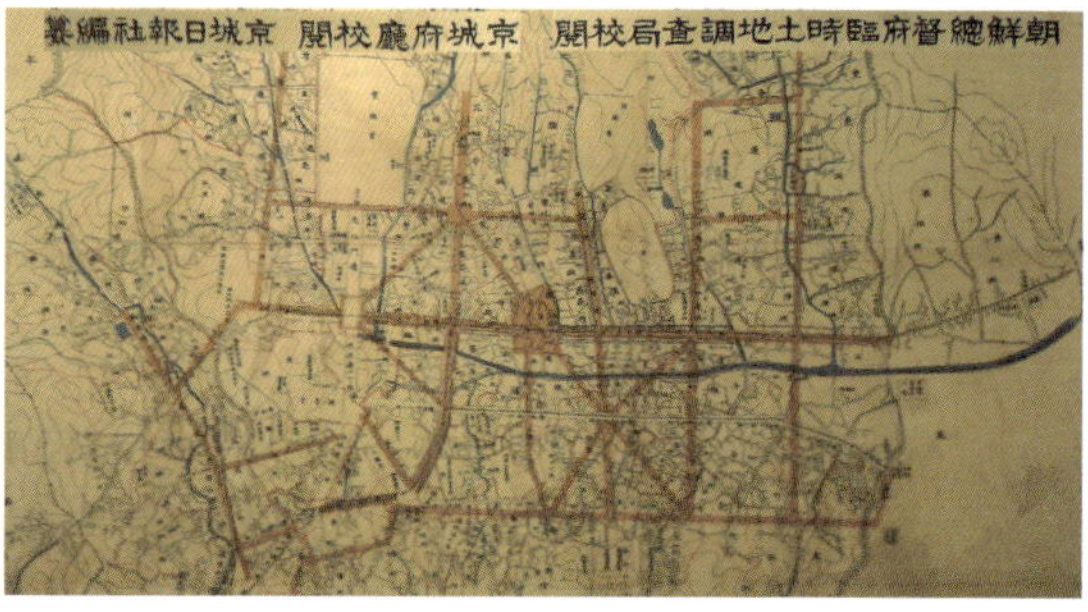

図10-4　日本朝鮮総督府は「大京城計画」図の中心部（抜粋）　出典：注10-3

注10-3　Cheonggyechon: Flowing through Seoul and Reflecting Seoul's History, Seoul Museum of History (2016/12)

象に49年から工事が始まり、鍾路区桂洞《ケドン》から広橋までの区間の一部が覆蓋化されることとなった。それも50〜53年の朝鮮戦争で中断するが、経済復興の見えてきた61年以降に再開し、下流部の鉄橋《チョルギョ》までの全区間が完成したのが78年のことであった。

一方で首都の発展に伴い、ソウル市街地は拡張し、自動車の更なる普及によって都心の交通量は飽和状態に達していく。その対策として都心部における高架自動車専用道路計画があらためて浮上し、67年から高架化工事は開始され、71年には総延長5・65㎞、道路幅員16ｍ（4車線）の清溪高架道路が完成した。高架道路網は周囲にも拡張されることとなり、幾つかの路線は70年代に完成していく。その後の韓国経済の高度成長のなかで、清溪高架道路沿いには多くのビルや商業施設、そして繁華街が形成されていった。２０００年には地上＋高架道路の交通量は16・８万台／日、うち大半が通過交通であった。

## 2 清渓川の復元計画へ

清渓川の復元計画は、２００２年にソウル市長選に立候補した李明博《イ・ミョンバク》氏（後に韓国大統領）が事業を第一公約に掲げ、当選したことを機に始まった。その公約であった清渓川復元化工事は、前述のように選挙後3年の期間で完成した。その実現スピードは、新市長の指導力の賜物と言えるが、実に熱心な多くの市民の支援があったことは言うまでもない。その背景には、90年代より始まる進歩的な学者や市民たちの「清渓川サルリギ研究会」の活動がある。これは水辺の復元・再生、水質浄化や交通量分析に至る幅広い環境活動を展開し、02年の10回にわたるハンギョレ新聞の連載「清渓川に新しい命を」は大きな反響を呼び、次第に大きな輪として広がっていった。その思いは、市長選立候補者に清

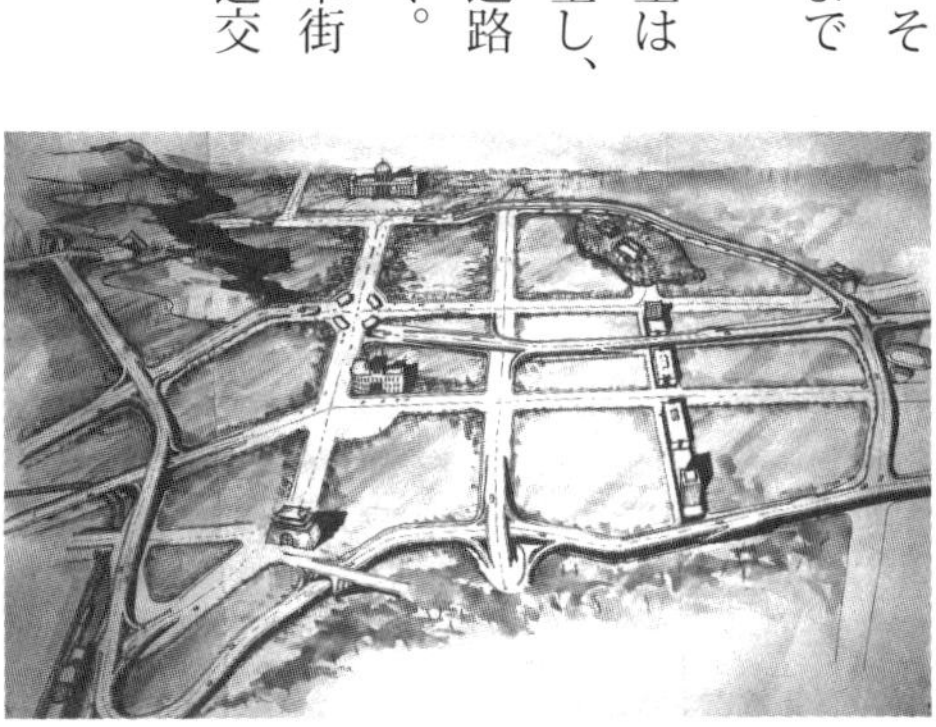

図10-5　１９６８年に策定された立体高速道路計画の鳥瞰図。都心上空に高架高速道路がネットワーク状に建設されることを目指していたことが読み取れる　出典：注10-3

渓川復元計画を公約に掲げることを求める運動へと発展していく。

もう一つの背景には、94年に発生した漢江・聖水《ソンス》大橋の崩落事故がある。それを機に既存の高架道路や覆蓋構造物の安全性に疑問の目が向けられるようになった。その3年前の91年に学会による構造実態調査が行われ、建設後30～40年経過し、車の排気ガスや川から発生する腐食性ガスによって構造劣化が予想外に進んでいることが判明していたのだった。02年にはソウル市全体で補強に要する膨大な費用も積算されていたというから、高架道路の構造物撤去に対する抵抗は少なかったのである。

## 3　清渓川復元計画の概要

清渓川復元事業の主な内容は、清渓川路（太平路《テピョンロ》［始点］～東大門～シンダプ鉄橋）及び三一路《サミルロ》とその周辺の全ての覆蓋と高速道路構造物の撤去と、河川空間の復元であった。すなわち川の流れの復活、水質の改善、生態系の回復、そして修景・橋梁新設であり、朝鮮時代の代表的文化遺跡である広通橋《クァントンギョ》などの歴史遺跡の復元も含まれていた。それに両岸道路の整備である。

復元計画はソウル中心市街を東西南北の十字形に貫く新たな環境緑地軸の形成を担うもので、「東西水景緑地軸」は、かつての王宮である西の徳寿宮～清渓川～中浪川《チュンランチョン》～東の漢江、そして「南北緑地軸」は北の宗廟～セウン商店街～南山へと延びていく。この2つの環境緑地軸は都心の風の道またビオトープの再生軸を担うことを目指してきた。

表10－1　清渓川復元への経緯
（1930年代以降、年表情報出典：注10－1の文献資料から引用）

1931年：日本朝鮮総督府が「大京城計画」策定
1935年：清渓川の全面的な覆蓋計画発表。上部に高架鉄道の構想。財政上の理由で挫折
1937～42年：太平路広通橋付近を覆蓋
1939年：覆蓋後、自動車専用道路建設案
1942年：三角亭の東側の清渓川の改修計画
1945年：8月15日、大韓民国独立
1950年：朝鮮戦争勃発、建設事業が中断、ソウル市人口170万人↓約60万人に減少
1953年：還都（ソウル回復）の後、被害復旧
1955年：広橋上流135・8mの暗渠覆蓋工事
1958年：本格的な覆蓋工事再開、広橋～東大門・五間水橋約2・4km、61年完工
1966年：下流側～第2清渓橋区間覆蓋
～78年：国鉄馬長鉄橋までの覆蓋完成
1967年：清渓高架道路（三一路～新設洞間）工事着工、東大門運動場～新設洞間のバラック小屋撤去
1968年：ソウル初の高架道路阿峴（アヒョン）高架道路完成
～71年：清溪高架道路工事完了
1970年：新設洞～新踏鉄橋間の覆蓋工事開始。77年完了
1991年：清渓高架道路に対する精密安全診断の実施
1993年：ソウル大学環境大学院ヤン・ユンジェ教授の清渓川復元に関する研究
1997年：（10月）清渓川サルリギ研究会発足、延世大環境計画部ノ・スホン教授の清渓川の生態河川復元方案の研究、清溪高架道路の乗用車以外の車両通行制限開始
2000年：（9月）同研究会第1回シンポジウム、復元事業に関する歴史性、水処理方式、環境影響評価、交通分析など2002年：（3月～）同研究会がハンギョレ新聞に「清溪川に新しい命を」シリーズ記事連載。（6月）ソウル市長選・李明博氏が選挙公約の一つとして、「清溪川の復元」を掲げ当選。清渓川復元民官推進委員会、（7月）清渓川復元市民委員会準備委員会、同推進本部の設置、（9月）清渓川復元市民委員会
2003年：（7月）清溪川復元工事着手
（11月）清渓川復元国際シンポジウム開催
2005年：（9月30日）約5・84km区間完成

実際、竣工直後の訪問から12年ぶりに現地を訪れて驚くのは、河川空間内に繁茂する樹々の成長、そして高水敷の石張りの擁壁護岸の一部区間が全面的に緑で覆われていることである。低木や草類も鬱蒼と生い茂り、そこには昆虫などの小動物が生息し、水面には大きな魚や小魚の群れ、そしてそれを捕食する鳥類が集まり、まさにビオトープつまり生態系が回復しているという現実であった。そして水辺で涼をとる家族連れや仲間たち、老若男女が木陰や橋の下の階段護岸に足を水に浸けながら歓談する姿があり、夕方には通勤通学の帰宅経路と思しき人の群れ、買い物帰りの人々の生活が垣間見えるのである。

覆蓋から数十年後に復元された川の姿は、当初のどこか余所余所しかった印象が、月日の経過とともにまちに完全に定着した感がある。それを成し遂げた要因こそ、水の流れの復活であり、河川空間の復元、そして自然生態系の回復という3点に帰着できるであろう。

写真10‐11　2018年夏の中流部の飛び石、背後の緑も大きく繁茂していることが判る

写真10‐12　同年の下流域の緑で覆われた石張り護岸。このように部分的には大きく繁茂している

写真10‐13　同年の橋の下で水遊びしている子供たち。対岸には涼をとる老人の姿

写真10‐14　同年の下流域の中浪川の合流部。水面以外は下草が生い茂っていた

写真10‐15　同年の中流域の水際遊歩道。ここも実に濃い緑が続き、木陰が連続していた

写真10‐16　上流域の清渓広場脇で噴き出す水。ポンプと管で運ばれた水が一斉に噴き出している

写真10‐17　上流域の護岸に設けられた壁泉。ここからも多くの水が流れ出ている

写真10‐18　2018年夏の夕方、上流域の広通橋近く光景。多くの若者たちが水辺を散策

写真10‐19　同じく2018年夏の夕方、通勤帰りの人たちの群れが東側に向かっていた

## (1) 川の流れの復活

そもそも清渓川の流域面積は50・96㎢と狭く、水源は上流の川や中鶴川《チュンハク》、三清洞川《サムチョンドン》の3本の川だが、いずれも水量は少なく、水の流れの復活には、地下鉄駅からの湧水に加え下水処理水や下流の漢江からの大量の水で補われている。川の計画流量は1日12万トンで、内訳は上流ないし地下水が2・2万トン、下流の下水処理場からの高度処理水と漢江の水9・8万トンが還流されている。下流の水は浄水場で魚の生息できる2次水レベルにまで再浄化され、川底に埋め込まれた管路で起点となっている光化門の清渓広場、中流の東大門など4箇所で滝や噴水として配水されている。その意味では極めて人為的に操作された水の流れである。

しかしこの水が川面を満たし、低水敷の流路に設けられた淵や瀬があり、随所に水面を越えて南北に渡る飛び石が設けられ、滝や噴水などで白濁し曝気され下っていくことで、より自然な水の姿に変

表10‐2　清渓川計画概要
(出典：注10‐1の文献資料から引用)

河川断面寸法
幅員：19～13m、低水路幅：6～7・2m、高水敷地幅：2～2・7m、高水護岸高：3～7m、低水護岸高：1～3・7m
浸水頻度
高水敷：年3回、低水敷：年10回程度
遊歩道総延長：12・104㎞（管理通路兼用のプロムナード6・62㎞／歩行者専用通路5・45㎞）
幅員：主要散策路3m基準、その他の歩行者専用路0・9～2・5m
ビオトープ空間・柳の湿地帯：10箇所3520㎡／止まり木、巨石の設置及びネコヤナギ、ウキヤガラなどの植林、魚類・両生類・鳥類の生殖空間を確保
生態河川敷：4箇所1万7074㎡／ノイバラ、ウキヤガラ、クンコレンイ、コウライシダレヤナギを植林し、鳥の餌場の供給及び憩い場を提供
鳥類棲息所：1箇所1万2589㎡／湿地、飼育場、水たまりなど造成、棲息所提供
魚類棲息所：3箇所7316㎡／中浪川下流部の低水路に魚道を設置、魚の待避・産卵場造成
早瀬と沼：29箇所
川へのアクセス路・進入階段：23箇所
進入傾斜道路：8箇所

わっていく。その水が高水敷の樹々や草類を潤し、自然の生態系の基盤となっていく。大量の水の存在が、この長大な空間を支え続けている。

## （2）河川空間の復元と洪水対策

河川の復元計画は、洪水時の安全性を第一に考慮し、200年洪水への対応設計となっているのが特徴で、深い断面形状が、逆の意味で周囲の市街地とは隔絶された自然の別世界を創り出している。これは地球温暖化の問題も含め、局地性集中豪雨への備えとされ、全区間を通して高水護岸と低水護岸の2段河川で、高水敷には前掲の連続する遊歩道が設けられ、そこには植栽地や護岸の緑化が施されている。

高水敷の遊歩道を歩いて気になるのが、石張りの壁面に刻まれた矩形の薄い石の痕跡や、橋部のアーチ状の木の板の化粧である。これは水路の両脇に備えられた雨水や汚水の管路を収納する空洞への点検口であり、大雨の際はここが流路となり、一定量を超えるとこれが開き、川に放流される仕掛けであった。つまり清水の流れるゾーンに市街地側を伝わってきた雨水は、通常時は流れ出ないように保たれているのである。

延長5・84kmの全体は大きく3つのゾーンに区分され、上流から「歴史」「文化」「自然」をテーマに計画方針が立てられている。上流域（西側）は歴史ゾーンと位置付けられ、歴史的な石積み護岸の採用や広通橋、広橋など多くの石橋の復元が行われ、中流域の文化ゾーンは沿川の市場や商店街の賑わいとのつながりを重視し、下流域（東側）の自然ゾーンは川辺の緑地や周辺の公園との連続性が図られている。その中で最下流部に敢えて残された3基の柱脚が実に印象的で、しかも残し方が微妙に異なり、かつてここに高架高速道路が走ってい

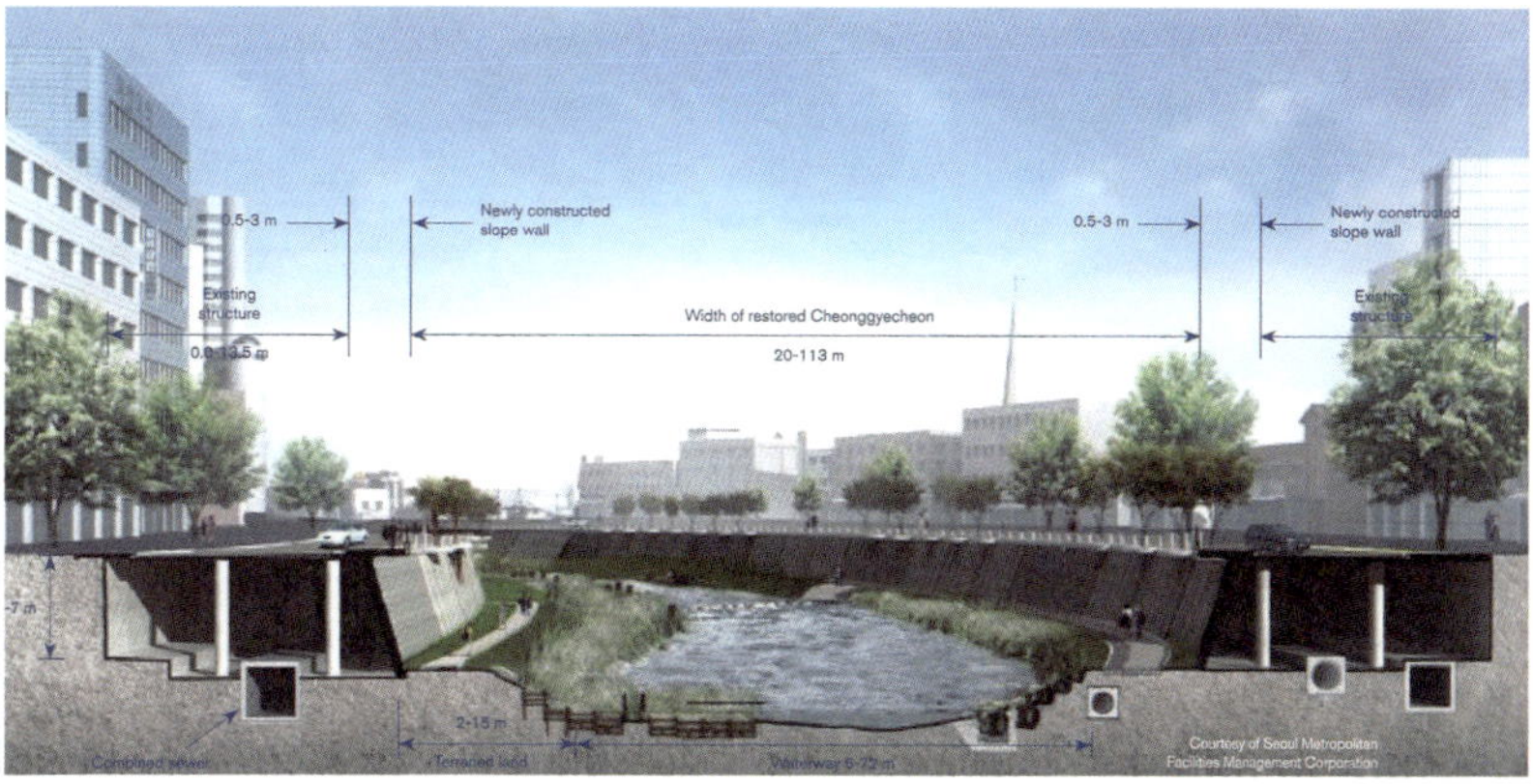


図10-6 清渓川の断面構成図 出典：注10-3

写真10－20　ところどころに向けられた階段と斜路の途中の踊り場に続く川を眺める場所

写真10－21　護岸のアーチ状の木の扉に貼られた説明。洪水時にはここが開き、大量の水が排出

写真10－22　最下流にある清渓川博物館屋上からみた川の風景。シンボリックな歩道橋が見える

写真10－23　下流部に残されたかつての高架高速道路の橋脚群。3基の残され方が微妙に異なる

たことを後世にも伝えるシンボルとなっている。また随所に市街地側から川へのアクセス路が設けられ、全体区間で斜路が8か所、進入階段が23カ所に上っている。

総体として河川空間内のランドスケープデザインには努力の跡が見られ、短時間に設計がなされた中で、うまくまとめられている。中でも歴史的意匠の復元に尽力したことは後世に高い評価がなされるはずで、橋や階段護岸や広場もきめ細かくデザインされ、随所に配置された滝や噴水の流水の表情そして夜間景観の演出など実に心憎い。

### (3) 自然生態系の回復

ほぼ全線にわたって親水に加え、自然生態系の復元が図られているのも特徴である。極力自然石や土などの天然素材を用い、随所に植栽地が用意され、動植物の生物相の多様化、自生種を主とした植

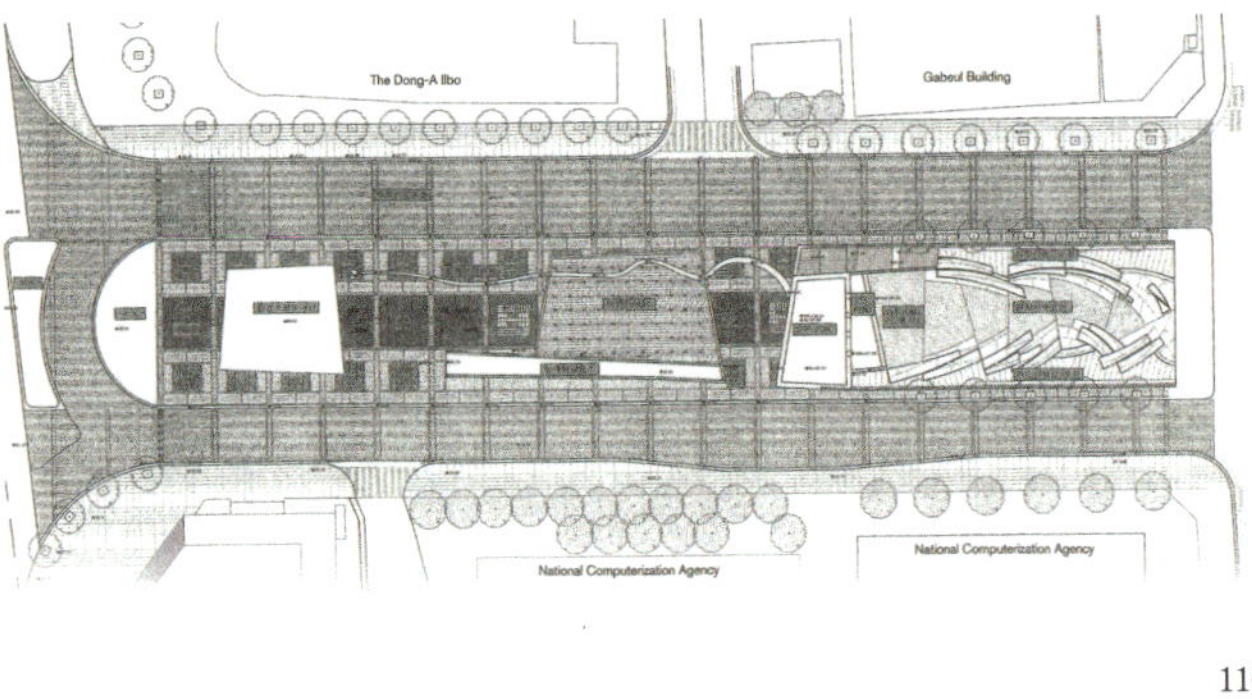


図10－7　上流部の清渓広場と滝、水路部の計画平面図。広場は石張舗装の中に浅い水路が設けられ、滝も水路の表面素材はすべて自然石で造られている　出典：注10－3

栽の生態系遷移の誘導が図られている。それは結果として前掲のように、経年の月日の中で着実に成長し、ねらいは成功しているように思える。

## 4　環境共生都市への道すじ——新たな都市デザインプロジェクト

清渓川再生プロジェクトを機に、ソウルが環境共生都市に脱皮していったことはよく知られている。これを象徴するのが、「ソウル広場」であろう。川の最上流の清渓広場近く、ソウル市庁舎前のかつての広幅員道路の巨大なラウンドアバウト（ロータリー）状の車道が一部（庁舎前）閉鎖され、大胆な交差点改良によって、中央に円形の大きな芝生広場を有する市民広場となった。ここは川の再生完了の前年04年に完成し、市民公募によって「ソウル広場」と命名されている。この市民広場は、通常は市民の憩える巨大な緑の芝生面と交差点側の特徴的な噴水のある石の広場だが、イベント時には多くの市民の集まるソウルのシンボル的空間となっている。筆者もかつての70年代、この交差点前の高層ホテルに宿泊し、巨大な交通広場であったことを記憶している。

高架道路の撤去による交通混乱を避けるべく市都市計画局が方針として掲げたことは、「公共交通を優先し、環境面や歩行者対策を重視する」ことであった。従来の自動車優先の計画からの転換を目指し、抜本的な交通体系の再編に着手したことも賞賛に値する。具体的には、地下鉄やバス網の公共交通整備であり、すでに90年代に導入されていた都心流入自動車への課金すなわちロードプライシングの徹底と、都心周縁拠点でのパーク・アンド・ライドのための駐車場確保、そして主要道路へのバス専用レーンの設置とバス網再編成、地下鉄と鉄道との連携、さらに歩行者環境整備の推進であった。とりわけ注目に値するのが、世界の環境先進都市で採用され、未だにわが国では陽の目を見ない公共

写真10-24　川で見かけた魚を狙う大きな鳥、サギの一種と思われる。回復した生態系を象徴する光景

写真10‐25　市庁舎前に出現したソウル広場のイベント風景

写真10‐26　鐘路のバス専用レーンのバス停。中央2車線がバス占用で、側道各2車線が一般車道

写真10‐27　ソウル路7017の歩行者専用道路。ミストがところどころ噴き出している

交通機関共通のゾーン運賃制であろう。そしてバス交通網も、アジア初と言うべきクリチバ型のバスシステム（注10‐4）の導入が進められている。これらの結果、都心流入の自動車交通量は減少し、清流の復活による風と気化熱低下も含め、明らかに夏のヒートアイランド現象の軽減効果がもたらされたと報告されている。このような素晴らしい「都市計画」が、隣国で展開しているのである。

清渓高架高速道路の撤去に続き、70年代前後に築造された都心部の高架道路が続々と廃止の方向に動き出している。たとえば68年に造られた韓国初の都市内高架高速道路である市内の阿峴《アヒョン》高速道路が14年に撤去され、またソウル駅前を走る70年に完成したソウル駅高架車道が廃止され、そこは補強されて17年に延長約1㎞の鉄道を越える緑の歩行者専用道路に様変わりしたばかりである。このプ

写真10‐28　駅前の地下道に掲示されていた「ソウル路7017」の掲示ポスター。コンペにて作成された完成イメージと思われる、現地掲示板を筆者撮影

注10‐4　ブラジルのクリチバ（人口約180万人）では、バス網を機能別に分け、専用路線や乗継ターミナルなどの先端的な交通システムが採られている

ロジェクトは国際コンペで選ばれたオランダの建築家集団・ＭＶＲＤＶ（注10-5）が設計を担当し、高架道路完成年と遊歩道に生まれ変わった年を組み合わせ「ソウル路７０１７」と命名されている。

またソウルの新たな名所と言われるシンボル施設が、清渓川の近くのかつての東大門運動場の跡地に14年にオープンした。世界的に有名な建築家ザハ・ハディド（注10-6）の設計による「東大門デザインプラザ（ＤＤＰ）」であり、周囲の緑と一体的に、かつ工事中に発掘された歴史的遺構の保存も行っている。ここも地下鉄と直結し、自動車利用は最小限に抑えられているという。

このように、ソウルは都市計画そして都市デザインの世界でも、アジアの最先端を突き進んでいるように思える。清渓川の再生から十数年を経た現在、かつての高架高速道路沿いの雑多な光景は無くなり、実に清楚な空間へと変化した。沿川の土地利用も変化し、周囲には高層マンションなども続々と建設されてきた。そして以前から街なかに住む人々、新たにここに住み始めた人たちも皆、この復活した川を基軸とした生活に馴染んでいるように映る。特に川沿いの気温は周囲の都市内と比べて明らかに低下しており、都市のヒートアイランド現象が問題視される各都市の中で、このソウルは明らかな成功事例を提示しているのである。

写真10-29　14年にオープンしたザハ・ハディド設計の東大門デザインプラザの南側ゲート。建物が巨大すぎて全体が映らない

注10-5　ＭＶＲＤＶ（エムブイアールディーブイ）：オランダのロッテルダムを拠点とする建築家集団、１９９１年設立、世界各地で活躍している

注10-6　ザハ・ハディド（Zaha Hadid, 1950-2016）：イラク・バグダッド出身の世界的建築家。東京国立競技場コンペで２０１２年に最優秀に選ばれたが、実現しなかったことでも知られる

# 第11章　パリ・サンマルタン運河とセーヌ川（フランス）

ここではフランス・パリのサンマルタン運河（Canal Saint-Martin）、そしてセーヌ川（Seine）を紹介する。サンマルタン運河は産業革命後のパリの工業化を支える運河として19世紀初頭に開削されたが、20世紀以降の自動車社会の到来とともにその役割が廃れ、60年代以降は水面を埋め立てて自動車専用道路を建設する計画が進められていく。それが70年代に急遽中止され、以後は保存そして再生の道筋を辿り、いまやパリを代表する最も人気の界隈へと変身してきた。

一方の本流・セーヌ川河岸では、水運を生かしたかつての倉庫や工場地帯において意欲的な再開発プロジェクトが展開されている。２００２年より始まる、夏の風物詩となった人工砂浜「プラージュ」は、川の高水敷の自動車専用道路を期間限定ながら交通閉鎖して出現する即席の風景で、16年からはサンマルタン運河にも開催地が広がり、この期間はパリ中心部が大いに盛り上がりを見せている。

## 1　パリのセーヌ河岸とサンマルタン運河

セーヌ川は全長７７６㎞のフランス第二の河川で、その流れはフランス中部ラングル準平原から始まり、５５０㎞下流のパリを貫流し、大西洋のセーヌ湾に注ぐ。パリの繁栄の基盤はこのセーヌの水運から始まった。今は大西洋からの大型外洋船は河口から約１２１㎞のルーアンまでで、多くの物資

写真11-1　サンマルタン運河の上流部の19区のラ・ヴィレット貯水池でのひとコマ

はそこから小型運搬船や陸路でパリに運ばれてくる。

一方のサンマルタン運河はセーヌ川右岸のアーセナル港からバスティーユ広場の地下を通り、パリの北東部を横切り、サン・デニ運河、ウルク運河につながる延長約4・5kmの運河である。1802年にナポレオン3世が増加するパリ市民の飲料水確保のために開削を命じ、1825年に完成したもので、下流部側の1・8kmは地下水路となっている。

それは産業革命後の工業化の中で水運の機能も果たし、運河地帯には多くの工場や倉庫が並び、パリの経済発展に大きく貢献していく。当時の、

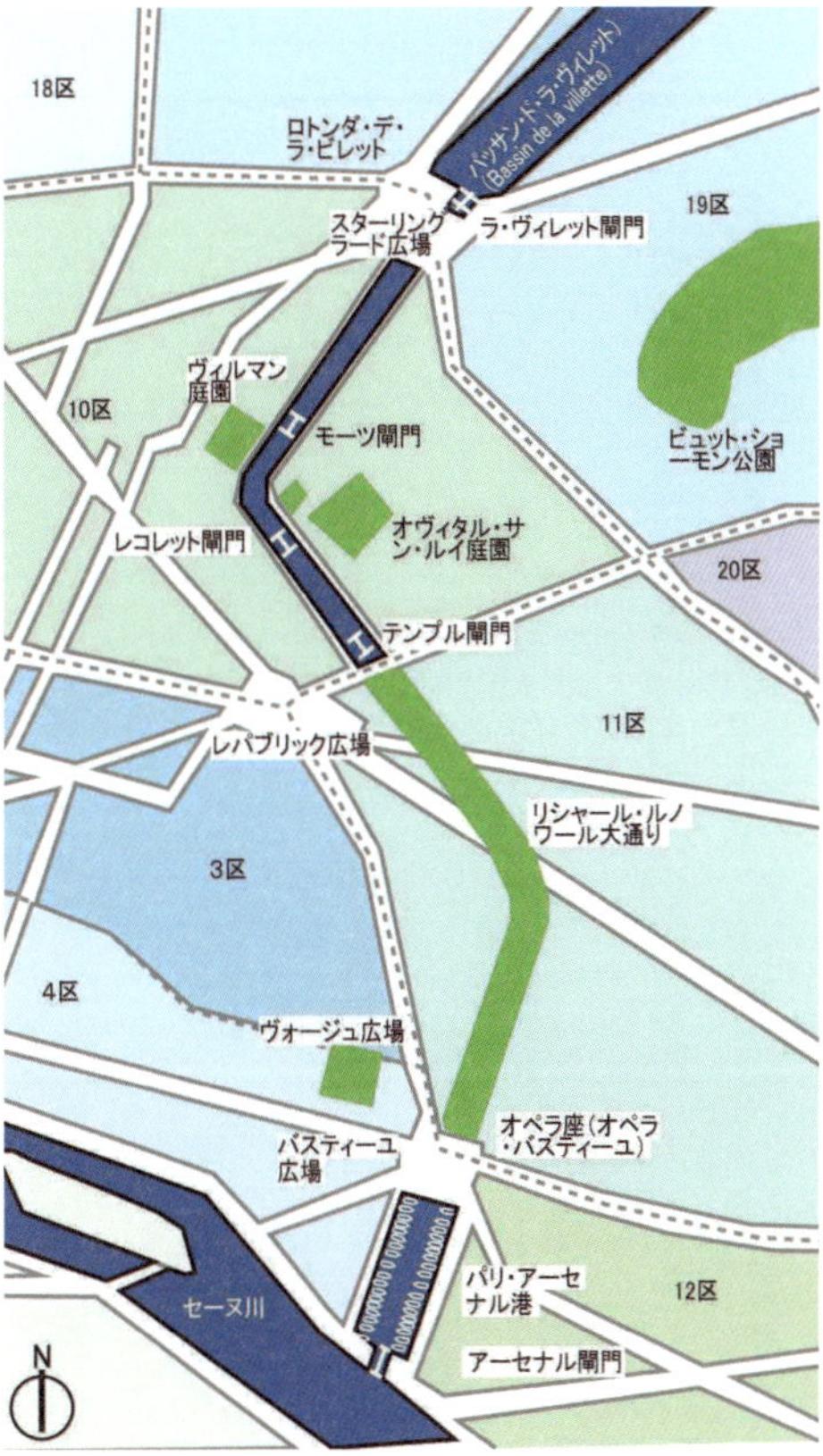

図11-1　サンマルタン運河解説図

図11-2　パリ中心部におけるセーヌ川とサンマルタン運河の位置図（破線矩形内）

時代の先端を行くこの一帯の活況ぶりが、ベルナール・ビュッヘを始めとする多くの著名画家によって絵画に描かれている。インターネット上に掲載された幾つかの絵画からは、運河沿いの工場の煙突からモクモクと黒い煙が立ち上り、運河の河岸には多くの輸送船そして荷役作業者の姿が見られ、活況を呈していたことが読み取れる。それが19世紀以降の鉄道の普及、そして20世紀の自動車社会の進展とともに水運は衰退し、旧態依然とした工場や倉庫は時代の変化から取り残され、続々と閉鎖されていく。その結果、この一帯はパリの中で最も荒廃した地区と言われるようになってしまった。

## 2 サンマルタン運河の埋立て回避への経緯

### (1) 運河の自動車専用道路計画とその中止に至る経緯

サンマルタン運河は、最下流部のアーセナル港のセーヌ川から上流側のラ・ヴィレットまでの間に高低差が26ｍもあり、その調整のために5箇所・9門の閘門が設けられ、一閘門当たり3〜4ｍ近くの落差を両側の観音開きゲートで、幅8ｍ・長さ約40ｍのゲート間の注放水で船を上げ下げする方式が採られている。今は地下鉄や車でわずか10分弱の全行程が、船では実に2時間半近くを要する。それが廃れる最大の要因でもあった。

その運河を埋め立て、4車線の自動車専用道路を建設するという計画案が60年代に浮上する。当時の自動車の爆発的な増加のなかで、廃れた運河の河岸は駐車場に占拠された。そして水運から鉄道、そして自動車輸送へと大きくシフトした結果、パリの歴史的市街には自動車が溢れ、各所で渋滞が発生するなど、市民生活にも支障を来す事態が日常化していく。それを解消すべく、市はこの廃れつつあった運河を埋め立て、南北方向を結ぶ自動車専用道路建設計画を発表し、市議会によって承認・決

写真11-2 サンマルタン運河の水面上を航行する定期遊覧船。今では多くの観光客の利用がある

写真11-3 サンマルタン運河上流部の広々としたパッサン・ド・ラ・ヴィレットの水面

定されることとなった。70年のことであった。

## （2）自動車専用道路計画とその中止に至る経緯

しかしその4年後の74年、当時のポンピドゥ大統領（在任69～74年）急死後の選挙で新大統領となったジスカール・デスタン（在任74～81年）の登場で、計画は大きく方向転換する。それは同年に発表された89年目標のフランス革命200周年の国家事業・パリ大改造計画「グラン・プロシェ」（注11‐3）とほぼ軌を一にする。

「グラン・プロシェ」は後のミッテラン大統領（在任81～95年）の指導力で実現したことで知られるが、その基盤はポンピドゥの時代に始まる。同政権で経済財務大臣であったジスカールは、当時犯罪多発

写真11‐4　高速道路計画の対象となった60年代のサンマルタン運河。写真は旋回式可動橋のあるモーツ閘門付近。今も当時の歩道橋、旋回式可動橋が現役として使われている　出典：注11‐1

写真11‐5　現在のモーツ閘門付近を遊覧船上から望む

写真11‐6　60年代の駐車場と化したサンマルタン運河沿い。当時は廃れた河岸に沢山の駐車車両が並んでいることが読み取れる　出典：注11‐2

写真11‐7　運河沿いには遊歩道が設けられ、随所に市民の休める空間が設えられている

図11‐3　サンマルタン運河の自動車専用道路計画のイメージ図　出典：注11‐1

注11‐1　Paris projet, numero17 : L' Amenagement du canal Saint Martin, 2007

注11‐2　Rivers In The City, ROY MANN, 1973

注11‐3　「グラン・プロシェ」の9つのパリ大改造計画は「ルーヴル美術館改修」、「オルセー美術館」、「新大蔵省」、「ラ・ヴィレット公園」、「アラブ世界研究所」、「新オペラ座」、「ラ・デファンス・グラン・アルシェ」、「フランス国立図書館」、「パレ・ロワイアルのストライプアート」を指す

写真11‐8　運河から見たグラン・プロシェの代表的な公園・ラ・ヴィレット公園（設計：ベルナール・チュミ）のフォリーと歩道橋

写真11‐9　ラ・ヴィレットの科学産業博物館（設計：A・ファンシルベール）

写真11‐10　運河下流のバスティーユ広場と新オペラ座（右）。グラン・プロシェの一つである

写真11‐11　サンマルタン運河の閘門区間を通行する船上風景と鋳鉄製のアーチ歩道橋に連なる見物客

地帯と言われたパリ4区に新設された総合文化施設・ポンピドゥセンター（77年開館）に関与し、そして前掲の、パリで最も荒廃した地区・セーヌ右岸の東部から北東部に延びる運河沿いのかつての工場地帯そしてラ・ヴィレットの食肉処理場一帯の広大な地域の再生計画に傾注する。それを受ける形で、市は埋立て計画の見直しと周辺地区の再生計画に着手することとなった。

運河埋立て中止と自動車専用道路建設取りやめの正式発表は、新大統領就任の74年、「グラン・プロシェ」に含まれるラ・ヴィレットの科学産業博物館・音楽都市、公園計画、運河下流のバスティーユ広場前の新オペラ座計画と同時に行われ、南北2つのグラン・プロシェ計画をつなぐ重要な位置にあるサンマルタン運河の再生のきっかけとなる。

この決定に至った背景には、前年の世界的なオイルショックと、同年公開された映画「L'An 01」

写真11‐12　運河の上流部にあるルドゥー設計のロトンダ（la rotonde de la villette、1784年竣工、旧サンマルタン関税徴収所）

注11‐4　73年公開のオムニバス映画「L'An 01」英語版「The Year 01」、日本語版「西暦01年」、監督はジャック・ドワイヨン（Jacques Doillon, 1944-）

（注11−4）の影響が少なからずあったとされる。この映画では、運河の埋立て・自動車専用道路建設計画の中止を訴え、自転車に乗った大勢の若者たちが大通りをデモ行進する姿が登場するが、当時の行き過ぎた自動車社会への反旗の意思が如実に表明されている。それに多くのパリ市民が共感を抱いたのである。かくして、運河埋立て計画は白紙となり、新たな街づくりがスタートすることとなった。

### （3）運河沿いの街区修復計画、遊歩道計画の進展

運河埋立てと道路計画の中止を受けて、市はこの一帯を従来の都市計画の枠組みで考えるのでなく、新たな発想で進めるための協議整備地区（ZAC）に指定し、広範な地区再生計画に着手する。その内容は、廃墟然となった工場跡地を住宅やオフィスなどの複合施設に転換するための再開発であり、4〜5階建の町家修復再生を含む総合整備計画であった。そして運河沿いの自動車に占拠されていた河岸には連続的な石畳の遊歩道が設けられ、そこには街路樹やベンチ、照明などが配されるという、まさに新しいサンマルタン運河を創

写真11−13／図11−4　サンマルタン運河の整備計画に紹介された従前写真（上）と整備後のイメージスケッチ（下）　出典：注11−1

図11−5　サンマルタン運河周辺の協議整備地区（ZAC）のマスタープランを市民に周知するための模型、白い建物が新規の再開発建物、その他は修復型の整備による　出典：注11−1

図11−6　サンマルタン運河沿い遊歩道の断面イメージ図　出典：注11−1

造する計画図であった。

その計画は運河沿いの土地利用転換、景観整備と周辺住民の生活環境としての公共オープンスペースの創出を目的とするもので、それを実現するために、周辺街路の自動車交通の抑制、屋外駐車区域の制限、新設される建物の壁面後退などを通して公共オープンスペースの拡充を図ることを狙っている。そして運河沿いへの新たな集合住宅の建設なども誘導し、荒廃したこの地域への定住人口を増やすことも積極的に行われていった。

また、両側総延長9㎞近くにも及ぶ遊歩道や緑地・広場のランドスケープデザインには、内外の優秀なペイザジストが登用されていった。周囲の建物も、歴史的な意匠を極力踏襲することやゾーンごとの高さ制限（12～23mの5段階指定）などの厳しいデザインコードのもと、新旧の建物の調和が図られていった。何より、従来からの生活街の姿を維持しつつ新たな環境を醸成すること、それを支える新たな産業の育成、誘致が積極的に進められた。

筆者もこの界隈のプチホテルに幾度か泊まったが、高さの整った稠密した街並みの一歩奥には、小さいながらも明かり取りと通風のための清楚に整えられた中庭があり、実に落ち着いた佇まいの生活空間が存在していた。足元のショップには、パンや肉などの生鮮品を扱うお店が沢山並んでいたことが記憶に残る。

写真11-14　サンマルタン運河の船上から見える今も残るかつての映画（1949年公開）の舞台となった北ホテル

### （4）運河の賑わいとリシャール・ルノワール大通り

今ではパリで最先端のまちと言われ、多くのブティックやカフェ、レストランが店を構え、ホテル、専門学校やアトリエ風のオフィス、集合住宅が建ち並ぶ。それらは運河の水面ともマッチし、街並みも見違えるほどで、何かレトロな雰囲気と清新さの新旧が同居する魅力的な雰囲気のある界隈となっている。運河沿いから少し入ると、随所に映画「北ホテル」で描かれたような下町らしい、懐かしい庶民的な生活感が残っている。

水面には時折すれ違う運搬船や観光遊覧船が走り、運河を渡る200年近く前の開削当時の鋳鉄製のアーチ状の歩道橋群があり、橋から手を振る市民との交流など、水上ゆえの魅力的要素を満喫させるのである。夏には運河沿いの木々や橋のライトアップが行われている。観光遊覧船の目玉となっているのが、閘門通過と旋回橋、そして約1・8㎞の地下運河の航行だが、そこにはライトウェル（光井戸）が用意され、自然光が実に印象的に降り注ぐ。地下運河区間上部は下流側の共和国広場近くからバスティーユ広場間のリシャール・ルノワール大通りだが、この通りの広い中央帯のプロムナードは、92年に開催された設計コンペで選ばれたジャクリーヌ・オスティ（注11-5）のランドスケープデザインによる実に心地よい遊歩道が続く。

リシャール・ルノワール大通りでは毎週木曜日と日曜日には市民のためのマルシェ（露店市）が開かれ、周囲に広がるパリの下町と言われる生活街に暮らす人々にとって、日常の食材や生活必需品を購入する場所となると同時に、パリを訪れる観光客を惹きつけるスポットとなっている。ちなみに夜は、地下運河に太陽の光を落とす仕掛けと換気のために空けられたライトウェルに設置された照明が運河と通りを上下に照らすなど、実に心憎い演出が施されている。

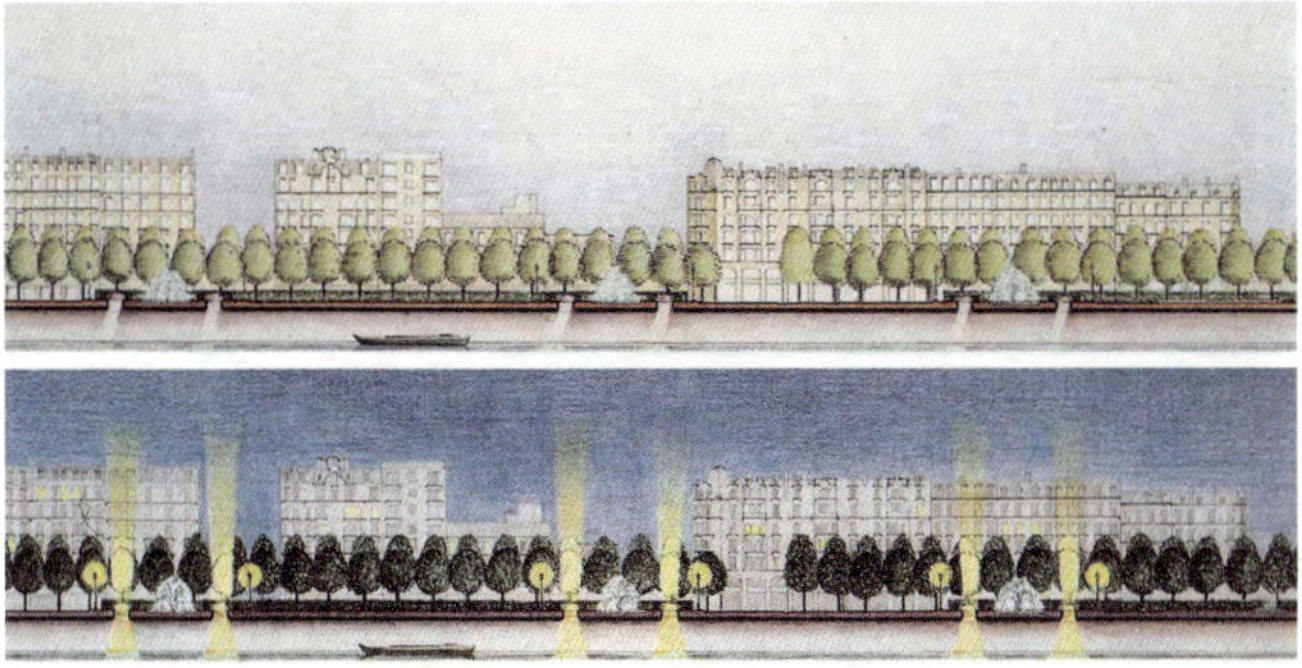

図11-7　リシャール・ルノワール大通りの設計コンペでジャクリーヌ・オスティが提案した光井戸照明　出典：PARIS PROJET NUMERO30-31: Espaces publics Broché, 2006

注11-5　ジャクリーヌ・オスティ（Jacqueline Osty）：フランスの著名なランドスケープアーキテクト

写真11-15　運河トンネル上部のリシャール・ルノワール大通り。丸い開口はトンネル内への光井戸

写真11-16　リシャール・ルノワール大通りで定期的に開催されるマルシェ風景

## 3　セーヌ川のプラージュと再開発地区

### (1) 夏の風物詩〝パリ海岸〟プラージュ

さて、パリ・セーヌ川の夏の風物詩と言えばプラージュ（Plage、海岸の意味）であろう。02年に始まるバカンス時期約1ヶ月間の限定イベントから、全世界に知られることになった。

セーヌ右岸の高水敷には自動車専用道路（Autoroute de Rive Droite）が存在する。普段は交通量の多い約3㎞区間の道路が、環境政策の一環で交通閉鎖される。そこにバカンスに行けない庶民のために人工の砂浜が出現するのである。この奇想天外とも言われた社会実験が大成功し、毎年行われるようになった。今ではひと夏で400万人近い市民が訪れる束の間の〝パリ海岸〟となっている。その開催区間は年々広がり、最近では上流の左岸のリヴ・ゴーシュ（Rive Gauche）再開発地区の前面、そして前掲のサンマルタン運河上流のラ・ヴィレット貯水池でも開催されるようになった。

自動車の喧騒から解放された道路空間にはプランターに植えられたヤシの並木が造られ、水辺の欄干にはポールにバナーが下げられ、その雰囲気を演出する。高水敷には砂浜が敷き詰められ、ウッドデッキにカラフルなビーチパラソル、ビーチチェア、一部には芝生が張られ、水面にはフロート式の仮設プールも設置される。随所で水着姿の市民が砂浜に寝転がり、またデッキで休む。カフェやキオスク、屋台などのお店も出現する。所々に水の霧状シャワーが噴出し、子どもたちのはしゃぐ姿が見られ、護岸の一部はフリークライミング体験場になる。この費用はパリ市が半分負担し、残りの半分は民間のスポンサーが提供する。

何度か夏のプラージュを目にしてきたが、17年夏に訪れた際の雰囲気は大きく異なっていた。それ

写真11-17　自動車の通行するセーヌ川の高水敷の日常風景

写真11-18　夏の風物詩となったセーヌ川のプラージュ風景

までのイベント然とした高揚感のある光景が、実に落ち着きのある日常の風景に様変わりした感があった。その最大の違いは、開催期間が7月初旬から約2ヶ月間に延長されたことだ。仮設の「砂浜」が消滅し、芝生法面や木陰、ウッドデッキ上に置かれたビーチチェアにごく自然に寝そべる多くの市民の姿が展開する。また家族連れや仲間でピクニック気分で座り込む人たちも見かける。イベントから日常への大きな転換期にさしかかっているようにも思えるのである。

しかし一方で、いまだに自動車通行閉鎖に対する根強い反対意見もあると聞き及ぶ。とは言え、14年に市長となったアンヌ・イダルゴ女史のもとでメインストリートのシャンゼリゼ通りの週末の歩行者天国も始まり、この数年間の「環境政策」によって市内の自動車交通量が大きく減少したとされるパリ市のこと、このプラージュの賑わいぶりを見ると、多くの市民が賛同する方向に進んでいくのは時間の問題のような気がするが、果たしてどうなるだろうか。何年か先には恒久的な歩行者空間化が

写真11・19　プラージュの人工砂浜では多くの市民が水着姿で夏を楽しんでいる

写真11・20　セーヌ・プラージュの水の霧状シャワーを楽しむ市民の姿

写真11・21　2017年のプラージュ風景。日常的な落ちつきのある雰囲気になってきた

写真11・22　同じく2017年の風景。近所の人たちのピクニック気分でのプラージュイベント

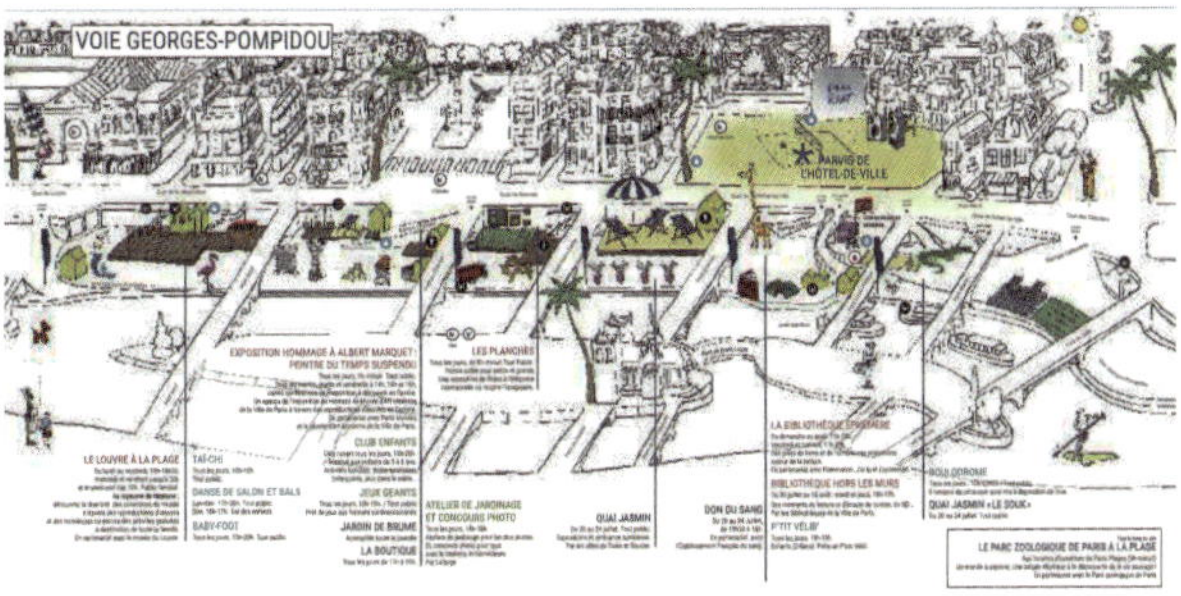


図11・8　パリ・プラージュ2015年開催の案内図　出典：パリ市観光局・2015年プラージュ案内図

注11・6　アンヌ・イダルゴ（Anne Hidalgo, 1959-）：2001年からパリ市副市長（ベルトラン・ドラノエ市長のもとで）となり、2014年の市長選に立候補、当選。スペイン生まれ

実現していることを期待している。その際にはおそらく、第4章に紹介したリヨンのローヌ左岸遊歩道のイメージを彷彿する、首都版の「セーヌ右岸遊歩道」となるに違いない。いや、より斬新な環境再生志向のランドスケープデザインになるのかも知れない。それを楽しみにしておこう。

写真11-23 ベルシー・ヴィラージュのワイン蔵を活用したレストラン街風景

写真11-24 シモーヌ・ド・ボーヴォアール橋上からベルシー地区を望む

写真11-25 同橋上から左岸トルビアック地区の新国立図書館方向を望む

## （2）セーヌ川沿いの先端的な再開発地区

川沿いのまちも大きく様変わりしてきている。例えば、パリの東側の2つの駅、セーヌ上流部右岸のリヨン駅、左岸のオーステルリッツ駅周辺では、大きな再開発計画が続々と実現している。これらの川沿いの地

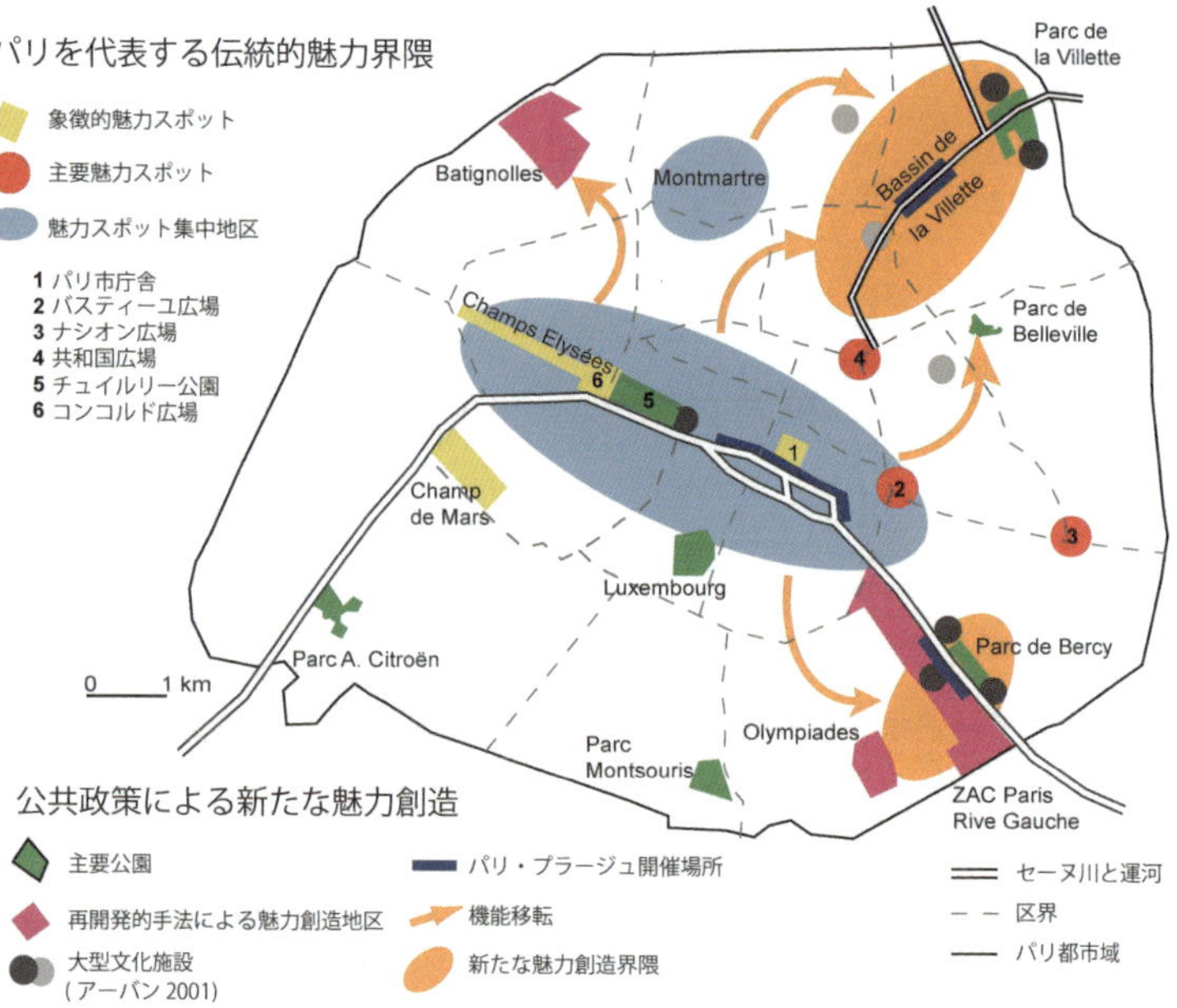


図11-9 パリ市内の公共主導による文化・レクリエーション機能の再配置 出典：Politiques urbaines et gentrification, une analyse critique à partir du cas de Paris/©Anne Clerval et Antoine Fleury（日本語文字筆者記載）

区にはかつて、水運を活かし様々な物資が運ばれていた。それが19世紀には鉄道に替わることになるが、物流のための駅はセーヌ河畔に置かれ、周囲には倉庫業や運送業の建屋や工場などが広がっていた。それも自動車中心の物流へと移行し、操車場を含めた周囲には広大な土地が取り残されることとなった。

70年代に再開発計画の対象地区は、ルイイー地区（Reuilly、国鉄貨物駅周辺）、ベルシー地区（Bercy、旧ワイン蔵跡地）、セーヌ左岸地区（Rives de la Seine、新国立図書館・オールテルリッツ駅周辺）、シトロエン・セヴァンヌ地区（Citroën Cevennes、シトロエン工場跡地）などである。各再開発地区共通してセーヌ川へのパブリックアクセスの確保が図られ、生活空間と川とを直接結びつけるべく、通過道路の地下化と河岸の親水空間整備の検討が進められてきた。

その中で最近注目を浴びるのが、セーヌ川左岸再開発地区トルビアックだ。東部のオールテルリッツ駅からトルビアック橋にいたる約１３０haの再開発地区だが、ここでは「エコロジーへのアプローチ」を基本テーマに、地上は歩行者と自転車が主役であり、河岸には親水空間が整備され、市民は自由にセーヌ河畔を享受できる。当然のことながら、自動車の通過車両は地下に計画されている。また対岸のベルシー地区間をつなぐ歩行者専用橋シモーヌ・ド・ボーヴォアール橋は、その斬新なデザインでセーヌの新たな名所となっている。

## 4　サンマルタン運河のプラージュ開催と19区の動向

プラージュが16年より、サンマルタン運河の上流部のラ・ヴィレット貯水池でも開催されるようになったことは（Paris Plages à la Villette）、前掲の通りである。ここには正真正銘の「砂浜」も実現し、

写真11-26　セーヌの新名所、歩行者専用橋シモーヌ・ド・ボーヴォアール橋

図11-10　2017パリ・プラージュ・ラビレット貯水池のポスター　出典：パリ市観光局公式サイト

写真11・27　サンマルタン運河上流部のラ・ヴィレット貯水池で開催されたプラージュ風景

写真11・28　水面には浮体式の特設プールが置かれ、多くの子供たちの歓声が上がっていた

写真11・29　特設プールの岸辺には砂浜が実現し、ここも大賑わいであった

写真11・30　プラージュ開催時のサンマルタン運河のラ・ヴィレット貯水池風景

写真11・31　ラ・ヴィレット貯水池に前に建つ集合住宅。水面には遊覧船が浮かぶ

いつもの落ち着きのある運河沿いも17年の開催期間中は実に華やいだ雰囲気に包まれていた（7月初旬から約2ヶ月間）。とりわけ水面に設けられた3面の浮体式特設プールの周りには、多くの子供連れの市民の姿があり、当然のことながら岸辺の砂浜も大いに賑わい、水面にはボートや巨大浮き輪が浮かび、またウッドデッキ広場のミストシャワーや各種の屋台、飲食ブースなど、まさにパリ市民のための夏の行楽地がまたひとつ増えたと言ってよい。ちなみにこの仮設プールは昼前の11時から夜の21時までの営業時間で、当然のことながら心地よい夜間景観の演出は、70年代にいち早く都市内ランドマークのライトアップを行政として戦略的に展開したパリ市ならではとも言える、実にきめの細かい手法で行われている。

このサンマルタン運河上流部のラ・ヴィレット貯水池一帯は、パリ19区に属している。繰り返しになるが、この地区もかつての工場・倉庫地帯で、サンマルタン運河、サン・デニ運河、ウルク運河の

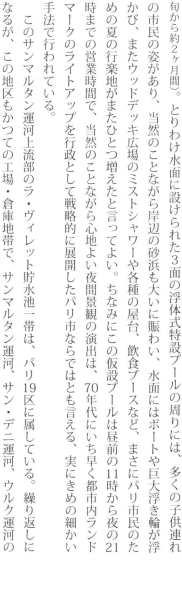

水運によって発展した。それが19世紀に鉄道にシフトし、この19区にも貨物鉄道が走り、操車場や車両工場が立地していく。しかしこれも自動車の時代に取り残され、すさんだ地域になり、失業者の増大とともに犯罪発生率も高く、また多くの移民を受け入れて来たまちでもあり、市民の間ではイメージの悪い地区と言われ続けてきた。

しかし時代の変化の中で、このインターナショナルな土地柄に加え、歴史的な運河の水の恵みを評価する若者世代を中心に新たなニーズが高まりつつある。周囲の工場跡地には続々と新たな集合住宅が立地し、また工場施設を改造した文化施設や商業施設も数多く立地するようになっている。その代表例が、劇場、視覚芸術、ダンス、音楽などの先端的な複合アートスペース「サンキャトル - パリ（LE CENTQUATRE-PARIS）」である。サンキャトルとは１０４の数字を表し、地番がそのまま施設名となっているのである。その他、半世紀前からこの地に開校した世界的に知られる演劇学校「クール・フロラン」、鉄道工場跡地に立地して竣工した大型複合商業施設「ル・パルク（Le Parks）」などがある。そして貯水池から北側のアーチ形状のドラグァゲ橋（Pont Draguage、浚渫橋の意味）の背後には、ユニバーサルデザインのための新たな昇開式の歩道橋が建設され、運河両側に建つ各2棟の倉庫をイメージした新しい建物群がある。北側は新たな外装をまとったホテル、南側はビール醸造工場、その一階には洒落たレストラン、その西隣には旧い邸宅を改造した有名なカナル・カフェ（Le Pavillon des Canaux）が立地する。

このように多様な新旧の魅力施設が、この運河沿いの一帯に存在する。そこに新たな価値観を有する人たちが集まってくる。現在の上流・下流も含めた運河沿いには、新たなパリの魅力が凝縮されつつある。半世紀前、運河上空高速道路計画が中止されたことの意味は、実に大きかったことを物語っている。

写真11・32　ラ・ヴィレット貯水池の上流側の倉庫跡地に出現した斬新なビル群。左はホテル、右はビール醸造会社、1階には水面に臨む有名なレストランがある

# 第12章　アヌシーのティウー運河（フランス）

アヌシー（Annecy）はフランス東部のアルプスの麓、標高４４８ｍの人口約5万人（広域圏人口約16万人）の小さなまちである。欧州で最も透明度が高い湖として知られるアヌシー湖には白鳥が戯れ、湖面にはアルプスの山々が影を落とす実に自然豊かな美しい観光地で、「サヴォイアのベニス」と呼ばれ、運河と街並みの美しさで知られている。その湖水が流れ込むティウー運河（仏 Canard du Thiou）に沿って12世紀から17世紀に建てられた古い家並みの旧市街が続いている。

いまは透き通った水が流れる運河で知られるこのまちだが、かつては湖の周囲に建てられた別荘やホテルから流れ出す汚水による水質悪化で苦しんだ歴史がある。その清らかな運河の底には水質浄化の歴史を刻む導水管が埋められ、目を凝らして見れば水面下には各所に吸水口が澄んだ水の下に確認することができる。まずはことの経緯を解説してみよう。

## 1　まちの成立基盤となったティウー運河

アヌシーはフランス東部のオーヴェルニュ＝ローヌ＝アルプ地域圏に属し、オートサヴォワ県（Haute-Savoie、人口約68万人）の県庁所在地でもある。その地域圏首府であるフランス第二の都市リヨン（Lyon）の東約１４０㎞に位置している。一方でスイス側の国境を隔てたジュネーヴ（スイス、仏

写真12・1　アヌシー城（現アヌシー博物館）からアヌシー湖、アルプスの山々を望む。実に美しい風景が展開する

写真12・2　ティウー運河を渡るペリエール橋を運河の湖側南岸から望む

Genève）からは約43㎞、車で一時間圏と極めて近い位置にある。そのため16世紀にはジュネーブからカトリック教徒の聖職者や領主、貴族たちが当時吹き荒れた宗教改革を逃れ、このまちに移り住み、その後も経済的、文化的にも深い繋がりを有してきた。現在も地域圏首府のリヨンよりも、ジュネーブに経済面で依存していると言えよう。とりわけ観光客の行動から見れば、日帰り圏域であることには変わりない。

そのスイス・アルプスの山々に降った雪が氷河となり、永い年月をかけて重力で押し出され、麓で溶けて水脈を成し、大地に浸透していく。それが再び地表面に表出し、川や湖を形成していく。その一つがこのアヌシーの臨むアヌシー湖である。この湖は約1万8千年前の高山氷河の溶解によって誕生したとされ、それゆえに周囲を山々で囲まれ、流れ出す川は存在せず、自然浸透で流出する地形条件を有していた。その水位は季節や年によって変動する性質を有し、降雨や雪解け水の多い時には市街が水に浸かるという水害も経験してきた。

それが中世に至り、延長約3・5㎞の運河を開削し（11世紀頃とされる）、水門操作によって湖の水位を一定に保つ方法が考案され、加えて運河に取り付けられた水車は粉ひきや街の産業を興す動力源として使われるようになった。それがこのまちの成立基盤となったティウー運河である。

その水は近くを流れるリヨンにつながるロワール川の支流フィ

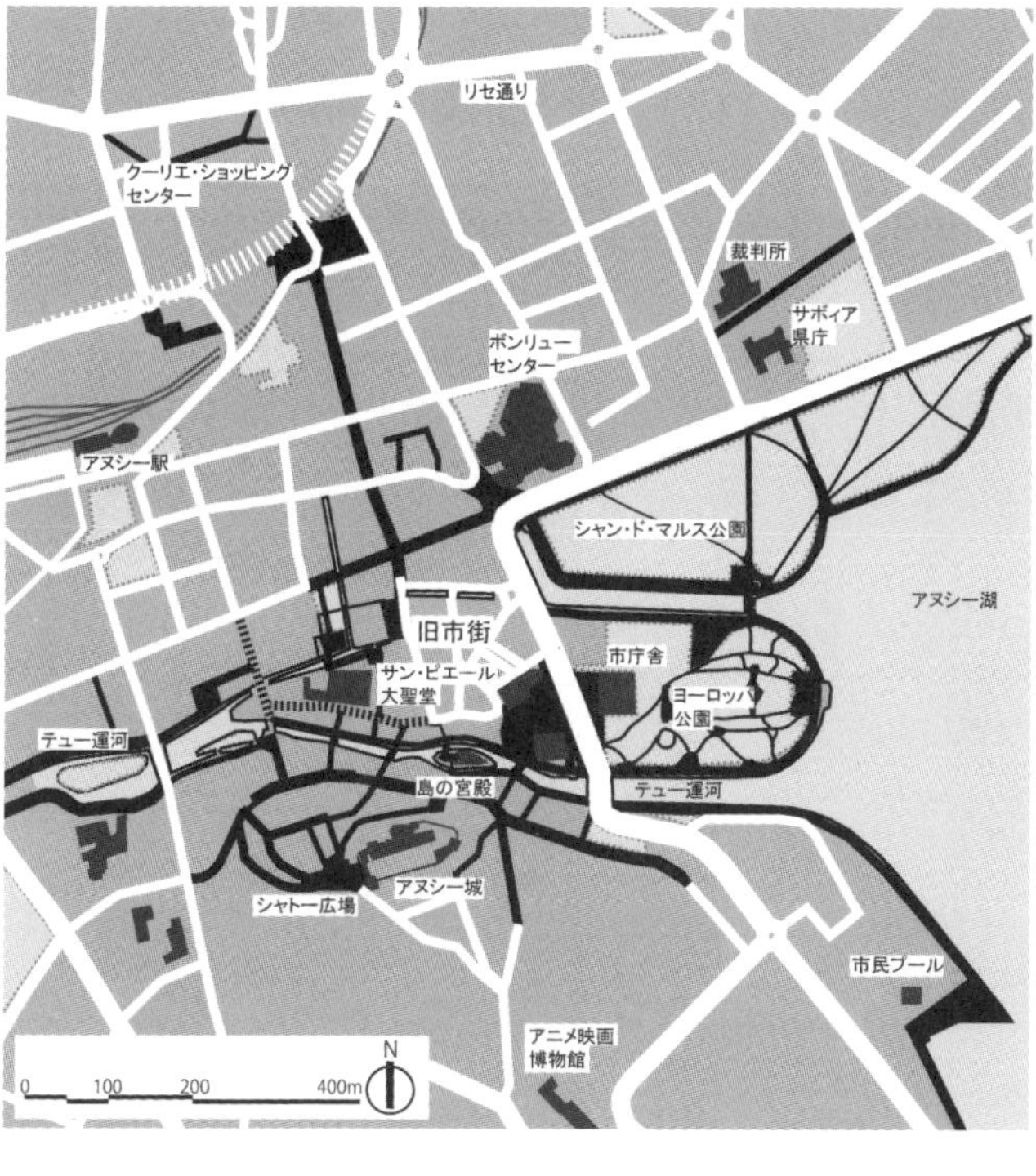

図12-1　アヌシー市街地図におけるティウー運河の位置

写真12‐3　ティウー運河沿いの欄干には草花が飾られ、水面には白鳥やカモたちが浮かんでいる

写真12‐4　ティウー運河には取水のための堰が至るところに設けられ、そこにも花が飾られている

写真12‐5　運河沿いの街並み。水面と遊歩道の草花、沿道の建物や壁面を覆う緑が美しい

写真12‐6　ティウー運河の北岸の階段護岸。向こうにはかつての監獄・島の宮殿の建物が見える

写真12‐7　サンマルタン運河の北側に位置するヴァッセ運河の最下流の愛の橋（Ponte des Amoure）。向こうにアヌシー湖とアルプスの山々が見える

エール川に導水され、精密機械など様々な産業の成立を促す。後に開削されたヴァッセ運河とティウー運河とに挟まれた中洲のようなところに成立した、10世紀から19世紀にかけての建物群が今も残る美しい街並みは、その成果でもあった。その中のシンボルと言えばティウー運河の小島に浮かぶように建つ石の要塞然としたパレ・ド・リル（Palais de l'île、島の宮殿）である。現在は博物館となっているが、12世紀にこの地を治めた領主のアヌシー城とは別の居宅として建てられたもので、その後、裁判所、監獄、そして老人ホームとして使われていたのが改装されたものという。このように旧市街では歴史的建物が現役として使われているのである。

18～19世紀の産業革命期にこの街の産業は大きく発展する。とりわけ、１８７０年代に実現した機械化された運河の水位調節技術と水力発電の動力によって様々な近代産業が興され、そしてアルプスの麓まで船の航行が可能となったのを機に、下流側は運河～ロワール川～ローヌ川を経てリヨンに、そして地中海へ、さらに中央運河やセーヌ川を経て首都パリへと繋がっていく。船という新たな交通・流通手段は、このまちに大きな富をもたらしてきたのである。

## 2　美しい街並みと花で彩られた運河沿い

筆者のこの街の初めての訪問は、都市景観にかかる公式視察団団長としての１９９０年代で、この時は市役所でのヒアリングで関係資料を受領した。その後の個人旅行で00年代、そして17年と計３度、それぞれジュネーブ経由の観光バス、リヨン経由の鉄道連絡バス、コルマール~バーゼル経由の鉄道とバスで訪れた。いつ行ってもこの街は色とりどりの花で溢れていて、いやむしろその美しさは訪れる度に格段と向上していた。とりわけその中心軸となるティウー運河沿いには、鋳鉄製の高欄、そして街路灯には様々な花が吊り下げられ、沿道の街並みの窓辺やバルコニーを飾る花台等々、その美しさゆえにこの街はフランスを代表する花のまちとして内外に知られ、多くの観光客を惹きつけているのである。ちなみにアヌシーは、１９５９年に始まる国内の「花の町コンクール」の優秀賞を70年代以降、ほぼ連続して受賞し続けている。それを支えるのが、市民と行政の連携である。

運河の幅も場所により６ｍから22ｍへと変化し、ところどころに堰が設けられ、水が引かれた先には水車が回り、その動力は今も製造に使われているという。そして運河沿いには古い街並みを改造した様々なショップが立ち並び、行き交う人々の姿も風景の中に溶けこんでいる。実に美しい街だが、これも市民運動の賜物であり、その契機となったのが後述する１９００年代に始まるアヌシー湖そして運河の水質浄化運動であった。その証左のひとつが、前述した清涼な水の運河の底に垣間見える鉄製のマンホールとの案内役の市職員の方の解説に驚かされてしまった。これは今も確認することがで

写真12-8　高台のアヌシー城から望む旧市街。茶と黒色の天然スレート屋根で統一されていることが判る

写真12-9　ティウー運河沿いの建物外壁は景観ルールに基づき、指定されたパステル調の色を選ぶこととなっている

写真12-10　ティヴー運河沿いの遊歩道にはお店側の一列は飲食スペースのせり出しが認められ、それが通りに表情を創りだしている

写真12-11　歴史的市街の道には余裕のあるところには露店の営業が認められ、それが市民生活に密接に結びついている

写真12-12　ヨーロッパ公園の外周にの湖側にも多くの船が係留されている

きる。

そして60年から70年代にかけての高度成長時代の開発優先による歴史的街並みの破壊に対し、いち早く立ち上がった市民の運動の結果、街並み保存のための各種規制そして建物の色彩コントロールは厳格に運用されている。たとえば、外壁の色は伝統的な7つのパステルカラーから選び出すルールとなり、屋根の色は基本的には黒と茶の地元産の天然スレート材を使用し、その色の配合比率は一定（7：3）に保たれている。

市街から東側のヴァッセ運河とティヴー運河に挟まれたアヌシー湖に突き出した半島部分のほぼ全域は、公園になっている。その公園には広々とした芝生の広場があり、そこには多くの家族連れや子供たちの歓声や日光浴やピクニックを楽しむ人々の姿がある。そして緑陰の森には大きな木々が生い茂り、木陰にはベンチが置かれるなど、公園全体が市民の憩いの場になっている。周囲の水面には多

写真12-13　ヨーロッパ公園の木陰からアヌシー湖に浮かぶヨットなどを眺めることができる

写真12-14　市街の家々のバルコニーからは色とりどりのハンギングバスケットが顔を覗かせ、道行く人の目を和ませてくれる

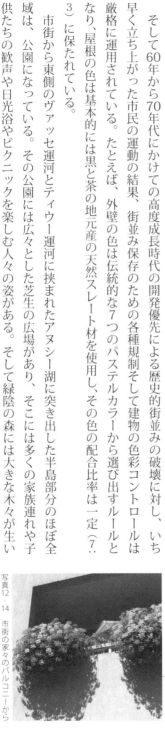

くのプレジャーボートや白鳥の群れ、そして遊覧船、街灯や高欄に懸けられたフラワーポットと、実に多彩な光景が展開する。

## 3 水質改善運動と水辺環境

「サヴォイアの宝石」と称えられるアヌシー湖の水質は欧州一と評価されるように、その水の透明度は平均7～8ｍ、季節と観測場所によっては12ｍに達するなどの高い水準を維持している。しかし、この美しいこの湖は、１９００年代には周囲の住宅や工場、ホテルなどの排水が流入し、水質は悪化の一途をたどった。その結果、湖の富栄養化に伴う魚種の消滅など、生態系の破壊にもつながる重大危機を招いたのであった。

水質変化に疑問を抱いた地元の医師ポール・ルイ・セルヴェッタズ（注12－1）が湖に潜り、その原因が生活廃水や産業廃水もさることながら、当時続々と建設された観光ホテルのトイレ汚水の直接垂れ流しにあることを突き止め、対策の必要性を主張したのが１９４６年のこと。当時は市民の環境への関心は薄く、彼は単独行動でついに汚染源の排水管にセメントを詰めるなどの実力行使に訴えたのであった。その行動に触発された支援者が続々と集まり、大きな運動に発展し、市議会も湖の水質保全および浄化に向けての政策決定へと動き出す。

そして57年には市は周辺の市町村に呼びかけ、アヌシー湖市町村協議会（SILA）を発足し、フランス初の湖の水質保全運動そして浄化作戦が始まった。その運動は30年間も続き、湖周辺の各村々まで下水道網が完備されていった。郊外の下水処理場に導かれる管路総延長は４５０㎞にものぼり、汚水そして雑排水は湖には一切流れ込まないようになっている。ティウー運河の下にも管路が敷設され、

注12－1　ポール・ルイ・セルヴェッタズ（Dr. Paul Louis Servettaz, 1914-2003）：地元の医師。観光ホテルの排水管にセメントを流しこむなどの実力行使をした罪で逮捕されたが、地元市民の応援で恩赦されたなどの逸話が残る

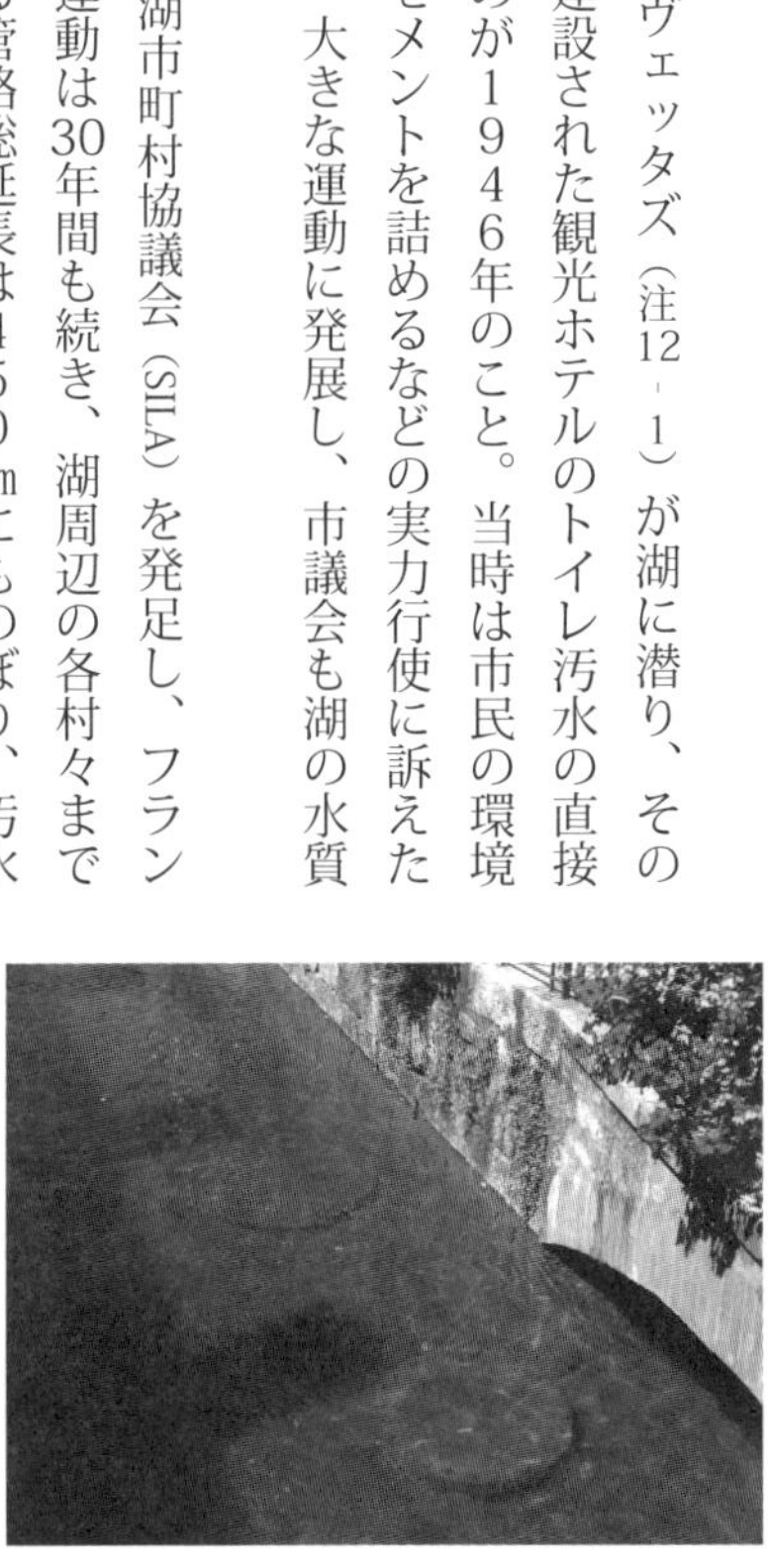

写真12－15　澄んだ水を通して運河の底には導水管の蓋の存在を知ることができる。水質が悪くなれば浄水場に導かれる

随時水質管理が行われている。水質が悪化するとポンプが作動し、水面下の取り入れ口から導水され、浄水場に送られるという。その下水道整備にあわせて、運河沿いの歩道も整備されていった。中世からの佇まいの石畳を修復して歩きやすい道とし、鋳鉄製の欄干には花を飾り、ところどころに水面に下りる階段そして各所に小広場が設けられ、人々が渡るための橋などが架けられていく。それが前掲の美しい運河沿いの遊歩道の始まりである。

その活動からアヌシー市は、67年「国際環境美化賞」、72年「欧州自然保護賞」、83年「国際環境保護全欧州プログラム」で金賞を受賞している。その後も数々の環境に関わる国内外の受賞が続いている。まさに、水質浄化が都市景観をつくりだし、それに惹かれる多くの保養や観光客の来訪によって、この街の経済が支えられているのである。

## 4　歴史的市街の街路・歩行者優先政策

心地よい市内散策を支えるのが、70年代以降本格的に導入されてきたゾーン30の交通規制である。中心市街の大半の区域が自動車速度30㎞以下に制限され（一部区域、ゾーン20）、また運河沿いを含む歴史的市街一帯は歩行者優先区域として、お昼から翌朝までの自動車

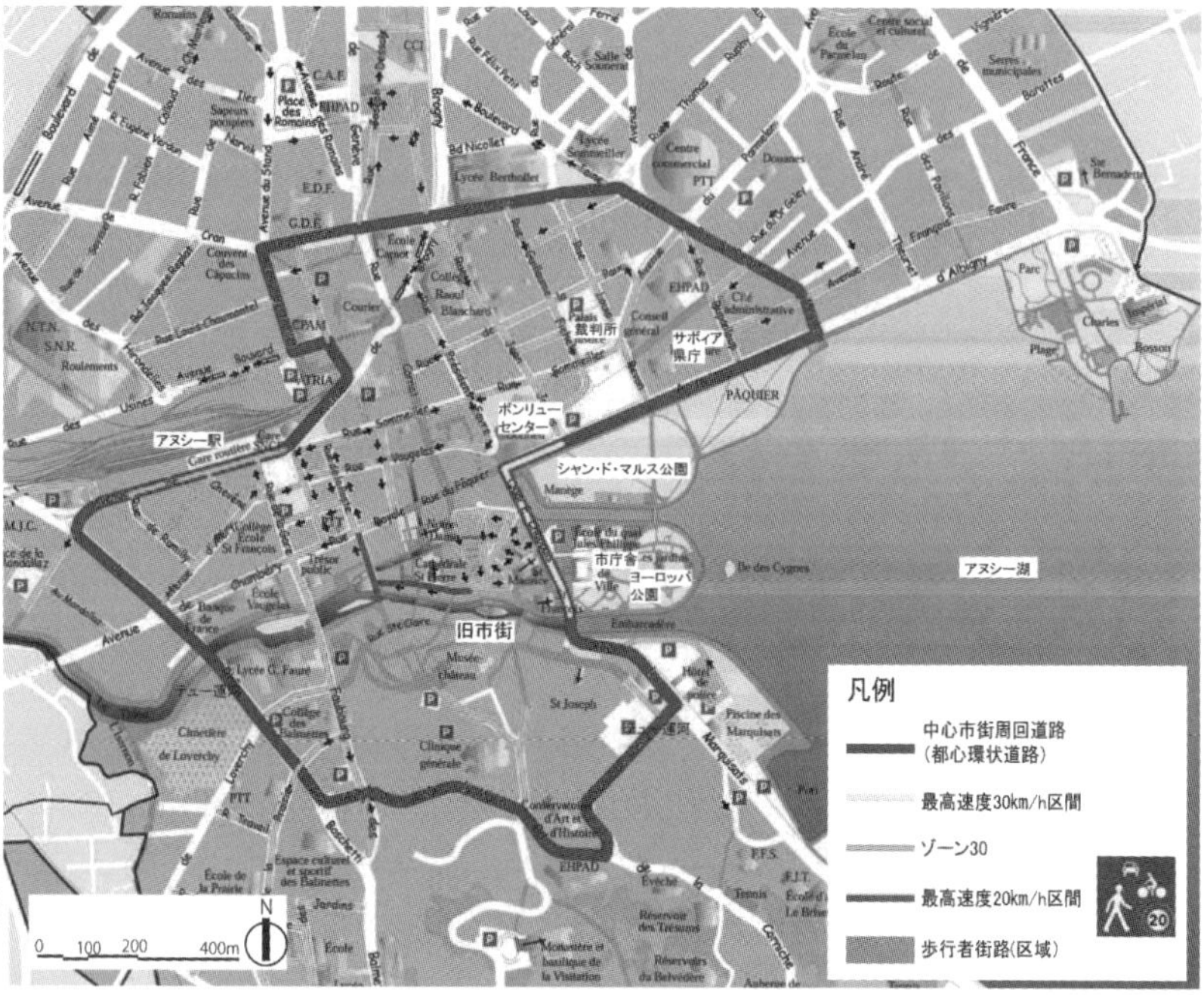

図12-2　アヌシー中心市街周辺の交通規制図　出典：アヌシー市HP（筆者日本語表記）

進入抑制策が採られている。それは観光客のためというよりは、市民のための生活環境保全策といった方が正しいだろう。そして周囲には景観に配慮した多くの公的集合駐車場が確保され、公共交通であるバス網、そして自転車道整備などが行われている。

　これらはフランス国内の多くの都市で共通の施策とも言えるが、とりわけ多くの来街者を受け入れるこのまちでは、中心部の自動車交通抑制策すなわち歩行者優先の道づくりがほぼ完璧な形で面的に実施されてきた。とりわけ運河沿いの小道から高台の市街を望む丘、そして湖畔の遊歩道など、多くの観光客が安心して街を巡れるように設えられている。そして湖畔公園から遊歩道は朝早くから地元市民の散策やジョギングする姿が見られ、プレジャーボートや遊覧船に乗る人々、そして湖の美しい風景を眺める人々など、その佇まいがアルプスの山々を背景に実にうまく調和している。

　環境政策、街並み保全、そして交通計画などすべてが上手くリンクしているところが、多くの観光リピーターを惹き付けるこの街の最大の魅力と言ってよいだろう。

写真12-16　旧市街の歩行者街路。午前11時までは沿道サービス車に限り進入が認められている

# 第13章　サンアントニオ・パセオ・デル・リオの再生（アメリカ）

話をアメリカに転じ、１９６０年代に完成したアメリカ南部・テキサス州のサンアントニオ（San Antonio）のリバーウォーク（River Walk、スペイン語 Paseo del Rio：パセオ・デル・リオ）を取りあげよう。この事業成功の報は当時のアメリカの都市デザインの世界で大いに注目され、その後の世界各地で展開された水辺再生運動に多大なる影響を与えた（注13－1）。この構想のきっかけはその40年前、中心部を流れるサンアントニオ川の暗渠化計画とそれに異を唱えた地元の建築家の提案から始まる。

## 1　リバーウォーク計画への経緯

サンアントニオはアメリカ南部テキサス州のメキシコ国境近く、人口約１２０万人の都市で、コンベンション都市、長期滞在型の観光都市としても知られている。まちの歴史は１７１８年にスペイン人宣教師がこの地を布教の地としてアラモを建設し、その後４つの伝道院を建てたことに始まるとされる。１８３６年のアラモの闘いで数千人のメキシコ兵の攻撃から砦を守るテキサス側兵士のデヴィー・クロケットを始めとする１８４名の全員戦死という史実に加え、１９６０年に映画化されたジョン・ウェイン監督・主演の「アラモ」も、サンアントニオを全米に知らしめることになった。

そのアラモ砦と並ぶ観光の目玉の一つが、このリバーウォークである。サンアントニオは、メキシ

写真13－1　サンアントニオのパセオ・デル・リオ（リバーウォーク）の遊歩道沿いの風景と水面を行き交う遊覧船

注13－1　筆者は70年代にアメリカ・ハーバード大学ＧＳＤ修了の波多江健郎工学院大学教授（当時）からサンアントニオのパセオ・デル・リオの情報を得る。ちなみに波多江先生は『アーバンデザイン：町と都市の構成』（ポール・Ｄ・スプライレゲン著、日本サムシング、１９６６年、原著 Urban Design the Architecture of Towns and Cities: Paul D. Spreiregen, 1965）の訳者としても知られる

コ湾に注ぐ延長３８０㎞余のサンアントニオ川の上中流域の川幅約10〜15ｍの「グレート・ベンド」と呼ばれる、蛇行する部分に市街が形成されてきた。市制施行は１８０９年、テキサス州が１８４６年にアメリカ合衆国28番目の州となったことから移住が進み、１９２０年代には人口約16万人を数え、同州最大の都市となる。

そもそもこのサンアントニオ川は地形的条件から氾濫が繰り返されてきた。記録に残るものでは１７２４年、１８１９年、65年、80年、99年、１９１３年は2回、そして21年9月9日の集中豪雨では大洪水が市内中心部を襲い、繁華街は12〜

写真13－2　サンアントニオの観光名所・アラモの砦として知られる伝道所。向こうの高層ビルはエミリー・モーガン・ホテル

写真13－3　リバーウォークの遊覧船と背後の水際にはパラソルのもとでオープンレストランが連続している。ここも観光名所となっている

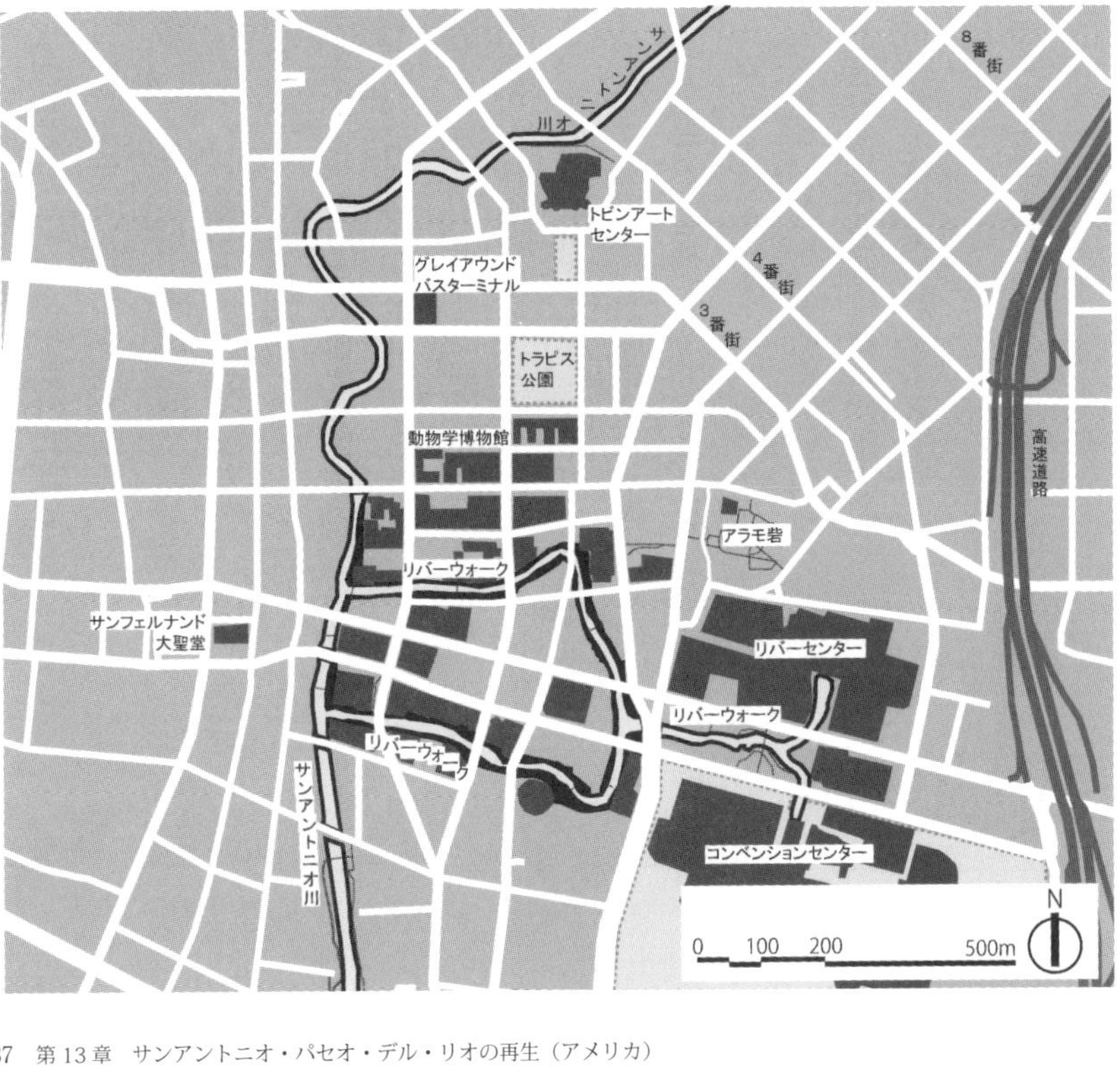


図13－1　サンアントニオ市街地図におけるリバーウォークの位置

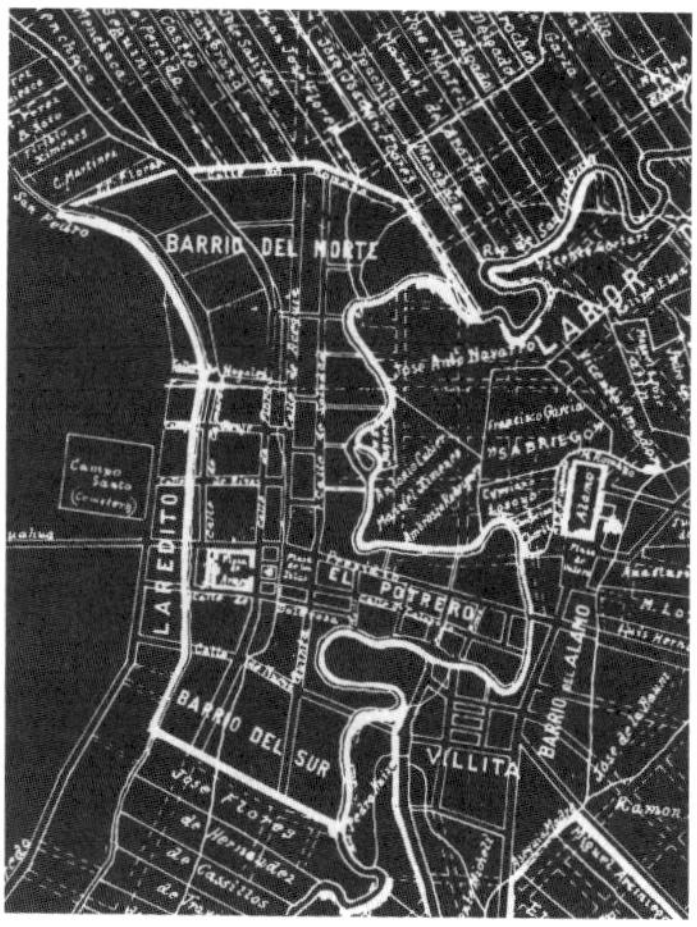


図13‐2　サンアントニオの中心部の1700年代の入植時代の土地割図。蛇行する川の状況がよくわかる。中央の大きくくびれた川筋がグレート・ベンドと呼ばれる現在のリバーウォーク位置　出典：注13‐2（英語版・原著）

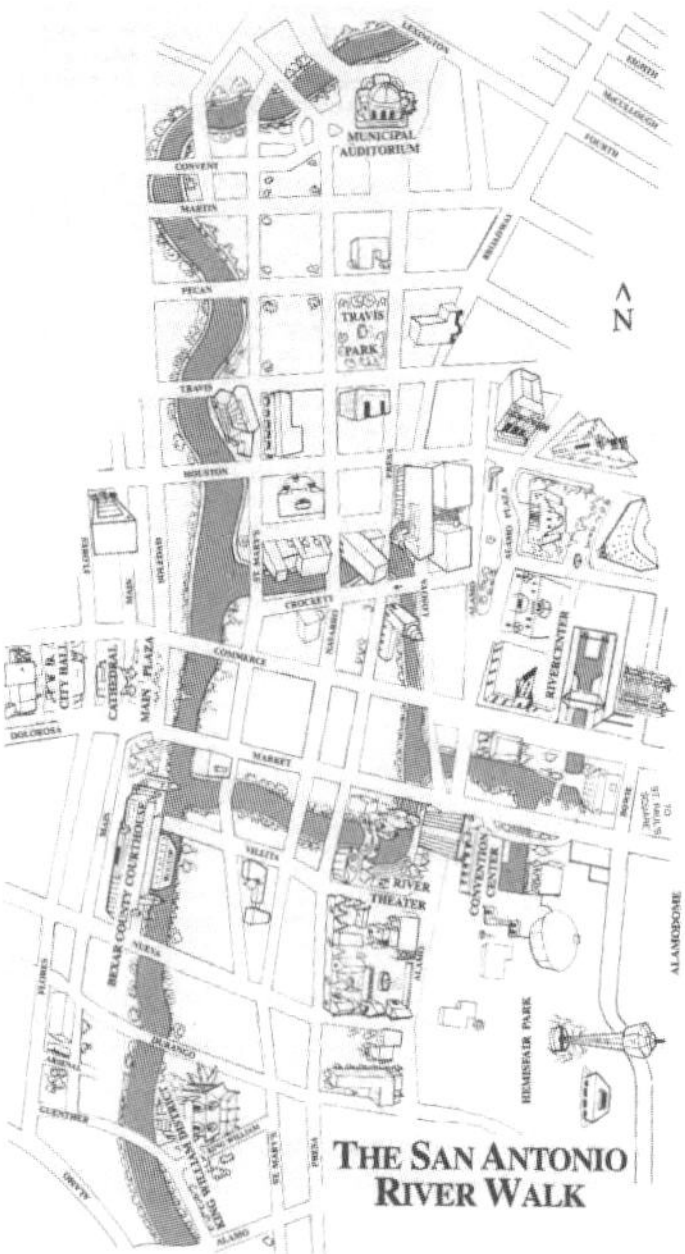


図13‐3　1970年代のリバーウォーク完成時点での河道位置が判る図（灰色の部分）。バイパスが完成し、グレート・ベンドはリバーウォークとして再生している　出典：注13‐3（英語版・原著）

24フィート（4〜8m）の高さの濁流に呑み込まれ、多くの建物が失われ、死者約50名を数えるなど、甚大な被害を蒙る。実はその前年（20年）に出された専門機関による洪水危険調査報告において、危険性が指摘されていた。

洪水直後に治水対策として採用されたのが、上流のダム建設、河川流路の拡幅と「グレート・ベンド」のバイパス計画であった。かくしてグレート・ベンドは本流から切り離され、市街は水門によって守られることとなり、そこで約1・6kmの旧河道の暗渠化と上部の道路利用化計画案が持ち上がった。この計画案に対し、暗渠化推進派と旧河川を守る自然保護派の住民間で大論争が展開される。その最中、反対を唱える3人の市民が市議会に対し、人形劇「金の卵を生んだガチョウ（＝サンアントニオ川）」の寓話を作成したことは有名で、それを機に河川保存運動の団体である「サンアントニオ川保存協会（注

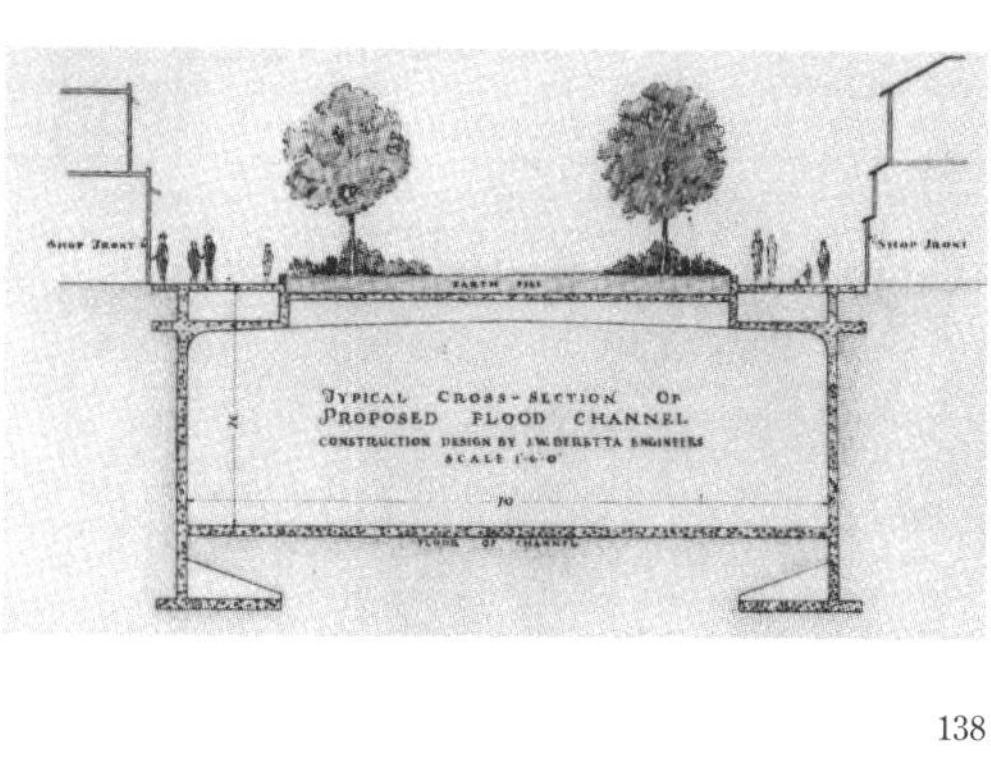


図13‐4　グレート・ベンドの部分を蓋掛けし緑地と道路とする計画案、実現はしなかった　出典：注13‐3（英語版・原著）

注13‐2　A Dream Come True: Robert Hugman and San Antonio's River Walk, by Vernon G Zunker, 1983（日本語訳『サンアントニオ水都物語——ひとつの夢が現実に』ヴァーノン・G・ズンカー著、神谷東輝雄訳、都市文化社、1990年）

注13‐3　Crown Jewel of Texas: The Story of San Antonio's River Walk, by Lewis F. Fisher, 1997

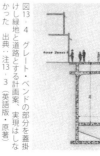

13-4)」が設立される（24年）。その間に河川バイパスと水門の工事は着々と進められ、27年には完成する。

注13-4 サンアントニオ川保存協会（The San Antonio Conservation Society）。1924年設立、現在も活動が継続している

## 2 ロバート・ハグマンの「リバーウォーク構想」

河川バイパスと水門工事の完了を受け、27年に地元サンアントニオに戻った建築家で都市プランナーのロバート・ハグマン（Robert H. H. Hugman）が「リバーウォーク構想」を発案、2年後の29年にその提案を行っている。その提案内容は、すでに検討されていた川の蓋かけを否定し、旧河川空間をそのまま活かし、両岸に遊歩道をつくり、川に沿ってスペインの古い街並みをコンセプトにしたレス

写真13-4 改修前のサンアントニオ川。湾曲した河道には土砂が堆積し、そこに樹木が繁茂している様子がわかる 出典：注13-2

写真13-5 リバーウォーク沿いの街並み風景と行き交う遊覧船。多くの人々が水際に憩う

写真13-6 改修前のサンアントニオ川。旧河道に沿って建物が並んでいる様子がわかる 出典：現地案内板筆者撮影

写真13-7 整備されたリバーウォークと石のアーチ状歩道橋。遊歩道のレベルと水面の近接性が特徴でもある

写真13-8 遊歩道レベルと水面の高さは水門によって一定レベルに保たれている

図13-5　ロバート・ハグマンのリバーウォーク構想。川沿いの建物イメージは低層が主体となっている　出典：注13-2

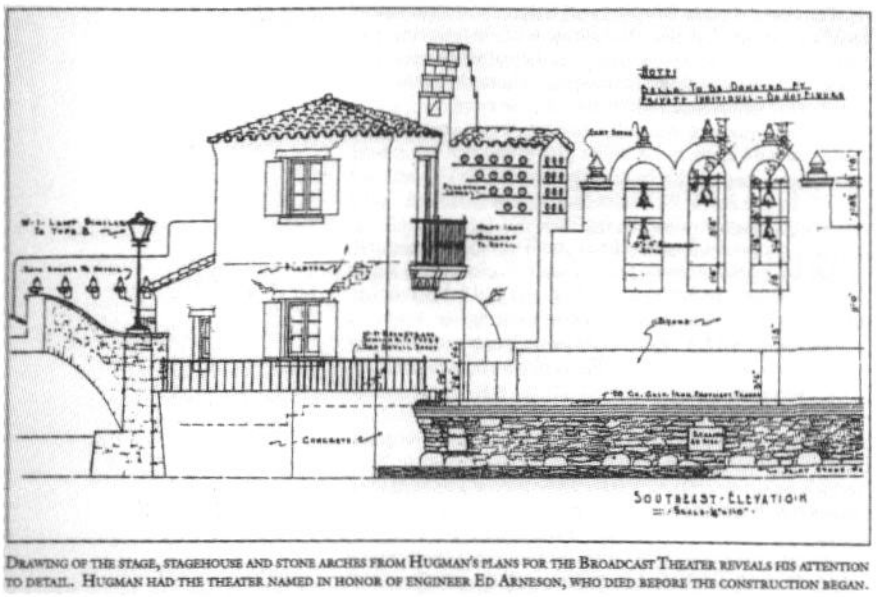


図13-6　ハグマンのリバー劇場の初期段階の構想図。舞台の背後にはアーチ状のニッチを設け、鐘を吊るすイメージであった。これは70年代に一部実現　出典：注13-2

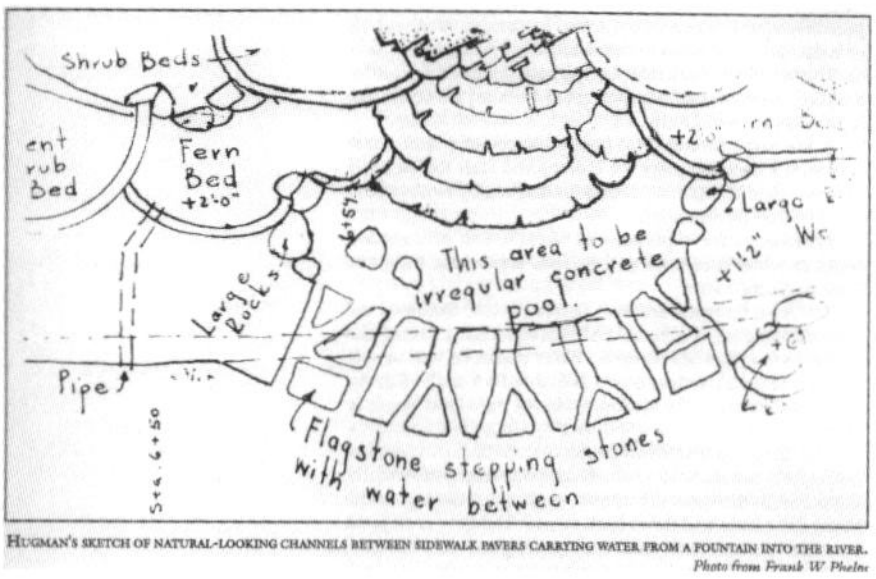


図13-7　ハグマンのリバーウォークの水の流れる池のイメージ図　出典：注13-2

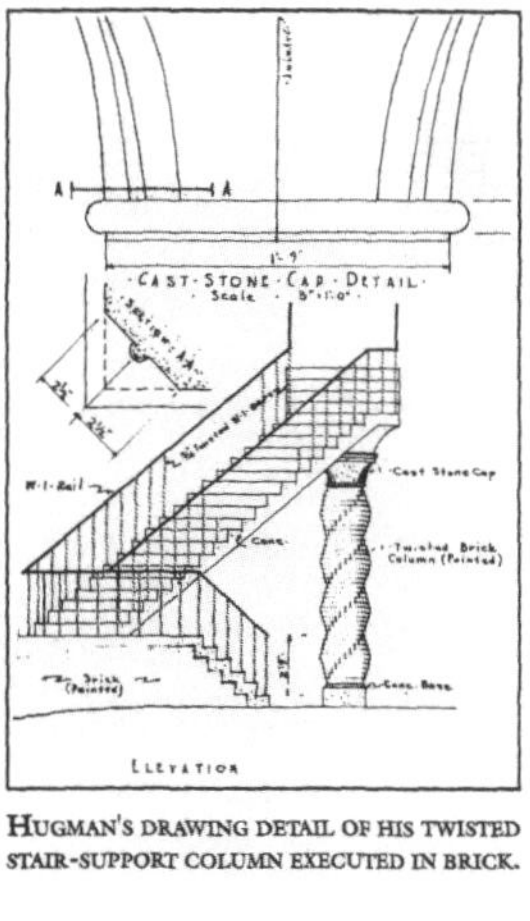


図13-8　ハグマンによるリバーウォークに下りる階段のデザインの一例。彼は31か所の階段をすべて意匠を変えて計画し、それが実現しているという　出典：注13-2

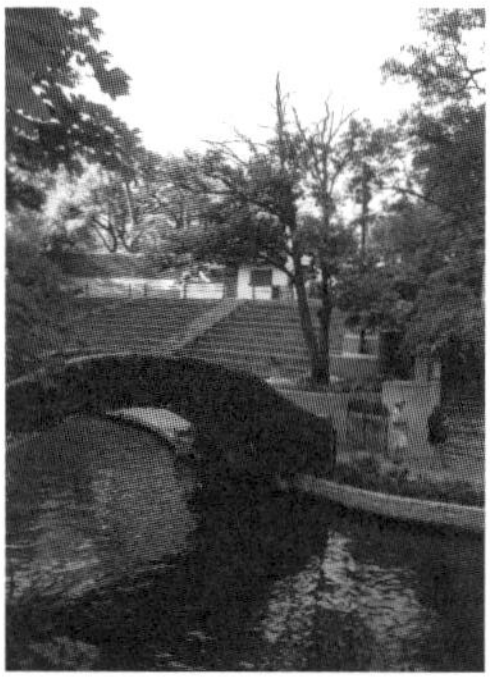

写真13-9　リバー劇場とアーチ歩道橋、ハグマンの提案イメージがほぼ実現している。

写真13-10　リバーウォーク沿いの流れる水、これも提案通り実現している。

写真13-11　リバーウォークに下りる階段部分。各箇所のデザインは異なっている

トランや商店、集合住宅などを建設するというものであった。その提案は関係者および一般市民の間で極めて好評で、市の都市計画委員会はハグマンの提案の採用を決定した。しかし当時の世界恐慌に端を発する地域経済不況下のもとで、市も財政難に陥り、実現せずに永らく放置された状態となっていた。

それから約10年後の39年、その計画はようやく動き出す。市長C・K・クインを支える市民グループは「河川の開発は何にも先んじて、河川そのもののために行われるべきである」との主旨を確認し、川に面する不動産所有者に河川修景計画の実現のために土地1・5平方フィートに対し2・5ドルの賦課金を要請することとし、関係者の理解を得ることに成功した。それは連邦政府の公共事業局（WPA、注13－5）を通して、事業遂行に必要な政府補助金を得ることに成功する。

そして市民グループはサンアントニオ川美化委員会（San Antonio River Beautification Committee）を組織し、遂行への支援を積極的に行っていく。その運動の結果、WPAが事業主体となり、あらためてハグマンに計画設計を委ねることで、計画が再スタートすることとなる。計画はエンジニアのエドウィン・P・アーネソンの協力を得て設計に移行し、ほどなく工事が着工され、2カ年後の41年、川の水量・水位調節機構を備え、水面との高低差を最小限に抑えた連続遊歩道が実現した。

そこには両岸をつなぐアーチ状の橋、沿川のリバー劇場なども含めた現在の姿が完成し、新たに整備されたリバーウォークの総延長は約5・7㎞、階段が31カ所、水門3カ所、4千本近くの植樹や灌木地被植栽類、随所に休憩施設である石のベンチや照明などが設置されている。

表13－1　サンアントニオ「パセオ・デル・リオ（リバーウォーク）」計画の経緯（注13－5）

1720年：スペイン人宣教師が入植し、伝道教会を設けたのがサンアントニオの発祥
1809年：市制施行
1921年：サンアントニオ大洪水、市中心部4～8フィートの浸水、死者は50人
1924年：「サン・アントニオ保存協会」（THE SAN ANTONIO CONSERVATION SOCITY）設立
1927年：ロバート・H・ハグマンがニューオーリンズから郷里のサンアントニオに帰郷
1929年：バイパス水路が完成。ハグマンが旧河道修景計画を提唱
1938年：河道修景計画が承認され、ハグマンに設計監修が委ねられる
1939年：河道修景工事着工
1940年：初のリバー・カーニバル、ナイト・パレード開催
1941年：河道修景工事完成
1956年：デビット・ストラウスが河川を軸とした活性化プラン。市商工会議所が観光振興協会を設立
1961年：マルロエンジニアリング社が「一年中祝祭日」型（A YEAR-ROUND FIESTA）の魅力創出を提言。ストラウスが「リバーウォーク委員会」の設立と条例化を提唱
1962年：条例案可決、リバーウォーク委員会設置
1963年：商工会議所内にパセオ・デル・リオプロジェクト担当設置
1964年：市民投票により3千万ドルの公共の都市改造債券が承認
1968年：サンアントニオ・ワールド・フェア（ヘミス・フェア）開催。パセオ・デル・リオ（リバーウォーク）完成
1972年：国の住宅都市開発省からリバーウォーク関連調査のための基金提供。アメリカ建築家協会賞受賞
1989年：「リバーセンター・モール」がオープン
1997年：川の上流と下流約3マイルにも及ぶ地下トンネル完成（サンアントニオ川バイパストンネル、100年洪水対応）
1998年：大洪水発生、地下トンネルの効果で被害最小限
2002年：大洪水発生、同右
年表情報出典：注13－2、3文献資料をもとに作成。特に日本語表記は『サンアントニオ水都物語』（神谷東輝雄訳）を参考にしている

注13－5　公共事業局（WPA＝WORKS PROJECT ADMINISTRATION）

## 3　中心市街衰退とリバーウォーク委員会

河川空間の整備は完了したものの、川沿いの店舗立地は46年に開店したカサ・リオ・レストランの1店のみに留まり、ハグマンの期待した賑わいとは程遠いものとなった。その背景には、第二次世界大戦後の周縁部への高速道路延伸と郊外住宅開発による人口流出に伴う都心人口の激減、そして中心部の衰退という問題があった。そのため、市民のリバーウォークへの関心は薄れ、川沿いには浮浪者がたむろするなどの状況を呈してしまった。つまり、空間としてのリバーウォークはハグマンのイメージした通りに完成したものの、その空間を使い込むだけの人の集積も発想も備わっていなかったのである。この空虚な状況は完成から20年近くの間続いていく。

56年、この現状を憂う地元のビジネスマン、デビット・ストラウスが登場する。彼は旧河川空間を活用した商業再生プランの必要性を訴え、「リバーウォーク委員会」の設立とその権限に関する条例制定を提唱する。同委員会は計画立案に加え、沿川区域における全ての建築許可審査に関し市住宅建築局に助言を与え、グレート・ベンドにおける都市開発等に関し、行政を指導しうる権限を有するものであった。62年に条例案は議会で承認される。

リバーウォーク委員会は観光振興協会と共同で、同年、アメリカ建築家協会（ＡＩＡ）サンアントニオ支部に再生計画の作成を依頼、建築家C・Y・ワグナーを筆頭とするチームはハグマン構想を踏襲し、さらに発展させた新たな「パセル・デル・リオ計画」を提案した。市議会が同計画を承認したのが63年、翌64年から沿川周辺の地元関係者による「パセオ・デル・リオ・アソシエーション」が設立され、官民一体で再生事業に取り組むこととなり、沿川の地権者や市民リーダー、テナント候補と

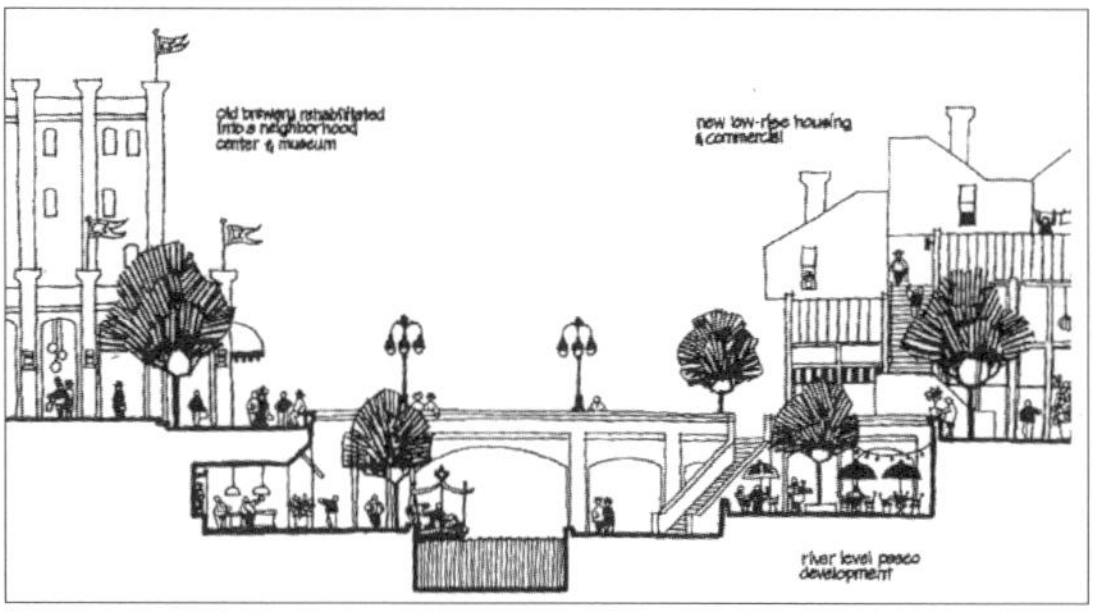


図13-9　完成したリバーウォーク（パセオ・デル・リオ）の断面図　出典：A SPECIAL PLACE/ SAN ANTONIO RIVER BROCHURE, AMERICAN INSTITUTES FOR RESEARCH(AIR), WARREN SKAAREN; 1, 2015

の協議が重ねられていった。

## 4　リバーウォークの水辺再生へ

68年に開催されるサンアントニオ国際博覧会（Hemisfair 1968）が決定、これを契機に周辺には多くのホテルも建設され、周囲の既存ビルも改装されることとなり、リバーウォーク再生の起爆剤となっていった。その博覧会はモントリオール万博（67年）と大阪万博（70年）の中間年の地域博覧会ながら、30か国15機関の参加、630万人もの入場者を数えるなど、アメリカ経済の成長期とも符合し、成功を収めることとなる。さらに国際会議観光都市の中核を担うコンベンションセンターが75年に完成する。88年には連邦政府の都市開発基金（UDAG、注13-6）を活用したリバーセンターが建設されている。

注13-6　都市開発基金（UDAG：URBAN DEVELOPMENT ACTION GRANT）：1988年に始まる連邦政府の都市開発支援のための基金

写真13-12　水際を楽しむ多くの市民や観光客。これがサンアントニオの日常風景となっている

写真13-13　リバーウォークの両岸の多くの人々の間を水上遊覧船が行き交う素晴らしい光景

写真13-14　遊歩道には車いすの人も自由に利用できるような設えがされている

写真13-15　水路を引込んだコンベンションセンター。そこを遊覧船が行き来している

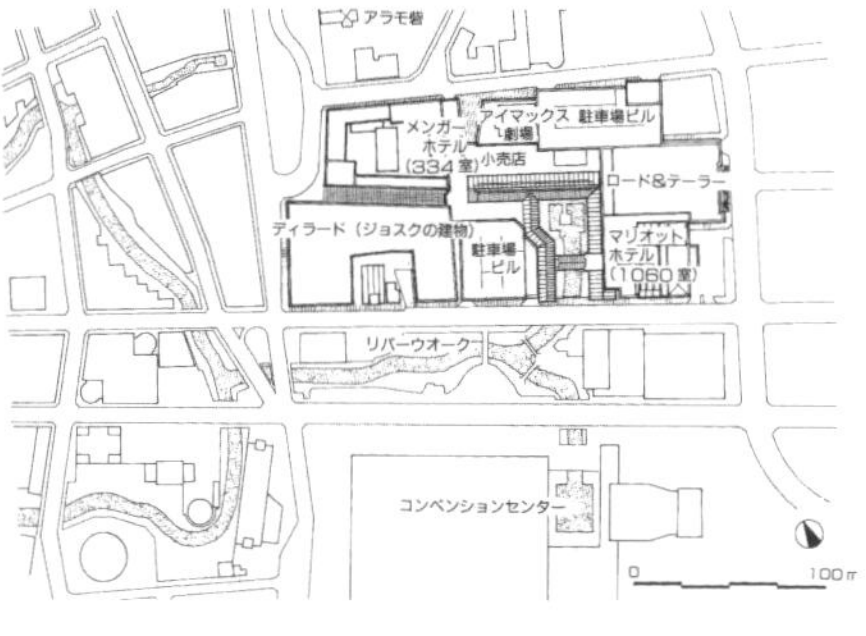

図13-10　複合施設リバーセンターと川の関係　出典：アメリカの都市再開発

ここは約４haの敷地に川の水を引き込み、劇場、商業施設、レストラン、大型ホテルを備えた複合施設であった。そして「リバーウォーク委員会」による街並みデザイン誘導が図られ、川に直接面した建物は3階建以下に制限され、またレストランや店舗のファサードや看板などの街並みのデザインコントロールも行われている。

なお、この部分はサンアントニオ川の本流から2つの上下流の水門によって切り離されている。その意味では本来の川の機能を失ったと見ることもできるが、水門操作によって水位が河床から1m程度に管理され、その結果、遊歩道のレベルとは数十cmの差が維持されている。洪水時には水門が閉ざされるが、普段は上流から下流に水が適度に流され、また水質保全のためにポンプによる強制還流も行われている。随所に噴水や人工滝などが設けられているが、これは景観面だけでなく、曝気による水質浄化の目的も兼ねている。

写真13-16　リバーウォーク沿いの対岸から望む、カラフルなパラソルの下で休む人々の光景

写真13-17　完成から半世紀経て樹木も大きく育っている

写真13-18　遊歩道の路面は実にシンプルな構成となっている

写真13-19　周囲の道路から望むリバーウォークと遊覧船の行き交う風景

写真13-20　水上の船を使って遊歩道の植栽への灌水や清掃などの維持管理が行われている

川沿いは遊歩道となり、それに沿って周囲の道路との高低差（４・５ｍ）を利用した建物の店舗群が並び、遊歩道の水際には洒落たオープンカフェやレストランのテーブル、椅子、そして色とりどりのパラソルが並び、屈曲部には石造りの階段状の観客席・ステージも設けられ、様々なイベントが恒常的に行われている。川岸には50年前に植えられ立派に成長した木々が、テキサスのメキシコ国境のまちであることを忘れさせるほどの豊かな緑陰を提供してくれる。そこにリバーバージ（小舟）やリバータクシー、外輪遊覧船が動きを演出する。川べりの夜のイルミネーションなどは、まさに東京ディズニーランドの「カリブの海賊」のイメージを彷彿させる。

このように、サンアントニオはいまやアメリカ南部を代表するコンベンション都市として、観光スポットとしての地位を不動のものにしている。悲劇の川を克服し、逆に都市の活性化をもたらした好例である。これこそ、数代もの建築家たちによる街づくりのイマジネーションが継承され、土木技術者や法律専門家、政治家そして市民たちのサポートによって実現された「都市の再生計画」と言ってよい。

なお、サンアントニオ川の治水対策はそれで完成したものではなく、実は１９４６年に発生した大洪水を契機に始まる治水計画も、その後の最大降水量の見直しに基づき新たなバイパストンネルが計画されている。そのトンネルは97年に完成し、翌98年と02年に発生した大洪水の被害を見事に最小限に抑えたのであった。そしてこのリバーウォーク一帯はＢＩＤ地区（注13－7）に指定され、固定資産税に一定の率を掛けた賦課金（１００ドルに対して約12セント）が徴収されている。それは全て地元組合に回され、これによってリバーウォーク周辺区域の防犯や清掃・植栽の維持管理、イベント開催、観光案内などの日常活動が経常的に行われている。このように多くの来街者を受け入れるためのまち全体の運営管理が徹底している。ここもぜひ、訪問をお勧めしたいまちのひとつである。

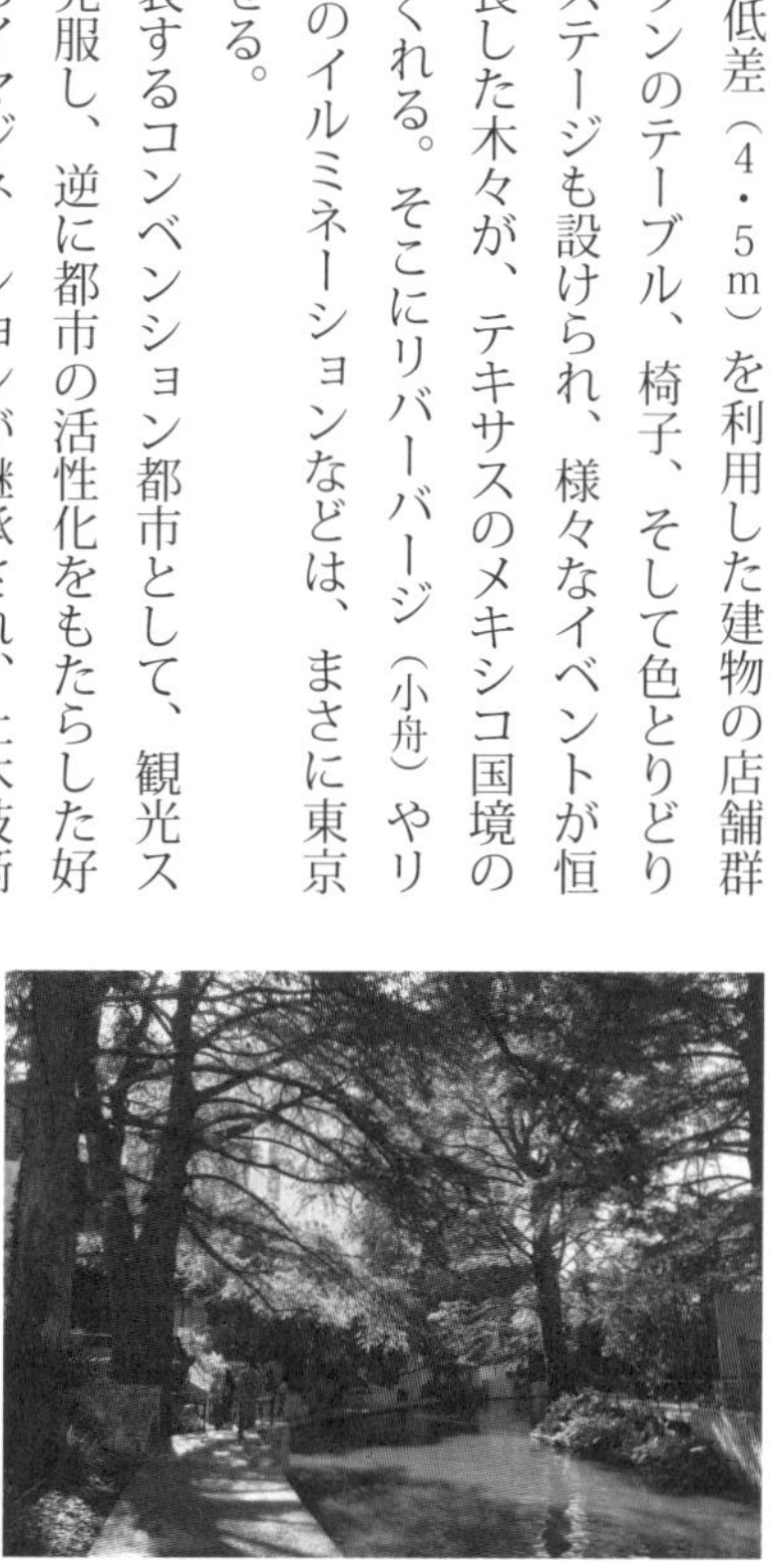
写真13－21　リバーウォーク沿いには緑豊かな環境が充実

注13－7　ＢＩＤ地区（Business Improvement District）：アメリカ等において、ある一定の指定区域内の不動産所有者や営業者に安全や地域サービスのための負担金を課す仕組みが州法などで定められている。その指定区域のこと

# 第14章　ユトレヒトのアウデグラフト（オランダ）

前章に紹介した1960年代末のサンアントニオ（アメリカ）のパセオ・デル・リオ（リバーウォーク）の水辺環境整備は、その当時世界各地で引き起こされていたインナーシティ問題、つまり中心市街地の空洞化現象、その再生の道筋への大きな引き金となった。その成功の報は世界に発信され、70年代以降の各地の水辺都市の再生プロジェクトの推進に一役買うこととなる。本章では、筆者が70年代末の欧州の旅で遭遇したオランダ中部のユトレヒト（Utrecht）の水辺空間を紹介しよう。それも廃れた運河の再生から始まった。それは運河沿いに連なるかつての倉庫のリノベーション活用と一体的に進められたものである。

## 1　まちの繁栄を支えてきたアウデグラフト（旧運河）

ここでは、オランダのユトレヒト（市人口約23万人、都市圏人口約53万人）の発展の基礎を形づくってきた旧運河アウデグラフト（旧運河＝Oudegracht）の再生の話を紹介しよう。ユトレヒトは同国首都アムステルダムの南約30㎞、欧州最大級の港湾都市ロッテルダムの東40㎞に位置する、オランダ中部の交通の要衝としても知られる。

アルプスに源を有するライン川はスイス、ドイツを貫流し、下流のオランダ・デルタ地域で幾筋か

写真14・1　ユトレヒトの中心部を流れる旧運河・アウデグラフトの両岸に広がるオープンレストラン。水面にはボートを楽しむ人たち、まさに絵になる風景が展開する

に分流して北大西洋の北海に注ぐ。ラインの本流とされるクロンメ・ライン川（曲がりくねったライン川の意味）が郊外を流れ、同川支流のベヒト川沿いに成立した都市がユトレヒトである。地名の由来はライン川の「一番下流の（Uut）」「渡し（Trecht）」からで、西暦47年にローマ帝国の要塞が築かれて以来、水陸交通の要衝として栄えてきた。中世には環濠城塞都市として市街の周囲に濠を巡らせ、その中に延長約2・5㎞のアウデグラフトが1000年頃から1125年にかけて開削され、さらに1393年には東側のノイエグラフト（新運河＝Nieuwegracht）が完成する。

その永い歴史が物語るように、市内には多くの歴史的資産、宗教施設等が存在し、とりわけ中世14世紀に建てられた大聖堂の塔（Domtoren）と市

写真14－2　旧運河・アウデグラフトの全景。両側の高水敷にはオープンレストランが並ぶ

写真14－3　運河の高水敷に加え、地上部にもカフェが並ぶ

写真14－4　運河の水面と高水敷の高さはほぼ一定に保たれている

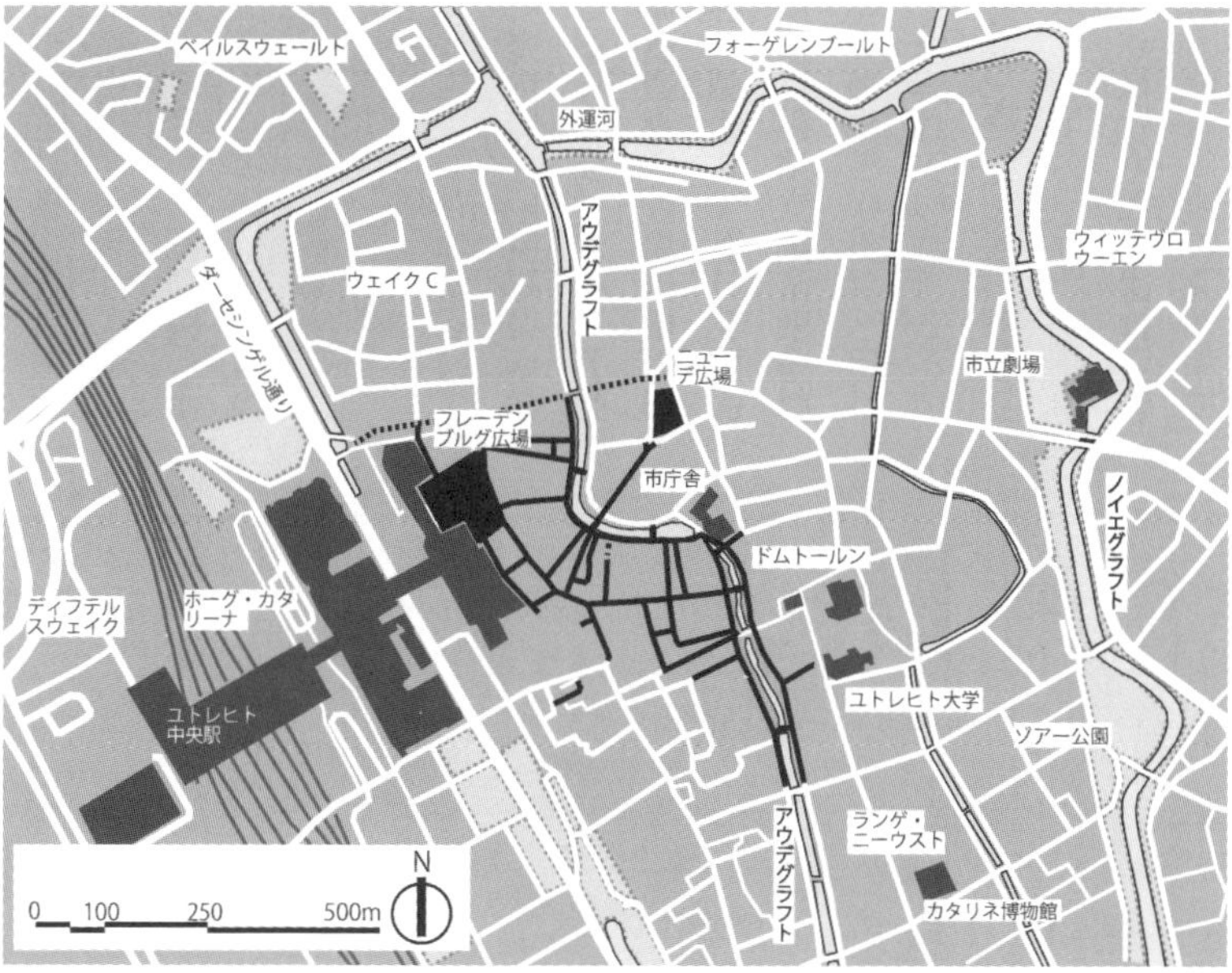

図14－1　ユトレヒト市街地図におけるアウデグラフトの位置（白い表記は一般道路、黒の部分は歩行者区域を示している）

図14-2　ユトレヒト運河物揚場の変遷（１１００〜１９００年頃）。当初は土堤であったものが、次第に建物地下と運河高水敷とが連絡され、地下の倉庫街が出来ていった様子がわかる　出典：Bustling Wharves: A Medieval Port in the Heart of Utrecht, René de Kam, C.J.M. Rampart, city of Utrecht, StadsOntwikkeling, Stedenbouw en Monumenten, Stadswerken, 2009, Gemeente Utrecht（ユトレヒト市）

中に発達した幾筋かの運河が、この街のシンボルともなっている。市街の中央を流れる延長約２㎞のアウデグラフトはライン川につながる運河として、両岸の低水護岸には物揚場、その背後には商社や倉庫などが建ち並び、まちの経済中心を形成してきた。物資は物揚場に荷揚げされ、土堤の道路との間の法面の約７ｍの高さの階段を介して両岸の倉庫に運ばれた（１０００年頃〜）。そしてライン川との間に水門が設けられ、水害の危険が減ると、両岸の建物と物揚場を直結するトンネルが掘られていく（１１５０年頃〜）。

時代が下り、ユトレヒトは16〜17世紀にはアムステルダムとライン川との中継地としての役割を担うとともに、その荷役量も増大していく。そのため細長いトンネル状の通路では手狭となり、次第に大きなレンガのボールト状構造物に置き換えられ、法面もレンガ垂直壁に替わる。それは建物地下と一体化され、連担した結果、道路は連続ボールト構造の上に置かれたかたちになる。物揚場は拡張され、ところどころに階段が、余裕のあるところには樹木が植えられる。その当時は火災の危険から市

図14-3　アウデグラフト・ユトレヒト断面概念図　出典：GREEN STRUCTURE AND URBAN ECOLOGY OF UTRECHT

街を守るために運河の水は重要な存在でもあり、家屋の面積に合わせて消火用バケツの設置数が義務付けられていたという。まさに運河がまちの生命線を支えていたのだ。

19世紀のアムステルダム・ライン運河（Amsterdam-Rijn-Kanaal）の開通に伴い、荷役量も飛躍的に増大し、運河地帯の荷物運搬車両や人々の通行も増え、運河沿いの道路際には転落防止のために鋳鉄製の柵が設けられていく。そしてガス灯が連続的に設置され、夜に明るく照らされた運河沿いの風景は、まさにユトレヒトの繁栄を象徴する存在ともなった。

## 2　舟運の衰退と運河地帯の荒廃

18世紀の産業革命以降、動力船の発明によってさらにその荷役量は増大するが、19世紀の鉄道の開通、そして20世紀の自動車社会の進展とともに環境は大きく変化していく。１８３９年のオランダ初の鉄道開通の4年後、43年にはユトレヒトとアムステルダムを結ぶ鉄道が開通し、後にロッテルダムやドイツ国境へと鉄道網がつながると、その地の利からユトレヒトは国内鉄道網の中継ターミナル地となり、60年の鉄道の国有化以降は本社が置かれてきた。ユトレヒトの経済中心としての地位は鉄道輸送への代替で揺らぐことは無かったものの、それと裏腹に舟運は次第に廃れていく。

かつての運河沿いの倉庫街はは空き家となるも、ユトレヒトに流入する人口の受け皿として道路下ながら住居などに転用され、そこから出される生活雑排水は運河に流れ込み、水質悪化を促進させることになる。一方で、１９２０年代以降の周縁部の新しい住宅開発地の出現は、新たな中産階級層の受け皿となり、歴史的市街からの人口流出を誘発する。

自動車の普及の著しい第二次大戦後、まちには車が溢れることとなり、それは中世からの曲がりく

写真14-5　１８７５年当時のアウデグラフト、フィー橋付近　出典：Werk aan de werf_Een middeleeuwse haven dwars door de stad 12/2008, Gemeente Utrecht（ユトレヒト市）

写真14-6　１９００年頃のアウデグラフト。空家然となったワーフセラー　出典：同右

写真14‐7　ユトレヒトの旧運河右岸東側のアウデグラフト通りの歩行者街路

写真14‐8　旧運河左岸西側沿いのアウデグラフト・アーンデウェルフ通りの歩行者街路

写真14‐9　通りの幅員の余裕のある個所には様々な露店の営業が認められている

写真14‐10　アウデグラフト通りでも屋外にイスとテーブルが並び人々がカフェを楽しんでいる

写真14‐11　カリスブルクの橋の上の広場でもカフェが並んでいる。その下を遊覧船が通過する

ねった狭い街路と水路網のこの歴史都市には大きな負担となった。運河の一部は埋め立てられ、道路が建設されていく（注14‐1）。しかしそれがかえって中心部への自動車流入を呼び込むこととなり、歴史的な中心市街の狭い街路への自動車の進入は、大きな社会問題となっていくのであった。運河沿いのレンガボールト構造も、上部を通行する車の荷重も含め次第に老朽化が進行し、崩落の危険さえ囁かれ、多くが空き家となり風紀も乱れていく。その中で、ラインバーンそしてハーグなどの歩行者街路の実現に触発され、このユトレヒトにおいてもそれに取り組む動きが現実化していく。

## 3　1965年自動車進入禁止の交通実験から始まる面的な歩行者区域

オランダは欧州の中でもいち早く、都市内に流入する自動車の抑制と歩行者空間整備、公共交通優

写真14‐12　アウデグラフトに架かる市庁舎橋の下を通過する遊覧船

先政策に取り組んだことで知られる。１９５０年代のロッテルダム中心部戦災復興計画の中で、建築家ヤコブ・バケマ（Jacob B. Bakema）らによるラインバーン地区のショッピングモール実現（注14 - 1）および、70年代のデルフトに始まる生活空間の歩行者優先道路「ボンエルフ」（注14 - 2）であるが、後者は法改正を伴って全土に展開される。そのうねりがこのユトレヒトの歴史的市街の環境改善を推進することとなる。

62年には歴史的な商店街、ラインマルクト通り（Lijnmarkt）から時間規制で自動車を締め出し、次いで中心部のアウデグラフトの両岸を含む広範な街路への自動車進入禁止の社会実験が65年と68年の2度にわたり行われている。これを受け、歩行者空間化の試行によって交通事故の危険が排除された街路を謳歌する大勢の市民の光景が見られるようになった。実験は好評を博し、その恒久化に向けての検討の結果、71年には歩行者街路が完成した。

その後、歩行者街路は次々と追加され、２０００年代には現在のような広範な歩行者区域へと発展している。その範囲は運河周辺から大聖堂、鉄道中央駅にかけての区域内に及び、20数本の道路が歩行者街路に生まれ変わったのである。また鉄道中央駅は再開発によって鉄道上空を東西に結ぶホーグ・カタリーナ（Hoog Catharijne）として、駅機能に加え、商業施設も併設した複合施設に生まれ変わっている（73年完成）。そして中心部に流入する自動車は周囲の都心環状道路で受け止められ、中世から続く狭い街路には一方通行システムまたは進入の時間規制等の抑制策により、まち全体が歩行者にやさしく演出されている。

これらの取り組みは、いったん郊外に転出した市民を都心回帰へと促す力になり、今では街全体で歩行者・自転車そして公共交通を中心とする大胆な交通計画が導入されている。運河沿いには花屋などの露店、運河下では後述する旧倉庫が全面改修された結果、かつての物揚場には昼から夜にかけて、

注14 - 1　鉄道線路沿いのカタリーナ通りは都心環状道路の一部として運河埋立跡地に建設された

注14 - 2　ラインバーン地区のショッピングモール：１９５３年に計画的な歩行者専用のショッピングモールとしては世界初とされる全長約１㎞にも及ぶ歩行者専用道路が実現した

注14 - 3　ボンエルフ：１９７１年にデルフトにおいて「ボンエルフ（Woonerf）」＝生活の庭」と呼ばれる人と車の共存を基本とする新しい考え方が登場し、75年には道路交通法と道路法の改正により、採用された

写真14 - 13　中央駅のホーク・カタリーナの旧市街側の入口

写真14-14　旧運河・アウデグラフトを行き交う遊覧船・ボート

写真14-15　運河の両岸はお昼から夜まではオープンレストランが展開される

写真14-16　運河の高水敷の幅員に余裕のある部分には樹木も植えられ、周囲にはカフェが展開する

写真14-17　運河の高水敷の木々の足元でに拡がるオープンレストラン

カラフルなパラソルのもとでのオープンレストランが営業している。また街なかの広場などでは定期的な市（いち）が開催されている。

## 4　1970年代以降の運河環境整備

歩行者区域の実現の4年後、75年から始まるのが運河の旧物揚場と旧倉庫群の改修であり、これは上部道路の一時閉鎖を伴う大掛かりな工事を経て10年後の85年に完成している。そのための準備を市は戦前の40年代から始め、旧物揚場の廃墟然となった道路下のかつての倉庫・ワーフセラーの権利調査を行い、運河沿いの建物も含めた計測および構造調査に着手していた。結果として、その数は732軒に及び、まちの繁栄の歴史的資産としての保存価値を認め、緊急の改修の必要性から、48年には

写真14-18　アウデグラフト運河の高水敷と道路、沿道店舗の関係

写真14-19　アウデグラフトの高水敷のオープンレストランを道路側から望む。水面には遊覧船が行き交う

市議会にワーフセラーの全面取得提案が上程され承認されている。その資金は国の再開発基金や補助金が活用され、ほぼ全数（一部の例外を除き）の取得が完了し、新たなまちの魅力資産としての用途転換、つまりコンバージョン計画が練られていくのが70年代以降のことであった。

改修工事は構造・設備改修から運河沿いのファサード改修、加えてかつての物揚場の護岸改修、水質改善のための雨水と汚水の分離、既存樹木も残した形での遊歩道整備、そして階段部の改修なども一体的に行われた。改修されたワーフセラーはその後、民間に払い下げられ、それは厨房を備えたレストランやカフェ、居酒屋、アーティストたちのアトリエやオフィス、ギャラリー、劇場などとして使われている。そのうち市庁舎橋（Stadhuisbrug）からフィー橋（Viebrug）間の高水敷の約５００ｍ区間には両岸で20軒近くのレストラン・カフェが入居し、屋外の旧物揚場空間は昼時から夜にかけてパラソルと可動式のテーブル、イスが置かれ、お店が始まれば、そこは多くの地元市民や観光客の食事や歓談・休憩の場へと変身する。その他、ワーフセラーを改造した小劇場や工房、ショップなど、種々の魅力的な施設が復活する。

市庁舎橋の側にはボート乗り場も設けられ、運河めぐりの観光船から、周辺の船着き場やワーフセラー前から繰り出す住民たちの多くの運河カヌーなどが水面を行き来する。それは人々に中心市街に戻ることの楽しさをより体感させるという効果をもたらすのであった。運河は観光やレジャーのための水面だけでなく、周囲の建物から排出されるゴミの搬出から、お店へのビン類や樽などの重量物の運搬経路としても用いられ、それぞれクレーンを装備した専用船が造られ、道路の交通量軽減にも一役買っているという。このように、ユトレヒトの中心市街は歩行者空間整備と運河水辺環境整備とが実に上手く連動する形で「生活街」の復活を促し、まちの再生を成し遂げてきたのである。

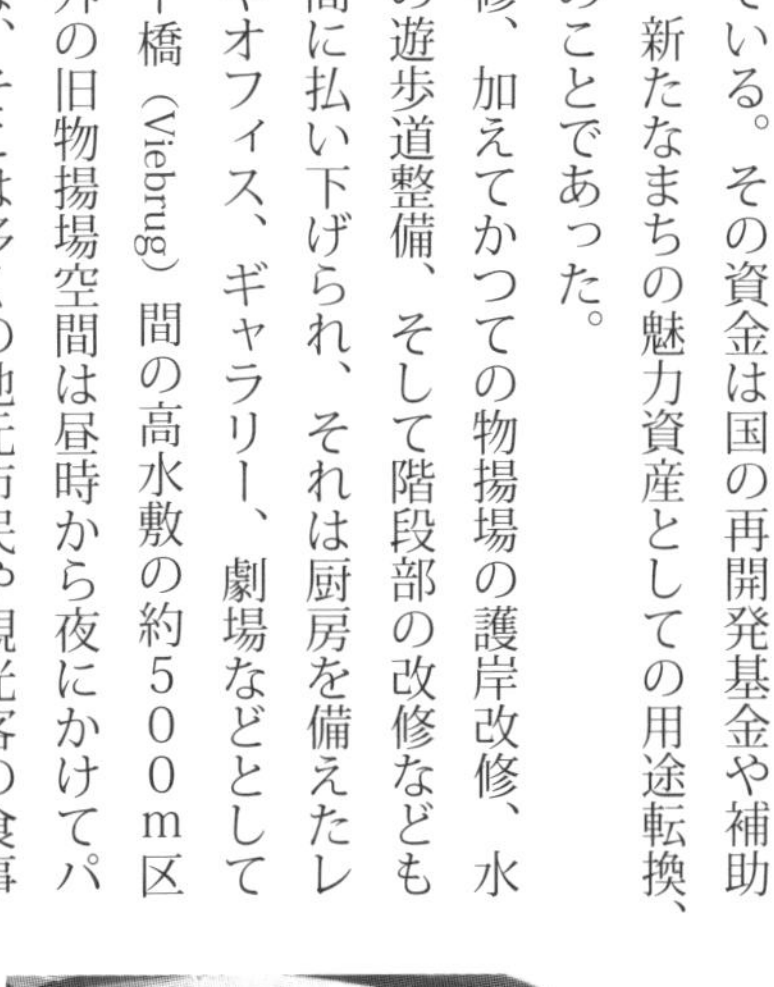

写真14-20　ワーフ劇場のホワイエ　出典：Montmartre aan de Oudegracht.25 jaar Werftheater 1978-2003., Wout, Robert van't, 2003

# 第15章　ゲントのレイエ川・グラスレイ（ベルギー）

中心市街における衰退した水辺の再生を、70年代以降の新たな都市計画、つまり歴史的街並み保存修復そして歩行者空間整備などを通して実現した都市の例を紹介しよう。その復活した水辺の美しさと賑わいぶりは実に素晴らしい。そのまちはベルギー西部の中世都市ゲント（Gent、注15-1）である。ブリュッセル、アントワープに次ぐベルギー第3の都市で、実に美しい水辺の街並み景観を再生してきた。

注15-1　現地語読みはヘント。蘭 Gent、仏 Gand、英 Ghent

## 1　ゲント発祥の地・グラスレイ一帯の繁栄と衰退

ゲントはベルギーの首都ブリュッセルから北西に約55㎞、古都ブルージュとのほぼ中間に位置する人口約25万人の西フランダース地方の中核都市である。フランスに源流を発する2つの川、スヘルデ（Schelde）川とレイエ（Leie）川はこの地で一本の川となり、下流のアントワープを経て北大西洋の北海に注ぐ。その合流点に拓かれた川港グラスレイ（Graslei、香草河岸）と対岸のコーレンレイ（Korenlei、穀物河岸）を中心に街が発展し、その周囲には中世からの歴史を刻むギルドハウスや教会、そして旧市場や市庁舎などが建ち並んでいる。この歴史的市街は50年代以降、自動車社会の進展に伴う都市の拡大と人口の郊外化、そして舟運の衰退や水質汚濁なども含め大きく寂れ、川沿いのギルドハウスの

写真15-1　コーレンレイ側からみたグラスレイのギルドハウス群と水面のボート

建物群は空き家同然の状態となる。

その再生計画がスタートするのが70年代のこと、それから40年近く経過した今、ギルドハウスの修復された街並みが、多くの観光客を惹きつけ、綺麗になった水面には遊覧船や水上ボートが走り、車の喧騒から解放された河岸には多くの市民や若者たちが佇んでいる。実に素晴らしい水辺の風景が展開されている。

この再生のプロセスを解説する前に、ゲントの街の成立と繁栄、そして当該地区の衰退の経緯を説明しておこう。そもそも都市名・ゲントは古くはGanda（ガンダ、元はケルト語で合流の意味）と呼ばれ、2つの川の合流する場所の意味。その中心となったのがグラスレ

写真15・2　コーレンレイからグラスレイのギルドハウス群の街並みを望む

写真15・3　ゲント・聖ミヒール橋から望むグラスレイの船着き場周辺には多くの市民の姿がある

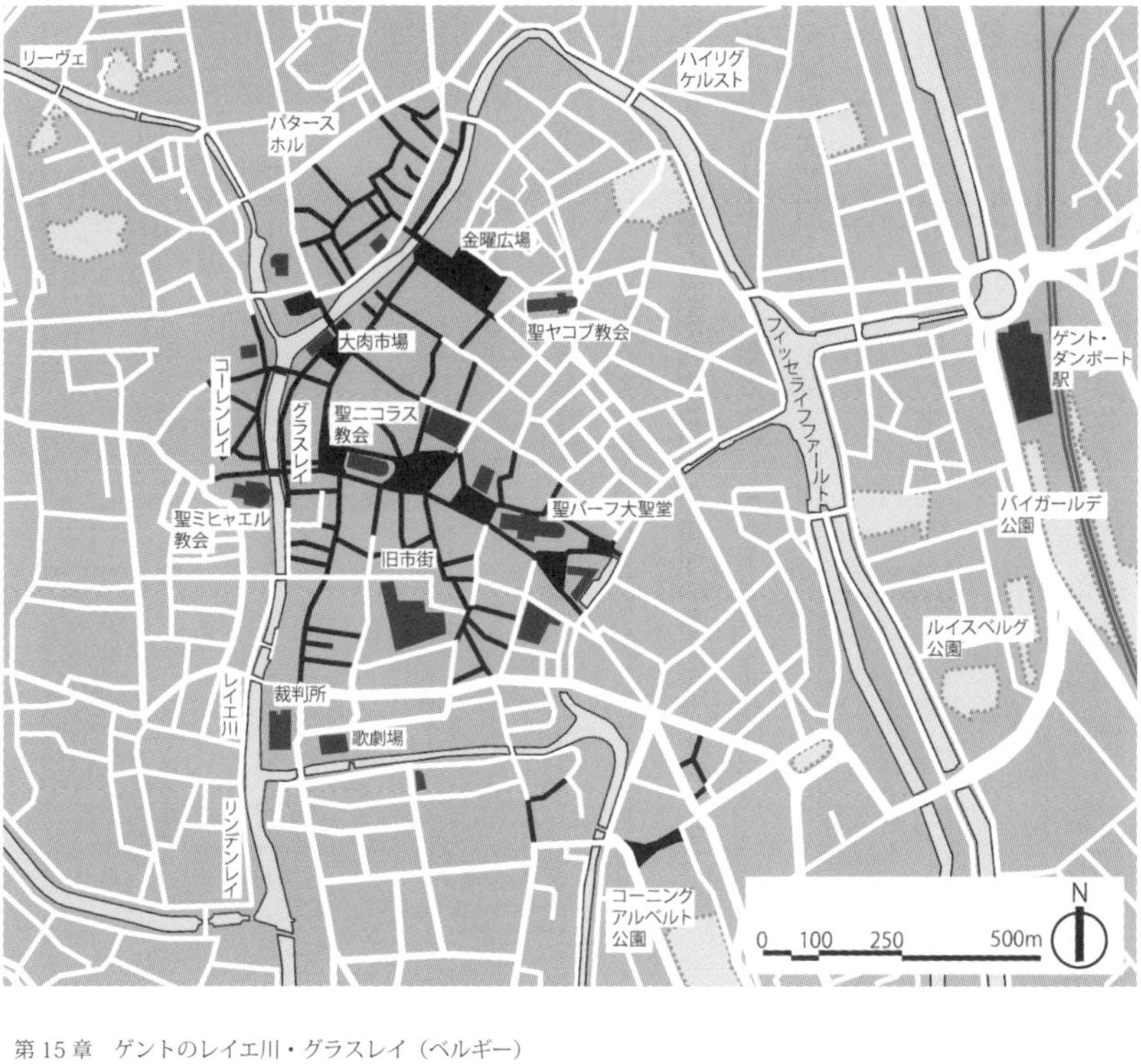

図15・1　ゲント市街地図におけるレイエ川のグラスレイ・コーレンレイの位置。白は一般道路部分は黒は歩行者区域（時間規制）を示している

イとコーレンレイで、その川港の成立は7世紀頃に遡る。

11〜14世紀にかけて織物産業で栄えたゲントは、交易ギルドを中心に繁栄期を迎え、自由都市としての重要な特権を獲得する。スヘルデ・レイエ両川の舟運そして13世紀に開削されたリーブ運河（Lieve kanaal、注15−2）によって北海と直につながれ、ハンザ同盟都市、北ドイツ、英国などの諸都市とも交易が盛んに行われていく。その繁栄の時代の象徴とも言うべき建造物が、現在ユネスコ世界遺産に登録されている高さ95ｍの鐘楼（Belfry、１３８０年）と隣接する繊維ホールのラーケンホール（Lakenhalle、１４２５年）の２つの建物である。

15世紀末になると、舟運を支えてきたスヘルデ川や運河の河口部が砂の堆積で一時航行不能となるも、新たな運河（注15−3）の開削を行うことで、貿易港としての更なる発展を遂げる。そして16世紀にはこの地に生を受けた神聖ローマ皇帝カール5世が誕生するなど、北方ルネサンス芸術の拠点都市となり、当時欧州ではパリに次ぐ繁栄を極めていたとされる。川岸に並ぶ数多くのギルドハウス群はこの時代の富の集積の証と言ってよい。

その後も港湾都市としての機能拡張は続き、とりわけ１８２７年に完成したオランダのゼーランド州を経て北海と繋がるゲント・テルネーゼン運河（Kanaal Gent-Terneuzen、長さ33㎞）によって大型の外洋汽船も出入りできるようになり、産業革命後の工業化を支えるとともに、商業都市としても大きく発展する。その経済力を背景に、20世紀初頭、第一次世界大戦前の１９１３年に万国博覧会（注15−4）がこのゲントで開催されることが決定。これを機に川岸の中世から続くギルドハウス群が国の支援も受け、歴史的様式に基づいて修復されることとなり、本格的な改修が行われている。

しかし、その後は船舶の大型化・高速化の流れの中で、港の機能は新たな水深のある北部の運河地帯に移り、また鉄道の発達や自動車の普及とともに時代の中に取り残されたのが、この歴史的港湾の

写真15−4　グラスレイの大肉市場近くの船着き場のカフェ風景

注15−2　１２５１年完成、当時のブルージュの北、Gent-Damme 間

注15−3　１５４７年 Sassevaart（Sasse Canal）、17世紀 Ghent-Bruges-Ostend canal、その後１８２７年 Canal Ghent-Terneuzen を開削

注15−4　ゲント万国博覧会１９１３（Expo 1913）、旧市街の南郊、現在のゲント・シント・ピータース駅一帯１３０haの会場で開催、26ヶ国の参加、会期中来場者９５０万人を記録

グラスレイ一帯であった。かつての河岸の活気は失われ、港湾通商関係の事業所は新たな運河地帯に移り、そして中心商業地の賑わいも薄れていく。さらに60年代になると、自動車社会の進展とともに川岸や広場は自動車で占拠されてしまう。その環境悪化がさらに人口の郊外化にも拍車をかける。

## 2 グラスレイ一帯の再生整備——河川水質浄化と歩行者区域の設定

歴史的港湾地区の再生計画の始まりは、70年代の川の水質浄化からであった。そして80年代から90年代にかけて、市都市計画局は川沿いを含めたグラスレイ一帯の歩行者空間整備と歴史的建物の修復事業を本格的に進めていく。商店や住宅サービス用の特定車両は歩行者交通量の少ない午前中の時間帯に限って進入を認めることとし、最初の歩行者空間の実現は82年、中心部の川筋に近い8本の通り

写真15‐5　グラスレイ（向こう岸）とコーレンレイ（手前）。水辺には多くの市民や観光客が憩う

写真15‐6　グラスレイの護岸の段差が恰好のベンチ代わりとなり、多くの市民の姿がある

写真15‐7　コーレンレイのオープンカフェからギルドハウスのグラスレイ側を望む

写真15‐8　コーレンレイの水辺の船着場風景。多くの観光用ボートの発着がみられる

写真15‐9　ギルドハウス群と水面を行き交う遊覧ボート

写真15‐10　川岸のグラスレイにはオープンカフェが並び、市民、家族連れなど多くの人が利用している

写真15 - 11　聖ミヒール橋（Sint-Michielsbrug）とレイエ川、水面には観光用ボートが走る

写真15 - 12　現在の聖バーフ広場。多くの市民の憩いの広場となっている

写真15 - 13　木造の旧大肉市場の建物内部は歴史的風情を活かしたショップとして再生されている

写真15 - 14　旧大肉市場前の道路にもオープンカフェが展開している

と広場であった。それは市民の賛同を得て順次拡張がなされ、97年には約35haの面的な歩行者区域が出来上がることとなった。この交通規制を実施するために、行政側による沿道関係者への意見交換会の開催は数百回にも及び、商業者や住民の自動車排除に伴う生活上の支障についての不安は次第に払拭されていったという。最終的に合意した交通計画に基づき、この面的な歩行者区域の実現に当たっては、歴史地区内の道路を用い、環状に時計回りルート、反時計回りルートを設定、狭い箇所は一方通行路を複数指定するなど、地区内サービスに支障が無いように配慮されている。

自動車の進入抑制にあわせ河岸の環境整備が行われ、老朽化していた護岸や石段、路面の石畳が全面的に修復され、ベンチやフラワーポット付きの街灯などが置かれている。川沿いのギルドハウスの前面に、市庁舎から旧大肉市場、旧魚市場からレイエ川の両岸グラスレイ・コーレンレイも含めた一帯の歩行者空間化が完成する。

写真15 - 15　グラスレイの歴史的な石畳

写真15 - 16　歴史的な街並みの中にモダンなアトリウム状のホテルのロビー空間が造られている

## 3　水辺環境整備の成功

合わせて歴史的なギルドハウス群の再修復、市場等の建物修復も行われる。２００５年頃には整備がほぼ完了し、見違えるほどの風景に変身した。約８５０年前の穀物倉庫等であったグラスレイのギルドハウスも今では博物館となり、１階部分にはショップやレストランが入り、道の建物前の歩道や水際空間にはオープンカフェが展開する。そして木造の大肉市場の建物（１４０９年築）は歴史的風情を活かしたショップとして再生されている。コーレンレイ側も同様だが、中には川沿いの街区再生の一環として、かつてのギルドハウスのファサードを残した高級ホテルへの転用など、歴史的景観に配慮した様々な仕掛けが展開されてきた。車の排除された川沿いの道はまさに中世にタイムスリップしたかのような沿道風景だが、街なかで展開する市民主体の活動は現代そのものでもある。歴史と現代の交錯、それこそ時代の先取りという感がある。

水面には遊覧船や水上ボートが走り、周囲は車の喧騒から解放され、河岸には多くの若者たち、家族連れ、観光客が佇んでいる。聖ミヒール橋（Sint-Michielsbrug）からは街を代表する聖ニコラス教会、鐘楼、聖バーフ大聖堂の３つの塔が一望でき、川の水面に映るギルドハウスの壮麗なファサードが望める名所となり、沢山の観光客を集める場所となっている。川下りの遊覧船やボートの発着場所が設けられ、路面電車（ＬＲＴ）のネットワークも完成し、１９１３年の博覧会（注15-5）に合わせて建造された由緒あるゲント・シント・ピータース駅（Gent-Sint-Pieters）からも容易に訪れることができる。ここは日曜日には護岸の広場で花市や蚤の市も開催されている。

そして７月のゲント祭（De Gentse Feesten）、８月のレイエ祭には盛大な催し物が繰り広げられる。

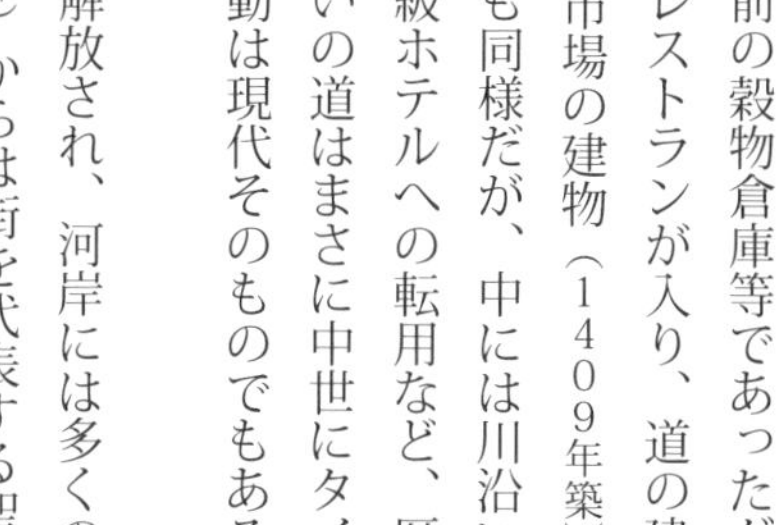

写真15-17　レイエ川を行き交う多くの遊覧ボート

注15-5　出典：ゲント市光環境計画・GENT VERLICHT/GHENTILLUMINATED. Het lichtplan: bouwsteen voor een feeërieke stad / The light plan: stepping stone to an enchanting city, 2008, JANSSEN, Luk (eindredactie) /DONCKERS, Niels (fotografie)

写真15・18　コーレンマルクトの歩行者広場、左側の店舗は歴史的町並に配慮したスターバックス

写真15・19　フランドル伯居城前のシントヴェーレプレイン広場

写真15・20　市内の道路にみる歩行者優先区域（歩車共存道路）の標識

写真15・21／22　ゲント市の光のマスタープラン報告書に掲載されたグラスレイの日中と薄暮、夜間の光景（ライトアップ）の比較　出典：注15・5

夜間にはライトアップされ、運河に浮かび上がる幻想的な街並みが多くの人びとを惹き付けている。市で策定された「光環境計画」に基づき、川沿いの屋外照明や外部に漏れだす光の色温度や強さ、光源の位置や周囲へのグレアなどに関する細かい規準が定められ、屋外照明やライトアップの効果などもうまく演出されているのである。当然のことながら、建物の外観や色彩、そして広告看板類に至るまで、景観コントロールの対象になっている。

## 4　公共交通・自転車優先都市政策そして中心市街の「生活空間」の質的向上へ

ゲントのもう一つの新たな取り組みに、公共交通そして自転車優先都市への脱皮があり、これが歴史地区の歩行者空間整備実現の背景にある。その最初の自転車中心都市計画の策定（Gent's eerste fietsplan）は93年、そして97年には市中心部の自転車計画が歩行者空間整備と連動し、2002年以降は全市的に拡大された。これは公共交通・自転車利用を促進し自動車の抑制を図ることで、移動エネルギーロスの軽減といった環境志向だけでなく、「都心居住」の回復、つまり中心市街の人間的環境の復権を目指している。生活空間としての質の確保を積極的に行うという姿勢が掲げられているのだ。そして2030年に向けたモビリティプランを策定し、より高いレベルの環境志向の都市を目指している。

ここでは、衰退した中心市街の再生に、都心に憩う市民の姿が不可欠という明確な目標設定がなされ、歴史的街並みの修復に加え、住戸改修のための支援が積極的に行われてきた。そして車を排除した空間には歴史的な石畳が復活し、そこには各種休憩施設が整備されている。今では水辺に限らず、至るところでオープンカフェが定着し、市民の日常的に憩う姿を見ることができる。それこそ、市民が主役のまちづくりが展開していることの証左と言えるだろう。

図15・2　ゲント中心部の交通ネットワークと歩行者区域の図　出典：Reclaiming city streets for people Chaos or quality of life?, EUROPEAN COMMISSION（筆者日本語記入）

# 第16章　ウォーターフロント再生の嚆矢・ボストン港（アメリカ）

ここからは、歴史的港湾＝ウォーターフロント地区の再生そして保全にかかる話に転じよう。まず初めに、世界のウォーターフロント再生の先鞭をつけたアメリカ東海岸のボストン港を紹介する。アメリカ合衆国の独立宣言は１７７６年、その契機となったボストン茶会事件（１７７３年）はこの港が舞台で、後の同国の経済発展とともに、このボストンも大きく成長してきた。その交易がもたらす繁栄の履歴が、ダウンタウンの周囲に広がる数々の埠頭に刻まれている。

しかしボストンは、歴史的港湾であるがゆえに20世紀以降の船舶の大型化そして物流のコンテナ化の流れのなかで、周縁部の高速道路と近接する位置に設けられた近代港湾にその座を譲り、空洞化の一途を辿っていく。その再生が始まるのは実質的には１９６０年代以降のことで、人口の呼び戻しと歴史的建物の保存活用の両立をはかり、新たに始まるボストンの都市デザイン行政の始まりとなった。同時に、自動車社会の進展とともに山側にシフトした人口重心を海側、すなわち中心市街側に戻すとという意味も担っていた（注16－1）。

## 1　ボストンの港湾機能の衰退と再開発計画の始動

ボストンはアメリカ東北部マサチューセッツ州の東端、大西洋側のニューイングランド地方６州（注

注16－1　ボストンの都市デザイン行政については、本書の姉妹本『まちの賑わいをとりもどす』に紹介している。参照されたい

写真16－1　ボストンの中心部ウォーターフロントを海上から望む。右の低い建物はロングワーフのマリオットホテル、左はローズワーフ、正面はボストン水族館

16-2）の中心都市で、マサチューセッツ湾最奥部、チャールズ川の河口部に港が拓かれたことに始まる。合衆国独立直後の１７９０年代の人口は約１・８万人、今では市面積は約１１１・４㎢、人口約68万人、そして経済圏人口は約４７０万人（大ボストン都市圏）、面積約１１００㎢、近郊92の市町に拡がっている。

　ボストン港は独立前後も含め、実に多くの移民や物資の受け入れ口として大きな役割を果たし、それがこの街の発展の基盤を作り、交易の歴史がボストン中心部の歴史的港湾の夥しい数の埠頭に刻まれてきた。しかしこれらの埠頭は１８００年代の中期以降、次第に利用されなくなっていく。その背景には、最新の蒸気船のための新しい埠頭が地価の安い周縁部（南ボストン、東ボストン地区）に集中的に建設されたこと、第二次大戦後の船舶の大型化・大量輸送時代を迎え鉄道や自動車による陸送にシフトしたことや航空機輸送への転換などがある。１９５０年代には港の一帯は荒廃し、半ばゴーストタウンと化していた。

　また、この年代にボストンの都心地域へのアクセスを改善するために高架の高速道路セントラル・アーテリーが市街地と港湾地区との間に建設されたが、結果的にこの道路がウォーターフロントとボストン中心部を分断する要素となった。

　ちなみにこれは90年代からビッグ・ディッグ（注

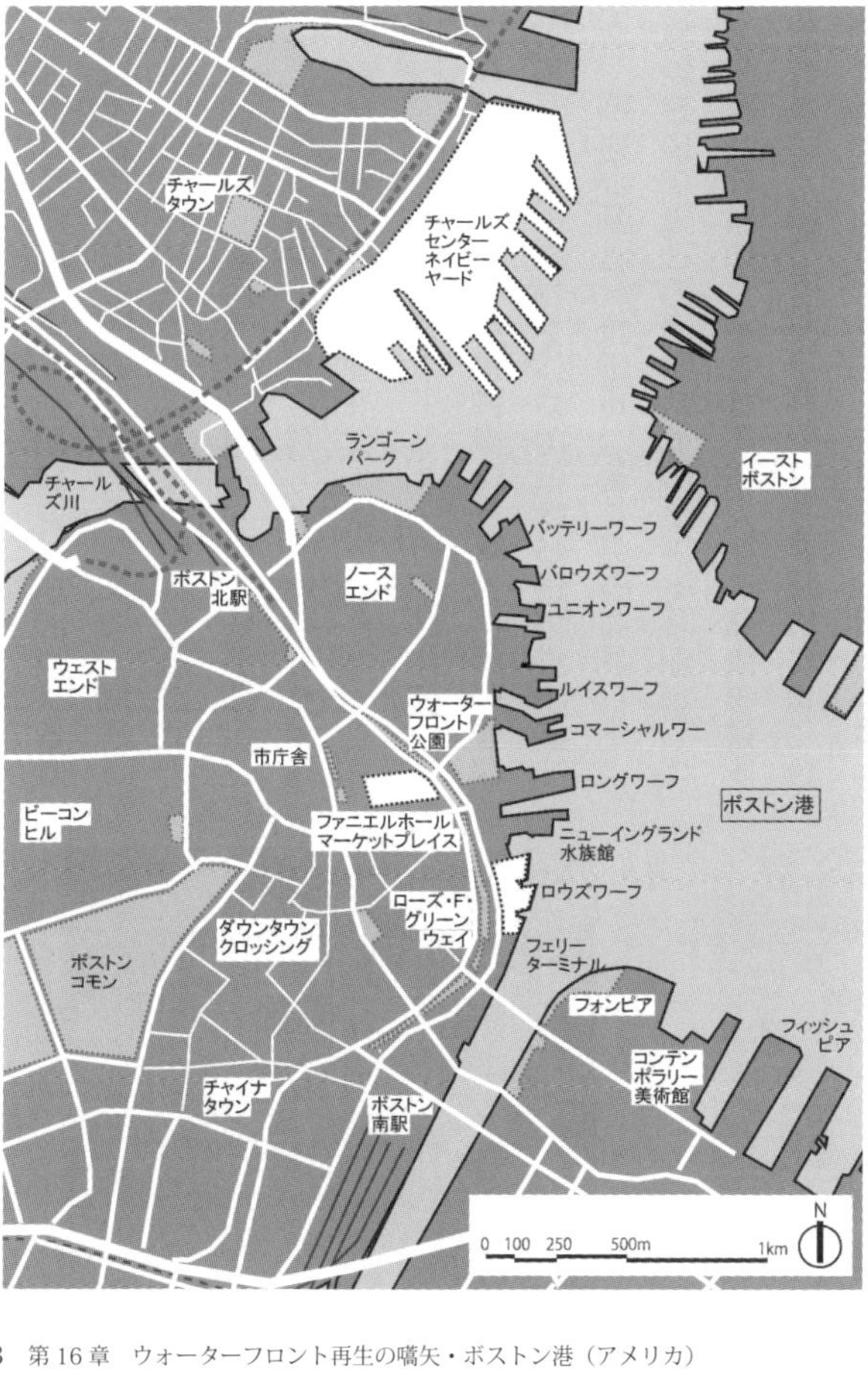

図16-1　ボストン・ウォーターフロント周辺図

注16-2　ニューイングランド地方6州：コネチカット、マサチューセッツ、ロードアイランド、ニューハンプシャー、メイン、コネチカット、バーモントの各州

16-3）と呼ばれる地下化工事が行われ、２００５年に完成した。上部は緑道となり、多くの市民の利用する空間となったことが知られている。

一方のボストンの市街地も、１９５０年代から60年代前半にかけて自動車社会の急速な進展とともに郊外部に拡がり、人口の比重も大きく郊外側へとシフトしていく。それは結果として中心部の経済活動の沈滞化へとつながり、街の賑わいは薄れていくのであった。

## 2　ボストンのウォーターフロント開発計画のはじまり

これに対処すべく、１９５７年にボストン市議会とマサチューセッツ州議会によりボストン再開発局（ＢＲＡ、注16-4）が創設され、再生に向けての様々な施策が着手される。この組織は市内の再開発事業に着手していた住宅公社を引き継ぐ形でスタートし、旧態依然とした都市の姿、とりわけ沈滞化し半ばスラム化した住宅地、そして業務地区の再編を再開発の名のもとに進めること、そしてかつての港湾倉庫街であるウォーターフロント地区の再生も含む、広範な中心部活性化のための事業推進を目的としていた。ＢＲＡは中心部の現在の市庁舎のあるガバメントセンター地区（70年完了）をはじめとする中心部西側の幾つかの地区（注16-5）の大街区の敷地で、中央に高層のタワー状のオフィスやホテル、低層部は商業施設、足元には公開空地広場を確保する再開発事業に傾倒していく。

一方、事業の進行とともに、このようなスクラップ・アンド・ビルド型の再開発に批判的な声が挙がるようになってきた。そのような状況下の56年、チャールズ川の対岸・ケンブリッジのハーバード大学を舞台に、先端的な建築家や都市計画家、社会学者たちが集まりスタートしたのが「アーバンデザイン会議」である。それは28年に始まる近代建築国際会議（ＣＩＡＭ＝Congrès International

写真16-2　高速道路セントラル・アーテリーの地下化された上部に完成したローズ・F・ケネディ・グリーンウェイで憩う市民の姿

注16-3　当時"Big Dig"と呼ばれていた。巨大な穴掘りという意味

注16-4　ボストン再開発局（ＢＲＡ＝Boston Redevelopment Authority）、１９５７年創設

注16-5　市内の再開発地区：ガバメントセンター地区（58〜70年）、クリスチャンサイエンスチャーチセンター地区（73年完了）、プルデンシャルセンター地区（75年完了）、ジョンハンコックタワー地区（76年完了）、コプレイプレイス地区（84年完了）

d'Architecture Moderne）のもとで提唱されたアテネ憲章に誘引され、20世紀初頭〜中期の世界各国の都市計画の柱となった住宅地と商業地、公園等の土地利用分離、それらをつなぐ交通のためのインフラ整備推進、そして当時の主流となったスクラップ・アンド・ビルド方式の再開発計画への見直しを求める勢力となっていく。その過程で「アーバンデザイン（Urban Design＝都市デザイン）」の理論化が進められ、60年には同大学GSD（デザイン大学院＝The Harvard Graduate School of Design）が設立される。そして「アーバンデザイン会議」は70年代まで継続されていく。

その会議の影響を受け、お膝元であったボストンにおいても従来型の都市計画の転換を促す大きな動きが巻き起こる。それは68年の市長選の結果

写真16‐3　ガバメントセンター地区の再開発の中心施設、1970年に完成した市庁舎

写真16‐4　1975年に完了した再開発のプルデンシャルセンター地区の高層ホテル

写真16‐5　ジョンハンコックタワーから望むコプレイプレイスの再開発地区

写真16‐6　ガバメントセンター地区（左上）に隣接するファニエルホールマーケットプレイスの3つのレンガ建物。右上に高架高速道路セントラル・アーテリーが写っている（1990年代、写真撮影：及川知也）

を受けて現実のものとなり、ウォーターフロントに残る石造やレンガ造の倉庫群などを活用し、公共オープンスペースの連続性を提唱する水際線ハーバーパーク計画がスタートする。

## 3　歴史的倉庫群の利活用とウォーターフロント公園整備

ＢＲＡ設立の前年、56年にボストン市都市計画委員会（Boston City Planning Board）において港の水際域つまりウォーターフロントの再生にかかる議論が始まる。それは荒廃したウォーターフロントの再利用計画を推進してボストン中心市街の活性化を目指すという考え方であった。それを受けて5年後の61年、ボストン商工会議所内に水際域再開発局が設立されることとなり、翌62年にはＢＲＡに対して、後に「１００エーカー計画」と呼ばれるウォーターフロント再開発案が提出された。この計画は承認され、64年から２００４年までの40年間、ＢＲＡが一括してコーディネート機能を担うという長期計画で進められてきた。しかし、ＢＲＡの主力はすでに着手している西側の幾つかの再開発計画に向けられており、港湾倉庫街の計画は事実上進められることはなかったのである。

そのウォーターフロントの再生を推進する契機となったのが、ジョン・Ｆ・コリンズ市長（注16-6）に代わり68年に新市長となったケヴィン・Ｈ・ホワイト（注16-7）の登場であった。新市長は、低所得者向け住宅の供給と歴史的建物の保存活用へと市の都市計画行政を転換させていくこととなった。62年「１００エーカー計画」の港湾区域内に高層の新たなビル群を建設するという案（図16-2）に

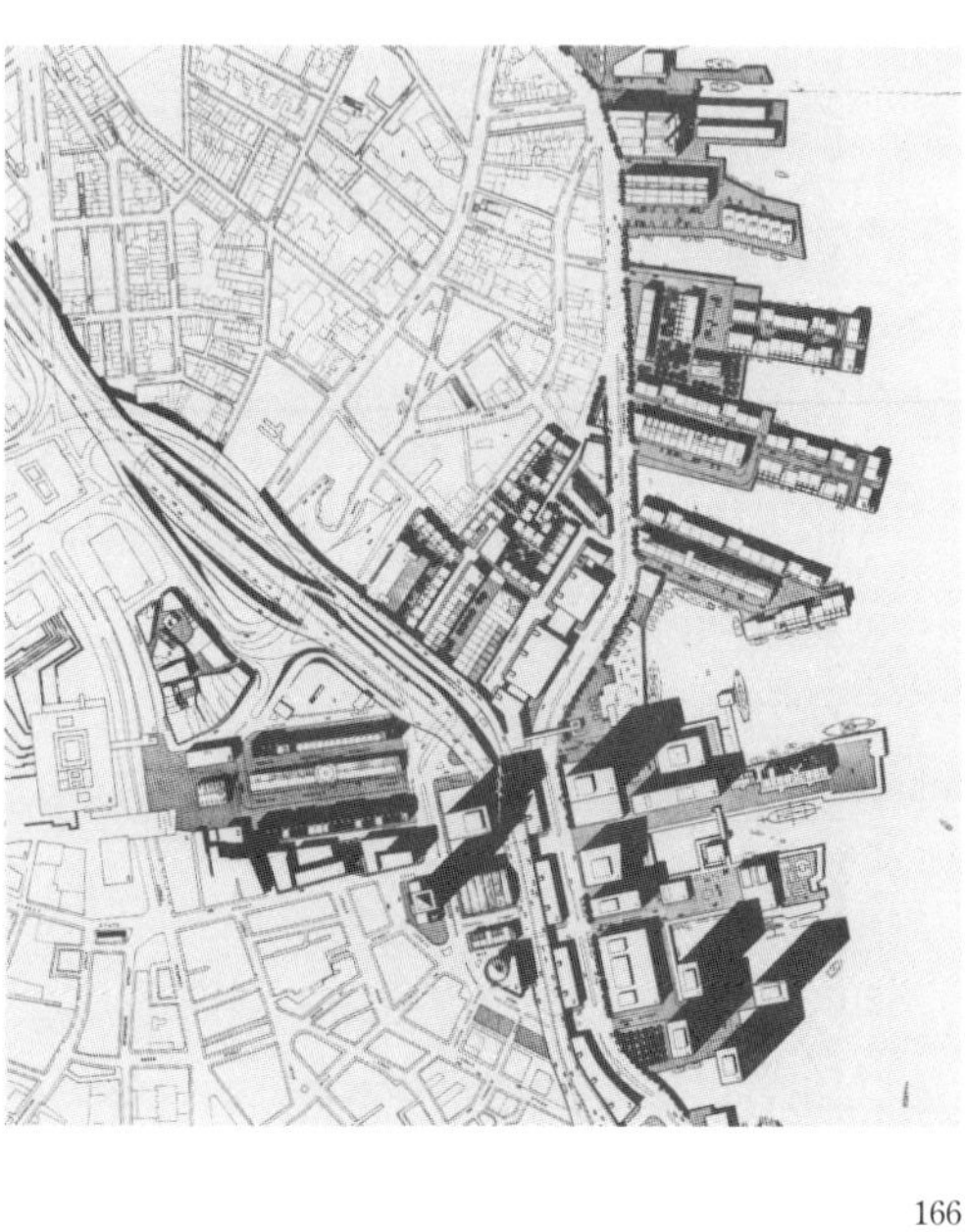
図16-2　１９６２年にボストン商工会議所を中心に作成されたウォーターフロント開発計画図。当時はファニエルホールの3棟の建物の保存活用が提案されたが、港の倉庫群は未定の状態　出典：Downtown Waterfront Fanuiel Hall Renewal Plan 1964 Boston Redevelopment Authority

注16-6　ジョン・Ｆ・コリンズ（John Frederick Collins, 1919-1995）市長在任1960-68

注16-7　ケヴィン・Ｈ・ホワイト（Kevin Hagan White, 1919-2012）市長在任1968-84

異を唱える周辺住民や学識者等の意見をもとに、72年、計画が見直され、歴史的な倉庫群の利活用という開発密度の縮小とウォーターフロント公園の拡張案へと導かれていく。

その先鞭をつけたのが、実は64年段階で保存活用が提案されていた1825年築のレンガ造3棟の旧公設市場群を新たな商業施設に再生していくプロジェクトであり、それは76〜79年に実現し、ファニエルホール・マーケットプレイスと命名されている。そして、76年に整備完了したウォーターフロント・パーク、79年に完成した石造およびレンガ造倉庫群のユニオンワーフとコマーシャルワーフの2つの集合住宅への改造プロジェクトへと続いていく。

ここで注目すべきなのが、旧港湾地区であるウォーターフロントへの住宅立地を積極的に推進したことである。前面に拡がる広大な水面の活用によって、魅力的な住宅街としての価値が付与され、結果として、商住複合型でかつ都心近接そして夜間も人の気配を感じられる街へとなる。そこが、わが国の都市計画に定める臨港地区の規制枠内での開発との根本的な違いなのである。

### （1）ファニエルホール・マーケットプレイス（Faneuil Hall Marketplace）

ボストン市庁舎に隣接するファニエルホール・マーケットプレイ

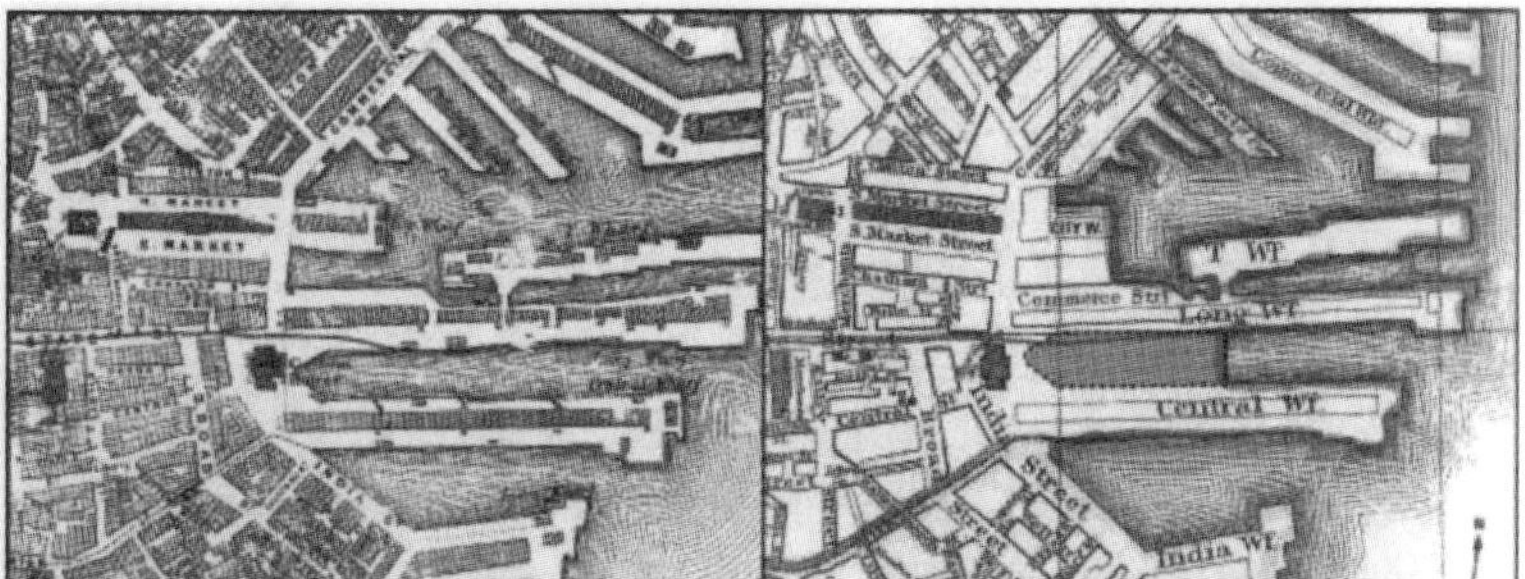

図16-3　ファニエルホール前の公設市場1852年（左図）と57年（右図）の比較　出典：注16-8

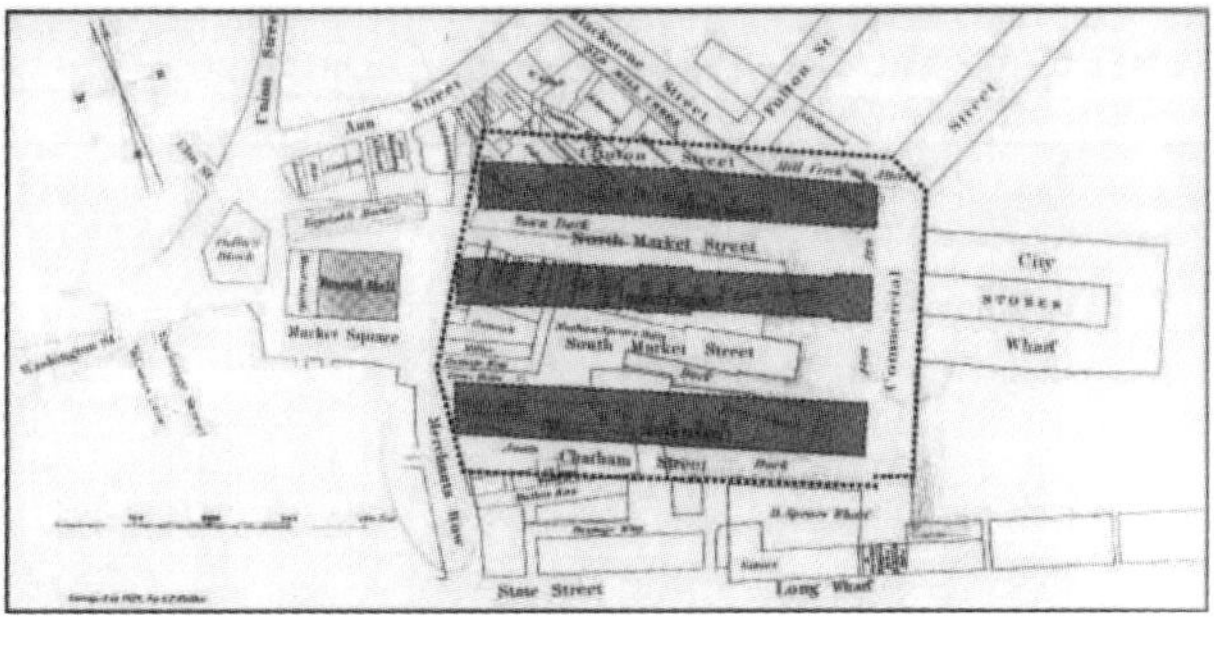

図16-4　1823年のファニエルホール前の公設市場の計画図。現在のクィンシーマーケットとノースマーケット、サウスマーケットの3棟の計画であったことがわかる　出典：米国北東部の水都（注16-8　米国北東部の水都・調査報告書、平成23〜27年度科学研究費補助金基盤研究(S)・「水都に関する歴史と環境の視点からの比較研究」、2016年1月、発行：法政大学エコ地域デザイン研究所）

写真16‐7　ファニエルホール・マーケットプレイスの建物内店舗前通路

写真16‐8　ファニエルホール・マーケットプレイスのクインシイーマーケット正面広場

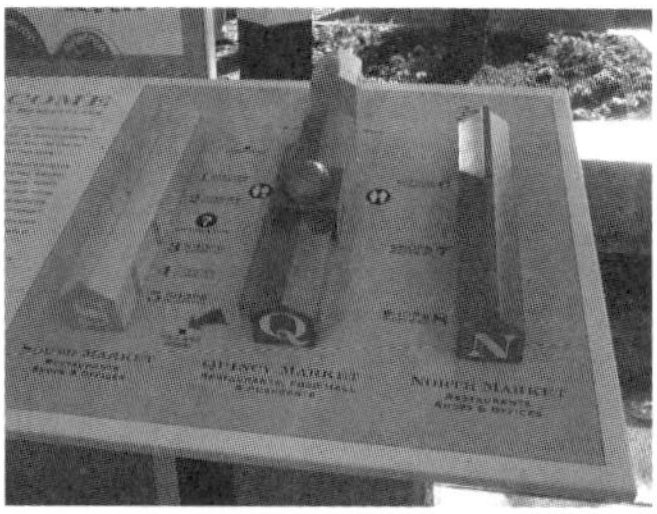

写真16‐9　ファニエルホール・マーケットプレイスの案内模型。3つの建物で構成されている

写真16‐10　マーケット・プレイスの棟間広場側に増設されたテントの下のオープンカフェ

ス再開発は、「100エーカー計画」の中核をなす存在で、18〜19世紀に建てられたファニエルホール（注16‐8）と前面のクインシーマーケットなどの石と煉瓦造の3棟の建物を修復し、商業施設として活用するという計画であった。BRAは国内の多くのディベロッパーに事業参画を要請し、当初選定された1社が資金調達に失敗して断念、その後、事業者選定が暗礁に乗り上げる危機を迎えていた。そこに、当時は小さな商社であったラウス社が事業に名乗りを挙げ、同社が市より99年の期間で借地し、商業収入の一定割合を市に納める方式で契約、事業化に移行した。この背景に、建築家ベンジャミン・トンプソン（注16‐9）の計画実施への熱意があったことは有名である。その後、トンプソンはラウスとの協同によって世界各地のウォーターフロントの再生に乗り出すこととなるが、その出発点がこのプロジェクトであった。

事業の内容は、石造りのファニエルホールと、かつての公設市場などの3棟のレンガ造りの建築物

写真16‐11　3棟の間の広場は様々な露店やパラソル、テントが並び、多くの買い物客で賑わっている

注16‐8　ファニエルホール：1742年築造時は1階が公設市場、2階が集会所であった。1961年に消失し、残されたレンガ壁を用い修復、その後増築や改修が幾度か行われる。アメリカ合衆国国家歴史登録財

注16‐9　ベンジャミン・トンプソン（Benjamin C.Thompson, 1918-2002）：建築家でハーバード大学教授。ラウス社とのコンビでボルチモア、ニューヨーク、シドニーなどのウォーターフロント商業施設計に関わる

の保存修復、そして棟間の広場の修景計画を含めた、商業・飲食を中心のファニエルホール・マーケットプレイスである。この事業は75年に着工され、クインシーマーケットは76年8月に完成、食料品店が中心になっている。サウスマーケットは翌77年8月、ノースマーケットはその翌78年8月に完成した。ともに専門店が中心で、建物の3階以上はオフィスとなっている。ファニエルホール・マーケットプレイスには170の店舗と40の屋台があり、完成直後から年間1500万人の利用客を集め、全米ではディズニーランドに次ぐ集客性を誇ると言われ、いまもその賑わいは継続している。3棟の並行する建物群に挟まれた2列の広場は石畳に豊かな緑が映え、そしてキオスク、ベンチ、サインなどのこまやかな街具が置かれ、常に人びとが憩う、実に気持ちの良い空間を演出している。

### (2) ウォーターフロント公園 (Waterfront Park)

76年に完成した水際線ハーバーパーク計画の先鞭を付ける重要な位置づけとなるのが、ササキ・アソシエイツの設計によるウォーターフロント公園（正式名称：クリストファー・コロンブス・ウォーターフロント公園＝Christopher Columbus Waterfront Park）がある。ボールト状のフォリー、小舗石の舗装、芝生、錨留めのボラード、ベンチなどの構成も秀逸で、ランドスケープ・アーキテクト、ヒデオ・ササキの代表作と高く評価されている。

また北側のノースエンド側の水際線も、倉庫群が住宅やオフィスに修復再生されるのに合わせてウォーターフロントプロムナードが整備され、また東のロングワーフ側も同様に市民開放され、プロムナードや水辺の小広場などが展開する。水際空間は、夏の夕暮れともなると、無料のジャズ・コンサートなど多くのイベントが開催されている。

写真16-12　1982年時点でのウォーターフロント公園。まだ木製のボールト状のフォリーには植栽が繁茂していない

写真16‐13　ウォーターフロント公園からコマーシャルワーフのコンドミニアム型集合住宅を望む

写真16‐14　ウォーターフロント公園の木製ボールトのフォリー。植栽で覆われている（２０１６年）

写真16‐15　ウォーターフロント公園で開催される夏のイベント時の風景

写真16‐16　ウォーターフロント公園の日常風景。近隣居住の親子連れのグループ

## （3）ユニオンワーフ（Union Wharf）

ノースエンドの旧埠頭の約１haの広がりに残る複数の倉庫群を対象としたリノベーションプロジェクトで、１８４０年代の石造の２つの倉庫群を修復して住宅やオフィスに改造し、更に一部の新たに住宅を建設したもので１９７８年に完成した。民間ディベロッパーによる古い建物の改修利用と新規建物の組み合せの他に、同一の建物内に分譲住宅とオフィスを組み合わせているのが特徴で、石造の倉庫は住宅20戸とオフィス44ユニットに、また古い缶詰倉庫は２ユニットのオフィスに改造され、更に23戸のタウンハウスが新築された。また、前面の水面にはヨットやクルーザーの専用マリーナ、そして敷地内には温水プール、駐車場・道路等が併設されている。

## （4）コマーシャルワーフ（Commercial Wharf）

写真16‐17　ユニオンワーフの集合住宅を地先のマリーナ側から望む。サインはハーバーウォーク・ユニオンワーフと表示されている

写真16‐18　ユニオンワーフの前面のマリーナの案内標識

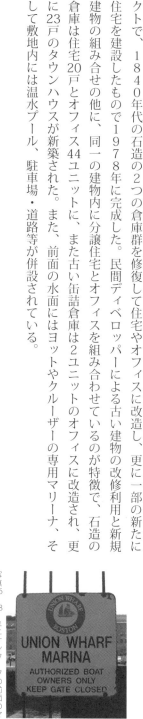

同じく78年に竣工した１８３２年築の長さ約１００ｍ、５層の石造倉庫の総戸数94戸の集合住宅へのコンバージョンプロジェクトであり、最上階はロフト形式の海を眺めるバルコニー付きも含めた多様なタイプの住戸が供給されている。例えば、最小65㎡の単身者向け住宅や、２５０㎡の大家族向け住宅など実に多彩で、また足元の水面には大型のクルーザーも留められる専用マリーナも併設されている。

## 4　水際線ハーバーパーク計画

その後、市は84年10月に、８１０haの土地と隣接の５区域を対象とし、水際線のハーバーウォークと名付けた歩行者空間ネットワークと水際の公園を整備すべく「ハーバーパーク計画」を発表した。ハーパーウォーク構想は、北のチャールズタウン・ネイビーヤードからサウスボストンにいたる全長約17kmに及ぶ遊歩道であった。

ボストンのウォーターフロント開発の基本的な考え方は、①市民利用のために海を開放する。②隣接地区（官庁街、金融街、ノースエンド地区）を再編成して活性化を図る。③歴史的建造物を保存する。④ボストン来訪者の増加を図り、そのための接客、宿泊施設の充実を図る。⑤ボストンの経済基盤の強化、民間投資の拡大、またそれによる雇用の促進を図る。⑥それによってもたらされる税収の増大を図る、の６項目である。

また、ハーバーパーク計画そのものは、公共の環境保全と均衡のとれた経済成長を目指し、その過程での合理性の追求と福祉の向上という目標を掲げ、

ｉ）建造物の高さを制限し、ウォーターフロントの景観との調和を図ったゾーニングとする。

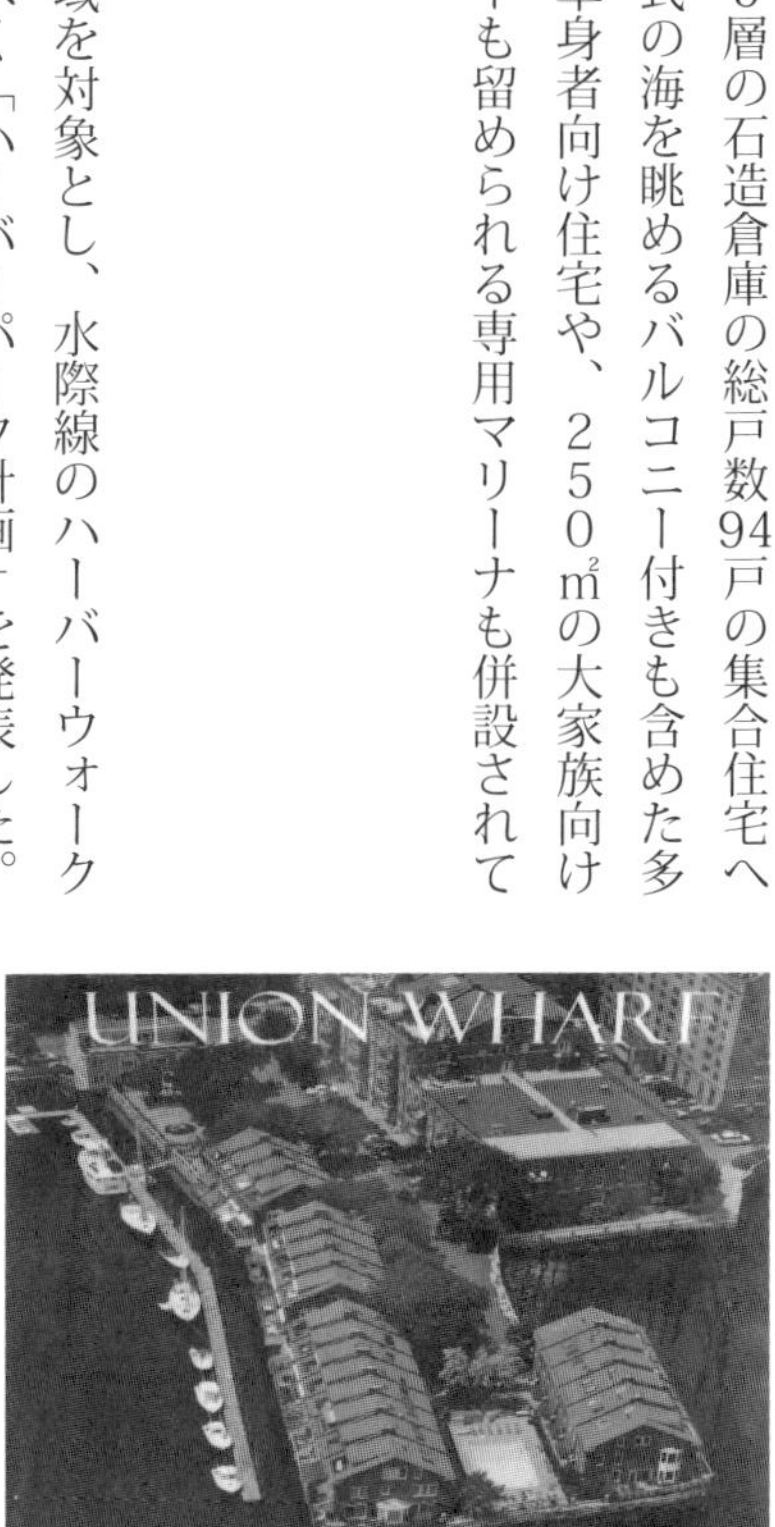

写真16‐19　ユニオンワーフを紹介している現地不動産パンフレットより

写真16‐20　コマーシャルワーフの最上階住居の不動産広告写真。現地不動産パンフレットより

ii）海上水域における産業用区画も規定し、また港湾機能の特化を図る。

iii）公共の地域と多目的な水際域を含み、ここに様々な店舗、所得によって選べる住宅、市民が芸術やレクリエーションを楽しめる場を整備する。

iv）市民を水際へと誘う遊歩道ハーバーウォークを民間の資金をも導入して整備する。


という内容であった。とりわけ最終項の遊歩道整備は、各民間の開発プロジェクトに際し、水際線に連続する一定幅の遊歩道の提供そして整備を開発条件として義務付けるものであり、それは順次実現していくこととなる。

## 5　続々と連鎖していくワーフプロジェクト

水際線の開放と住宅立地は、民間投資を呼び起こしてきた。とりわけ、ウォーターフロント立地の住宅の価値が見直され、埠頭を改造したピア形式の集合住宅は3面を水面に接し、眺望やプライバシー、そして余暇活動の面でも人気を博すこととなった。加えて背後地に存在する歴史的な商住混合型の生活街の存在は、新たに居住する階層にも安全・安心の指標となった。そして足元の通り沿いの1階部分にはレストランやショップ、オフィスなども立地していく。80年代に実現したワーフプロジェクトは以下の通りである。その開発の進展に伴ってハーバーウォークは連続していった。

・ロングワーフ（Long Warf）

ファニエルホール・マーケットプレイスの高架高速道路をくぐった東側ウォーターフロントの最も延長の大きい桟橋形式の埠頭へのホテル立地を前提とした、開発事業者と建築家を含めた事業コンペが、77年にBRA主催のもとで行われ、マリオットホテルと建築家アロッド・コスッタの案が選ばれ

写真16・21　ワーフ地区のハーバーウォーク。各事業者は水際線に面する遊歩道を提供することが義務付けられている

写真16・22　ロングワーフ前のハーバーウォークのサイン

た。建物の竣工は82年のことである。

・ルイスワーフ（Lewis Wharf）

１８３０年築の４層石造倉庫のコンバージョンプロジェクトで、ロフト部分の増築含め６階建て90戸の集合住宅に改造されている。82年竣工。

・ローズワーフ（Rose Wharf）

市庁舎にもほど近い、フォート・ポイント・チャンネルそばの荒廃していた区域の再開発プロジェクトである。市当局が提示したガイドライン（２００室のホテル、１００戸の住宅、オフィス、１５０隻のマリーナ）に沿った事業コンペによってディベロッパーが決定し、計画・設計段階でのＢＲＡによる細かいデザインチェック・協議を経て、87年に実現した。この複合型港湾再開発事業は、当時の専門雑誌等の紙面を飾ったことも記憶に新しい。

写真16‐23　コマーシャルワーフ前のウォーターフロント公園からロングワーフのホテル等を望む

写真16‐24　ロングワーフの突先は海を眺める絶好の視点場を提供してくれる

写真16‐25　１８３０年築のルイスワーフの４層石造倉庫コンバージョン集合住宅

写真16‐26　ローズワーフの前面に続くハーバーウォーク。ここはウッドデッキ仕上げとなっている

写真16‐27　ローズワーフの船溜まり前には、夕方になればオープン・レストランがオープンし、多くの利用者が集まる

・リンカーンワーフ（Lincoln Wharf）
１９０１年に竣工した、高さ10階建て相当の巨大な旧リンカーン発電所の集合住宅へのコンバージョンプロジェクトであり、レンガの外壁を残し、１９１戸の集合住宅に生まれ変わった。87年完成。
・バロウズワーフ（Burroughs Wharf）
ノースエンドの北端に位置する、89年と93年に新築されたピア形式基礎の北棟と南棟の２つの建物で構成された計69戸の集合住宅プロジェクトである。7層の２７０度の眺望が売りで、単身者用から4室の大型住居などの様々なバリエーションがあることで知られる。
・バッテリーワーフ（Battery Wharf）
ピア形式基礎のワーフ上にホテルを併設した高層集合住宅で、新築計１０８戸、08年完成。

## 6　周辺区域のウォーターフロント開発への波及

ハーバーパーク計画は都心部そしてノースエンドの開発から周縁部へと拡がっていく。その代表例が、北岸の旧海軍基地であるチャールズタウン・ネイビーヤード、また南岸のファン・ピアの国際会議場建設などであり、長年市街とウォーターフロントとを分断していた高架高速道路セントラル・アーテリー地下埋設計画が進行していく。

### (1)　チャールズタウン・ネイビーヤード

チャールズ川と北側のミスティック川に囲まれた約56 haの広大な海軍造船所跡地における、ハーバーパーク計画の中核をなす再生プロジェクトである。この地域は以前より民間の造船所、船舶修理

写真16・28　リンカーンワーフ（左の赤レンガ棟）とバロウズワーフ（右側のピア式基礎の建物2棟）

工場があったが、１８００年に海軍の造船所となり、以来多くの艦船を建造し、第二次大戦中に最盛期を迎えた。その後、東西冷戦下での艦船の大型化の流れの中で、老朽化したドックの使用は次第に減少していった。

　１９７４年に閉鎖され、国防総省より総務庁へ処分に関する権限が移され、同年、最南端の国立歴史公園に指定された12 haの区域を除く残りの42 haが、総務庁からボストン市に移譲され、ＢＲＡがこの地区の開発全体を所管することとなった。マスタープランはＢＲＡが作成し、これに沿って開発が行われ、レクリエーション地区はＢＲＡが、その他の地域についてはＢＲＡの指導のもとに数社の民間ディベロッパーが担当した。

　今では7千戸以上もの住宅が建設され、マリーナ付きのウォーターフロント生活を享受する人びとが定着し、水際にはレストラン、オフィス等も立地している。国立歴史公園には戦艦コンスティチュー

写真16‐29　バロウズワーフ（左）と向こうは対岸のチャールズタウン・ネイビーヤードの集合住宅

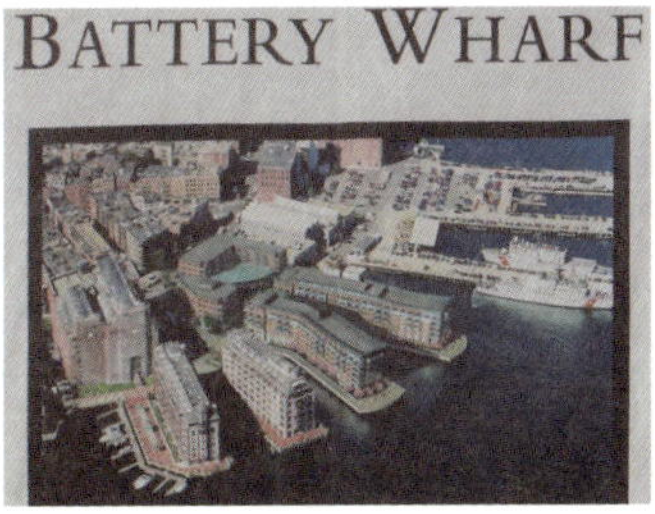


写真16‐30　バロウズワーフ建設中の現地募集パンフレット掲載写真。中央の2棟がバロウズワーフ

写真16‐31　チャールズタウン・ネイビーヤードのマリーナ付き集合住宅

写真16‐32　チャールズタウン・ネイビーヤードのかつての海軍造船所のドライドック

写真16‐33　チャールズタウン・ネイビーヤード国立歴史公園に係留された戦艦コンスティチューション号

ション号などの軍艦が係留され、記念博物館等もあり、多くの来訪者がある。

### (2) ファン・ピア

レクリエーション地区ローズワーフの対岸のファン・ピア（Fan Pier）地区約14haの開発が、ＢＲＡによって87年以来進められてきた。空の玄関口ボストン・ローガン空港から海底トンネルによって直結される立地性を生かした、ボストンの歴史始まって以来の民間主体の最大規模プロジェクトと言われ、建築家シーザー・ペリーのマスタープランに基づき、ホテル、オフィス、住宅、店舗、コンベンション施設などが建設され、複合型の都市開発が行われてきた。今ではボストンを代表する新都市の姿が実現している。

### (3) セントラル・アーテリー地下埋設計画とグリーンウェイ

ボストン市街を貫くセントラル・アーテリーをおよそ14kmにわたって地下に埋設する事業が91年に着工し、２００６年には全線が完成した。上部はこの地で生まれ育ち、第35代合衆国大統領の母を顕彰する意味で、ローズ・フィッツジェラルド・ケネディ・グリーンウェイ（注16-10）と命名されている。地下化に伴い創出される上部の空間はセントラル・アーテリー・コリドーと呼ばれ、全体の３分の２にあたる約12haが公共オープンスペースとして整備されている。

事業の推進に際しては、多額の費用を要する巨大プロジェクトであるがゆえに、広く市民にＰＲし、市民参加によるマスタープランづくりが行われてきた。地下高速道路と海底トンネル掘削によって約一千万㎥の土砂が掘り出されることになり、冒頭に紹介したように、このプロジェクトは〝ビッグ・ディッグ〟と呼ばれてきた。地下化によって生みだされる土地の価値に加え、都心の環境向上に

写真16-34 ファン・ピア側の子供博物館前のハーバーウォークからダウンタウンを望む

注16-10 ローズ・F・ケネディ・グリーンウェイ：第35代アメリカ合衆国大統領ジョン・F・ケネディの母親（Rose Fitzgerald Kennedy, 1890-1995）の名に由来する

よってもたらされる経済便益が、多額の事業費を超えるとの行政当局、市民の判断の根拠となっている。土地上空使用権の再利用に伴い、大きなダウンタウン新公園（パブリックガーデンとほぼ同規模）に加え、多くの小公園などの公共オープンスペース、さらに千戸以上もの住宅建設が進められていった。

このようなプロセスを経て、ウォーターフロント一帯は、ボストンの良好な住宅地としての地位を確立し高い不動産価値を有するまでになっている。この地域に住みたいと思わせる様々な施策を、永い時間をかけてボストン市が展開してきたのだ。その成果が、このウォーターフロント一帯に蓄積されていると言ってもよい。

実際、このボストンは、今では全米で住みたいまちのトップグループに名を連ねている。それには、近隣都市も含めた国際的にも有名な大学の存在や、合衆国独立時からの歴史そして緑豊かであることとともに、追加されたウォーターフロントの魅力が寄与している。これこそ、この半世紀あまりの街づくりの結果と言えるであろう。

これらの水際開発の軌跡をたどってみると、１９６０年代までの山側への再開発的投資を改め、70年代以降はかつての歴史ゾーン、つまり水辺側の集客施設の立地とその周囲への人口集積へと都市整備を方向転換したことが特徴と言える。山側に拡散したそれまでの住宅地と新たな水辺の新住宅地、その双方で旧い中心市街を挟み込むことになったのである。これを一つの都市再生戦略と見れば、実に興味深いものがある。

写真16-35　ローズ・F・ケネディ・グリーンウェイの中央部の芝生広場

# 第17章　ボルチモアのインナーハーバー再開発（アメリカ）

前章のボストンに引き続き、アメリカ東海岸メリーランド州のボルチモア港を紹介する。ここのウォーターフロントの活況ぶりは多くの人々の知るところだが、その実現をもたらした計画の初期段階での高速道路計画の見直し、そして賑わいを支える住民の呼び戻しのためのウォーターフロント住宅開発については意外と知られていない。

一方で、ボルチモアのまち自体は今も、永年の地域産業の低迷と車利用に伴う人口の郊外流出、そして都心の空洞化によって夜は無人と化す。まちの中心部において、このウォーターフロント地区のみが、まちの灯台のように人の気配のする安全なオアシス的存在となっている。この状況を見るにつけ、落差の大きさと都市再生の難しさを痛感するのであった。

## 1　ボルチモア港の繁栄〜衰退〜再生——都心部再開発計画

アメリカ北東部ボストンからワシントンDCに至るメガロポリスのほぼ中間に位置する、経済圏人口約２００万人の中心都市・ボルチモアは、チェサピーク湾奥部に位置し、18世紀初頭に拓かれた港湾と鉄鋼・造船業によって発展してきた。しかし１９０４年の大火で都心主要部が焼失、その復興半ばの30年代には港湾機能が衰退、そして地域の主力産業も新興諸国との国際競争の中で後れを取り、

写真17-1　フェデラルヒルから望むインナーハーバー

その力を失っていく。加えて、郊外住宅地開発と高速道路の発達に伴う人口の流出は、都心部の経済活動の更なる停滞をもたらすこととなる。

その過程で、空洞化の著しい港湾地区のインナーハーバーや東隣のフェルズポイントの旧倉庫街、周縁部不良住宅地区のスラム・クリアランス型再開発が練られ、これらの地区を貫く形での高速道路（インターステイツ高速道路、42年策定）が計画されていく。

第二次大戦後の55年、都心地区の再生を目指すべく、行政と地元経済界による大ボルチモア委員会（Great Baltimore Committee）が発足し、59年

写真17・2　1960年当時のインナーハーバーの寂れた状況。かつての物揚場は荒れ果て、一部が駐車場となり、空き倉庫や工場廃屋が並んでいた　出典：注17・1

写真17・3　1964年当時のインナーハーバー再開発プラン模型写真。インナーハーバーを東から南に高速道路計画が通過する計画であった　出典：注17・1

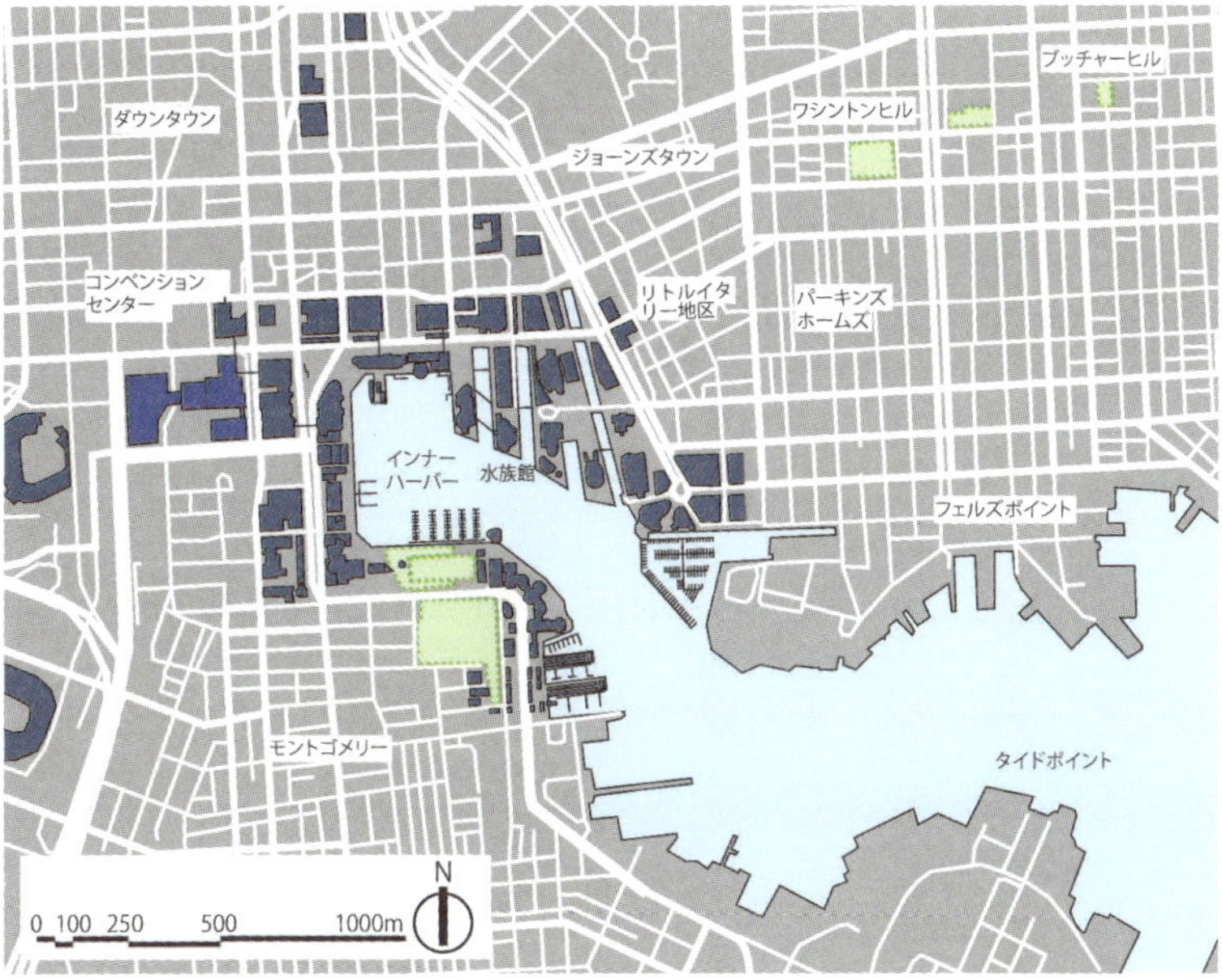


図17・1　ボルチモア・ウォーターフロント周辺図
注17・1　Waterfont in Post Industrial Cities, Richard Marshall 編、Routledge 刊、2001

に市は「ボルチモア都心再開発プラン」を策定、その中心的プロジェクトが有名なチャールズセンター地区再開発計画（計画区域約13・2ha）であった。この計画は62年に第一期工事が完成し、以後20年近くにわたり、延べ20万㎡のオフィス、ホテル、商業施設、劇場・映画館、地下駐車場（約4千台）、650戸余りの住宅群等の複合施設が建設されていく。

## 2　インナーハーバー再開発計画の始動と高速道路計画の見直し

次いで市は64年、チャールズセンターに隣接する旧い港湾を取り囲む１００haのインナーハーバー地域を対象にした再開発計画を発表した。その内容はインナーハーバーの水際線の周囲の資産を公共所有に戻し、緑地整備により公共のアメニティ空間とし、市民に水面を取り戻すことにあった。その障害となったのが前掲のインナーハーバーを十字に貫く2本の高速道路計画であり、その見直しが国によって認可されたのが67年（注17・2）、それも市側の努力で実施されないまま全面的な見直しとなり、75年のインナーハーバー再開発計画の修正となった。その結果、高速道路計画は事実上消滅し、今の水族館やワールド・トレードセンター、その他の集客施設や緑地・広場が実現可能となり、多くの観光船の行き交うインナーハーバーの水面、そして周囲の住宅地の環境が守られたのである（図17・3）。

以上の成果を受け、次の4つの基本目標を包含するウォーターフロント再生計画が動き出す。その内容は、①市の官庁街の再建計画は、新しくできた建物と改修した古い建物を、市役所とインナーハーバー地区をつなぐ象徴的な45m幅のモールに沿って配置する。②オフィス街は、インナーハーバー地区に向かって南側へ、チャールズセンターの延長として建設する。③高層、低層を含めた様々な所得層に応じた住宅開発を港の西側と東側で推進する。④内港の水際線側に様々な活動のできる中心広場

写真17・4　チャールズセンター地区再開発計画地の風景

注17・2　当時は十字が逆T字ルート・写真17・3参照

を設け、これを囲む形でレクリエーション、文化、アミューズメント施設を配置する——これらは、完成したチャールズセンターの南と東の延長上に、大規模なホテル、オフィスビル、住宅と文化施設の開発を企図するものであった。

## 3　インナーハーバー再開発とその魅力

整備事業は80年代前半には概成する。インナーハーバーの南北500m、東西300mのスケールの水面、その北西のコーナーに商業施設を中心としたハーバープレイス（80年完成、設計：ベンジャミン・トンプソン）があり、その前面には帆船式軍艦のUSSコンステレーション号（1797年就航）が係留され、そして東側のピアにはボルチモア国立水族館（81年）が配されている。さらに次の埠頭地区（ピ

写真17・5　ボルチモアのインナーハーバーのハーバープレイスの商業施設と水辺の風景

写真17・6　インナーハーバーの賑わい。ハーバープレイス前の広場での大道芸人に見入る観客たち

写真17・7　インナーハーバーの帆船式軍艦のUSSコンステレーション号と水際の賑わい風景

写真17・8　ボルチモア水族館の前面の水面には観光用の子供ボートが浮かぶ

写真17・9　水面上に設けられた各施設間を結ぶスカイウォーク

写真17・10　インナーハーバーのピア3から西側の帆船コンスティチューション号を正面に見る。右はハーバープレイス

ア）に渡るスカイウォーク（立体遊歩道）が連続的に架けられ、高層のワールド・トレードセンター、そしてリトル・イタリー地区にまでつながっている。一方のハーバープレイスの西側には、街路を渡るペデストリアンデッキを介して大規模立体駐車場、コンベンションセンターへと続く。

ハーバープレイスの完成直後の1年間（81年）に、このインナーハーバーでは1800万人もの入込客数を記録している。今では年間数千万人もの観光客で賑わうまちに再生した。その中で地域の歴史・文化等のアイデンティティを重視し、新聞社や教会、胡椒会社ビルなど、多くの歴史的な建物が保存・修復されてきた。火力発電所は商業施設やレストラン、アミューズメント施設に転用され、またかつての倉庫群も集合住宅やホテルなどに

写真17-11　ピア5に保存された1855年築の歴史的灯台「セブンフットノール灯台」

写真17-12　商業施設等にコンバージョンされたかつての発電所「プラット通りパワープラント」

写真17-13　インナーハーバーを行き来するウォータータクシー

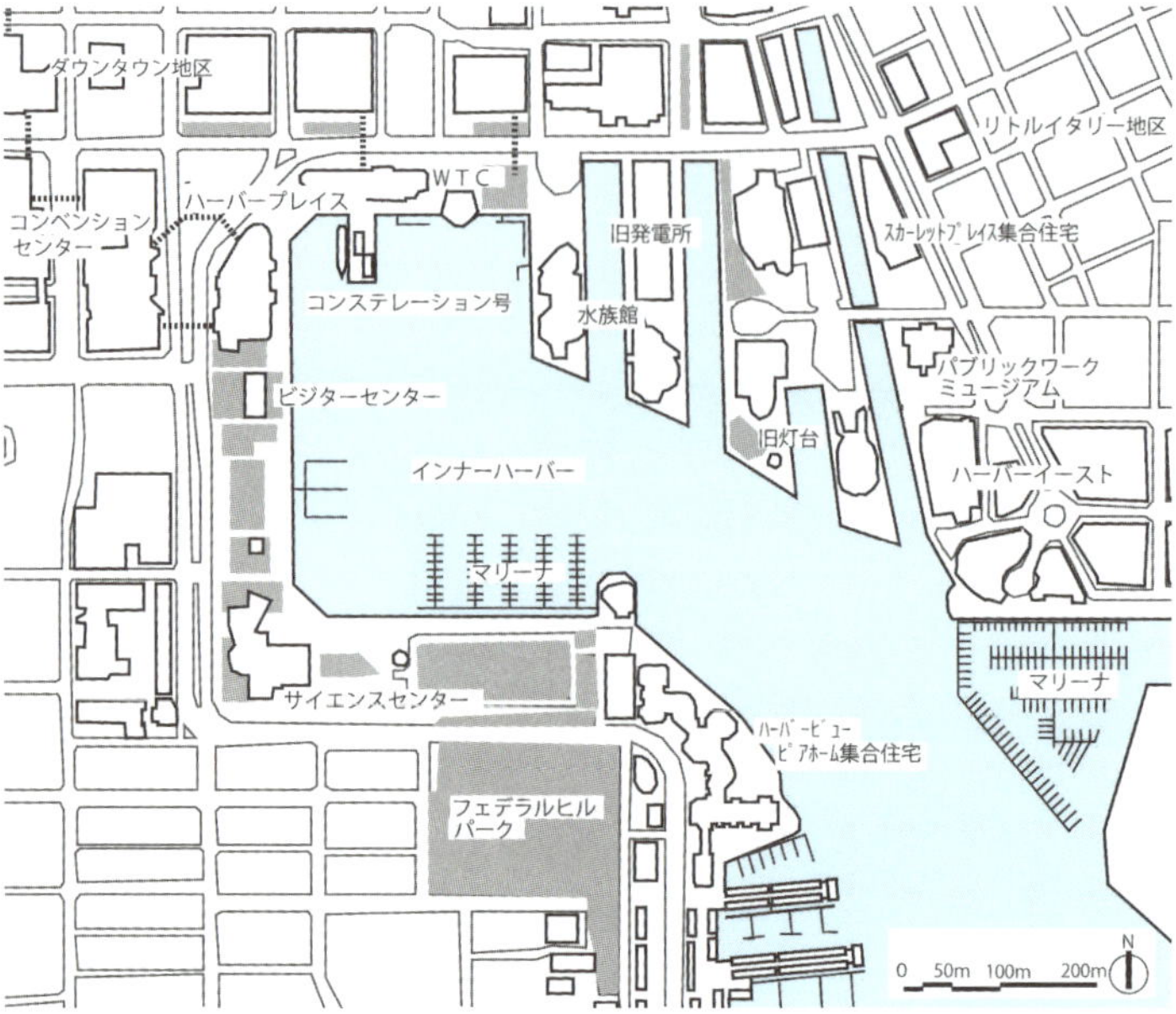


図17-2　ボルチモア・インナーハーバー周辺の主要施設位置図（2010年現在）。80年代に始まるウォーターフロント再生計画は、その後も順調に推移し、いまではこの地図外の東側のフェルズポイント地区、南側のソロ・ポイント地区などにも大きく拡がっている

コンバージョンされるなどしている。

水際のハーバープレイス前の広場には多くの市民・来街客が集まり、そこでは大道芸人のパフォーマンスや各種イベントが行われている。その他随所に広場・緑地が設けられ、それらをつなぐ遊歩道も丁寧に設えられている。南側の小高い丘の公園（フェデラル・ヒル）があり、マリーナ越しにインナーハーバーを一望することができる。そして、水際の開放はさらに東と南にも拡げられ、今では延長数キロにもわたる遊歩道・自転車道も完成している。そして、歴史的な街並みを誇る隣のフェルズ・ポイント（Fell's Point）との間には観光船も行き来している。

## 4　ウォーターフロント周辺の住宅供給誘導

インナーハーバーの再生計画と併せ、中心部の居住機能の回復が大きな柱として掲げられている。当然のことながら、荒廃した中心部での再開発手法による新規住宅建設が進められるが、一方で既設の老朽家屋の再生にも力が注がれていく。中でも有名なのが、73年から始まる「1軒1ドル住宅買い換え施策」であった。これは住み手のいなくなった古い町家（Row house）群を市がいったん取得し、それを基準に従った修復（戸当たり5万ドルの改修投資）を行い、居住し続けることを条件に1戸1ドルで売却した。これは現在ではほぼ35万ドル／戸もの不動産価値がつけられるなど、実に高い投資効果をもたらしたとされる。それは結果として80年代までの間に、修復住宅8千戸、それに新規住宅約2千戸を加え、計1万戸もの住宅が供給されたのであった。

そして前に紹介したボストンのウォーターフロント住宅と同様、その後も水辺を生かした低層〜高層の集合住宅、高級コンドミニアムが多数建設されていく。その評価軸として、水辺の眺望・景観に

写真17-14　ウォーターフロントのコンドミニアム（The Harborview Pier Homes、88戸、2008年築）と背後は高層のハーバービュータワー（255戸、92年築）

写真17‐15　フェルズポイント地区の改修された典型的な町家（ローハウス）群の街並み

写真17‐16　ウォーターフロントのコンドミニアムには船でアクセスすることもできる

写真17‐17　フェデラル・ヒルの公園からみたウォーターフロントの集合住宅地の風景

写真17‐18　旧発電所の川を隔てたスカーレットプレイス集合住宅（右側・１４７戸、87年築）

加え、刻み込まれた港の歴史、すなわち歴史的な建物・港湾施設等の土木施設群の存在も指摘されている。その中で07年当時、現地で話題となった旧倉庫のコンバージョン集合住宅、ソロ・ポイント（Solo Point）がある。インナーハーバーから東南方向に数km離れたかつての港湾倉庫地帯に、１９２３年に建設されたＲＣ多層式の世界で最大かつ最速と言われた高さ94ｍのエレベーターを有する、当時はランドマーク的な存在で最先端と言われた巨大な穀物倉庫が、構造体をそのまま残して補強され、24階建ての２２８戸の高層集合住宅にコンバージョンされたのである。このように、かつての港湾倉庫地帯のアイデンティティを継承しつつ、新たな用途に転換されていったのである。

その他かつての倉庫や工場なども続々と集合住宅に建て替えられていった。今ではウォーターフロント住宅はボルチモアにおける良質かつ高級な住宅地としてのイメージが定着し、インナーハーバーの活気を支える大きな存在となっている。何より夕方から夜まで住宅から漏れ出す明りが、人の存在

写真17‐19　旧倉庫のコンバージョン集合住宅、ソロ・ポイント（Solo Point）　出典：Google Eearth Street Viewより。右上の写真は１９３０年代の穀物倉庫時代のもの　出典：http://www.silopoint.com/flash.html

を周囲に知らしめてくれるのである。それによる安全・安心の効果は絶大なものがあると言えよう。

## 5　ボルチモアの都市再生に見る光と影

ウォーターフロントの再生については高く評価できるものの、完璧なまでの自動車社会を実現したアメリカ特有の都市事情と言うべきか、このボルチモアも夜ともなれば真っ暗な都心風景となり、自動車交通も消え、唯一の灯りは機械的に点滅する信号機と警察のパトロールカー程度で、まちを歩くことさえままならない。昼間は２００万人大ボルチモア経済圏の中心だが、２０１０年の市人口は62万人（かつて１９５０年代には94万人）に大きく減少し、中でも都心人口はウォーターフロント住宅の増加をもってしても、その減少傾向には歯止めがかけられないという。

ちなみにこのボルチモアにも、74年に実現した歩行者モールのレキシントン・モールとオールド・タウン・モールの２本がダウンタウンに存在していたが、00年と01年に相次いで消滅してしまった。そして鳴り物入りで60年代に登場したチャールズセンターの人工地盤広場も今では閑散とし、落書きも永らく放置された感があり、広場に面する映画館も閉鎖という厳しい現実を目撃した。市では中心市街の再生のためのメインストリート・プログラム（注17‐3）の導入、歴史的ランドマークの保存等の施策を講じてきているものの、その成果はいかなるものであろうか。そこが、ジェイン・ジェイコブズが半世紀前に警鐘を鳴らした「アメリカ大都市の死と生」の通りの結末と言えるのであろう。

一方で、着実にウォーターフロントからの都市再生が進行しつつある。これもボルチモア、前章のボストンに限らず、世界の水辺都市に共通する事柄である。

写真17‐20　１９９２年から走る新型ＬＲＴのライトレールリンク。ボルチモア空港と市内を結ぶ

注17‐3　その活動は「メインストリート」の冠語がつくように中心市街の主要街路の歩行空間、ストリートスケープ（街路景観）の質的向上、歴史的建物の保存修復、そして空き家となった店舗や住居への入居支援などを通し、市民の愛着の持てる街を復活させること、そのための街の運営、管理も含めたハード・ソフト両面での支援であった

参考：アメリカ・メインストリートナショナルトラストＨＰ：Main Street National Trust: http://www.preservationnation.org/main-street/

# 第18章　世界遺産「海商都市」リヴァプールのまち再生（イギリス）

本章以降は欧州における港町再生の話を展開しよう。ここに紹介するのがビートルズの故郷で名高い英国のリヴァプールである。このまちは18～19世紀にアジア・アフリカ植民地、アメリカ新大陸そして欧州各地との交易で栄え、1830年にはリヴァプールと内陸の工業都市マンチェスターとを結ぶ鉄道が開通し、港から内陸への輸送にも拍車がかかる。その産業革命期以降の繁栄を支えた港も、20世紀の自動車の時代を迎え、衰退の過程を辿っていく。本格的な再生計画が始まるのが1970年代のこと、40年近く経た今でもその活動は継続され、着実に成果を上げていると言ってもよいだろう。

## 1　リヴァプール港の発展と衰退、再生への途

イングランド北西部、マージー川河口のリヴァプール（人口約47万人）は、2004年にユネスコ世界遺産「海商都市リヴァプール（Liverpool - Maritime Mercantile City）」に登録されている。その繁栄の歴史を刻む象徴的な建物が随所に残され、中でも港の埠頭のひとつピア・ヘッド（Pier Head）に存在する三美神（Three Graces）と称される20世紀初頭の3つの建物群（写真18 - 1）は、実に見応えがある。その他、1754年築の市庁舎をはじめ、イギリス英国教会およびカトリックの大聖堂など19～20世紀の名作も数多く存在する。

写真18 - 1　三美神（Three Graces）の建物群。左からロイヤル・ライヴァー・ビル（Royal Liver Building, 1911）、キューナード・ビル（The Cunard Building, 1917）、ポート・オブ・リヴァプール・ビル（Port of Liverpool Building, 1907）

港の発展とともに成長してきたリヴァプールのまちだが、20世紀に入ると大きく陰りを見せる。市人口のピークは１９３０年の84・6万人、それが70年代には60万人、２０００年には44万人と急激な減少を辿り、それとともにまちは寂れていく。その要因はこれまでの紹介例と同様、港湾機能の外延化、自動車社会に伴う郊外開発の進展、その結果としての人口流出に他ならなかった。

## 2　港湾再生の起爆剤としてのアルバート・ドックの再開発

リヴァプール港の再生を語るにあたって、往時、世界最大かつ最先端と言われた港湾倉庫群・アルバート・ドック（The Albert Dock）の再生を第一に取りあげるべきであろう。１８３９年に建設計画が立てられ、１８４１年に着工、46年の一部施設の竣工・開設、48年には最新鋭の水圧を用いた荷役用

写真18・2　アルバート・ドックのかつてのポンプ場はパブに転用されている

写真18・3　アルバート・ドックの旧倉庫群と内水面

写真18・4　多くの来街客で賑わうアルバート・ドックのアーケード空間

写真18・5　アルバート・ドックの中にある博物館テート・リヴァプールの入口部

写真18・6　テート・リヴァプールの内部空間。設計：ジェームス・スターリング

写真18・7　アルバート・ドックの内水面のボート乗場。多くの観光客が乗船していることがわかる

昇降機が稼働、全体の完成は１８５４年のことであった。内水面（約３・14ha）を有する複数の建物群（大きくA～E棟の５群で構成）から成り、延べ面積約12万㎡、当時としては世界初の煉瓦と石そして鋳鉄で造られた不燃建築の５層式倉庫であった。

しかし帆船全盛時代に計画された施設群は、すぐさま始まる鉄の蒸気船の時代、そして近代的な大型船舶時代には、水深とゲート幅の限界から１９２０年代以降は利用率が下がり、第二次大戦後は一部が使われるのみで無用の長物と化し、遂に１９７２年に完全閉鎖となる。

その再生のための倉庫群のコンバージョン計画がスタートするのが70年代、まずはその建築的な価値も含め76年には一帯が保存地区（conservation area）に指定され、そして83年にこの改修事業を推進する主体となるマージーサイド都市開発公社が設立される。それを契機に、膨大な面積を有する建物群が、次々と商業・飲食・娯楽そして展示・文化の拠点として転用されていく。翌84年には第一期事業がオープンし、２００３年には全体事業が完成する。

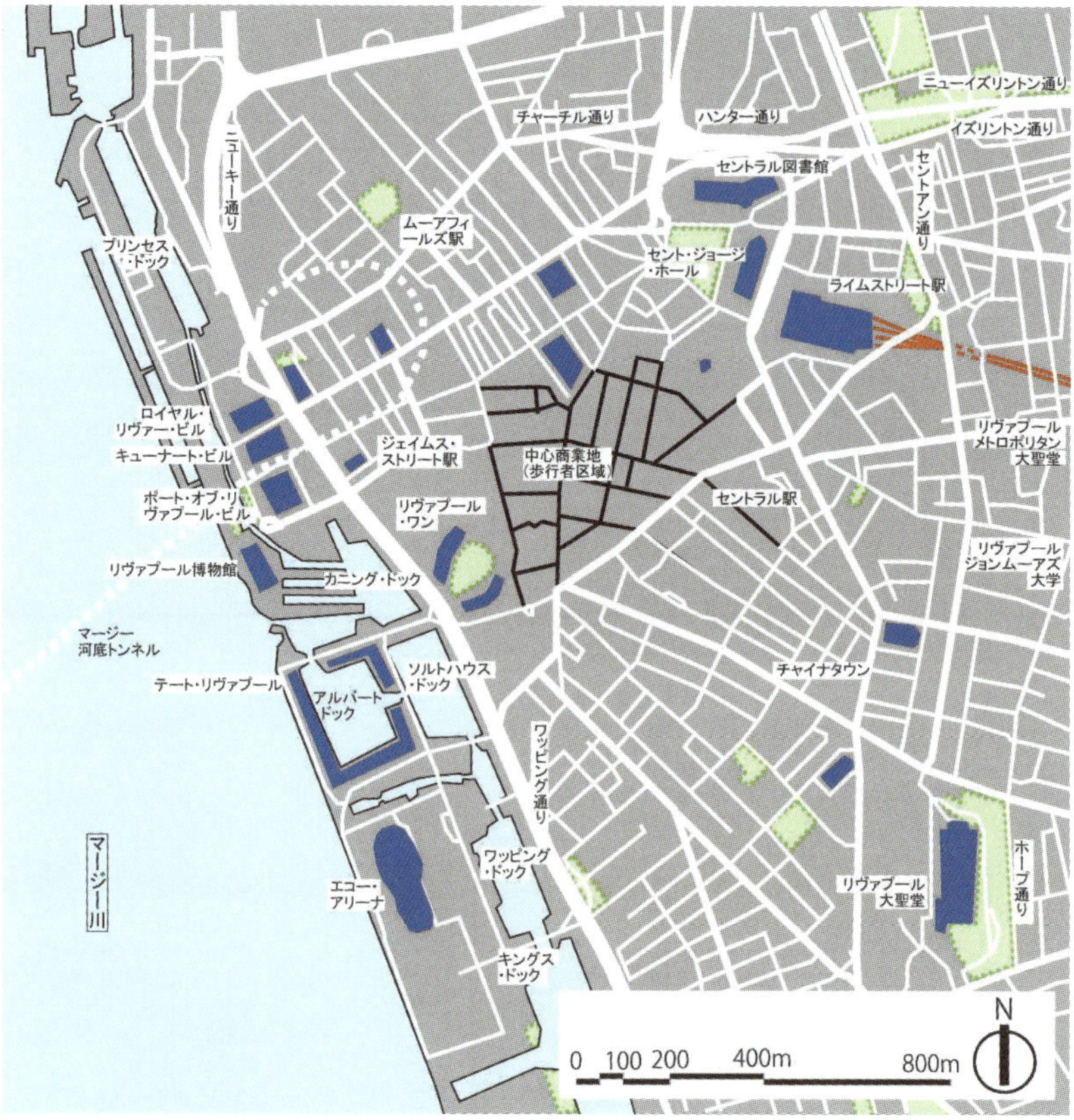


図18-1 リヴァプール中心市街地におけるウォーターフロント地区

ここには繁栄の歴史を刻む海事博物館（Merseyside Maritime Museum）、テート・リヴァプール（博物館、Tate Liverpool）、ビートルズ記念館（Beatles Story）、負の遺産ともいうべき奴隷博物館（International Slavery Museum）があり、また数多くの商業施設や映画館・劇場、2つの高級ホテル、レストラン・カフェ、そして住居などの巨大な複合施設群が形成されている。

その中で注目すべきは、マージー川に臨むテート・リヴァプールのある棟の上層階に設けられた115戸のコンバージョン住宅群である。ここはセキュリティ付きコンシェルジュの居るエントランスが用意され、プライバシーにも配慮された高級住宅で、マリーナの近接性も含め、今も市内で最も高い人気を誇っているとされる。この倉庫改造のウォーターフロント住宅の成立を機に、周囲の倉庫群のコンバージョンも含めた都市型住宅への機運が高まっていく。前述のボストンのマーケットプレイスや、ユニオンワーフ、コマーシャルワーフの改修のイメージを重ね合わせていただくとよいだろう。

写真18・8　マージー川の遊歩道からアルバート・ドックの旧倉庫群を望む

写真18・9　マージー川沿いの遊歩道。絶好の休憩場所となっている

写真18・10　明らかに近所に居住する人たちも水際で休憩していることが読み取れる

写真18・11　旧ポンプ場のパブの外の水際では多くの人々が談笑している

写真18・12／13　現地の不動産会社ちらしにみる人気のアルバート・ドックの住居群。様々なバリエーションがあり、室内は一部にオリジナルの煉瓦壁、建設当時流行した波形鉄板の天井を見ることができる

写真18-14　改修されたリヴァプール・ライムストリート駅（1836年開業）

写真18-15　リヴァプール・ライムストリート駅のガラスのボールト屋根

写真18-16　リヴァプール・ライムストリート駅から中心商店街へと続く街路の賑わい

写真18-17　リヴァプール・ワンの前面の街路に行き交う人々

写真18-18　リヴァプール・ワン再開発地区の商業空間

## 3　1999年からはじまるリヴァプール・ビジョン

アルバート・ドック再開発の成功によって、80年代にはウォーターフロントを含む中心市街の再生への期待が膨らんでいく。その時期の英国はサッチャー政権のもとで、国やEU等の資金を活用した都市活性化策を推進していったことで知られる。リヴァプール市も中心部やウォーターフロント地区約350haを指定し、①土地および建物の有効利用、②既存および新規の産業や商業の発展への支援、③魅力ある環境の創造、④地域内に居住し労働することを可能とする良質の住宅や施設の整備、を目指していく。そこで前掲の三美神も含めた市内の歴史的遺産の保存修復を進め、老朽化し空き家となった市街地の再開発を積極的に推進していった。

しかし、同都市開発公社主導の事業も個々のプロジェクト主体で期待通りの成果が上げられず、公社は97年に解散する。国の都市再生に向けての態勢も93年に都市再生庁（Urban Regeneration Agency）が創設され、その仕組みが大きく見直されることとなった。そして99年、リヴァプール市、ノースウエスト地方開発庁（Northwest Development Agency）、政府系機関イングリッシュ・パートナーシップ（English Partnership）の三機関で推進組織が構成される、リヴァプール・ビジョン（Liverpool Vision）が設立される。

ここにおいて従来の計画の見直しが行われ、中心商業地のシティセンター、玄関口であるライムストリート駅周辺、ウォーターフロントなど7つのアクションエリア（注18‐1）の整備計画が策定され、2000〜15年ビジョンが進められてきた。その大きな目標が「新しい財産の創出と投資の促進」、「シティセンターでの持続的な雇用創出」、「活気あふれるコミュニティの創造」などで、主としてシティセンターの再開発、そして中心部一帯の街路環境・歩行者環境整備、都心居住復活のための住宅建設、改修なども積極的に行われていった。

中心部においては、欧州最大規模のリヴァプール・ワン（Liverpool One）という商業・住居等の複合型の巨大な再開発事業（注18‐2）が、08年の欧州文化首都イベントに間に合うように完成した。ウォーターフロントも前掲のアルバート・ドックに隣接する北側ピア・ヘッドとプリンセス・ドック（Princes Dock）、南側キングス・ドック（King's Dock）にもその投資が集中的に行われ、新たな博物館、コンベンションセンター、アリーナ（Echo Arena Liverpool）やホテル、集合住宅、そしてアミューズメントや観覧車などが続々と建設されている。

注18‐1　アクションエリア：①ピア・ヘッド（Pier Head）、②商業地区（Commercial District）、③文化ゾーン（Cultural Quarter）、④キャッスル通り（Castle Street）、⑤リテール・コア（Retail Core）、⑥キングス・ドック・ウォーターフロント地区（Kings Dock Waterfront）、⑦ホープ通り地区（Hope Street Quarter）

注18‐2　リヴァプール・ワン（Liverpool One）：欧州最大規模の商業地域プロジェクトと言われる再開発事業。事業区域約17ha。1999年に開発許可を取得、2004年着工、2008年完成。事業内容は、商業店舗数140、カフェ・レストランなどの飲食店舗数20、ホテル2棟、集合住宅戸数600、約2haの公園、3000台を収容する駐車場で構成

写真18‐19　シティセンターのリヴァプール・ワン再開発地区のデッキレベルから望むアルバート・ドック

写真18-20　続々と改修工事が進められつつあるジール通りの町家群

写真18-21　続々と改修工事の進められている町家群。窓の空いている部屋が工事中

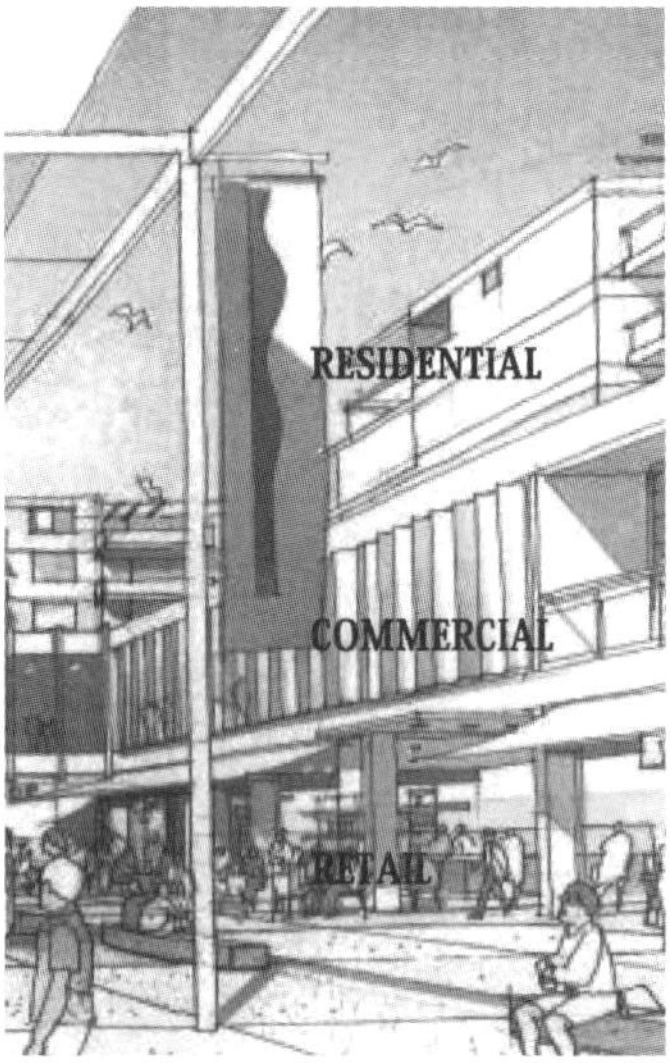


図18-2　リヴァプールシティセンターのデザインガイドラインに見る用途混在のすすめ　出典：Liverpool Development Control Plan 2008

写真18-22　リヴァプールの中心市街の歩行者空間。露店の果物屋さんの存在も賑わい風景のアクセントとなっている

## 4　都心居住の復活――リヴァプール・ビジョンにみるその成果

ここ20年あまり、リヴァプール・ビジョンの7つのアクションエリア内におけるウォーターフロントを含む中心市街の居住人口の増加は、目覚ましいものがある。90年には1万人程度であったものが、05年には1・5万人、10年には2・3万人と着実に増えている（注18-3）。それにはウォーターフロント地区の人気のコンバージョン住宅やコンドミニアム等の新規住宅だけでなく、中心部のリヴァプール・ワンも含む複合型再開発計画に伴う住宅供給、建替え集合住宅などが大きく貢献している。また商業地の建替えに際しては、低層部を商業としつつも上層階を住居とすることを奨励、義務付けるガイドライン（図18-2）も示され、それも再開発・修復の双方を後押ししている。

注18-3　出典：Regeneration & Development in Liverpool City Centre 2005-2011 http://www.liverpoolvision.co.uk/

つまり、人口の回復の背景には、従来の近代都市計画の目標であった用途分離から、秩序ある用途混在が主流になってきているという現実がある。実際、中心部を歩いてみても、かつては空き店舗が集中していた地区も、建物改修工事が進められ、店舗の復活・上層階の居住が進み、居住を成立させるための道路改修、つまり車主体の街から歩行者＝生活者主体の街への転換計画が随所で展開されつつある。実際、リヴァプール・ワンも含む中心商業地区は完全な歩行者区域（Pedestrian Precinct）が成立し、その動きは、市HPに見る周辺地域の道路改修計画や広場計画などの歩行者空間の拡大政策からもうかがい知ることができる。

この流れの背景には明らかに、97年の英国ブレア政権発足時の副首相兼環境・運輸および地域担当大臣であったジョン・プレスコット（John Prescott）が創設に尽力し、建築家リチャード・ロジャース（Richard Rogers）を議長とする、アーバン・タスクフォースによる様々な提言がある。その提言とは、新たな英国における包括的な都市戦略計画報告書「アーバン・ルネッサンスに向けて（Towards an Urban Renaissance）」（99年）のことであり、これからの都市環境形成のあり方（持続可能な都市）として、①都市のコンテクストの重視、②コンパクトな都市、③公共空間の重視、④高密度な開発、⑤適切な用途複合、⑥住宅の品質向上、⑦交通体系の転換（歩行・自転車、公共交通重視）などが主張されている。

これはリヴァプールに限らず英国の他の都市でも共通の現象ともいえ、その方向性は、60年代の「アメリカ大都市の死と生」におけるジェイン・ジェイコブズの警鐘の言葉が、着実に具現化してきていることを実感させられる。つまり、都市計画は誰のためにあるのか、という問いかけに対し、人間中心に軸足を置くことが、いま近代都市計画の発祥の英国で根付いてきたように思う。

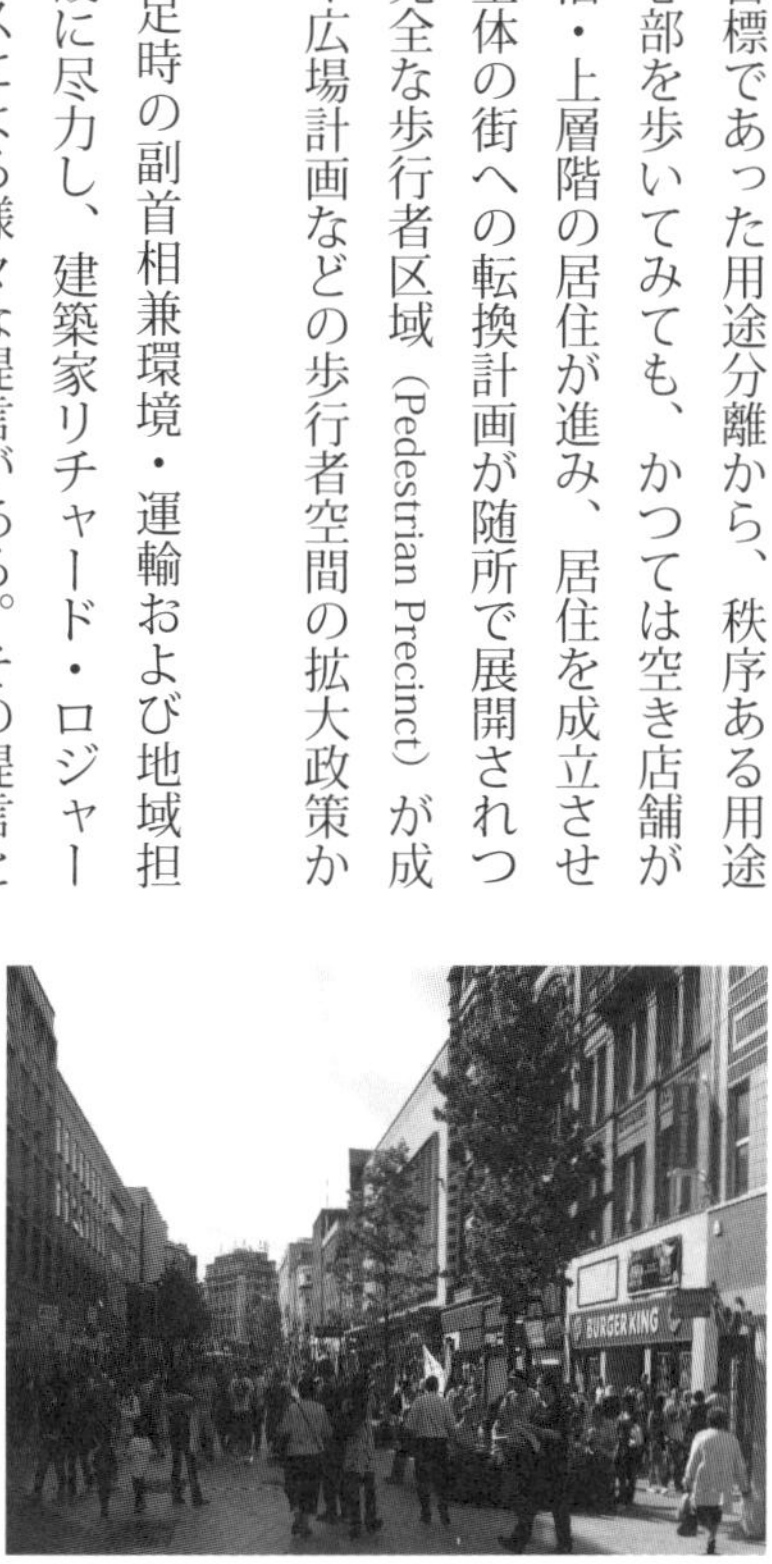
写真18-23　再生の実現したリヴァプール中心市街の歩行者空間の賑わい風景

# 第19章　アムステルダム港の先端的複合型住宅地開発（オランダ）

　ここでは、オランダの首都アムステルダムにおける、旧港湾地帯を大規模な住宅立地つまり生活街へと変身させる壮大なプロジェクトを紹介しよう。それは20世紀の山側への人口重心移動をあらためて海側＝旧都心へと揺り戻す都市政策の一環であり、水辺の防災対策と呼応する形で進められてきた。江戸時代のわが国と、長崎港を窓口に約２５０年間西欧文化の接点となってきたオランダは、15世紀半ば～17世紀に続く大航海時代を支えたスペイン、ポルトガルの後を受ける形で、対岸のイギリスとともに欧州を代表する通商国家の地位を築きあげていく。その中心を担ったのが１６００年代初頭に相次いで設立された、アムステルダムに本社を置く東インド会社（設立１６０２年）および西インド会社（同１６２１年）であり、世界の海に交易を拡大していった。それはこの国に大いなる繁栄をもたらし、その窓口となったアムステルダム港周辺には相手先の交易地の地名が遺されている。そのかつての埠頭は、今では市民に開かれたウォーターフロント空間に大きく変身しつつある。

## 1　アムステルダム港の繁栄と衰退

　アムステルダムの名はライン川の支流アムステル川の河口を堰き止めたことに由来するとされ、13世紀頃から北海・北大西洋から奥まったアム湾に開かれた都市で、16世紀頃にはバルト海交易、17世

写真19・1　東港のスポーレンブルグ島の集合住宅地。水際にはプレジャーボートが浮かび、日常生活の中に水面のレジャー利用が定着していることが伝わってくる

紀にはアジア、アフリカ、中南米交易で栄えることとなる。その時代に形成されたのが現在の旧市街の街並群であり、とりわけその中核となるのが、２０１０年にユネスコ世界文化遺産に指定された「アムステルダムのシンゲル運河の内側にある17世紀の環状運河地域」であり、王宮や様々な教会建築などの歴史的建物だけでなく、街並そのものがその対象となっている。ちなみにシンゲル運河は１４８０年から１５８５年にかけてアムステルダムの外堀にあたり、その後の発展とともに都市拡張が図られていくが、街区構成、敷地形状、建物様式も微妙に異なり、それが忠実に残されているのもアムステルダムの旧市街の特徴である。

その後、18世紀には北海出入口の堆積土砂による機能低下などから港の停滞期

写真19－2　アムステルダムの旧市街・運河地帯の典型的な風景。旧市街と第一期拡張期の中間位置にある歴史的な運河

写真19－3　アムステルダム中央駅の前も運河があり、運河クルーズの船着場がある

写真19－4　旧市街のシンゲル運河の閘門。この運河の内側がユネスコ世界遺産の区域に指定されている

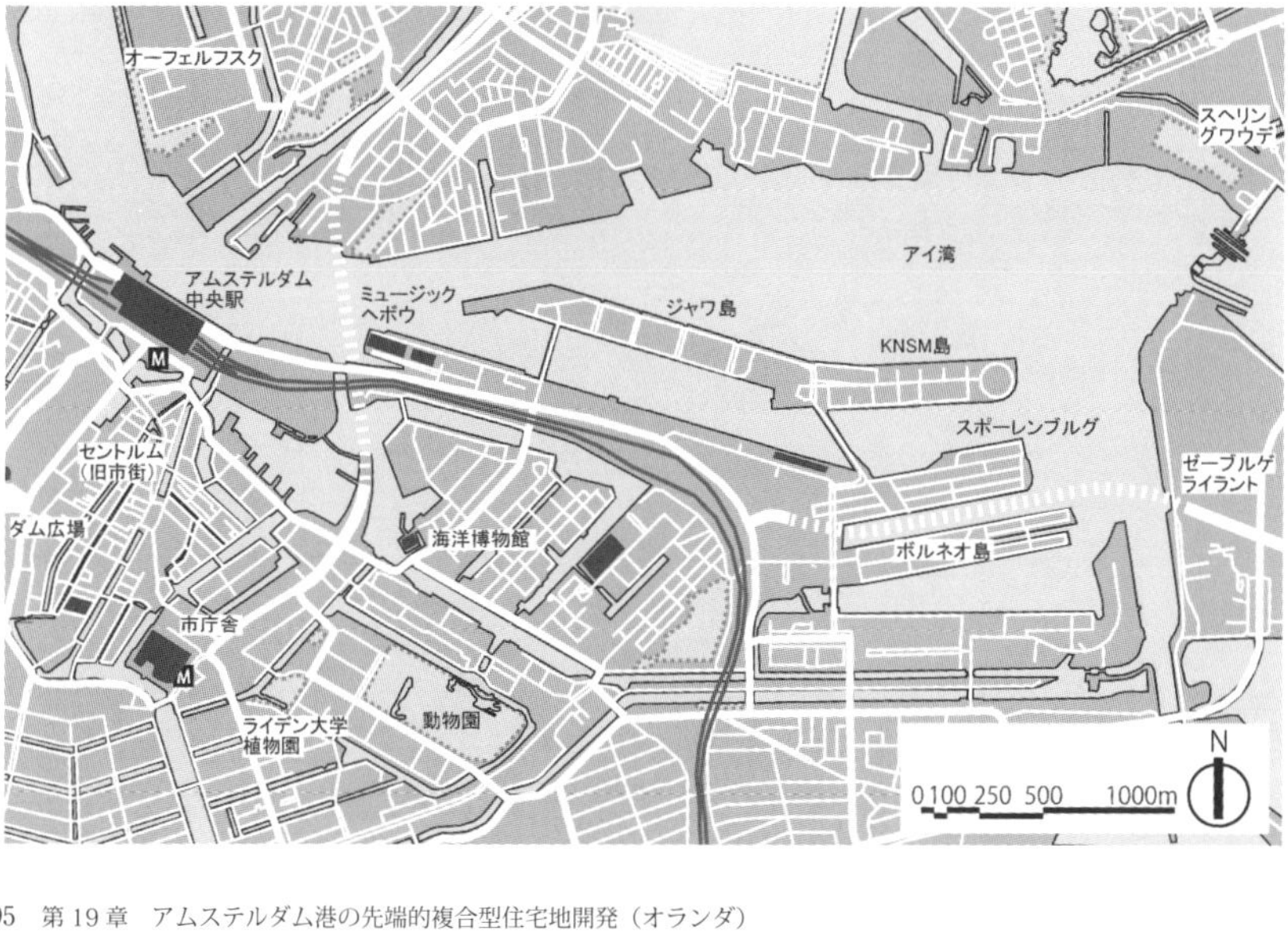


図19－1　アムステルダム港ウォーターフロント開発地区

を迎えるが、19世紀に大西洋と直結する延長約21㎞の北海運河（蘭 Noordzeekanaal、ノールドゼーカナール）を1876年に完成させ、それを機に復活を果たし、干拓事業の着手や鉄道建設なども含め、経済の活性化をもたらし、市街地も大きく拡大する（注19－1）。

20世紀初頭の都市計画として知られるのが、建築家ベルラーヘ（注19－2）の南郊新市街拡張計画であり、自動車社会への対応も含め、市街地は港から遠ざかる方向に拡大していく。その都市拡大と交通手段の変遷の経緯はアムステルダムの都市地図に明瞭に刻まれ、運河網に囲まれた旧市街（～14世紀）、そして第一期拡張期（～16世紀）、第二期拡張期（～19世紀）、南郊拡張期の新市街（～20世紀）を読み取ることができる。

その間、港の発展とともに埠頭が続々と拡張されていく。しかし、港湾機能は20世紀中期以降、船舶の大型化と物流システムの変革の中で、大きく西側にシフトし、隣のロッテルダム港にその地位を譲り、歴史ある旧港湾地帯は空白区域と化していった。

## 2　旧市街の空洞化とまち再生

20世紀の都市拡張の進展は郊外部への人口の増加と中心部の商業・業務機能の集積を促進することとなるが、その陰で中心部に居住する人々の転出が進行していった結果、空き家の増加そして地域経済の沈滞化が30年代頃から問題視され、第二次世界大戦後には顕著となる。とりわけその傾向が強かったのが、18世紀に市街化されたシンゲル運河の外側で中世の環濠城塞との間の区域であった。この地区の修復型再生事業は50年代以降、アムステルダム市の都市計画局を中心に、多くの市井の都市計画家、建築家の参画を得て進められていく。

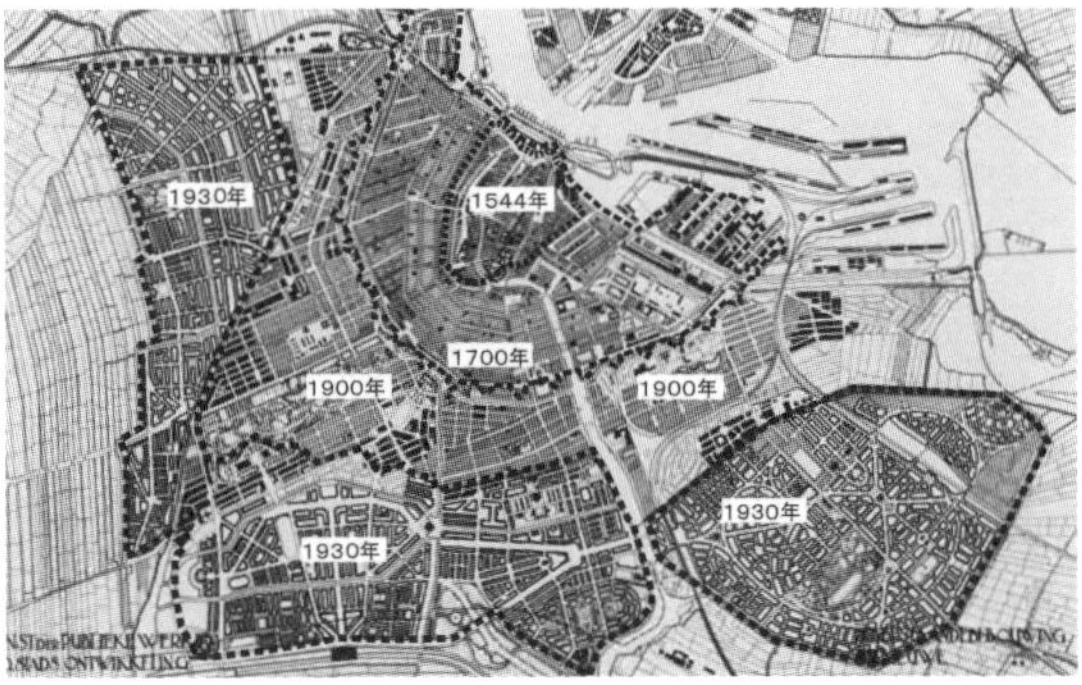


図19－2　1930年当時のアムステルダム市街と開発年代重ね合わせ図　出典：公益財団法人都市づくりパブリックデザインセンター（udc）視察団アムステルダム市公式訪問時受領資料（年代別に市街地拡張を示す。点線は筆者が記入）

注19－1　1870年の市人口25万人が1900年には51万人となる。2018年現在約82万人

注19－2　Hendrik Petrus Berlage,1856-1934　参考：『ベルラーヘとアムステルダム都市計画　都市をつくった巨匠たち——シティプランナーの横顔』新谷洋二・越沢明（監修）、都市みらい推進機構（編）、ぎょうせい、2004年

その事例が70年代に出版された文献「The Conservation of European Cities（注19－3）」に紹介されているが、その対象地はシンゲル運河の3本西側のプリンセス運河とレインバーン運河間のヨルダーン地区（Jordaan、地区面積約95ha）であり、そこでは建物修復プロジェクトを中心に53年から73年までの20年間でリストアップされた対象建物計８００棟の調査・修復計画書が作成され、うち３３０棟が修復されている。これらは低層階の店舗等と上層階の住居の構成、すなわち用途混在の伝統的スタイルの踏襲を前提とし、建物の内外装の修復とりわけ水廻りの充実とあわせ、地域コミュニティの再生、そして街区内の空き家となった家屋の減築による空地確保などが行われてきた。その手法は同様の問題を抱えていた欧州諸都市にほぼ共通するものでもあり、それは地道な活動の繰り返しではあるが、着実に成果を上げていったのである（注19－4）。

## ３　人口定着を目指したウォーターフロント再生へ

一方で、空洞化した港湾地帯の再生がスタートするのは70年代末から80年代、その対象となったのが東港地区（Eastern Harbour District）である。この事業の柱は新たな都市デザイン的アプローチによる個性豊かな水際の住宅群、先端的な建築施設や橋、オープンスペースづくりである。その特徴は、全ての土地が１００年間の定期借地方式が採られていること、基本的

→図19－3　旧市街におけるヨルダーン地区（Jordaan）の位置図　↓図19－4　修復後のヨルダーン地区の運河側街並みファサード図　出典：注19－3

注19－3　The Conservation of European Cities, Donald Appleyard（編）The MIT Press（1979/9/26）

注19－4　欧州諸都市のまち再生手法については、姉妹本『まちの賑わいをとりもどす』に紹介している

な土地利用は住宅が主体でそこには定着した居住人口があること、そして多くの若手建築家たちの設計参画によって素晴らしい街並みが形成されてきたこと、に帰着できる。

　東港地区は大きく分けて、①ジャワ島地区、②KNSM島地区、③ボルネオ島・スポーレンブルグ地区、④オーステライク・ハンデルスカーデ地区、の4つの地区に分けられ、それぞれが実に個性的な住宅群から成る。ちなみに島の名前は東西インド会社が取引していた地域に由来している。4つの地区計画全体面積315ha、計画住宅戸数8440戸、居住人口約2万人にのぼっている。

　また東港の西側のアムステルダム中央駅周辺のアイ川南部河岸中央地区ではオフィス、商業施設に加え3千戸の住宅を含む複合開発、アイ川対岸の北部ウォーターフロント地区では1万3千戸の住宅を含む複合開発が進められてきた。そして東港地区のさらに東側のアイブルグ地

→上・写真19-5　開発前の東港地区の航空写真　出典：Eastern Harbour District Amsterdam／→下・写真19-6　ほぼ開発の完了した東港地区の航空写真、右手前がKNSM島、その奥がジャワ島、中央がスポーレンブルグ、左がボルネオ島　出典：同上表紙

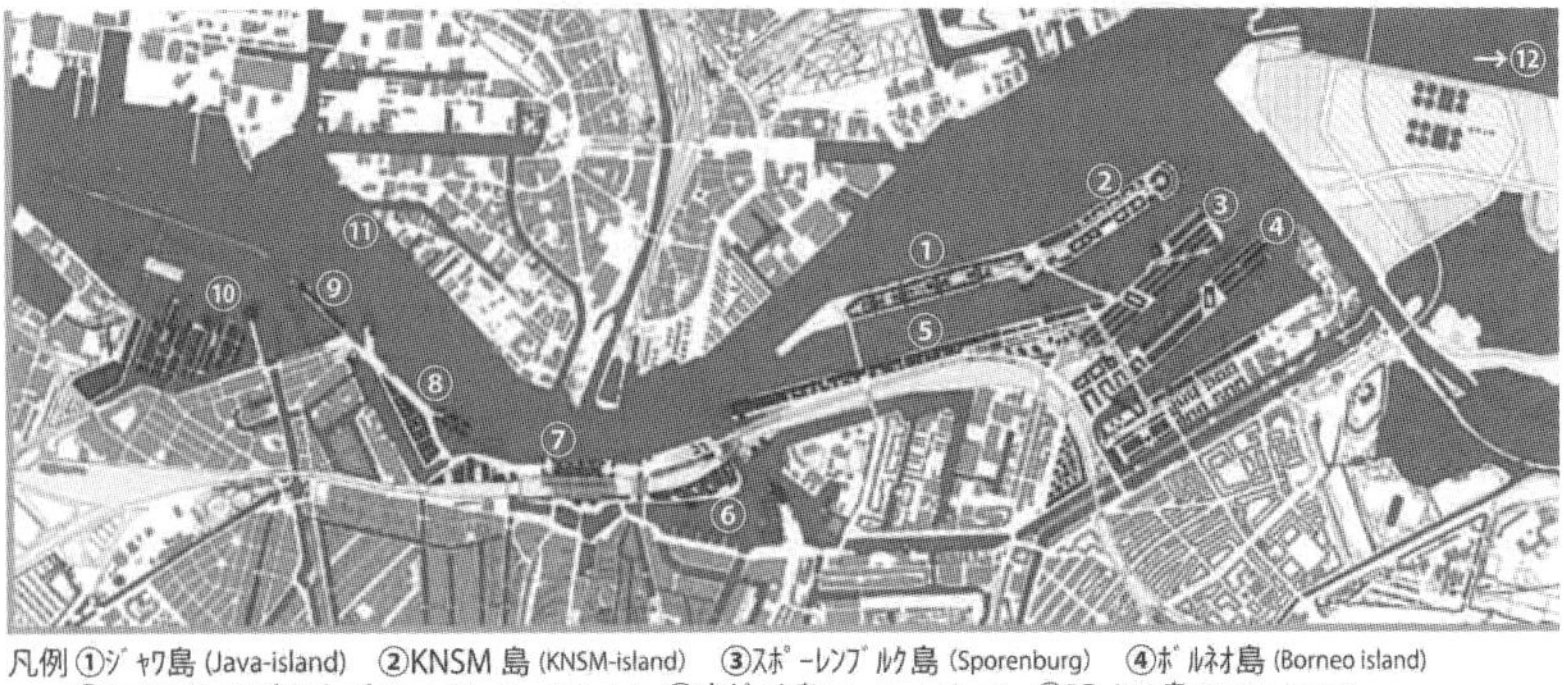


凡例 ①ジャワ島（Java-island）　②KNSM島（KNSM-island）　③スポーレンブルク島（Sporenburg）　④ボルネオ島（Borneo island）
⑤オーステライク・ハンデルスカーデ（Oostelijke Handelskade）　⑥東ドック島（Eastdock island）　⑦ステーション島（Station island）
⑧西ドック島（Westdock island）　⑨サイロダム（Silodam）　⑩ハウトハーフェンス（Houthavens）　⑪シェル（Shell）　⑫アイブルク（IJburg）

図19-5　アムステルダム港ウォーターフロント開発地区　出典：公式訪問時受領図版（日本語表記筆者）

区（IJburg）には新たな7つの人工島（計660ha）の開発が進められ、約1万8千戸、計画人口約4万人の新市街地が予定されている。

この、20世紀にいったん山側に広がった住宅市街地を旧港湾地区のウォーターフロント側に計画的に誘導することで都心部を挟み打ちにする都市戦略は、「アムステルダム2020」と名付けられた都市再生計画の一環で、混合型の土地利用計画をあえて追求しているという。これは20世紀の用途分離型の都市計画が商業業務と住宅とを分離した結果、移動に伴う通勤ラッシュや交通渋滞、夜間にはひと気のない中心部での犯罪発生、施設利用の曜日変動の非効率性などへの反省に加え、徒歩や自転車利用による環境への配慮、集中によるエネルギーコスト低減などの「持続可能型社会の実現」がその大きな柱となっている。そして、都心やウォーターフロントにおいて、人々が定住するに足る快適環境づくりに力が注がれてきたのである。

写真19-7　開発の進むアイブルグ地区

写真19-8　ボルネオ島の細長い水面の両側には集合住宅群が並ぶ

写真19-9　ボルネオ島の芝生公園で遊ぶ子供たちの姿。生活街として定着している

写真19-10　ボルネオ島とスポーレンブルグ島を結ぶアナコンダの歩道橋

写真19-11　アナコンダ橋から対岸ボルネオ島の集合住宅「ホエール（鯨）」を望む

## 4　人々を惹きつけるための都市環境デザイン戦略

次に東港地区に代表される、快適環境づくりのための都市デザインに言及しておきたい。90年代から始まるマスタープラン、そして住戸および各種施設、橋や水辺、街路・広場等の設計に多くの若手建築家、ランドスケープ・アーキテクト、都市プランナー、デザイナーたちが参画し、多彩な空間が演出されている。

### (1)ボルネオ島・スポーレンブルグ

中でも特徴的な集合住宅地が、ボルネオ島・スポーレンブルグ(2つの島、計23ha)の低層主体の都市型住宅群で、全体マスタープランは建築家集団ウエスト8(West 8)の手により、島ごとに独特のデザインガイドラインが設定されている。その設計条件とは、一部の特殊建物を除き、建築面積の50%をヴォイド空間とすること、基本的に3層にすること、材料は共通のレンガ・木を使用すること、などが定められている。特殊建築物に該当するのが大型の3つの大型建物のホエール(214戸)、パックマン(204戸)、ファウンテンヘッド(150戸)で、ランドマーク建築として、水際線の軸を外した角度、異なる建物形状、外壁仕上げとなっている。

その中でボルネオ島のシープスティンメルマン通りに面するフリーパーセルと呼ばれる住宅ユニット(戸建住宅、60区画)は①間口4・2m奥行き16m、②建物の高さは9・2mまで、③1階の天井高は3・5m以上、④玄関は通り側につくる、⑤運河側の窓は大きく開くこと、を条件に、住人が市の推薦する建築家リストから設計者を選定し、好みの家をつくることができる。その結果、統一的な街並みの

写真19・12　ボルネオ島のスポーレンブルグのスケープスティンマーマン通りのフリーパーセルの住宅群。ここは目の前の水面に小舟を係留できる

中に、独創的な建物群が並び、また住戸の前面にはボートの係留が認められ、水に開かれた生活がそのまま滲みだすように設えられている。

## （2）KNSM島

細長い形状のKNSM島は90年代に再開発が行われ、建築家ヨー・クーネン（Jo Coenen）が島全体の開発マスタープランを作成、それに沿って集合住宅群が造られてきた。ヨー・クーネン自身も島の先端部に円形の白塗りの3方が海に面するエメラルド・エンパイア（224戸）を設計している。その隣の円形劇場のようなバルセロナ（設計：Bruno Albert、325戸）、屋根が大きく斜めに切られた四角いピラエウス（設計：Hans Kollhoff、304戸）と呼ばれるかつての船会社の歴史的な建物を残したギャラリーおよび中庭が配された大型の集合住宅があり、周囲にはタワー状の集合住宅KNSM島タワー

写真19-13 KNSM島の住宅・オフィス複合のバルセロナ前面のマリーナ

写真19-14 KNSM島内の広々とした緑地は子どもたちの遊び場ともなる

写真19-15 ジャワ島の比較的低層の集合住宅地中庭側のエントランス空間

写真19-16 ジャワ島の運河沿いのカナルハウスの集合住宅

写真19-17 ジャワ島の高層集合住宅のデザインコントロールにより実現した連続的な街並み

（設計：Wiel Arets）も含め、豊かなオープンスペースを介して、様々な建築家による集合住宅群が並んでいる。これらの建物群には住居だけでなくウォーターフロントの魅力を活かし、クリエイティブなオフィスやスタジオなども含めた、職住の複合型のまちを目指していることがわかる。

### （3）ジャワ島

ジャワ島は全体が5つの街区で構成され、間に細い運河が設けられ、水際に沿って、4～7、8階の個性ある中高層集合住宅・オフィス群が、中庭を囲む形で配されている。北側には水際プロムナードを併設した道路が走り、それに面して板状の集合住宅、南側には歩行者道に繋がる住棟に囲まれた芝生の中庭があり、地下に駐車場が備えられている。

島全体のマスタープランは建築家ソエード・ソーターー（Sjoerd Soeters）が担当し、ガイドラインに沿って集合住宅群の設計がなされ、27mごとに計19名もの建築家の競作によって創られた街並みが特徴的である。各運河沿いには、旧市街の歴史ある煉瓦づくりのカナルハウス（運河に面した細面の家々）をイメージした、間口4・5mで4～5階建ての長屋形式が並ぶ。運河には居住者のボート係留も認められ、そこに架けられた9つの歩行者・自転車専用橋はそれぞれ個性的なデザインとなっている。

### （4）オーステライク・ハンデルスカーデ、ステーション島地区

ボルネオ島から中央駅側に至る一帯は、古い倉庫群のリニューアルによる住居やスタジオ、オフィスへの活用が進められ、オフィスを主体にその中にかつての港の待合所のコンバージョンであるロイズホテルやコンサートホール（Muziekgebouw、05年）、フェリーターミナル（Amsterdam Passenger Terminal、01年）、博物館ネモ（NEMO、97年）、図書館などの特徴的な建物群が配されている。また、アムステ

写真19・18　オーステライク・ハンデルスカーデ地区のターミナルビル

写真19・19　アムステルダム中央駅の改修計画パース　出典：アムステルダム市公式訪問時受領資料

ルダム中央駅は新たに乗り入れした新幹線（Thalys）を加えた鉄道、地下鉄２線（新線）、海の駅（舟運）、ＬＲＴ、そして大規模自転車駐車場（地下）、総合ターミナル駅舎への大改造が行われ、16年に完成し、最後に残った地下鉄北南（Noord - Zuid）線の開通は18年のことであった。

## 5　水辺の安全性確保と快適環境

このように、アムステルダムのかつての寂れた東港の一帯は新しいタイプのウォーターフロント住宅地に生まれ変わってきたが、それは西側、そして対岸にも広がりを見せつつあり、そこには水辺の環境を満喫できる生活スタイルが可能な設えが用意されている。20世紀の車社会進展とともに山側の市街地開発が進められてきたアムステルダムのまちも、海側の21世紀型の住宅市街地が発展することで、その重心も振り子のように旧市街に戻りつつあるように見える。

それを可能としたのがウォーターフロント一帯の安全性確保で、沖合に連続して設けられたアイセル湖と北海（ワッデン海）を仕切る高潮防災施設「大堤防」（オランダ語 Afsluitdijk、アフスラウトダイク）により、建物やオープンスペースと海面との距離感が保たれるようになっている。国土の25％近くが海面より低い干拓地で、過去に幾度も大水害を経験した国民性ゆえに、防災への備えも万全を期しているという。これこそ水辺都市の真骨頂と言えるだろう。

写真19 - 20　アイセル湖と北海を仕切る大堤防（アフスラウトダイク）の上を走る幹線道路

# 第20章　コペンハーゲンのニューハウンとハーバーフロント再生（デンマーク）

北欧4カ国の最大都市であるデンマークの首都コペンハーゲン（人口約57万人、都市圏人口約120万人）は、対岸の隣国スウェーデンのマルメ（Malmö）とは海峡幅わずか7㎞と近く、2000年に鉄道と道路が走るオーレスン・ブロン（デンマーク語 Øresundsbron、英 Øresund link、全長16㎞）が開通し、両都市が同一経済圏としてつながった。ここでは、この港町の最も人気の観光地とされる歴史的港湾ニューハウン（Nyhavn）の1970年代より始まる再生事業、そして内港地区インナーハーバーにおいて続々と展開しつつある水辺開放へのプロセスを紹介しよう。ウォーターフロント地区整備計画の主役となるのは、ここでも積極的な住宅立地誘導であり、その生活街の再生が日常的な水辺空間の利用増進へとつながっていく。それを支えているのが、世界に先駆けて導入された都心の歩行者空間整備、そして自転車利用も含めた環境にやさしい街づくりの展開と言えるだろう（注20-1）。

## 1　コペンハーゲン港の成立とまちの発展の経緯

コペンハーゲンの地名はデンマーク語「商人たちの港」に由来する。スカンジナビア半島を中心にバルト海から北海、大西洋そして地中海に至るほぼ全欧州に跨る広大な海を舞台に、7世紀から10世紀頃に活躍したヴァイキング、その一族のディーン人が築いた国がデンマークで、当然のことながら

写真20-1　ニューハウンの遊覧船発着所の光景。背後の港の歴史を刻む木造家屋の街並みの前面にはパラソルのオープンカフェ・レストランが展開している

注20-1　コペンハーゲンの歩行者区域については、『まちの賑わいをとりもどす』に紹介している。参照されたい

このまちも交易によって大きく発展してきた。

記録に残るコペンハーゲン発祥の地は、12世紀に湾奥部のスロッツホルメン（Slotsholmen）という名のかつての小島・スロッツホルメ島の一帯である。現在は国会議事堂として使われているクリスチャンボー城の位置に高さ6mの円形の要塞があり、その背後のハン（Havn＝港）の水面、現在のホイブロ広場（Højbro Pl.）前面の濠のあたりで、水路幅は現在の何倍も広く北西側の市街地とは橋で結ばれていた（注20-2）。

写真20-2　コペンハーゲンの発祥の地とされるクリスチャンボー城。今は国会議事堂となっている

写真20-3　クリスチャンボー城の前面の歴史的港湾の水路を航行する遊覧船

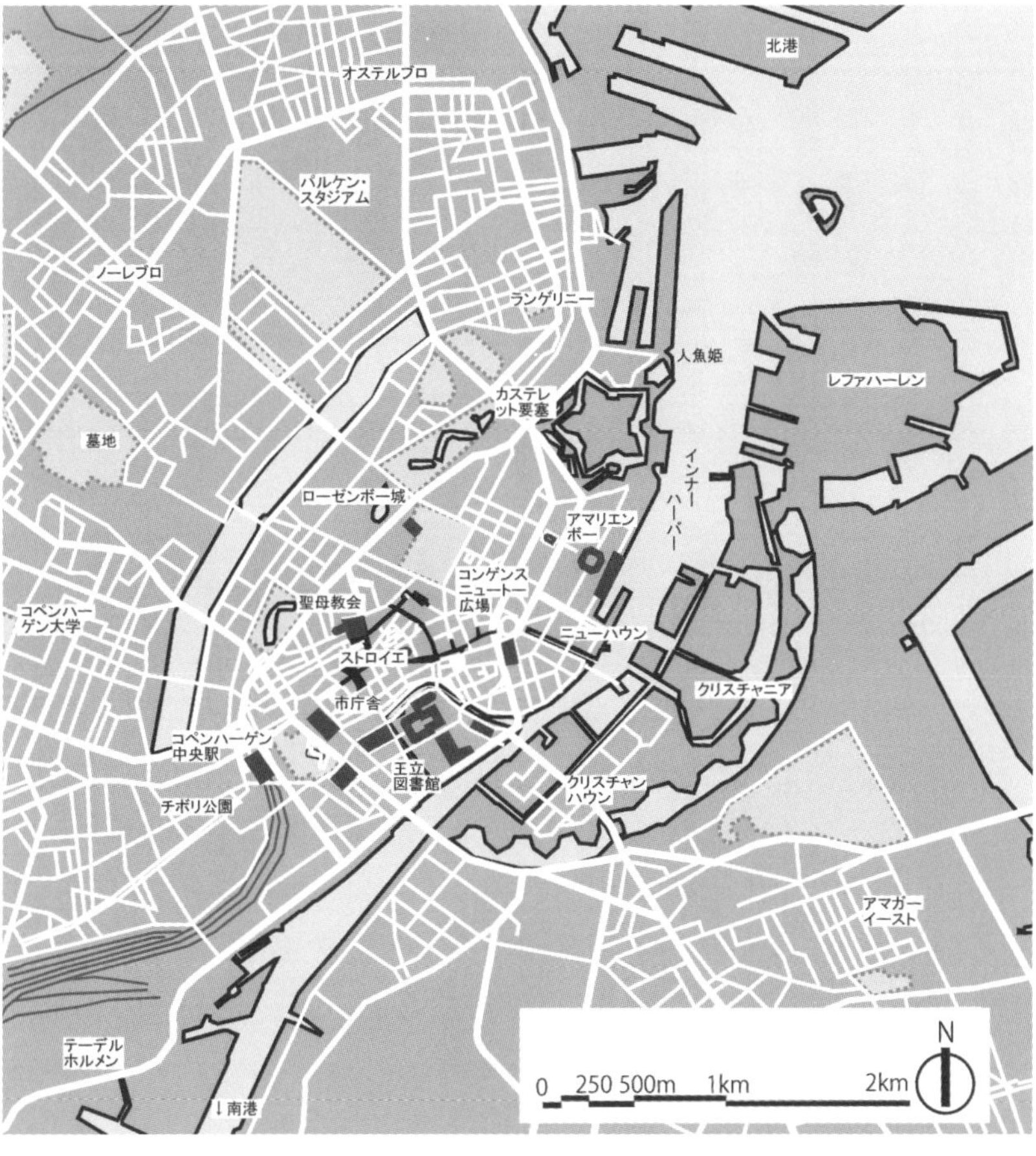


図20-1　コペンハーゲン中心市街地におけるウォーターフロント地区

１４２２年にデンマーク王国の支配下に入り、港の拡張のために要塞の北側の小島「ブレッメ島」との間の水面は埋め立てられ、「ブレッメホルツ」という新市街が形成される。そこはより深い新しい港として、16世紀半ばまでには倉庫や造船、船舶修理のための鍛冶場（Forge）が設けられている。現在の地下鉄コンゲンスニュートー駅の南側、現王立劇場一帯である。そして17世紀のクリスチャン4世（注20-3）の治世に北側のローゼンボー城からカステレット要塞（Kastellet）一帯の新市街の拡張が図られ、スロッツホルメンの南側は海軍港として貯蔵庫や兵器庫（現デンマーク王立武器庫博物館の位置）が建設されている。

そして南東側の対岸のアマー島との間の水面の一部が埋め立てられ、クリスチャンハウン（Christianshavn）の新市街が造成される。当時の都市絵図からは、港の城塞を起点に市街の周囲に半円形の星型環濠城塞を巡らし、対岸の島とは渡船のルートであろうか細い線で繋がっているようにも見える。１６５９年の絵図では星型環濠城塞が北に拡がり、対岸の星型のクリスチャンハウンがくっきりと姿を現し、その間を幾艘もの帆船が行き来している。その頃、ニューハウンつまり「新しい港」が、次の国王クリスチャン5世（注20-4）の命で開削されている。

その後コペンハーゲンの市街は大火や隣国スウェーデン軍に包囲された大北方戦争の戦禍を経験し、１８５０年までには北西側の環濠城塞はより強固になり、南東側も大きく埋立てで拡張され、両島に跨るほぼ同心円状の環濠が完成し、現在の港の水路状の形態はこの時代に確定している。そして工業化の進展する19〜20世紀にかけて、港周辺には多くの工場が立地するとともに、港は物流港としての性格が強まっていく。一方で、近代化のプロセスとともに市街地は更に大きく拡張され、北西側の環濠は埋められ、オルステッド公園やチボリ公園、植物園などの緑地、そのフリンジに鉄道が敷設され、新たな玄関口となるコペンハーゲン中央駅が１８４７年に開設される。

注20-2　１１６７年にデンマーク王の許可を受けたロスキレ司教アブサロンがスロッツホルメン島に城塞を築き、１４１７年に城塞はデンマーク王の所有へ移り、１７９４年に王の居城がおかれ、以来同国の首都として発展をする

注20-3　クリスチャン4世（Christian IV, 1577-1648）在位 1588-1648

注20-4　クリスチャン5世（Christian V, 1646-1699）在位 1670-1699

写真20-4　コペンハーゲンの玄関口、コペンハーゲン中央駅（１８４７年開設）。現在の駅舎は１９１１年築、主構造はレンガ造と木造の混構造、80年代に大規模改修

19世紀の鉄道、20世紀の自動車の発達とともに港湾荷役は減少し、船舶の大型化やコンテナ化の流れの中で水深の深い北港が整備されると、この細い水路の歴史的港湾区域一帯は大きく寂れていく。その中で最も空洞化の著しかったニューハウン地区の再生事業が１９７０年頃から始動する。それはコペンハーゲンの歴史的港湾地区全体の再生の幕開けを告げるものでもあった。

## 2　ニューハウンの再生事業の始動

コペンハーゲンの街の北東側の中心広場で「王様の新しい広場」を意味するコンゲンスニュートー広場（Kongens Nytorv）から東に連なる延長４００ｍのニューハウンの完成は１６７３年、以来３００年近くこのコペンハーゲンを代表する港としての役割を果たしていくこととなった。とりわけ冬の荒

写真20-5　ニューハウンの広場にオブジェとして置かれた歴史的な大きな錨

写真20-6　ニューハウンの水面には歴史的な帆船が多数浮かんでいる

写真20-7　ニューハウンのテントやパラソル下のオープン・レストラン風景

写真20-8　ニューハウンの街並みの前面に連なるオープンカフェ・レストランの光景

写真20-9　ニューハウンのオープン・レストランで食事し、語らい、憩う多くの市民の風景

波から解放された水面には各地からの物資が陸揚げされ、周囲には貿易商社のオフィスなどの3～6層の木造町家群が並び、上層階はそれに関わる人たちの住居となる。その中で実に多くの歴史が刻まれていく。例えば同国を代表する童話作家アンデルセン（Hans Christian Andersen, 1805-1875）はニューハウンに3度、計18年にわたって住み、67番地を皮切りに、20番地では出世作「人魚姫」「マッチ売りの少女」などの作品を世に出し、晩年は18番地に住んだとされ、その3箇所の家屋の一階にはそれを記したプレートが付けられている。

ここで最も古い家屋は1681年の築、多くが18～19世紀の建物で、現在はカラフルに彩られているが、1950～60年代には実に厳しい状況にあったという。一方でコペンハーゲンのまちも郊外開発や自動車の普及、すなわち外延化とともに街なかには空き家が増加する。そしてこのニューハウンも、北岸一帯が麻薬取引が横行するなど一般市民に忌避される地区となっていくのである。

70年代に入り、この歴史的港湾の荒廃を憂える地元学者の再生提案が契機となり、市当局はこの地区の健全化と再生事業に向けて動き出す。建物調査を経て、都市計画の修復型再生地区に指定、個々の町家の修復計画が展開されていく。同時に半ば駐車場と化したかつての物揚場の道路は自動車の通行を抑制し、歩行者空間へと改造され、前面の歴史的港湾の保存改修事業が進められていく。

町家群の建物改修は、木造のハーフティンバー（木骨）形式の歴史的な外観や屋根がほぼ完全に復原改修となるも、内部は大胆に改造され、低層階は飲食店、上層階は住宅として窓廻りや内装、水廻りなどの設備改修、階段改修に加えエレベーター設置などが公的支援のもとで展開されていく。

またかつては青空駐車場と化していた前面の物揚場は西側の街区から順次歩行者空間化され、道幅の約半分がテントやパラソルのオープンカフェ・レストランとして開放されていく。最後に残された東側区間は、公共交通ネットワークの一環でシティバスの通行帯が確保されている。当然のことなが

写真20-10　ニューハウンの堀込運河と木造家屋の歴史的街並みファサード

ら護岸も改修され、水際遊歩道が連続して設けられている。また水面はミュージアム・ハーバー（博物館港）としてデンマーク王立博物館のプロデュースのもと、各地に遺されていた多くの歴史的な帆船などがここに集結していく。

それに連動する形で周囲の建物も民間のホテルに改修されるなど、ニューハウンの界隈が全く別の魅力的なまちに変化していったのである。その結果、今ではこの歴史的な建物群の上層階は地元で最も人気の高い住宅となり、現地の不動産情報にアクセスすれば、その内外観写真の閲覧が可能で、築数百年を経た建物とは思えないほどの魅力的な住居となっていることが判る。それは周囲の町家群の改修を誘発し、それに応える形で市も周辺を含む区域を修復地区に指定し、自動車交通の抑制と道路などの公的空間の改修に支援し続けている。

写真20‐11　1968年当時のニューハウン。道路上は駐車場と化していた　出典：Conservation and Sustainability in Historic Cities, Dennis Rodwell

写真20‐12　右写真とほぼ同じアングルの現在のニューハウンの風景。1980年代にほぼ今のような状態になったという

写真20‐13　地元不動産屋の募集案内に見る改修されたニューハウンの最上階住戸の例。建物改修によってエレベーターが完備され、キッチン、浴室などの水回りも最新式となっている

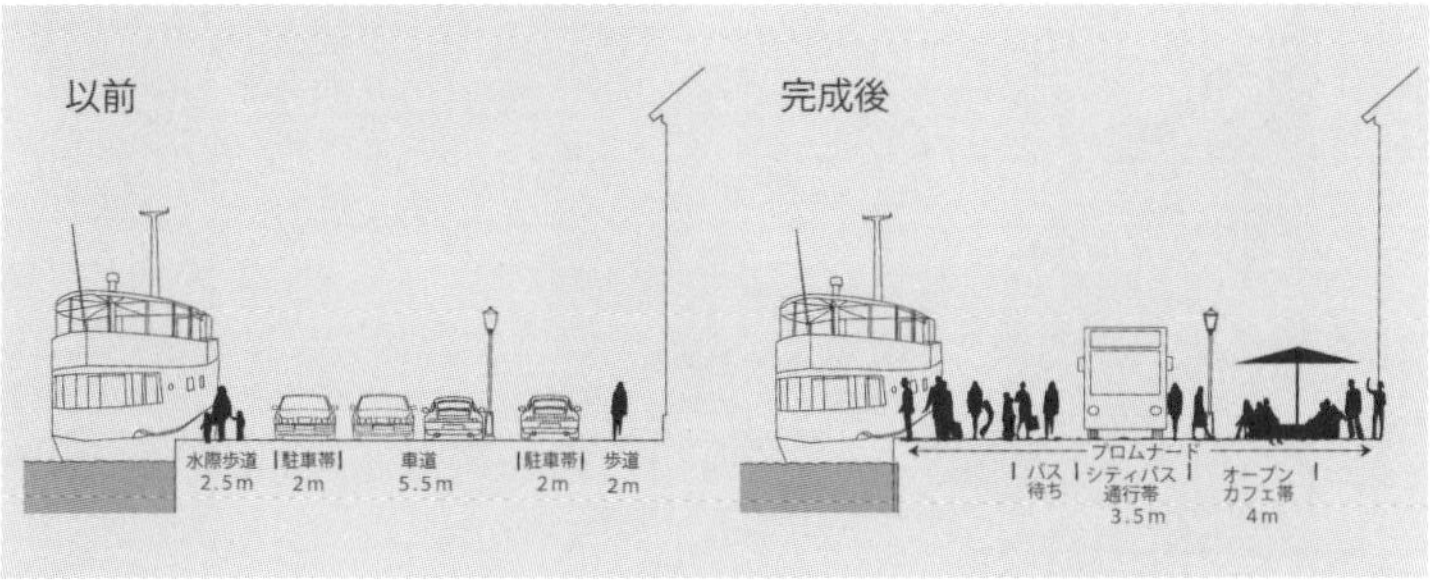


図20‐2　ニューハウン東側街区の物揚場前、以前の状態と整備後の断面構成図　出典：Byrumsstrategi for Nyhavnsområdet, Københavns Kommune v/ Teknik og Miljøforvaltningen 2009

このように、かつての港町・ニューハウン一帯は、これら総合的な都市デザイン手法の展開によって、市民のための「生活街」が復活するとともに、コペンハーゲンを代表する観光名所のひとつとして注目されるようになったのである。

## 3 ウォーターフロントへの新たな集合住宅、余暇施設の誘導

あらためて、旧市街側のシェラン島とクリスチャニア側のアマー島に挟まれた延長6kmのコペンハーゲン港全体の再生計画の話を進めよう。この水路状の港はその成立経緯から大きく南北に3つのゾーンに分けられる。都心域に相当するクリスチャンボー城周辺が内港（Inner harbour）、その北側のマリエンボー宮殿から人魚姫の像一帯が外港（Outer harbour）、南側が南港（Sydhavnen）となり、それぞれのゾーンの特性に合わせ、土地利用転換計画および護岸や道路などの公共空間整備計画が進められていく。その転換の前提となるのが、海峡に臨む新たな北港（Nordhavnen）の整備であり、ここに大型クルーズ船も停泊可能でかつ大型クレーンの並ぶ最新式の港湾機能が集約され、既存の港湾施設が続々と移転していくという図式である。

その跡地には積極的に新たな生活街の造成すなわち新集合住宅地が建設されていく。つまり、旧港湾地帯を都心近接の住宅都市として再生し、定住人口を増加させることで、いったん外延化して失われたまちの賑わいを復活させる、そのようなグランドデザインが進められていく。このまちではウォーターフロントと言えども超高層住宅は規制され、比較的低中層主体の地表面になるべく近い部分での生活が求められている。暮らしやすい環境づくりには地域コミュニティの醸成は不可欠との市民意識が景観規制を生み出しているのである。加えて、これらの集合住宅もすべてが新築ではなく、旧いレ

写真20-14　71 NyhavnHotel の外観。1805年築木骨煉瓦造のかつての倉庫の改修例

写真20-15　インナーハーバーの水面越しに東側のクリスチャンハウンの街並みを望む。水面には水上バスが航行している

ンガ倉庫も残され、その改修も含む新旧の設計が、当然のことながら公開設計競技で選ばれた建築家の手により、実に質の高い住宅そして魅力的な外部空間へと生まれ変わる。

ウォーターフロントの生活を支えるために、水際の各拠点にはマリーナ、ヨットハーバー、カヤック乗り場、ボート用浮桟橋水面にはハーバーバス（Harbour bath）と呼ばれる浮体プールなどのスポーツ・余暇活動施設、ウォーターフロント公園などが続々と配置され、水際に住むことの価値を高めている。それらは北欧の短い夏を最大限に楽しむ多くの市民を水際に誘い、ウォーターフロント立地の集合住宅群の建設による人口増という成果を着実に挙げることとなる。そして交通アクセスの向上のため、かつての港域の水路には水上バスが数分置きに発着し、公共交通の地下鉄や市内バス網との共通切符で乗降できるなどその連携も実に見事である。

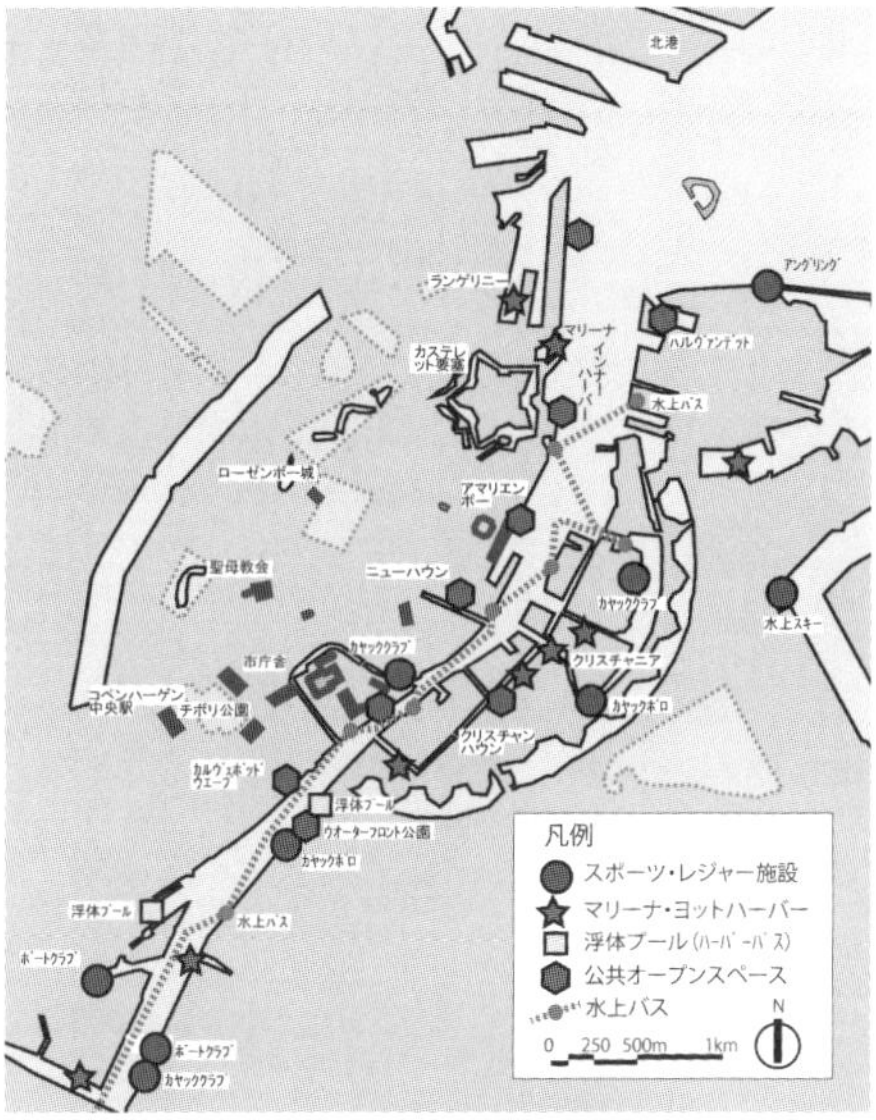


図20・3　港湾区域内に新たに整備された水辺のレジャー施設の位置　出典：copenhagen a city for life holiday concept, 2013

写真20・16　インナーハーバーの水上バスから望むクリスチャニアの水路沿いの新たな集合住宅

写真20・17　人魚姫像の北側にあるマリーナ。ヨットやプレジャーボートが係留されている

写真20・18　北港のミデルモレンの内湾に造られた新しい集合住宅地

写真20‐19　運河状の港を南北に行き交う水上バス

写真20‐20　インナーハーバー運河沿いの水際遊歩道に面するデンマーク王立図書館

写真20‐21　デンマーク王立図書館からインナーハーバーの水面。対岸のクリスチャニア側を望む

写真20‐22　ニューハウンの北側にオープンしたデンマーク王立プレイハウス（Skuespilhuset）

写真20‐23　インナーハーバーの水際遊歩道では実に多くの人々が活動している

## 4　水辺への文化施設の集中、ウォーターフロントプロムナード

コペンハーゲンの新たな都市デザイン戦略の一つが、かつての港湾用地への新たな文化施設の再配置である。利便性の増したそこには、市民を惹き付けるきめの細かい施設プログラムに沿った、斬新な建築意匠の建物群が続々と創られている。例えば内港の歴史的港湾の位置にはデンマーク王立図書館（Det Kongelige Bib-liotek、通称ブラックダイヤモンド、99年）、国立写真美術館の2つの建物、南港にはカルチャーセンター（Kulturhuset Islands Brygge、13年）、外港のニューハウンの先にはオペラハウス（Operaen、05年）、デンマーク王立プレイハウス（Skuespilhuset、08年）がオープンした。そして18年1月、新たなデンマーク・ウォーターカルチャーセンターの設計者として隈研吾氏が選定されたとの報が届いてき

た。場所はデンマーク王立プレイハウスの対岸で、オペラハウスの並び、これも実に斬新なデザインである。そしてニューハウンの南岸とその対象地側の対岸とを結ぶスライド式可動橋の遊歩道専用橋(Inderhavnsbroen)も完成している。これまで行き止まり状態であったニューハウンの回遊性は格段と高まっている。

これら連続するウォーターフロントプロムナード、自転車専用路の整備など、市民が気楽にアクセス可能な仕掛けが用意されている。また水際プロムナードの夜間景観の演出もインターネットの画像検索からうかがい知ることができる。オペラハウスやカルチャーセンターなども夜遅くまで明かりが灯り、水上バスは市民の足として夜遅くまで運行している。それは北欧都市共通の話だが、短い夏を謳歌する市民のいきいきとした風景は、あきらかにウォーターフロントの再生が成功しつつあることを示しているのである。その要因はやはり水辺の生活街が復活したこと、これに尽きるのではないだろうか。

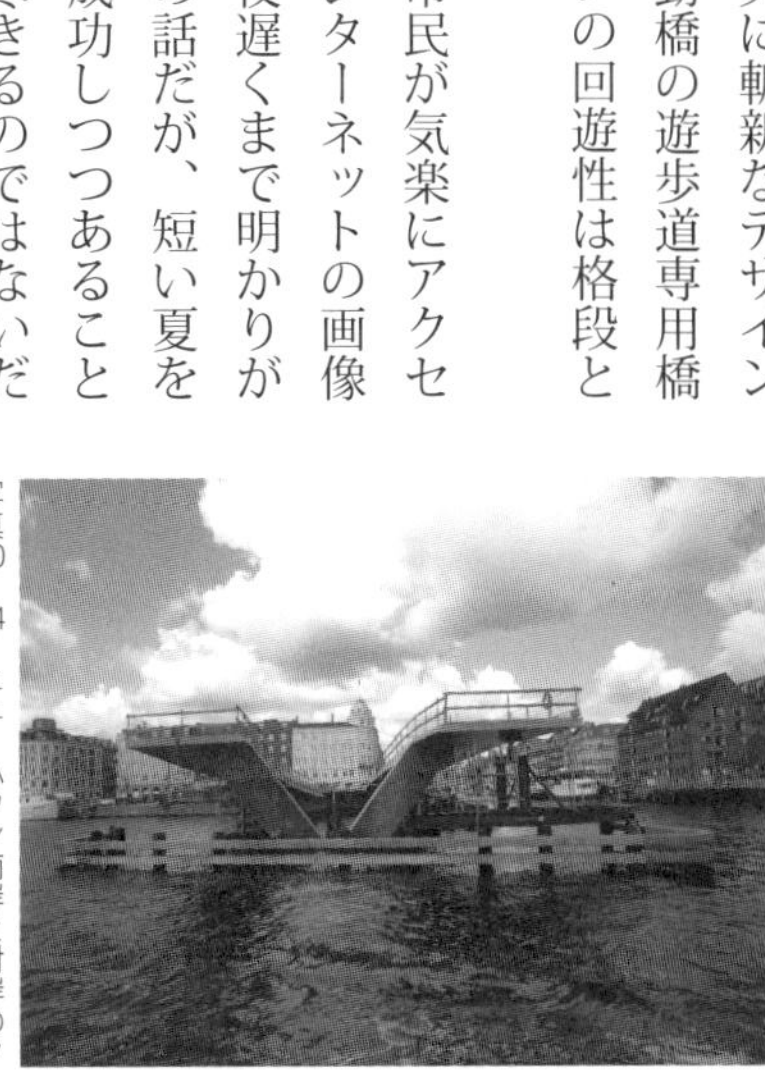
写真20-24　ニューハウン南岸と対岸のクリスチャニア側を結ぶスライド式可動橋の遊歩道専用橋(Inderhavnsbroen)

# 第21章　ハンザ都市ベルゲン港のブリッゲン（ノルウェー）

北海に臨む北欧の港町ベルゲンは、ノルウェー王国の首都オスロから西に４８０km、ヴォーゲン（Vågen）湾の最奥に位置し、千年以上前からスカンジナビアを代表する貿易港として知られる。現在の人口は約27万人（広域都市圏人口約40万人）、同国第2のまちである。北欧最大の大型クルーズ船の寄航地で、フィヨルド観光の玄関都市として夏には多くの観光客がこのまちを訪れている。そしてこの港にある、ユネスコ世界遺産に指定（１９７９年）された14～15世紀当時のハンザ同盟都市の繁栄を今に伝えるブリッゲン（Bryggen）の三角屋根の木造建築群は、訪れた人びとを魅了する。

## 1　ベルゲン港の交易に支えられた市街の成り立ち

ノルウェー王国は、8～10世紀に北海を中心に北大西洋、地中海へと繰り出したヴァイキングの一族ノース人が８７３年に建国した。建国から約２００年後の１０７０年にノルウェー王オーラヴ3世（在位１０６６～93年）がベルゲン港の北側に城を構え、港町の基盤を造ったことが、本格的な都市建設の始まりとされる。その後、１３５０年にホーコン4世（在位１２１７～63年）の治世のもと、海産物加工製品の干鱈の専売権を賦与されたハンザ商人がこのまちを拠点に活動する。以来５００年近く続いた商人たちの独自の就業・居住区が、１９７９年に世界遺産に指定されたブリッゲン（Bryggen）で

写真21-1　ベルゲン港の南岸から北岸のブリッゲンの家並みを望む

注21-1　ハンザ同盟：13世紀から17世紀まで存続したハンザ同盟都市は加盟都市数はドイツを中心に１００近くを数え、そのうち在外四大拠点がロンドン（イギリス）、ブルージュ（ベルギー）、ノヴゴロド（ロシア）、ベルゲン（ノルウェー）であった

ある。干鱈を全欧州に売りさばくことで商人たちは大きな富を得て、ドイツから北欧、オランダ、ベルギーに跨る１００近くの都市で構成されたハンザ同盟を強固なものとしたともされる。そして13世紀以降のベルゲンはハンザ同盟の在外四大拠点（注21‐1）のひとつと目されるほどに、内外から多くの商人が集まっていく。

この交易で支えられた経済力が市街地を大きく拡張させ、15～16世紀にはスカンジナビア最大の都市となる。市街は港の周りの狭い平地を埋め尽くし、フロイエン山などの急峻な斜面にまで拡がっていく。その間、ベルゲンは歴史を通して幾多の大火に見舞われ、１１９８年のノルウェー内戦で市街に火が放たれ、１２４８年には港の北側のお城やホルメン大聖堂の

写真21‐2　フロイエン山の展望台からベルゲン港と背後のヴォーゲン湾および北海方向を望む

写真21‐3　急峻な軌道のフロイエン山のケーブルカー・フロイバネン（floibanen）

写真21‐4　フロイバネンから眼下のベルゲン港の最奥部にある船着場、魚市場などを望む

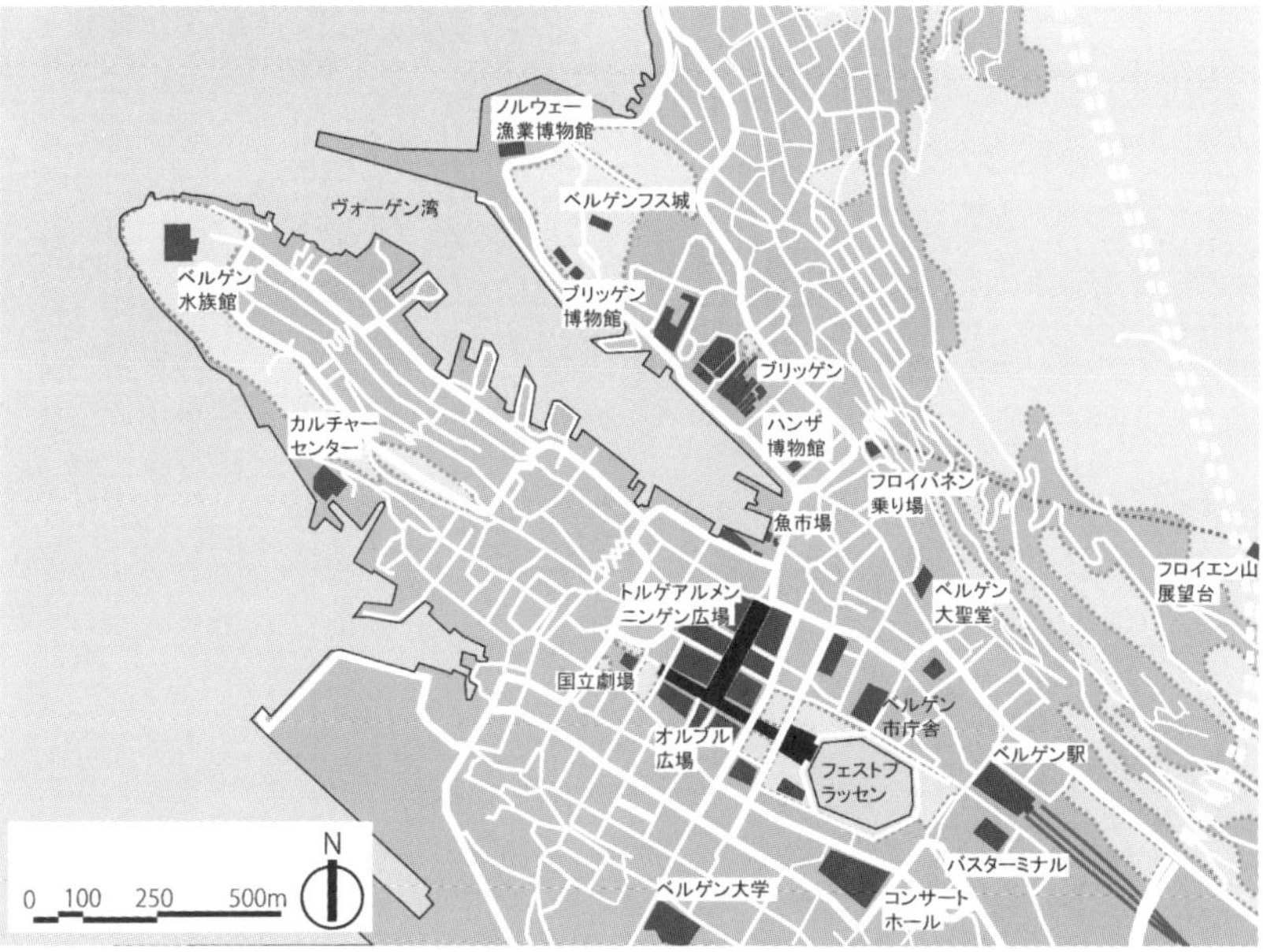


図21‐1　ベルゲン港ウォーターフロント地区

ほかに市内の多くの教会が焼失させられる。その他、近世までの間に海賊の襲撃などで１４１３年、28年、55年、１５８２年、１６８６年、１７０２年、51年、56年、71年と大火に見舞われ、とりわけ１７０２年には市街の約９割も焼失する大火災を経験している。その大火の度にベルゲン市民は再建を繰り返してきた。

その後も１８５５年、１９０１年、16年と大火に遭い、また第二次世界大戦時の40年にはドイツ軍に占領され、艦船の爆発による港周囲の建物被害や後の連合国軍の空爆による破壊も経験している。その再建の最中の１９５５年にはブリッゲンの約半分を焼失も含む大規模な市街大火を経て、まちは近代的な復興計画が進められていく。その中で商業業務中心のトルゲアルメンニンゲン地区は、再開発によって、鉄筋コンクリートの近代的な不燃建築へと建て替えられていく。

## 2　世界遺産「ブリッゲン」地区の保存修復

現在の商館群は、港側に面する三角屋根の棟数が11棟９営業店舗で、背後の建物も含め62棟の存在が確認されている。その棟間の路地状通路は狭くかつ迷路のように連なり、そこに木造の２～３階建ての住居と事務所・倉庫群がひしめき合うように並んでいる。この一連の商館群は１９２７年に国のノルウェー文化遺産、79年にユネスコの世界遺産に登録され、その後の本格調査そして保存修復への道のりとなった。

あらためて世界遺産「ブリッゲン」地区を、イコモス（ICOMOS、注21－2）の公開資料をもとに説明しておこう。ブリッゲンとは現地語で「埠頭」の意味で、港は北西に北海を望み、南東側に細長い形状の湾奥の荒波を避ける位置に港が拓かれ、その北の高台に築かれたベルゲンフス城の南の港の一

表21－1　ベルゲン市街の大火の発生年（12世紀以降）

| | |
|---|---|
| １１２０年 | |
| １１３０年 | |
| １１７０年 | |
| １１９８年 | ノルウェー内戦で市街に火が放たれたと記録 |
| １２４８年 | 港の北側のお城（Sverresborg）やホルメン大聖堂（Holmen）のほかに市内の多くの教会（11箇所の説）が焼失 |
| １３３２年 | |
| １４１３年 | |
| １４２８年 | |
| １４２９年 | |
| １４５５年 | 海賊の襲撃、放たれた火でムンケリヴ修道院まで消失 |
| １４７６年 | |
| １５２７年 | |
| １５８２年 | |
| １６８６年 | 再びストランシデンを大火が襲い、３２１街区と２１８の船小屋が焼失 |
| １７０２年 | 市街のほぼ９割近くが焼失 |
| １７５１年 | |
| １７５６年 | |
| １７７１年 | |
| １８５５年 | |
| １９０１年 | |
| １９１６年 | 市の中心部で３００棟の建物が焼失 |
| １９４０年 | ドイツ軍に占領され、艦船の爆発により、ブリッゲンの建物群も屋根や外壁などに被害、ほかに連合国軍の空爆による破壊も経験 |
| １９５５年 | ブリッゲンの約半分を焼失 |

注21－2　国際記念物遺跡会議（ICOMOS/International Council on Monuments and Sites）のことで、文化遺産保護に関わる国際的な非政府組織（ＮＧＯ）ＵＲＬ：https://www.icomos.org/

角のブリッゲンに存在する。ハンザ商人たちはこの地に、商館だけでなく住居そして品物を保管する倉庫群を構えたことが始まりで、それが時代とともに発展していったという。それはわが国の江戸期の唯一の外国との窓口であった長崎出島のようなものに相当するが、異なるのが外国商人たちが自由に行動できたことだろう。それとこの建物群の最も重要な部分が、物揚場から直結する1階の正面に置かれた倉庫であり、そこには北海の漁民たちが運んできた干鱈に加え、全欧州から集まる穀類などが納められていた。

15世紀頃に最盛期を迎えるハンザ商人たちの活動も16世紀末には衰えを見せ、１７５４年に完全撤退し、ブリッゲンの建物群はノルウェー人の所有に移されていく。現在はレストランや土産物店、洋装店、事務所や工房として使われている。この商館群は現在までの間に前掲を含む幾度もの火災に遭遇し、その都度復興されてきた。その中で、１１２０年から２

写真21‐5　西日を受けて浮かび上がる現存するブリッゲンの木造三角屋根の家並み

写真21‐6　ブリッゲンの木造三角屋根の家並みの前には多くの地元の人々や観光客が歓談している

写真21‐7　ブリッゲンの家並みの一部。歴史的な建物ファサードが保存修復されてきた

写真21‐8　ブリッゲンの各建物にはイコモスによる調査図面や解説が掲示されている

図21‐2　１５８１年の絵画に描かれたベルゲン港。対岸に三角屋根のブリッゲンの家並みが描かれている　出典：BRYGGEN The Hansaeatic Settlement in Bergen, DET HANSEATISKE MUSEUMS SKRIFTER（ベルゲン・ハンザ博物館）、１９８２年（注21‐3）

３０年後の１３５０年にかけて港の護岸位置は60ｍも湾内に移動していることが遺構調査で判明しているが、火災のたびに瓦礫を埋め、港を前出しして商館群の新しい区画を造成している。

現在の三角屋根の木造商館群の姿は、１７０２年の大火復興の際に形成されたことが調査で判明している。それは海中または土中に杭を打ち込み、その上に家屋を建てる方法で、前面は木杭の護岸と物揚場となっている。前掲のように、直結する倉庫に物資が出し入れされるわけだが、その取扱量が増えるにしたがって倉庫も奥の方へと増殖していく。それは建物の隙間すなわち路地状通路を介して奥の倉庫に運搬される。その事務所兼倉庫が増殖し、その路地が延伸され、迷路のように連なっていったのが現在のブリッゲンと言ってもよい。

現在の建物群の拡がりは最盛期の約１／４の面積に縮小されたもので、その広範囲の時代の木造家屋群の存在は18世紀のブリッゲン周辺の挿絵や19世紀当時の写真に残されている。また前掲の第二次大戦時のドイツ軍侵攻下で起きた船の爆発事故でブリッゲンの建物も屋根が吹き飛ばされるなどの被害を受け、その衝撃は地盤にも影響を与えている。その中で55年の大火は西半分の区域を焼失させ、部分もしくは全体の再開発が議論された。結果として市は西半分の再建を諦め、石とレンガ基礎のラジソンブルーホテルが建設される

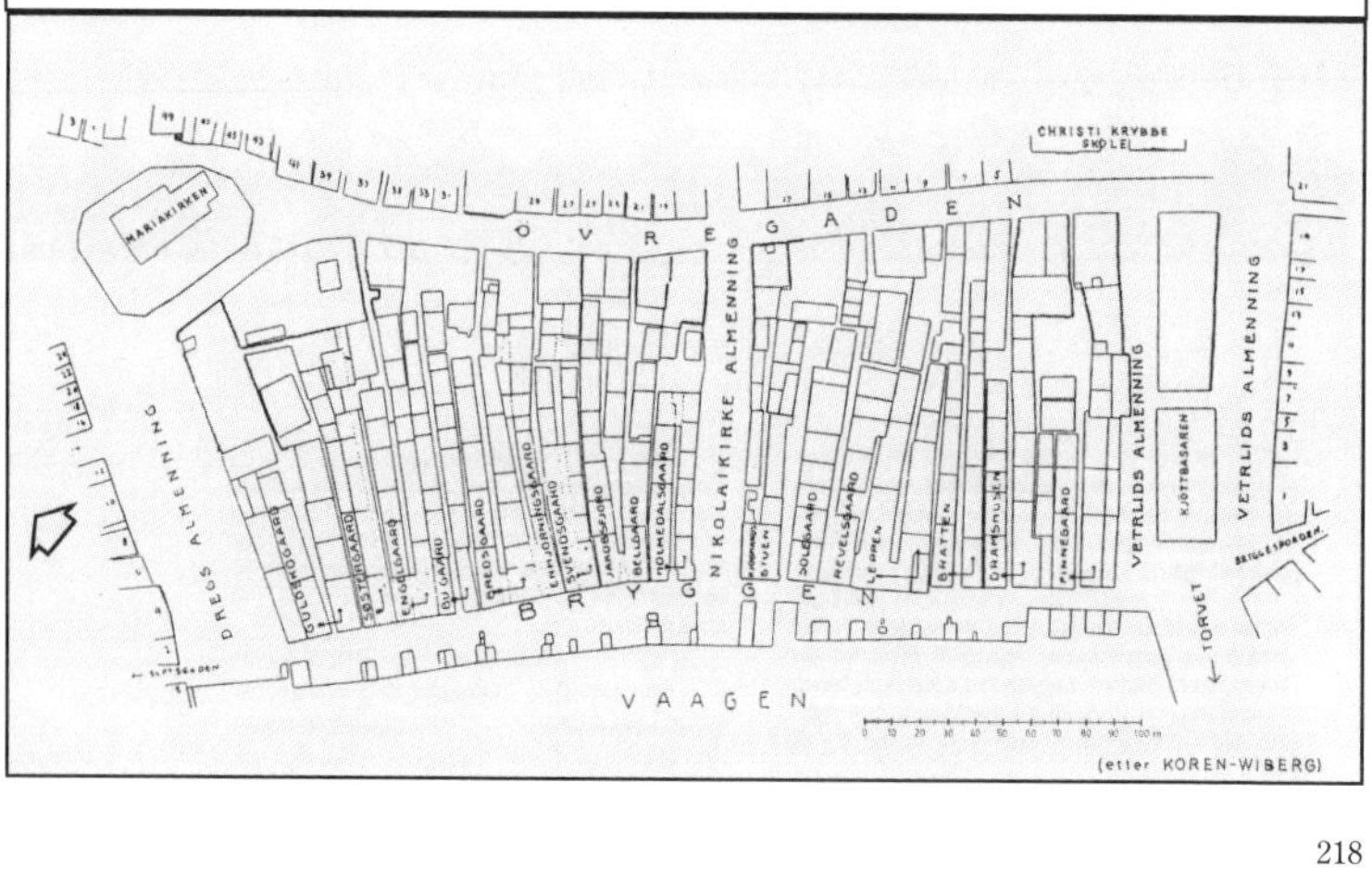


図21・３（上２面）１８９８年当時のブリッゲンの家並みの連続ファサード。上が西側、下が道を隔てた東側　図21・４（下）配置平面図、中央の広い道の右側が現存するブリッゲンの範囲。１７０２年の大火後に再建された建物群との解説。残念ながら左の半分は１９５５年の大火で焼失し、海側の一列を除く範囲は今はホテルが建てられている　出典：注21・３

に至っている。その建物工事で地中の荷重バランスが崩れ、残されたブリッゲンの木造建物の不同沈下が著しくなっていく。水位も変動し、木の杭や土台部材の腐蝕の問題を抱えることとなったのである。

その歴史的建物群の保存修復のため、62年に市議会の承認のもとでブリッゲン財団が設立され、翌63年に保存修復計画、66年から建物内の掘削調査が開始され、13年間に及び79年まで続けられている。発掘された貴重な遺物や学術記録などは、76年に隣接地に建てられた市立ブリッゲン博物館に保存展示されている。

同時に本格的な修復事業が始められ、すべて往時の技法を再現した伝統工法による補修や部材取り替えなどが行われ、その工事は現在も継続されている。修復の光景は、訪れた人は誰もがガラス越しに見ることができるように設えられ、それも観光に一役買っている。またこのブリッゲンの建物群自体が人類共通の文化的遺産として位置づけられ、保存そして補修等は、地元だけでなく、市、県、国、ユネスコを中心とする国際レベルでの連携のもとに行われている。その涙ぐましい復原そして保存のプロセスこそが、多くの人々を惹き付ける港の景観を守り続けているのである。

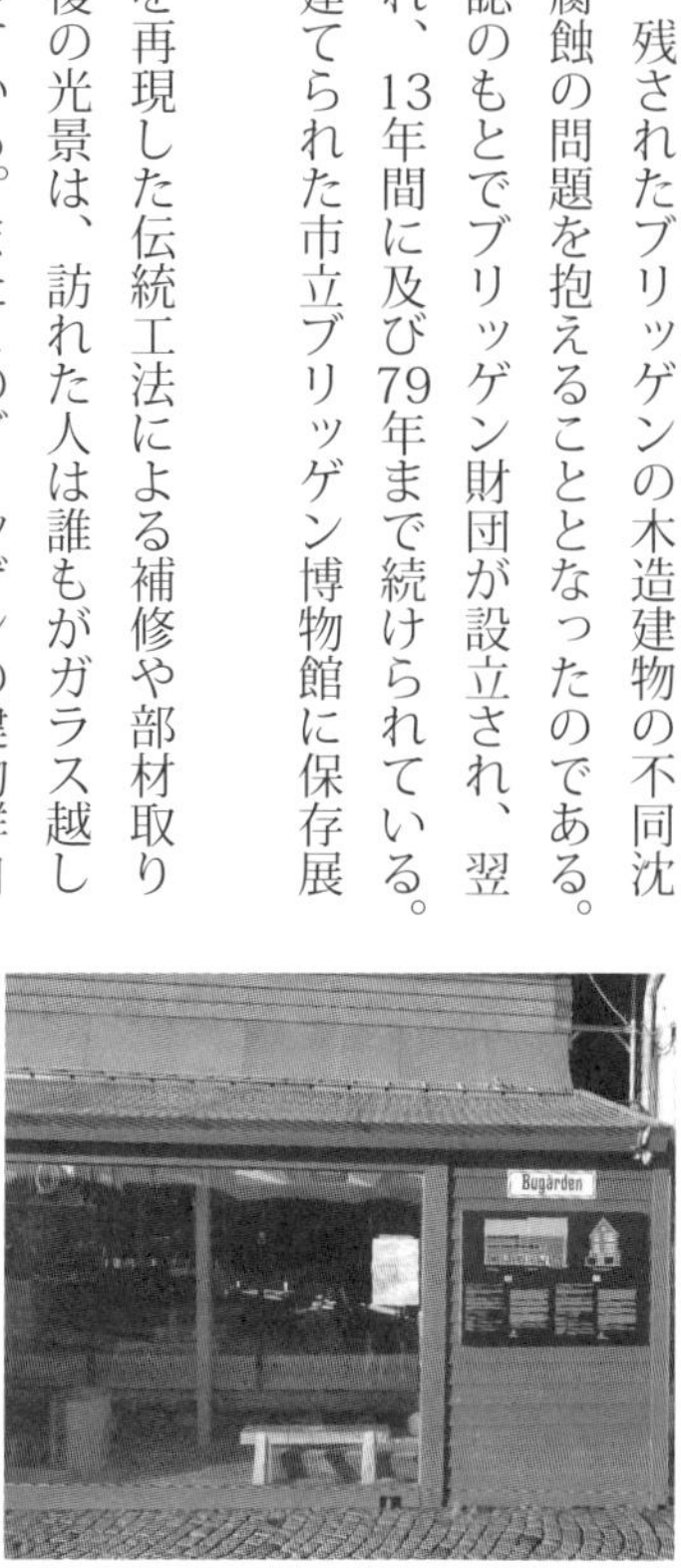


写真20・9　ブリッゲンの改修中の建物。外からガラス越しに改修風景を見られるように配慮されている

写真21・10　20世紀初頭のブリッゲンの棟間の狭い路地状通路。倉庫に保管される樽が多数並んでいる光景　出典：注21・3

写真21・11　上写真とほぼ同アングルの2016年時点での写真。建物は改修されていることがわかる

写真21・12　20世紀初頭のブリッゲンの棟間の通路　出典：注21・3

写真21・13　上写真と同様の通路（2016年）。倉庫がお店になり、通路側の腰壁は撤去されている

写真21-14　フロイエン山の斜面に広がる住宅街の光景

写真21-15　傾斜地の住宅街につながる坂道

写真21-16　坂を下りた港近くの広場ではオープンカフェ・レストランが展開する

写真21-17　魚市場近くの広場では露店が並んでいる

写真21-18　港の最奥部の魚市場前に広がる露店の魚屋さん。多くの市民や観光客が集まる名所となっている

## 3　港周辺の生活街の存在

このブリッゲンを中心とする港の経済活動を支えてきた生活街が周囲の急峻な斜面地に広がっているわけだが、これも天然の良港と評価される港の万国共通の要素である。とりわけ北欧特有のフィヨルド地形を基盤としたこのまちは、急峻な斜面地に刻まれた坂道そして狭く手摺を備えた石の階段が折れ曲がりつつ連なり、そこに木造の下見板張りの瀟洒な住宅群が続く。幾代もの時代を重ねてきたであろう、坂道を行き交う人々そして子供たちや老人の姿がある光景は、このまちの魅力を倍加していく。

ベルゲン市街は港を背にして7つの山に囲まれ、美しい自然のなかに落ち着いた佇まいの街並みを山の上まで作り上げてきたことが、港の周りの遊歩道からうかがい知ることができる。斜面地への住宅地の拡大は港の経済活動の最盛期だった中世から始まり、眺望の開ける高台は19世紀以降、いち早く馬車を用いる富裕層の邸宅となり、20世紀初頭の自動車時代の幕開けとともに一般住宅地としても開発されていったようである。その流れは、60年代以降のベルゲン周囲の郊外ニュータウン開発期に大きく展開していく。

なかでも中心市街至近のフロイエン山は、豊かな山麓の自然に恵まれ、邸宅街としての価値観を共有する住民による協定締結によって景観が守られ続けてきたと伝え聞く。その高い評価は、２０１３年に公開されたディズニー映画「アナと雪の女王」のモデルとなったことが証明している。港町の市街の全貌を把握するには、１９１８年に開業したフロイバネンのケーブルカーに乗り、山頂の展望台から一望すれば、豊かな自然のなかに凝集された市街の密度感を理解できるであろう。このケーブルカーは市民の生活の足として造られ、それが現在の観光にも用いられている。

坂を下った湾の付け根の港の前には魚市場や露店が並び、多くの地元市民や観光客で賑わっている。その周囲にはシーフードレストランや様々な飲食店、カフェがある。港を囲む生活街の存在が、このまちの豊かさを象徴するような、活気ある光景につながっているのである。

## 4　19～20世紀の大火復興後の中心市街

港から数百ｍ南側の緩やかに上り傾斜するトルゲアルメンニンゲン広場（Torgellmenningen）の周辺には、狭い街路に木造家屋の連なる周囲の市街地とは全く異なる、商業業務街として実に整った街並みが続いている。この広場は１８５５年の大火後の復興計画によって一種の火除地として拡幅され、

写真21‐19　魚市場前の露店風景。露店とはいえ冷凍装置は備えている

写真21‐20　新しく整備された魚市場に併設された飲食店

写真21‐21　街並みの整ったトルゲアルメンニンゲン広場を行き交う多くの市民の姿

写真21‐22　トルゲアルメンニンゲン広場の夜景。遅い時間まで市民の姿がある

写真21‐23　トルゲアルメンニンゲン広場に置かれたベンチで休憩する市民の風景

写真21‐24　オルブル広場の青い石のオブジェはベンチにそして遊具に自由な使い方がなされている

周囲にはレンガ造の街並みが形成されている。20世紀初頭の写真では、広路には路面電車軌道が幾筋も走り、周囲は繁華街となっていた様子が伺える。83年に鉄道ベルゲン線（オスロ～ベルゲン間496km）が開通し、同広場から東側約2kmの位置にベルゲン駅が開設され、周囲に新市街が形成されていく。

１９１６年にも大火が発生するが、その復興では、同広場の南側にT字形に直交するオルブル広場（Ole Bulls plass、注21‐4）、西側の国立劇場（Den Nationale Scene）、東側のバイパルケン（Byparken）と8角形の小ルンゲコース湖周囲のフェストプラッセン（Festpiassen）、その2つの連続する公園、これらが新たな東西方向のオープンスペース軸を構成するように計画されていく。これが現在の中心部の都心イメージを形づくったとも言え、その間、フェストプラッセンの北東側に１９１３年には現在のベルゲン駅舎が建築されている。

そして第二次大戦終結から10年後の55年、１８５５年の大火の百年後、前掲のブリュッゲンの西半

写真21‐25　フェストプラッセン公園から音楽パビリオンを望む

写真21‐26　オルブル広場に置かれたオルブルの像と水景施設

注21‐4　オルブル広場（Ole Bulls plass）：17年に当時の著名なバイオリニスト・作曲家のオルブルに因んで命名された。広場内に彫像が置かれている

分を焼失させた大火は、このトルゲアルメンニンゲン広場一帯をも、再度襲うこととなる。その再復興計画によって、周囲には連続的な鉄筋コンクリートの街並みが形成されていく。それは当時の世界の近代建築による防火建築帯建設の流れとも符号する。同年代に造られたわが国の防火建築帯は、多くが中心市街の空洞化や高容積への転換の流れの中で解体・建て替えの憂き目にあるが、このベルゲンの中心部の建築帯の街並みは健在で、実に美しく維持され続けている。

その後、60年代以降の欧州諸都市における中心部の歩行者空間化の流れの中で、この広場から自動車が排除され、歩行者広場へと変身を遂げる。今ではトルゲアルメンニンゲン広場では様々なイベントが行われ、多くの休憩する市民の姿を見かけることができる。

また同広場と交差するオルブル広場は86年に改造され、93年には長さ9mの巨大な青い石のオブジェ（作者：Asbjørn Andersen、93年）を配置する際に再改造が行われている。この台座も含め、多くの市民や子供たちの格好の遊び場や休憩場所になっていた。まさに2つの軸線の交点でのランドマークとなる彫刻オブジェだが、これも新たなまちのレファレンスポイントとなっている。実はこの広場は、デンマークの都市計画家ヤン・ゲール（Jan Gehl）の著書『New City Spaces』に紹介が掲載されていた。筆者のこのまちの訪問の目的のひとつではあったが、欧州の中心市街の道路の歩行者空間化は、今ではどこでも当たり前の風景なのである。その他、このまちでは新たに新型トラムのライトレールが2016年に開業し、空港からは約45分で結ばれることとなった。

世界遺産ブリッゲンの保存修復、魚市場一帯の賑わい、美しい自然の周囲の山々、都心の街並みと歩行者街路網、これらが連動した形で、ベルゲンのまちづくりは着実に進行してきた。それが多くの内外からの来街者を誘うことで、地域経済に大きな貢献を果たしているのである。

写真21-27　1916年の時点での現オルブル広場　出典：la reconquesta de la reconquessta d'EUROPA 1980-1999

写真21-28　オルブル広場から北西側の国立劇場を望む。手前の石が巨大な青い石のオブジェ

# 第22章　ハンブルグの先端的都市開発ハーフェンシティ（ドイツ）

中世からのドイツを中心とするハンザ同盟都市の代表格ともいえるハンブルグの港において進行中の、世界最大規模のウォーターフロント開発地「ハーフェンシティ（Hafen City）」。このプロジェクトは1989年のベルリンの壁崩壊、東西ドイツの再統一直後からスタートしたという意味では、後発組であるがゆえに、随所に先端的な試みがなされている。ここは、近年多発する高潮洪水に対し、長大な高い連続式堤防を築くのではなく、日常的な水面への近接性を追求すべくあえて水際歩道の「水没」を許容する前提の街づくりが注目に値する。

## 1　ハンブルグ港の位置と「ハーフェンシティ」

ドイツ北部の北大西洋、北海沿岸に位置する港湾都市ハンブルグは、エルベ川河口から内陸に約110㎞の位置にあり、港（Hafen）の存在によって古くからハンザ自由都市として栄えてきた。人口は約180万人（都市圏人口約350万人）、港湾荷役高は国内随一、欧州ではロッテルダムに次ぐ第2の国際貿易港である。水に恵まれた立地から「北ドイツのベニス」とも言われ、アルスター湖やエルベ川に通じる多くの運河水路や水門の存在が、低地の水を治めつつ市街を拡大してきたまちの歴史を物語る。

写真21-1　多くの人々を惹きつけるハーフェンシティの水際遊歩道

ハンブルグのまちの成立は6世紀頃とされるが、その位置はエルベ川の支流アルスター川とビレ川の合流点で、現在の市庁舎の南の聖ニコライ教会あたりとされ、7世紀末には外敵からの攻撃に備えるべく城砦が築かれていたとされる。9世紀初頭にカール大帝の支配下に入り、北ヨーロッパのキリスト教布教活動の要衝地点となり、832年の史料にハンマブルク（Hammaburg）の地名が記され（注22-1）、これが現在の都市名につながっている。13世紀になり、聖ニコライ教会の南に新たな掘込運河状の港ニーダーハーフェン（Niederhafen）が拓かれ、ここがハンザ同盟の拠点港として発展していく。それに伴って増える人口を支える飲料水確保と洪水対策のためにアルスター川は堰き止められたが、これが現在のハンブル

写真22-2　ハンブルグの多くの市民や観光客で賑わう内アルスター湖の広場

写真22-3　中心部のニーダーハーフェン近くのダイヒ通りの飲食店街の路上カフェ・レストラン

写真22-4　ニーダーハーフェンにつながる新しいビンネンハーフェンの船着場

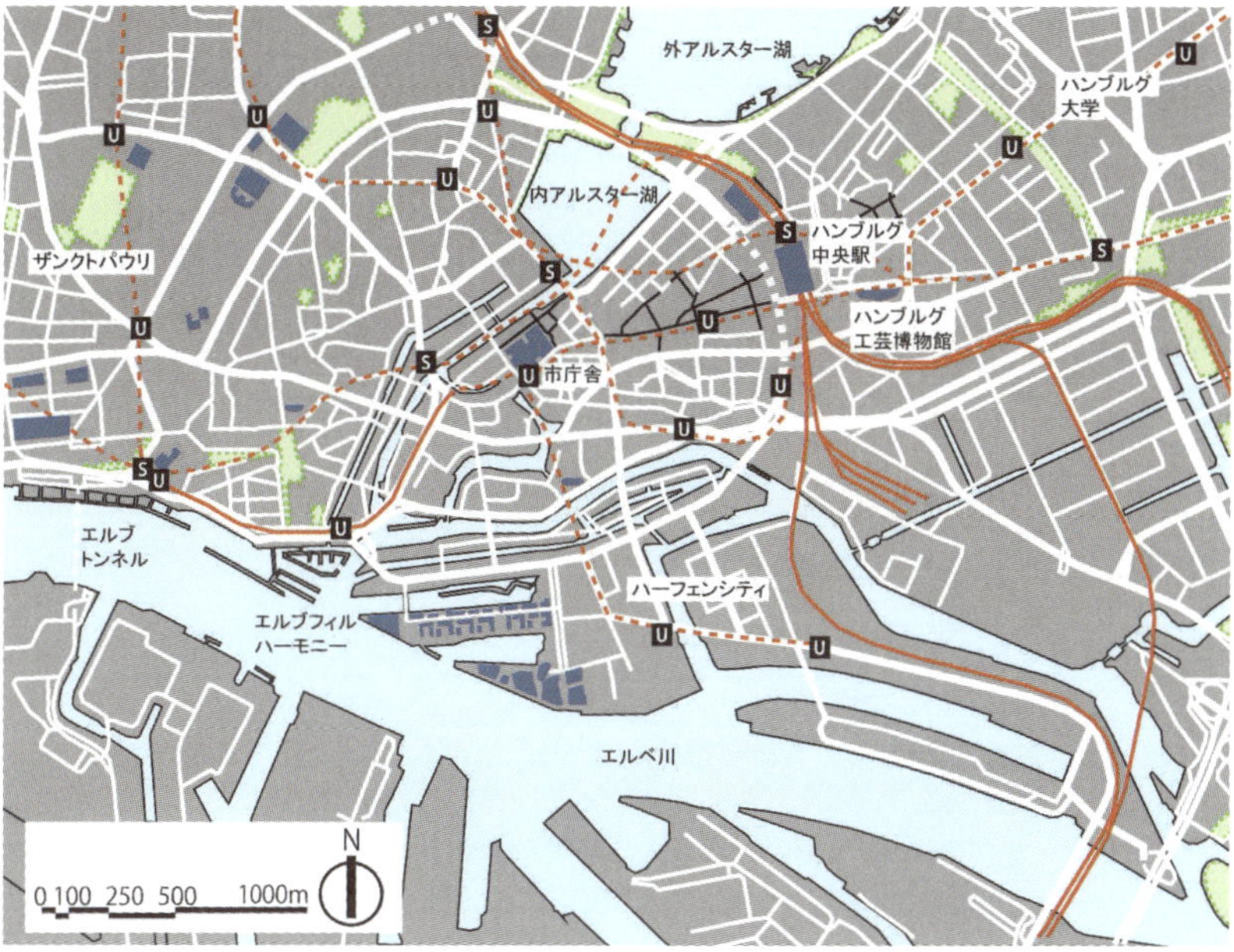


図22-1　ハンブルグ中心部におけるハーフェンシティの位置図

グの憩いの空間となった内アルスター湖と外アルスター湖の起源である。その後15世紀に至り、エルベ川河口までの航路標識設置などの基盤整備によってハンブルグ港の荷役は拡大していく。17世紀には隣のリューベック港を凌ぐ立場となり、都市の環濠城塞化が進められたことが幸いして中欧に勃発した30年戦争の戦禍にも遭わず、発展を継続することとなった。19世紀に至り、クレーンを備えた革新的な港湾技術の粋を集めた近代港湾が整備され、エルベ川に面するスタンドトルフハーフェン（Standtorfhafen）、グラスブルーク（Grasbrook）、バーケン（Baaken）などの埠頭が続々と建設される。背後地にシュパイヒャーシュタット（Speicherstadt）のレンガ倉庫街が造成され、それが現在のハーフェンシティの再開発地区につながっていく。

その間の１８４２年、ニコライフリート近くから発生した火災は、中心部が大きく焼失するハンブルグ史上最大の大火となる。その復興計画に基づいて造られたのが、現在のハンブルグ市庁舎やアルスターアルカーデン（Alsterarcaden）などの街並みであり、それを機に旧港から新港へと港湾機能はシフトしていく。それに拍車をかけたのが、大火の同年のドイツ初のハンブルグ・ベルゲドルフ鉄道開通であり、46年にはベルリンまで延伸され、現在のハンブルグ中央駅も開設される。鉄道は新港へとつながれ、臨港鉄道を併置した近代港湾の港湾荷役量は格段と増加していくのであった。そして港湾機能を喪失した掘割は、20世紀以降、次第に埋め立てられ道路に転用されていく。

あらためて「ハーフェンシティ」を再確認してみよう。ここはハンブルグ都心に近接し、市庁舎そして鉄道の中央駅からわずか８００m先に位置する、かつての保税地区の港湾倉庫街である。19世紀のドイツ繁栄期、川の細長い中州に幾筋もの掘込運河と倉庫・ドックが築かれた。当時世界最新鋭と言われたレンガ倉庫群が保存され、リノベーション、コンバージョ

注22-1　ハム（ham）は古ザクセン語で河岸、湿地を指す。ブルグは街・都市を意味する

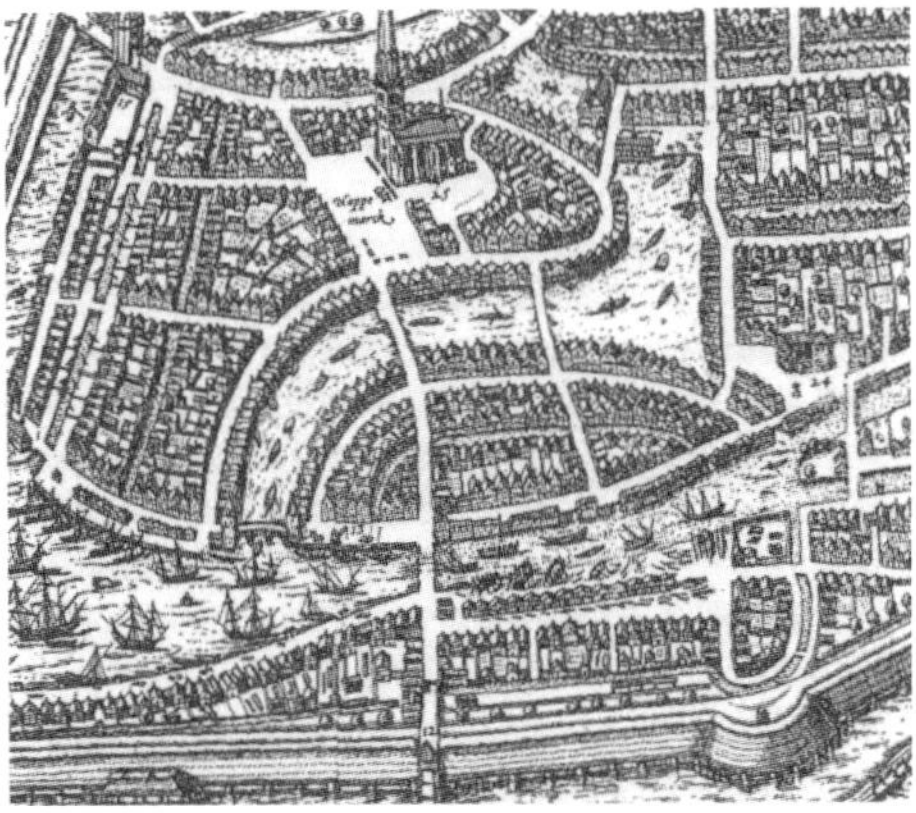

図22-2　ニコライフリートを中心とするハンブルグの鳥瞰図（16世紀）　出典：ドイツ都市地図刊行会「中世ドイツ都市地図集成1000～1657」東京遊子館、2004年（北ヨーロッパ港町研究、法政大学陣内秀信・石神隆監修・掲載論文「ハンブルグの港湾空間の形成とその発展、衰退、再生」長屋静子著（注22-2）、より転載）

ンが進められる一方で、川の前面の一帯には、きわめて斬新なオフィス・住居等の複合都市が建設中である。計画区域面積157ha、就業人口4万5千人、計画住宅戸数6千戸、計画人口1万2千人、計画延床面積232万㎡を予定し、ベルリンの壁崩壊の89年から市によって計画が進められ、2000年のマスタープラン承認の後、01年から着工、全体の完成が25年の予定となっている。

## 2 自然との共存を目指したハーフェンシティ

港が川を遡った位置に存在するのには訳がある。欧州の北海地方は元来、日常の干満による潮位差に加え、冬の強大な低気圧、強い季節風と結氷、海流の蛇行、そして上流からの大量の降雨などで、極度に海面が上昇する高潮洪水という自然現象が起きやすい。これを回避しうる位置に港が拓かれて

写真22-5 アルスターアルカーデンから望む市庁舎と市庁舎前広場、階段護岸

写真22-6 1842年の大火復興計画で造られた水際のアルスターアルカーデンのアーケード街

写真22-7 シュパイヒャーシュタット（Speicherstadt）のレンガ倉庫街

写真22-8 エルベ川沿いに旧港ザンクトパウリから見た倉庫街シュパイヒャーシュタットと市街

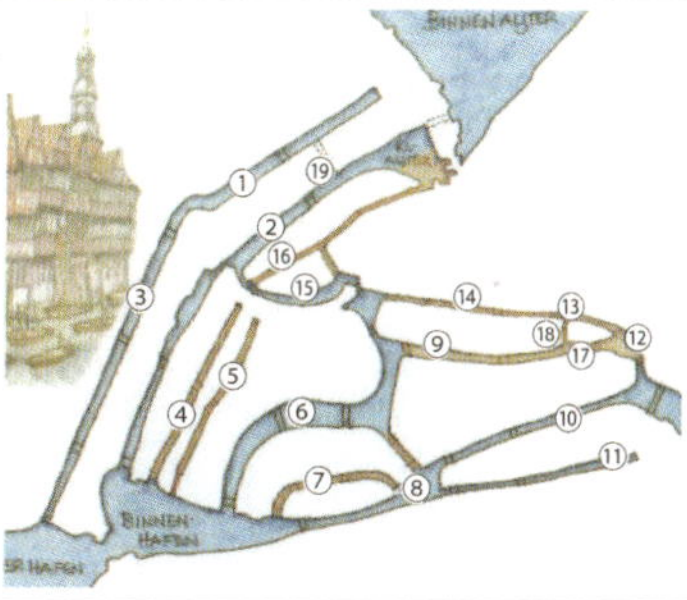


①ブライヒェン水路
②アルスター水路
③ヘレングラーベン水路
④レーディンマルクト水路（現在、上部に地下鉄高架橋・埋立）
⑤ダイヒ通り水路（埋立）
⑥ニコライフリート
⑦カタリーネン水路（埋立）
⑧ステックルフォールン／ミューレン水路
⑨グローニング通り水路（埋立）
⑩ドーベン水路
⑪ワンドラハム水路
⑫クリングバーグ水路（埋立）
⑬王者通り水路（埋立）
⑭パン屋通り水路（埋立）
⑮メンケダム水路
⑯クロスター水路（埋立）
⑰醸造家通り水路（埋立）
⑱ハクスター水路（埋立）
⑲新市壁水路

図22-3 1894年時点の水路網図と現在（埋立） 出典：注22-2（前掲書、数字記号と凡例は筆者再記入）

きたという経緯がある。

しかし20世紀以降は、市街地の急速な拡大や農地拡張などの流域開発が進み、想定外の水位上昇による都市機能のマヒに加え、人的被害なども経験してきた。また北大西洋の海流の大蛇行などの要因、そして冬場の季節風も加わり、潮位は大きく変動していくこととなる。そのなかで62年2月の高潮洪水（Sturmflut Hamburg 1962）は、平常時の最高水位より3・6mもの高さを記録し、61カ所の堤防の損傷・決壊で市内の死者320人という大災害となっている。また76年1月には4・35mもの水位上昇を記録し、市街の多くの範囲が冠水した。ちなみに90年代以降は地球温暖化の影響であろうか、ほぼ2年ごとの頻発状態で、13年1月31日にも発生している（表22-1）。

そのためハンブルグ市街を水害から守るために、市はエルベ川沿いの堤防・水門の高さをNN＋7・3mに定め（図22-4）、連続的な高い堤防の建設を決定した。それに基づき市街を水害から守るための堤防嵩上げ計画を策定し、順次実施に移行する。

その中で例外的に堤防嵩上げ対象外とされたのが、ハーフェンシティを含む中州の区域一帯であった。理由

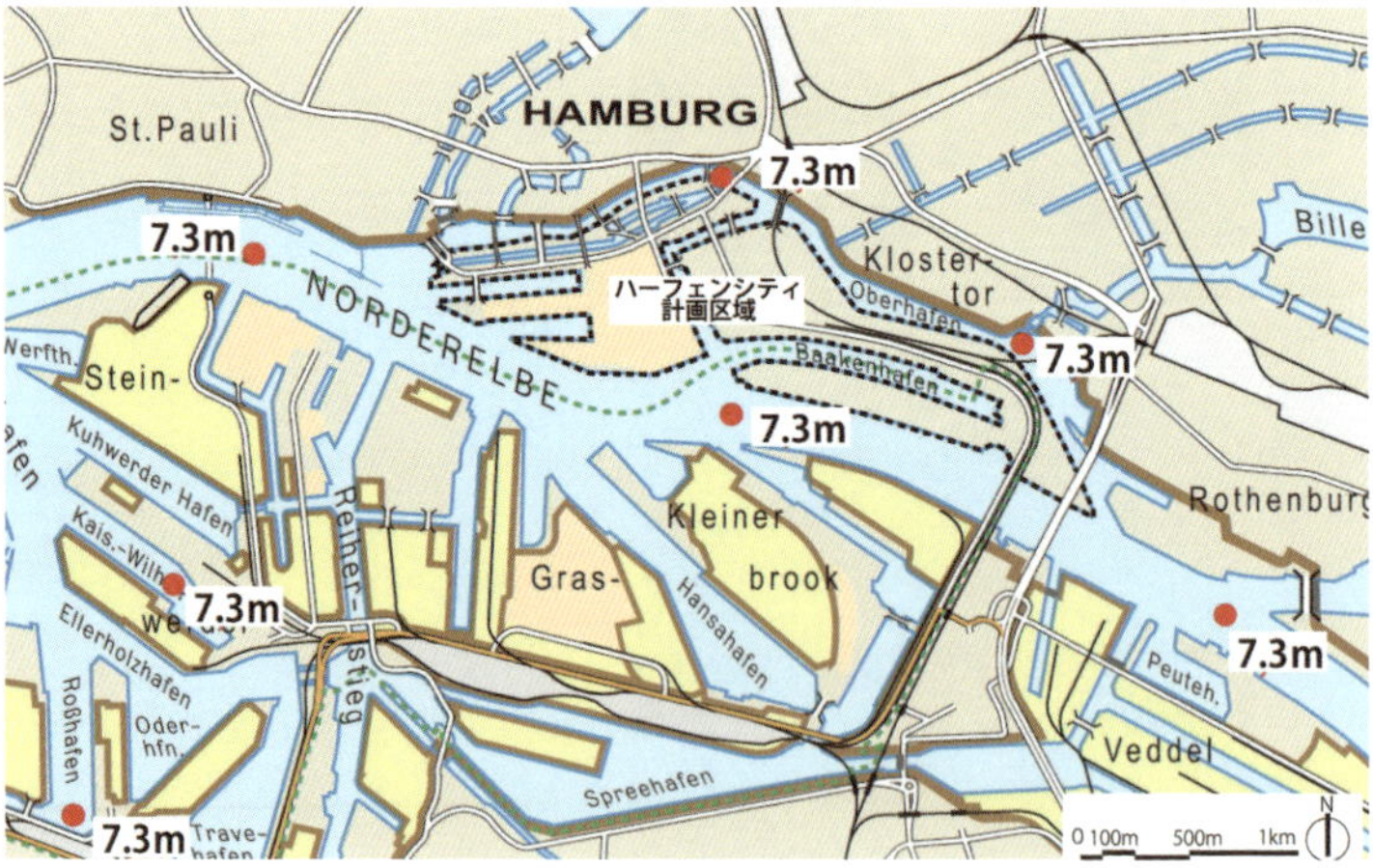


図22-4 ハンブルグ市内堤防計画図2008年 出典：Sturmflut-Hamburg-Hochwasser-Hamburg http://www.pro-wohnen.de/Hochwasser/Sturmflut-Hamburg-Hochwasser-Hamburg.htm（注22-3）

表22-1 ハンブルグ市内の主な高潮洪水 発生年月日と最高水位

| 日付 | 水位 |
|---|---|
| 1825年2月3～4日 | NN＋5・24m |
| 1855年1月1～2日 | NN＋5・11m |
| 1962年2月16～17日 | NN＋5・70m |
| 1973年12月7日 | NN＋5・33m |
| 1976年1月3日 | NN＋6・45m |
| 1981年11月24日 | NN＋5・33m |
| 1990年2月28日 | NN＋5・75m |
| 1993年1月23日 | NN＋5・76m |
| 1994年1月28日 | NN＋6・02m |
| 1995年1月10日 | NN＋6・02m |
| 1999年2月5日 | NN＋5・74m |
| 1999年12月3日 | NN＋5・95m |
| 2000年1月30日 | NN＋5・16m |
| 2002年1月29日 | NN＋5・26m |
| 2007年11月9日 | NN＋5・40m |

注・NN：通常干潮時水位＝＋－0・0mと表現、ハンブルグ港の平常時の干満差は概ね3・6m、NN（Normal Null）平均水位＝＋－0・0m、MHW＝平常時最高水位＋2・1m、MLW2・1m、MLW：MNW＝平常時最低水位－1・5m）
出典：注22-3

は、この区域に残る多くの歴史的建物そして護岸・水面を含む土木建築遺産の景観保全であり、日常的な水面との近接性を優先するという決定であった。あえて自然現象である高潮を受け入れ、それを前提としたまちづくりを進めることを選択したのである。

　高い堤防を不採用とした結果、歴史的港湾の景観は保全され、街全体つまり水際線総延長10・5㎞に象徴されるように、すべての建築施設、オープンスペースが水に接するように設えられている。水際線に沿って遊歩道そして広場や公園が設けられ、市民が容易に水面に近づけるように、護岸・遊歩道の高さの多くは従来通りのNN＋4・5mが維持されている。部分的に、より水に近づくための階段テラスや船着き場のポンツーン（浮桟橋）が置かれている。

　このNN＋4・5mの遊歩道レベルは、年に数回つまり数日間は冠水する。しかも、そのレベルに沿ってカフェやレストランが営業し、天気の良い日には屋外にパラソルが置かれ、多くの来街者であふれる光景が出現する。基本的には遊歩道レベルは水没を受け入れることを前提とし、建物用途は店舗などの非住居として、ガラス

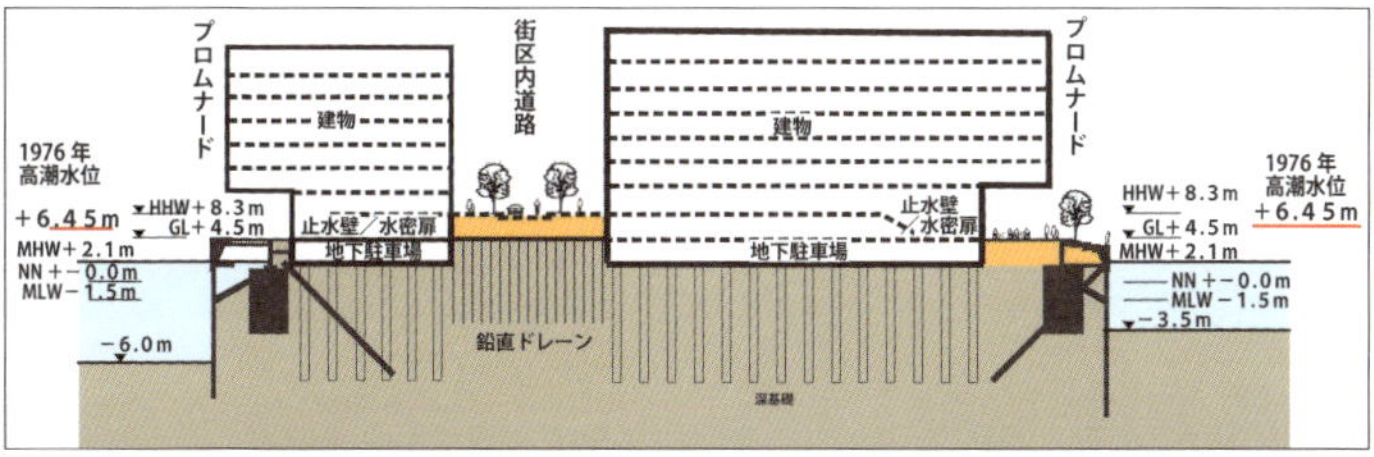


図22-5　ハーフェンシティのアムザントトルカイ・ダルマンカイ地区の護岸・敷地断面解説図。左は歴史的港湾のザントトルハーフェン港、右はエルベ川本流の水面（現地入手資料、各種HP情報をもとに筆者作図）

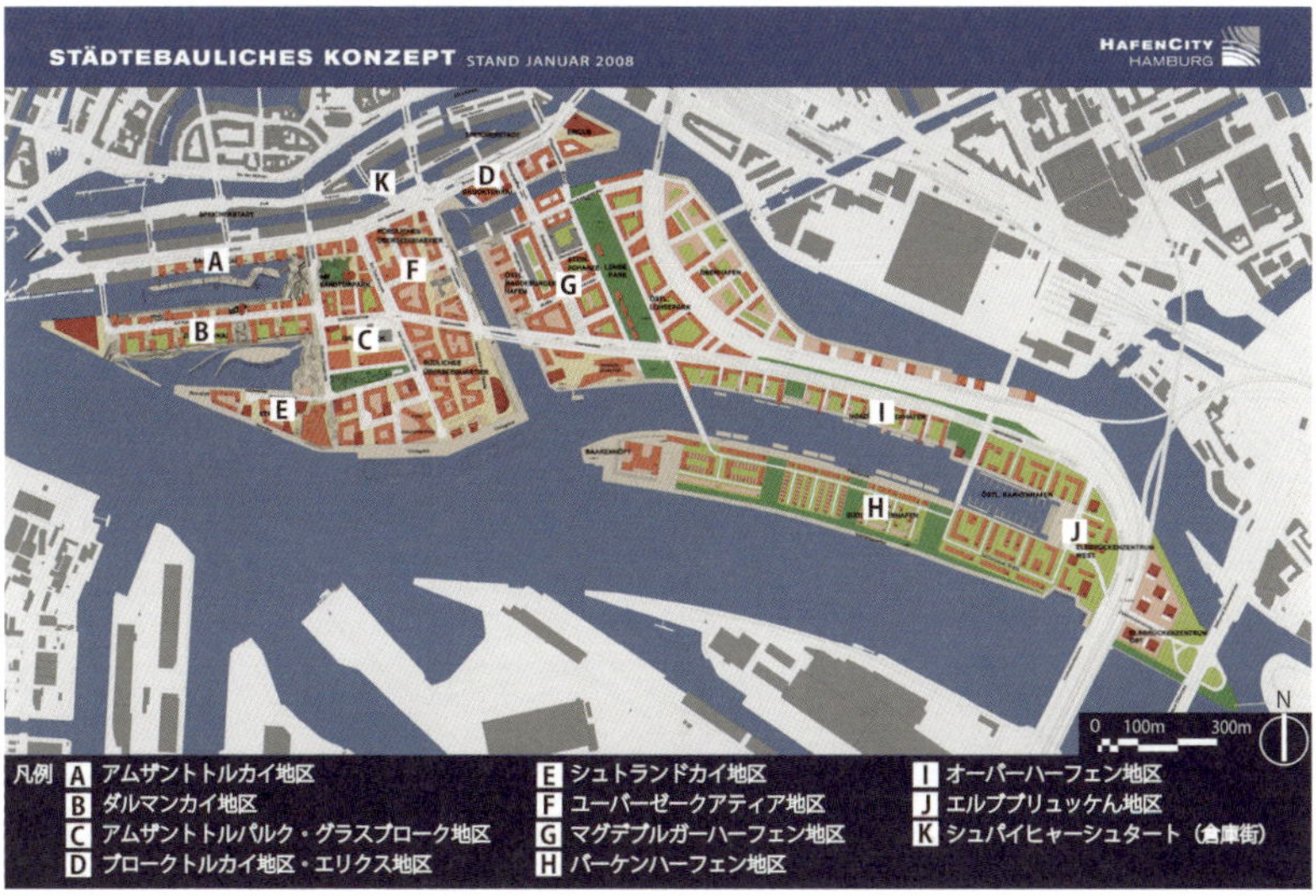


図22-6　ハーフェンシティ全体計画区域マスタープラン　出典：HAFENCITY HAMBURG STÄDTEBAU, FREIRAUM UND ARCHITECTURE

写真22-9　堤防の無いアムザントトルカイ・ダルマンカイ地区の遊歩道と集合住宅群

写真22-10　水際に傾斜したダルマンカイテラスの向こうに見える船着き場のポンツーン

写真22-11　遊歩道レベルの1階店舗前のオープンカフェの傍を行き交う人々の日常風景

写真22-12　店舗の開閉式水密ドアを開店時に開放した状況。高潮時の予報があれば閉鎖する

扉の外側に鋼鉄の水密扉や水族館で使用する水密ガラス窓サッシが採用されている。デザインされたレンガ調の壁面の背後は駐車場となり、ここも高潮が侵入しない仕掛けが施されている。水際遊歩道はたまに水没するとしても、残りの99%の日数は水に親しむことができるという割り切りである。つまり、通常ならば自然災害となる高潮を受け入れることで災害を未然に防ぐという、これこそ自然との共生の姿勢なのである。

ちなみに住居は、上層部の高潮の届かないレベル以上に設けるという立体用途のデザインコードで安全確保を図っている。街区の内側には2階レベルの水没しない高さにもう一本の生活道路が確保され、隣接する街区には橋やペデストリアンデッキなどの通路で結ばれる。つまり年に数日の高潮の際も、何不自由なく生活ができるように設えられているのである。

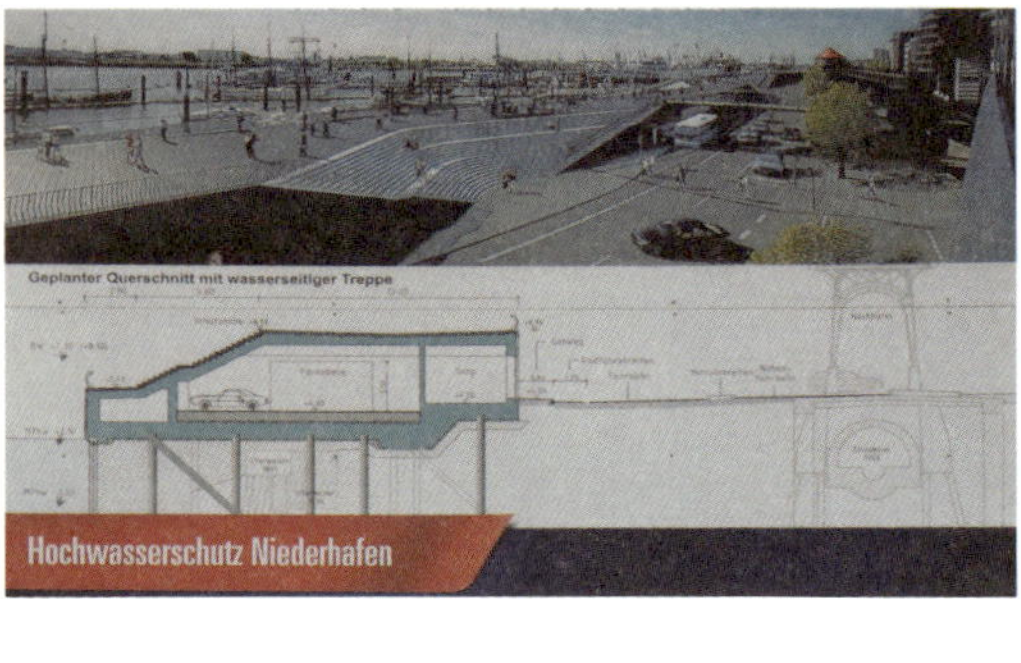

図22-7　ザンクトパウリ地区の市街地側の堤防嵩上げ計画のイメージパースと断面図。現地掲示板を筆者撮影

注22-4　ハーフェンシティマスタープランJV：Team ASTOC/KCAP/Hamburgplan：ASTOC Architects and Planners（http://www.astoc.de/）＋Kees Christiaanse Architects and Planners（http://www.kcap.eu/）＋Hamburgplanのコンソーシアム

## 3　多彩な建築群と先端的なランドスケープデザインの融合

ハーフェンシティの事業主体はハーフェンシティ・ハンブルク有限会社（HafenCity Hamburg GmbH）、そして全体のアーバンデザインプランを担ったのがケルンに事務所を置くアストック・アーキテクト＆プランナーズとロッテルダムのＫＣＡＰのコンソーシアム（注22‐4）であり、99年の国際コンペで最優秀に選定され、全体の計画調整そして全体の都市デザイン指針づくりから各施設設計者との協議も含め、継続的に都市デザイナーとして関わり続けている。

その設計コンセプトは、①既成のまちとの連続性を重視した比較的高密度な職住の用途混在を旨とし、その時代の変化に対応すべく柔軟な方針とする、②ショッピングセンターを設けず、歩行者プロムナードに沿った個店を重視し、ショッピングストリートの形成を促す、③全体を通して建築・ランドスケープデザインなどきめ細かい人間的スケールの空間づくりを行うこと、④歴史性の尊重、に帰着する。これらは、大規模開発が陥りやすい単一用途や大型施設指向のスーパーブロック的なスケール感となることを回避するねらい、と言ってもよいだろう。それは09年に入居が開始された第一期事業区域のアムザントトルカイ・ダルマンカイ地区の人気の高さ、そして居住者からの高い評価がなされていることからも明らかで、ここでは定められた都市デザインコードに基づき各事業者敷地単位に国内外の建築家を設計コンペなどで選定し、低層部には飲食・サービス施設そして上層部を集合住宅とする複合用途の建築群による

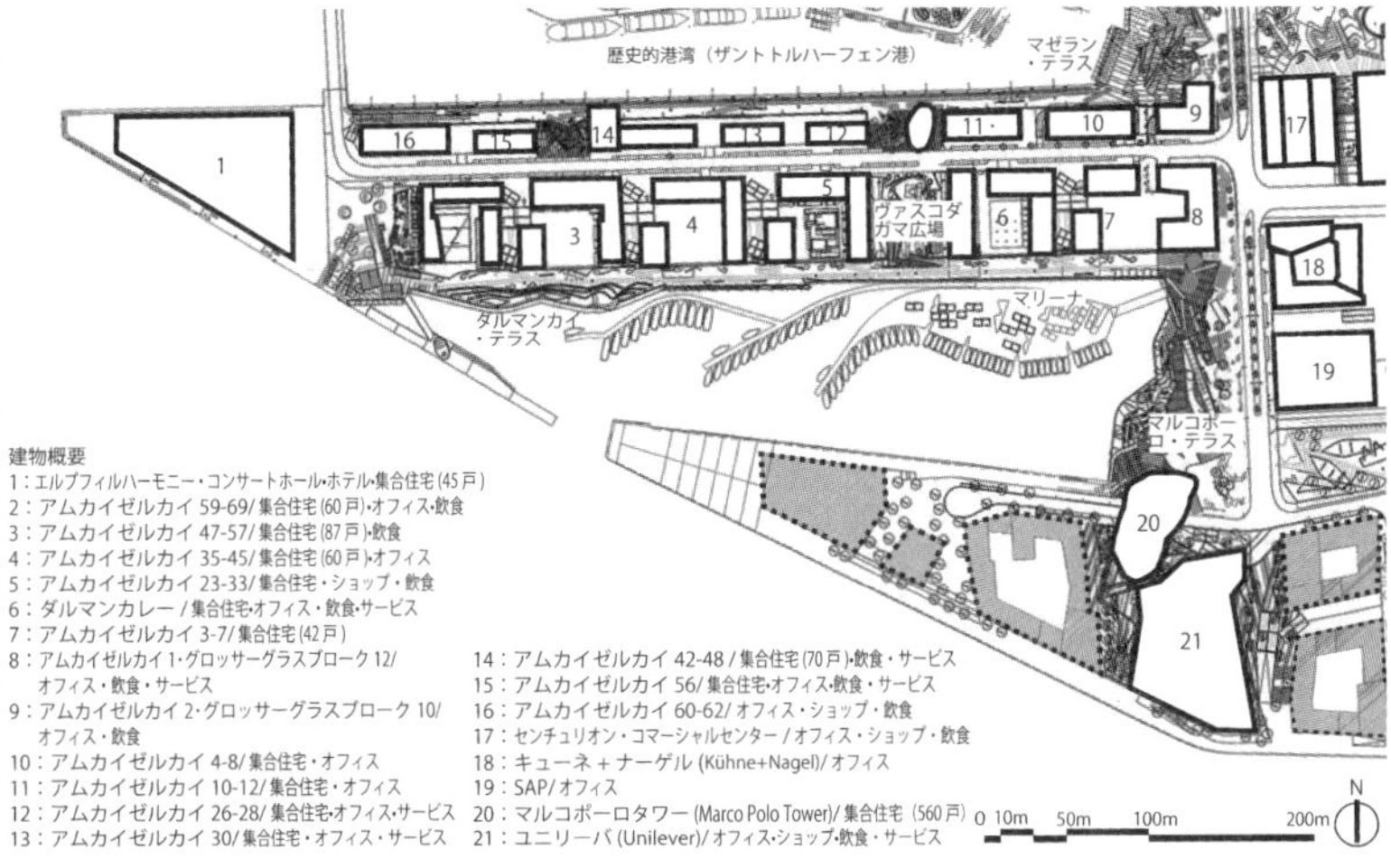


図22‐8　ハーフェンシティ・アムザントトルカイ・ダルマンカイ地区部分平面図　出典：a+t: THE PUBLIC CHANGE Nuevos paisajes urbanos New urban landscapes, 2008、筆者が一部トレースの上キャプション日本語表記、原画 ©Team ASTOC/ KCAP/ Hamburgplan

写真22－13 ヴァスコダガマ広場の階段と正面の集合住宅オーヴァル（設計：Christoph Ingenhoven）

写真22－14 水際遊歩道に置かれた環境オブジェと住民たちの休憩場所となるベンチ

写真22－15 アムザントトルカイ・ダルマンカイ地区の内側の公園風景。2階レベルの高さ

写真22－16 アムザントトルカイ・ダルマンカイ地区の内側の生活道路。ここも2階レベルに相当する

写真22－17 水際のテラス。向こうに見えるのは集合住宅・マルコポーロ・タワー（設計：Behnisch Architekten）

実に個性的かつ斬新なデザインの街並みが形成されている。

そのランドマーク的な存在が、高さ110mのエルプフィルハーモニー・コンサートホール、完成したオーヴァル、マルコポーロ・タワーなどで、それらをつなぎ合わせる意欲的なランドスケープデザインも、その魅力要素となっている。このランドスケープデザインも国際設計コンペを勝ち抜いたスペインの建築家、EMBTのベネデッタ・タグリアブエを代表とする設計チーム（注22－5）の作品群である。随所に階段状のテラスを設けつつ、通行者と居住者の視線の交錯を避けるように設えられ、水没領域と非水没領域とをつなぐ階段や斜路が実に特徴的にデザインされている。そして遊歩道に沿って展開するマルコ・ポーロテラス、マゼラン・テラス、ヴァスコダガマ・テラスと名付けられた個性的な広場が、連続遊歩道の一種の節目ともなっている。

マリーナのグラスブロークハーフェン港や歴史的港湾のザントトルハーフェン港には船舶が行き交

注22－5 EMBT Arquitectes Associates＝Enric Miralles - Benedetta Tagliabue／エンリック・ミラーレス＋ベネデッタ・タグリアブエ（スペイン、バルセロナ）。http://www.mirallestagliabue.com/

い、観光用の帆船やボートも浮かぶ。周囲には木陰を提供する樹木が配置され、足元には地被植栽があり、デザインされた街灯、ベンチなどのストリートファニチャー類、可動式の椅子やデッキチェアが置かれる。そこに休む人々の光景も含め、実に質の高い屋外空間が創り出されている。

## 4　歴史的資産の活用と環境先端都市

ハーフェンシティのもうひとつの魅力は、歴史的資産の再生と活用であろう。そもそもハンブルグの都市発展の基盤はこの港からもたらされた富に由来し、それが時代の先端を行く建物群の建設につながってきた。その象徴が、前掲の世界最大級の赤レンガ倉庫街のシュパイヒャーシュタットで、延長は約1・5㎞にも及び、総延床面積63万㎡と言われる。倉庫街の建物群は全面的に保存され、博物館、美術館、オフィス、ホテル、住居、ショップ、レストランなどの様々な用途にコンバージョンされつつある。当然のことながら、ここでも1階は水没に対する備えが建物ごとに講じられている。

ハーフェンシティの巨大な全体模型が置かれているインフォメーションセンターも、ケッセルハウス（Kesselhaus）という19世紀の発電所の建物をコンバージョンしたもので、その背後の歴史的港湾ザントトルハーフェン港には、上層の倉庫階から荷物を上げ下ろしした歴史を物語る証である巨大な古いクレーンが保存されている。こうした産業遺構を将来にわたって繋いでいくことを、このまちは選択したのである。

保存と先端性の融合の典型とも言うべき施設が、前掲のエルプフィルハーモニー・コンサートホール（設計：Herzog & de Meuron）である。その低層階の赤レンガの外壁こそ、1866年築の古い倉庫「埠頭倉庫A（Kaispeicher A、原設計：Werner Kallmorgen）」の活用であり、上部のガラス体とのマッチング

写真22-18　エルプフィルハーモニー・コンサートホール、低層階の赤レンガの外壁こそ1866年築造の古い倉庫・埠頭倉庫A（設計：Herzog & de Meuron）

写真22-19　水面から望むエルプフィルハーモニー・コンサートホールの外観

写真22-20　19世紀の発電所ケッセルハウスを改修したハーフェンシティ・インフォメーションセンター

写真22-21　インフォメーションセンターのホールに置かれた巨大なハーフェンシティの完成模型

写真22-22　保存されコンバージョンが進められている倉庫街シュパイヒャーシュタットの赤レンガ建物

写真22-23　港であった記憶を留める保存された巨大なクレーン

もこの街に実にうまく溶け込んでいる。もう一つの赤レンガのランドマーク施設・国際海事博物館も、1879年築の埠頭倉庫B（Kaispeicher B）の活用である。

環境技術立国を標榜するドイツだが、ここハーフェンシティには随所にその進取性が盛り込まれている。それは$CO_2$排出量を抑えた熱供給システムや、省エネ仕様を競う建物群に見られ、これら様々な努力を重ねた多くの建築が、国内最高級のエコラベル金賞を受賞している。

このように、ハーフェンシティのまちづくりは実に先端的である。全体の完成はまだ先のことだが、おそらく21世紀を代表する魅力的な都市空間ができあがることと見たい。半世紀前に警鐘を鳴らしたジェイン・ジェイコブズの教えを現実の建築・都市計画に採り入れた欧州諸都市においても、最前線のまちをこのハーフェンシティに見たような気がする。それに対し、未だに近代都市計画の呪縛から抜け出せないわが国と大きなギャップを感じるのは、筆者だけではないだろう。

写真22-24　シュパイヒャーシュタットの水面の両側に連なるレンガ倉庫街

写真22-25　ハンブルグ港の旧旅客船ターミナル（1900年築）ランドゥングス・ブリュッケン揚陸桟橋（右）と工事中のエルプフィルハーモニーの遠景

そして17年1月11日、コンサートホールはエルプフィルハーモニー・ハンブルグ（Elbphilharmonie Hamburg）と命名されてグランドオープンを迎えている。「第二次世界大戦後の文化と知の再建を目的にＮＷＤＲ（北西ドイツラジオ）のオーケストラとして創設された」という歴史を有する楽団が、ＮＤＲエルプフィルハーモニー管弦楽団と改称し、エルプフィルハーモニーのレジデント・オーケストラとして本拠をそこに置くことが同日発表されている。このホールが新たな北ドイツの芸術文化の発信拠点となることを宣言したのである。

あらためてここを18年8月に訪れたが、このホールでの演奏会は数ヶ月前にはすべて売り切れという実に驚異的な人気を誇っていた。そしてこの巨大な塔状の建築が水面に浮かぶように屹立するさまは、かつて訪れたことのあるシドニーのオペラハウスを見たときに勝るとも劣らない感動を甦らせてくれた。まさに現代版の帆船、すなわち水辺のランドマークとも言うべき存在となっている。そして、この街を訪れる人々に対し、このハーフェンシティのまちづくりの素晴らしさを享受させることを確信したのである。

写真22・26　エルプフィルハーモニーの建物内部のホール階のホワイエからエルベ川を望む

# 第23章　スプリト港のリヴァ・プロムナード（クロアチア）

これまでのイギリス、オランダ、北欧、ドイツの都市から、地中海海域・アドリア海沿いのダルマチア地方最大の歴史都市、スプリトに話を転じることとしよう。現在はクロアチアに属するこのスプリト（Split、伊 Spalato、人口約17万人、都市圏人口約40万人）も、第二次世界大戦後は、約半世紀続いた統合時代の旧ユーゴスラビアの共産圏の都市であった。現在はセルビア、ボスニア・ヘルツェゴビナ、クロアチア、マケドニア共和国、スロベニア、モンテネグロ、コソボの7つの国に分かれたが、筆者がここを訪れたのは旧ユーゴ時代の１９７６年、二度目はそれから40年あまり後で、これはその再訪記録でもある。これは後に知ったことだが、このスプリトを含む同国南部のダルマチア地方も、９世紀には北欧ヴァイキングの末裔、ノルマン人の支配下にあり、かたや古代ローマが北海に進出するなど、全欧州は舟運を介してつながってきたことが判る。

このスプリトの港町に２００７年、リヴァ・ウォーターフロントプロムナード（Riva Waterfront Promenade）という素晴らしい遊歩道が完成した。世界的に知られる古代ローマのディオクレティアヌス帝（注23－1）の宮殿遺構の前面に連なる臨港道路が交通閉鎖することによって誕生した、見事な歩行者空間であった。以前と比べ、まちは見違えるように整い、そこに展開する露店そしてプロムナードは多くの市民の居場所となっていた。ほぼ40年ぶりに訪れたこの街の新旧対比の画像を比較すれば、歴史的遺構の保存修復と生活街の再生、そしてウォーターフロントプロムナードの成功を示す、

写真23－１　スプリトの市街を西側の高台から望む（１９７６年撮影）

注23－１　ディオクレティアヌス帝：２４５頃～３１３年、ローマ帝国テトラルキア時代初代皇帝（在位２８４～３０５年）。新たに帝国の四帝分治制―帝国を東西に分け正帝・副帝をおく四分割統治―を導入し、軍人皇帝時代を終わらせ、帝国を再建した

何よりの証拠となるに違いない。

## 1　世界遺産「ディオクレティアヌス宮殿」遺構と生活街の再生

この遺構と都市の関係については、平和な島国に暮らす私どもには理解し難いかも知れない。多くの民族そして宗教が行き交う欧州のバルカン半島においては、永らくの間、城壁こそが都市住民の生命と経済活動を保障する存在であり、城壁の内側＝都市にほかならなかった。

古代ローマのディオクレティアヌス帝は、3世紀末に皇帝の座に就き、内戦を鎮め、在位を20年期間と公約し、その間に帝国の安定をもたらして後の古代ローマの繁栄の基盤を作る一方で、キリスト教の布教を弾圧したことでも知られる。退位後の隠居先に故郷のサロナに近いこの地に宮殿を築いた

写真23－2　鐘楼から望むスプリト市街。真下はディオクレイアヌス帝宮殿遺構内の住居群

写真23－3　ディオクレイアヌス帝宮殿遺構の「銀の門」。通りにはお店も立地している

写真23－4　青銅の門から続く宮殿のペリスティル空間（列柱広場）。多くの観光客が集中する中心広場

写真23－5　リヴァ・プロムナードのお店の背後の宮殿遺構の外壁面。住居となっていることが判る

写真23－6　1976年当時のリヴァ通り。当時は車の通る普通の臨港道路であった

写真23－7　完成したリヴァ・ウォーターフロントプロムナード。撮影はプロムナード完成6年後の2013年

図23-1 スプリト中心部におけるリヴァ・プロムナードの位置図

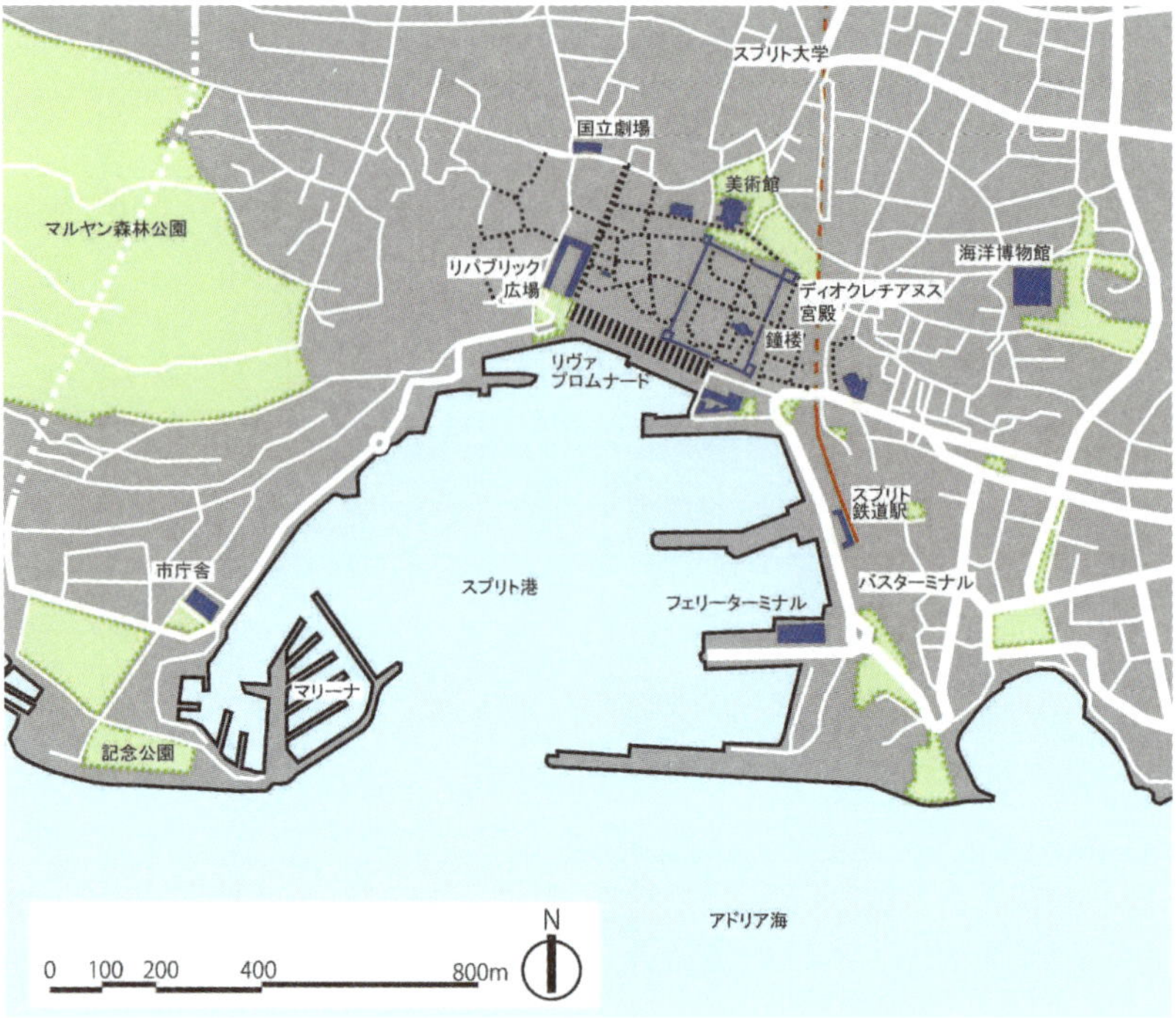


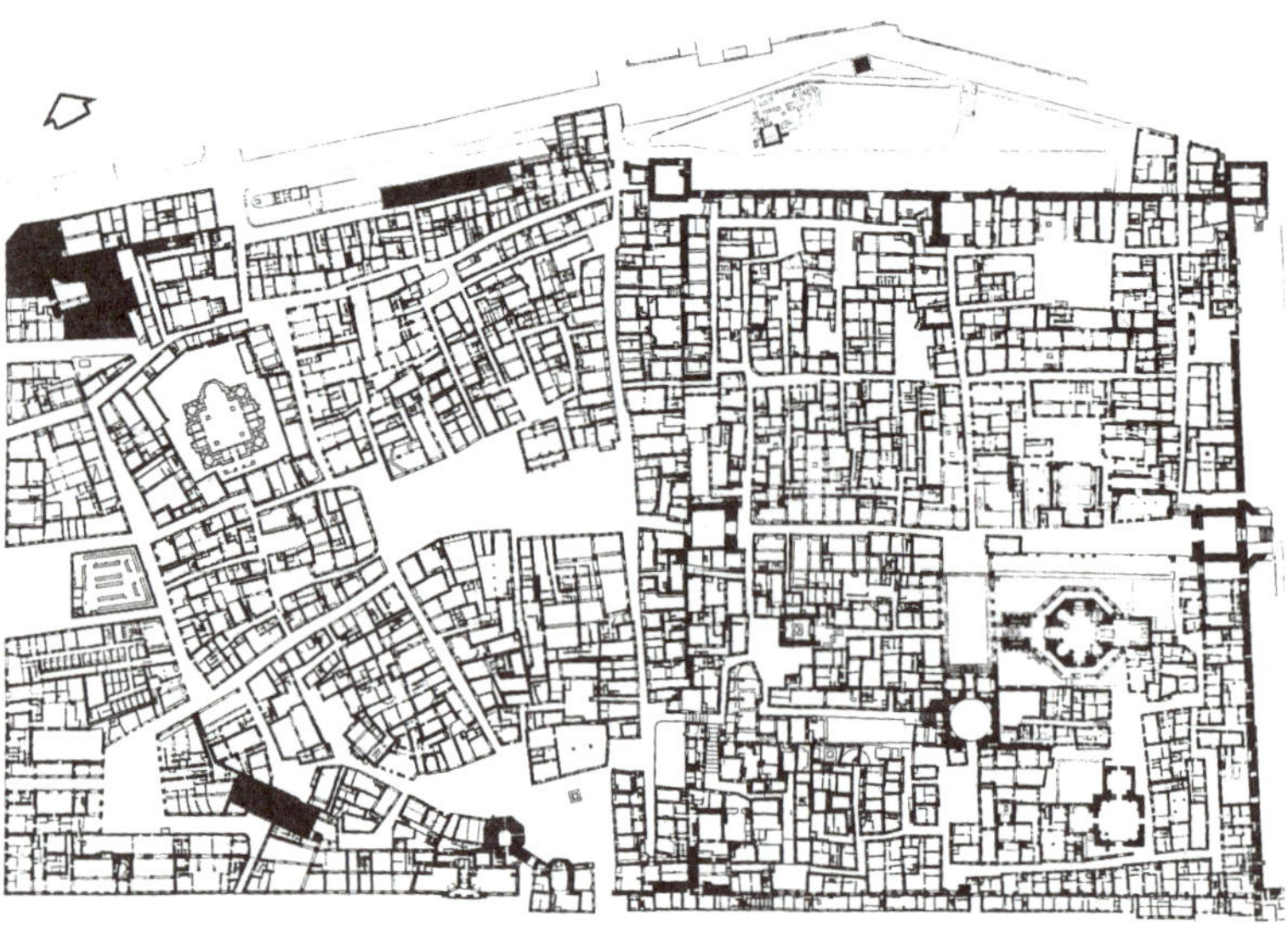

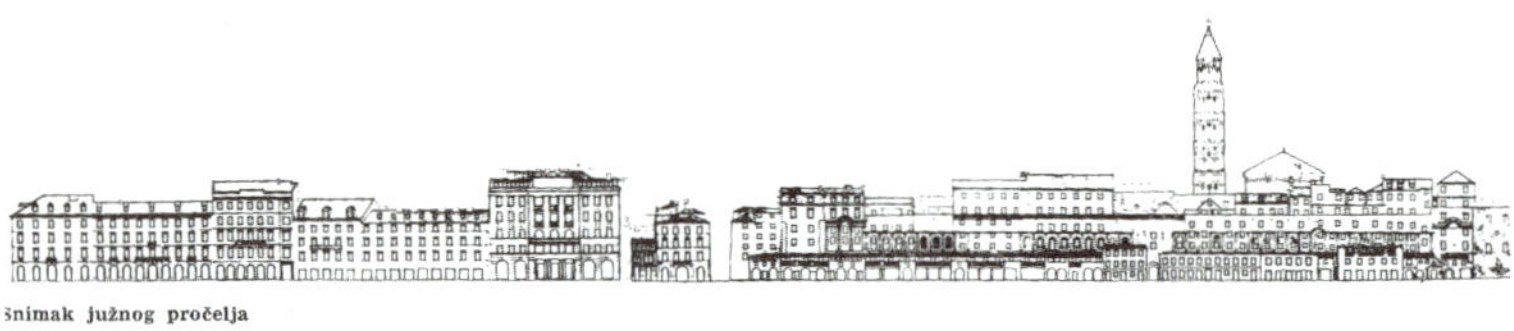


（上）図23-2 1966年調査時点でのディオクレチアヌス帝宮殿遺構の状況 出典：The Conservation of European Cities; Donald Appleyard（編）The MIT Press（出版）1979（注23-2）／（下）図23-3 同 海側からの連続ファサード図 出典：注23-3

ことがまちの始まりで、高い城壁が四方を囲み、４つの門と居室群、霊廟、３つの神殿などで構成されていた。

　時が経過し、7世紀のスラブ人侵攻で追い立てられた人々が、主の居なくなったこの宮殿跡に移り住み、それが千年以上もの時を重ねて完璧な居住区へと改造されてきた。そもそもこの宮殿内には南の海側に皇帝一族の住居、北側に従者たちの住居が配置され、飲料水などに事欠かなかったことも幸いしたという。東ローマ帝国時代の平和の到来する11～14世紀頃に西側への市街拡張が行われ、後にヴェネチア共和国の版図となった17世紀頃には外側に新たな星形の城郭を備える城塞都市の形態となり、19世紀そして20世紀以降の都市発展期へと遷移していく。その間にこの地はセルビア王国、オスマン・トルコ、ハンガリー王国、オーストリア帝国、オーストリア＝ハンガリー帝国、そしてユーゴスラビア連邦へと国名が変わり、その１８００年近くの年月の間に城壁、城門、地下構造物を除く大半の構造物が、跡形も無いように人々の生活空間に改変されてきている。

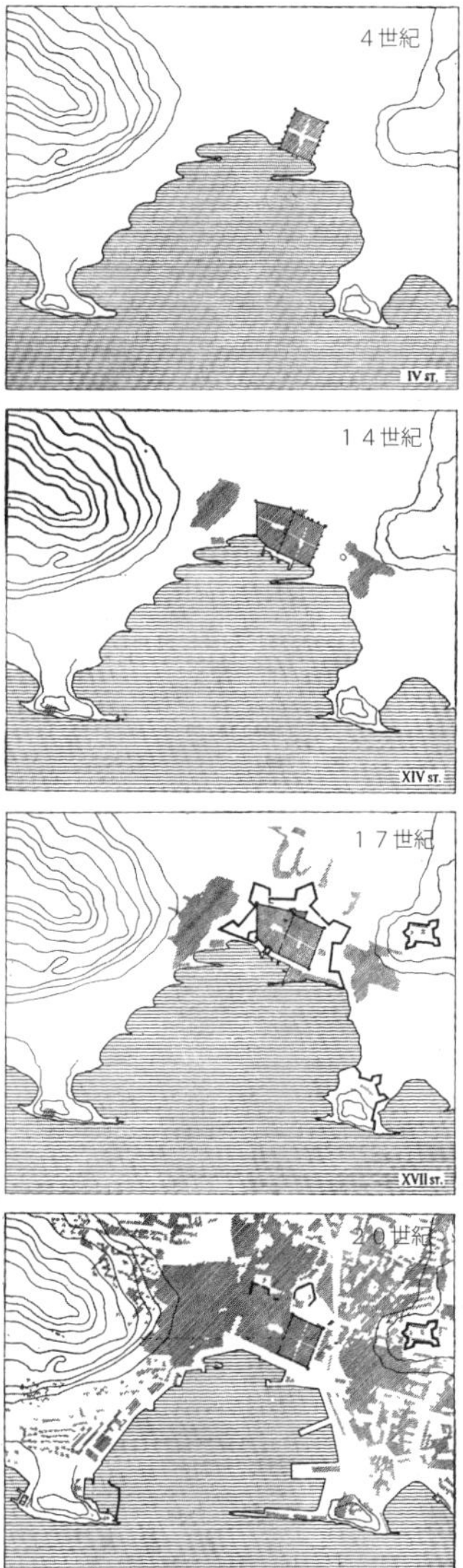

図23－4　スプリットの都市変遷図。４世紀頃までは宮殿内に限られていたが、14世紀に東西に拡張、17世紀に城塞都市化、20世紀に更なる拡張が進んだことが判る　出典：Problems and techniques of preservation of historic urban centres; international symposium, Split,16 - 18. XII 1970.URBS（Tomislav Marasovic, ed.）（注23－3）

図23－5　ディオクレティアヌス帝宮殿遺構の復原鳥瞰図　出典：日本建築学会（1965）『西洋建築史図集　改訂新版第7版』彰国社（Fletcher, Sir Banister: A History of Architecture on the Comparative Method, 17th edition, University of London, 1963）

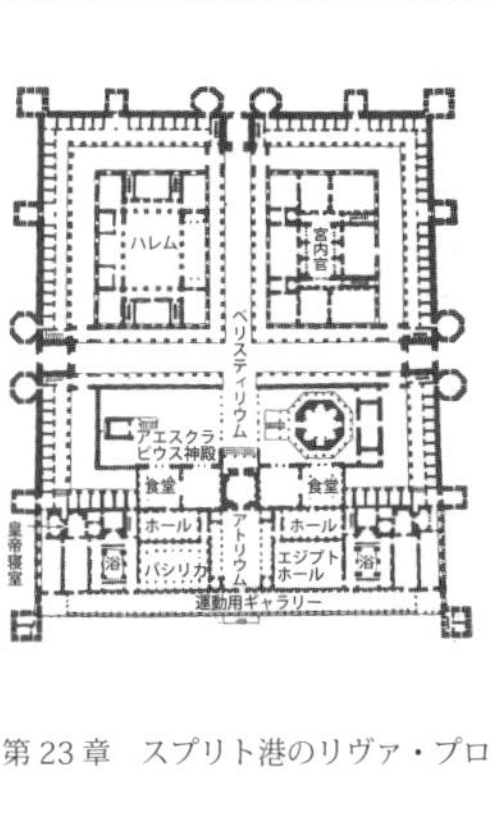

図23－6　ディオクレティアヌス帝の宮殿復元平面図　出典：同右

写真23－8　宮殿遺構の地下部分。観光用の土産物を扱うショップ空間となっている

写真23－9　宮殿遺構の地上部の路地空間。両側には住居空間が連なる

写真23－10　筆者の宿泊したペンションの玄関脇の通路部分。生活街の雰囲気が伝わる

第二次大戦以降のユーゴスラビアの統合とともに国際連合に加盟し、安定期を迎えるなか、世界的な歴史的建造物群保存の機運の高まりを受けて、スプリトでも１９４７年からダルマチア都市計画委員会を中心に本格的な保存調査が開始され、55年までの間に旧遺構の復原図が作成されている。同時に数千人の市民の住む「都市」でもあることを両立させるべく、70年代までには旧宮殿の主要部分の修復復原とあわせ、住居部分の改修事業が進められていく。その際、不要な部分の減築を伴う公共オープンスペースの拡大による通路や広場の復原と、住戸の日照通風の確保、外壁改修とキッチンや浴室などの設備改修が行われている。その地道な研究と復原そして再生の方向付けが、79年のユネスコ世界遺産指定に大きく寄与したことは言うまでもない。ここでは宮殿遺構の骨格的な部分の顕在化と千年以上もの年月で居住空間＝都市へと変化してきた歴史の蓄積に対する尊重、すなわち遺構と現在の生活街の共存が選択されたのである。

そして、ユーゴ紛争を経て91年にクロアチア共和国として独立し、13年にEU加盟となる。その間、スプリトは北から延びる鉄道のターミナルそして道路網、アドリア海を航行する船舶の重要な中継地

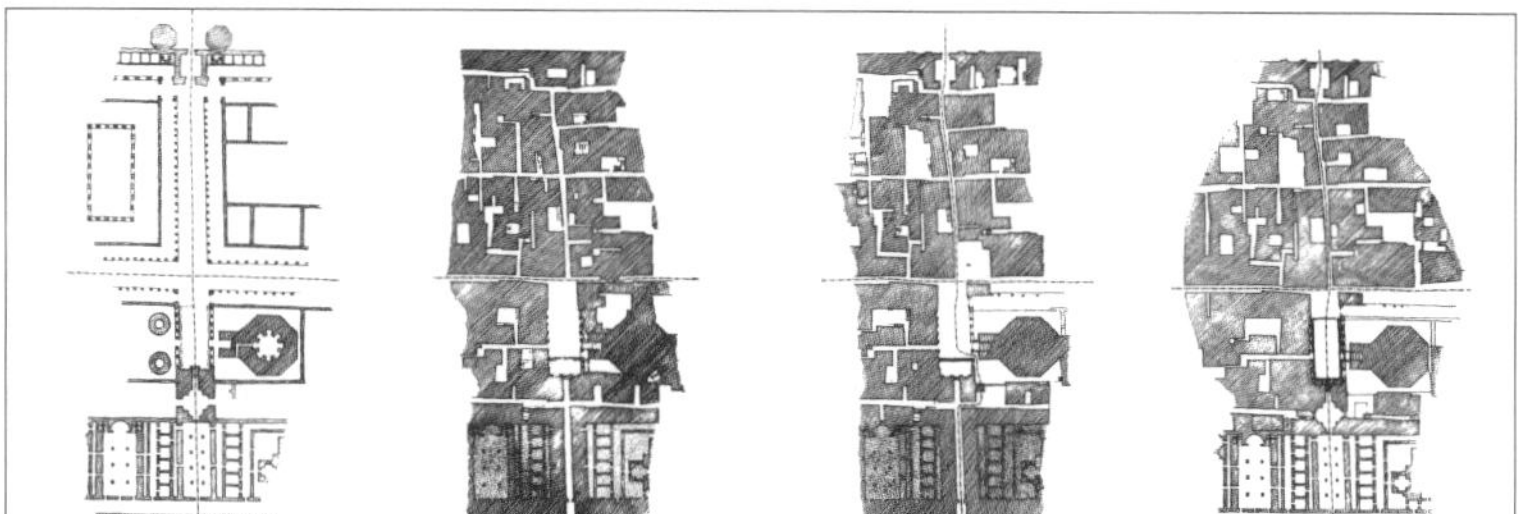


図23－7　ディオクレチアヌス帝宮殿遺構のペリスティル（列柱広場）の遷移図　出典：注23－3

でもあった。筆者の初の訪問は南約２００㎞のドブロブニクへの鉄道から船への乗り換えの一時滞在であったが、２度目のルートはあえて長距離バスの陸路を選択した。そこでは、ボスニア・ヘルツェゴビナとの２度の国境通過検問という経験に複雑な思いをしたことも付け加えておきたい。

## 2　宮殿遺構の復原修復と歩行者プロムナード整備

筆者の40年前の記憶で印象的だったのが、石造りの城郭内に連なる南欧特有の密集市街地イメージ——狭い路地が連なり、窓からぶら下がるロープに洗濯物が並ぶ、実に生活感に溢れた街——と、古代ローマの柱廊の広場や地下のボールト空間などが奇妙に共存していた不思議な光景である。後に、それは60年代以降の復原工事によるところが大きいことを、保存修復調査資料を入手して知った。それも再訪した時には見違えるように綺麗に修復され、これこそ地道な修復作業が営々と続けられたことを物語る証拠といえよう。

あらためて新旧の写真を見比べて一目瞭然なのが、旧宮殿と港の間に位置するリヴァ通りの車道が廃され、全面的に歩行者プロムナード化されたことである。この通りは紀元前の宮殿建設時は海面であったものが、その後、海面埋め立てによって港の物揚場となり、時代とともに拡張され、自動車社会の20世紀に至り、臨港道路へと発展していったことが読み取れる。都市経済の発展とともに、港と市街の間に位置するこの道路の自動車交通量は増加し、市民はウォーターフロントから隔絶されていくこととなった。

90年代以降、市は交通計画を見直し、当該道路の自動車交通の閉鎖に向けての施策を展開する。２００５年に市議会において、完全な歩行者空間への改造に向けた、幅員40〜55ｍ・延長約４００ｍ区

図23-8　ダルマチア都市計画委員会の遺構調査１９４４〜69年の報告書「urbs」の表紙。写真下部のリヴァ通りには車が走行していることが判る　出典：注23-3

写真23-11　完成したリヴァ・ウォーターフロントプロムナードのお昼時の風景

写真23-12　リヴァ・プロムナードの海側に広がるベンチコーナー。多くの市民が休憩している

写真23-13　リヴァ・プロムナードの水際の船着場と遊歩道

写真23-14　プロムナードの宮殿側のレストラン厨房が並び、テント下のテーブルに料理が運ばれる

写真23-15　プロムナードの夜。多くの市民が集まり歓談が続く実に幸せな光景

間という全体計画策定のための国際コンペ実施を承認する。同年開催されたコンペを経て選定され設計が委ねられたのが、同国・ザグレブ市内に拠点を置く建築家でランドスケープデザインも担当する３ＬＨＤ（注23-4）のチームであった。

翌06～07年の2ヵ年をかけて西側の第一期工事の２５０ｍ区間が完成した。正式名称はリヴァ・ウォーターフロント・プロムナード（クロアチア語 Splitska riva [Obala Hrvatskog narodnog preporoda]）といい、デザイン的特徴として、海側の、物揚場通路および複数列の樹木とベンチを備えた休憩空間と、旧宮殿側の、段差の解消された完全フラットなプレキャストコンクリート板のペイブ空間のプロムナード（幅約20ｍ）とに横断方向に大きく分節化されている。ペイブの中には連続する可動式オーニングを備えたキャノピィが設置され、そこはスパンごとにオープンカフェ・レストランが展開される。

その中で特徴的なのが、可動式すなわち角度調整可能でかつ折り畳み式のテントのオーニングで、

写真23-16　海側からプロムナードと宮殿遺構を望む。可動式テントの連続する様子が判る

注23-4　3ＬＨＤ：Studio 3LHD architects Architecture and urban planning studio. ザグレブ、１９９４年設立

注23-5　出典：Streets and Squares, Song Jia, Artpower Intl (2013/11/16)

昼間は南国特有の強い日差しを遮る役割を果たし、昼前から午後～夕食時～深夜まで、その足元には多くの家族連れや観光客が集まる。それ以外は、やしの木の街路樹が宮殿側に一列植えられ、街路灯は海側に並ぶだけの実にシンプルな空間であるが、太陽の光に応じて畳んだり角度を調整できるキャノピィの存在が景観の表情を和らげ、そこに主役となる市民の憩う光景が展開されていくのである。

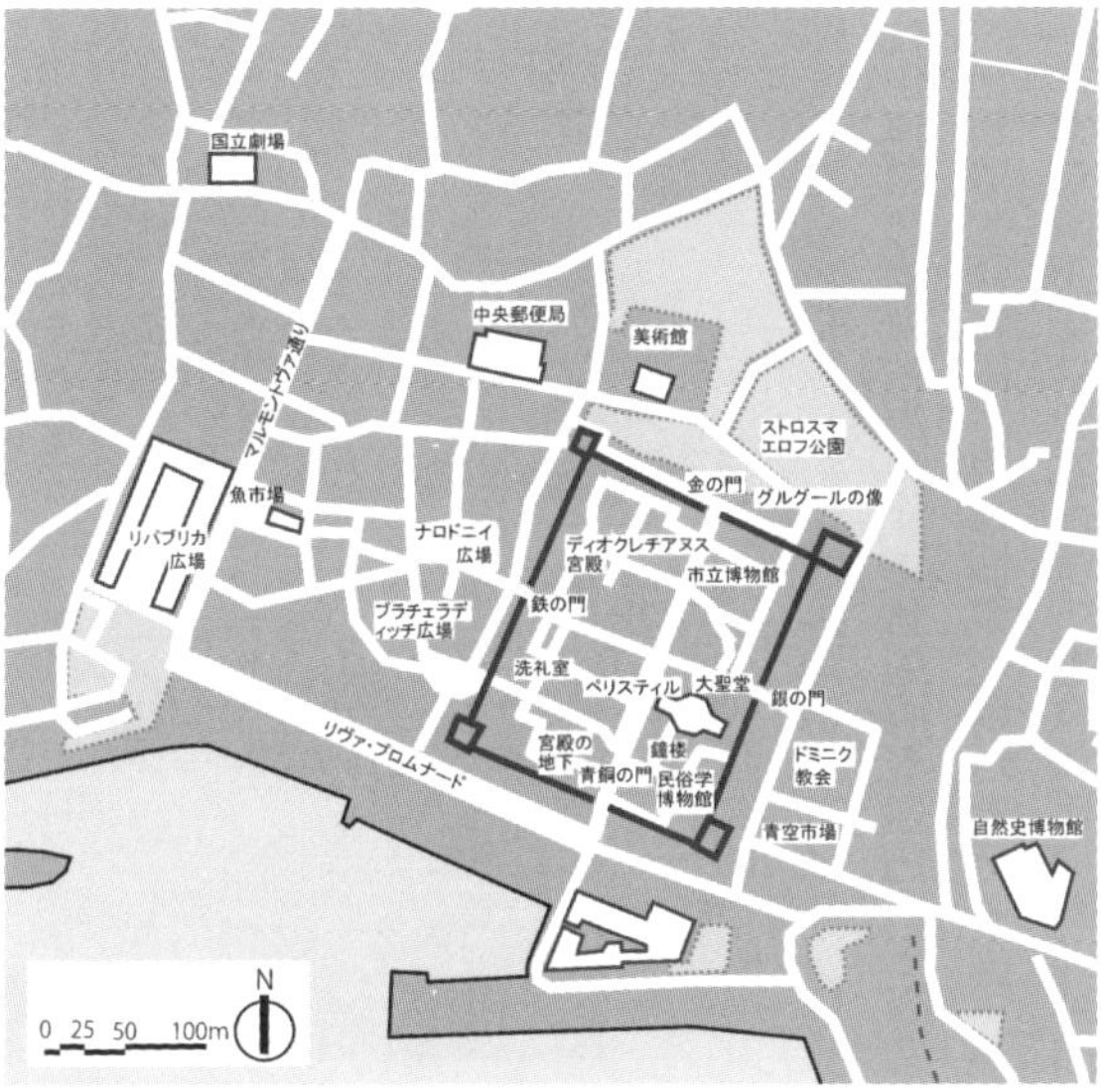


図23-9　スプリット市街の中心部の拡大図

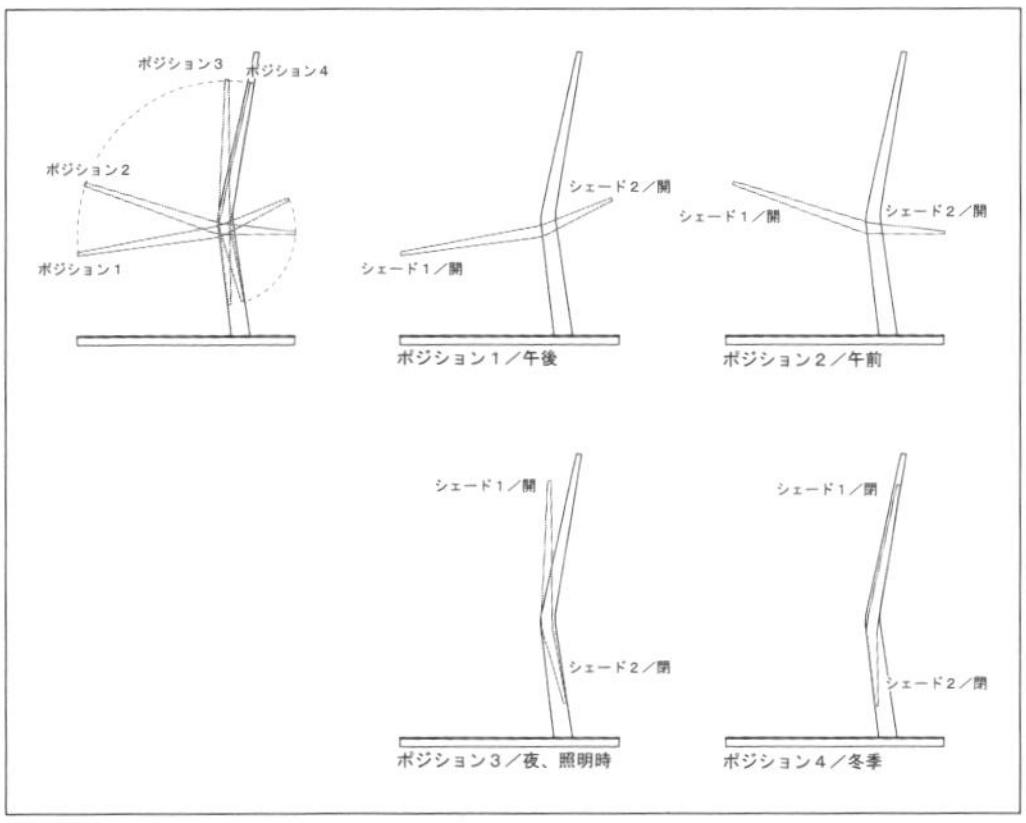


図23-10　リヴァ・プロムナードの可動式シェルターの角度・開閉調整パターン図、筆者が注23-5掲載図をトレースの上キャプション日本語表記、原画 ©3LHD・ザグレブ

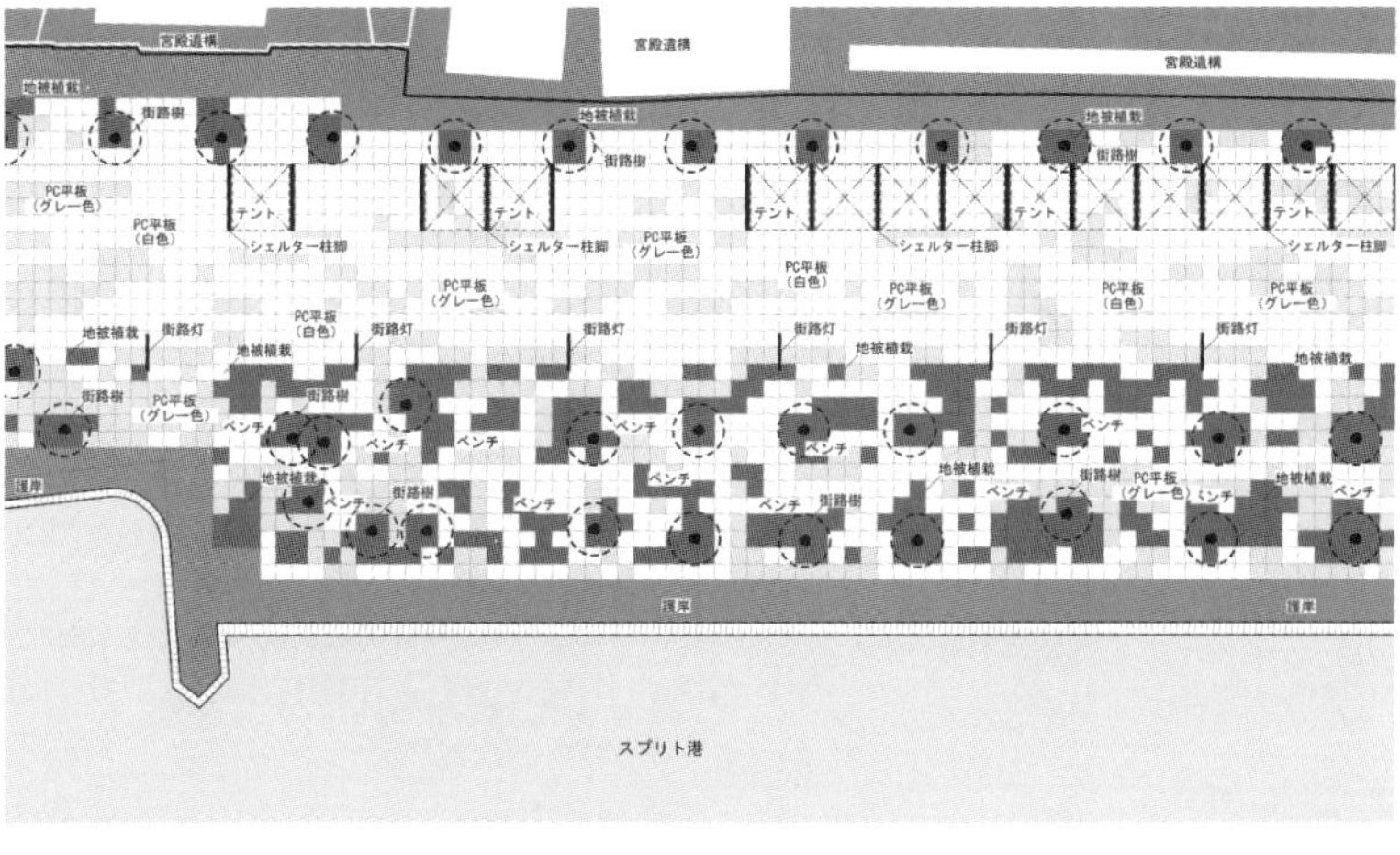


図23-11　リヴァ・プロムナードの平面図（部分図）筆者が注23-5掲載図をトレースの上キャプション日本語表記、原画 ©3LHD・ザグレブ

写真23‐17　宮殿西門の「鉄の門」に続く旧市街のナロドニィ広場。多くの市民の姿がある

写真23‐18　旧市街の魚市場。実に豊かな魚種が並び、そこに市民が集まっていた

写真23‐19　歩行者専用空間となったマルモントヴァ通りの光景

写真23‐20　マルモントヴァ通りの夜間景観。夜遅くまで人通りが絶えない

写真23‐21　マルモントヴァ通りの小広場には夕方になると多くの市民が集まり、置かれたベンチで一休み

## 3　歩行者プロムナードのオープンカフェ・レストランを支える背後地の生活街

本書の各所で紹介している路上飲食となるオープンカフェ・レストランの習慣だが、もとはと言えば、地中海性気候の地域の伝統的な文化が、70年代以降の欧州諸都市の歩行者空間化の流れの中で中欧そして北欧へと伝播し、世界中に広まっていったのである。それはこのアドリア海沿いのスプリトでも同様で、地域の人びとは夕方ともなれば、海際の心地よい風の当たる場所に家族や仲間たちの集団で移動し、そこで食事をする伝統文化がある。それは結構遅い時間帯まで続き、子供連れも例外ではない。また日差しの強い昼間も、狭い路地の日陰を伝い、オーニング・サンシェードの下での食事そしてカフェの習慣が根付いているのであろう、常にこのプロムナードには人の気配が存在する。そ

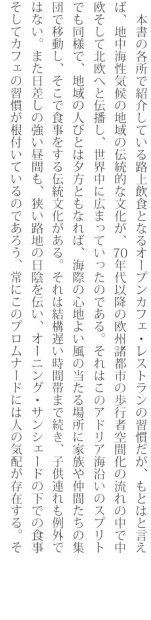

の主体が近傍に居住する地元市民であることは、ここに座り観察するだけで一目瞭然である。

この活きた街を象徴するのが、宮殿西門の「鉄の門」に続くナロドニィ広場（Trd Narodni）、プラチェラディッチ広場（Trg Braće Radić）からリパブリカ広場（Trg Repblika）一帯の旧市街の界隈で、その中に小さな魚市場があり、実に多種多様の魚介類が並んでいた。その西側の南北方向のマルモントヴァ通り（Marmontova Ulica）は両側にショップが連なる、港につながる歩行者天国のメインストリートとなり、多くの市民で賑わっていた。一方、東側の「銀の門」の外には、青空市場の露店が並び、その雰囲気は40年前とは全く変わらない生活感が溢れていた。

このように、日本とはまったく気候、歴史的経緯の異なる地域ではあるが、港を中心とした密集市街の中に溢れる賑わいの界隈性、そしてよそ者を歓迎するような風土は、海洋民族の持つ万国共通と言ってもよいであろう。40年前の記憶を手繰れば、旧共産圏の時代ではあったが、レストランで隣に座った若者集団から誘われ、同じテーブルに移動して楽しく歓談したことを思い出す。１００年以上前に大国ロシアに勝利したアジアの小国の民を尊敬するとの念、強国のはざまのバルカン半島の人たち共通の思いを知ったのであった。今回の滞在でも、実に心地よい街の雰囲気が伝わってきた。なにより街が実に美しく、また市民がいきいきと家族や友人たちと語り合える水際空間に改造したこと、それを支える生活街が目と鼻の先に脈々と存在し続けていること、これに尽きるであろう。この事例を掲載する理由はそこにある。

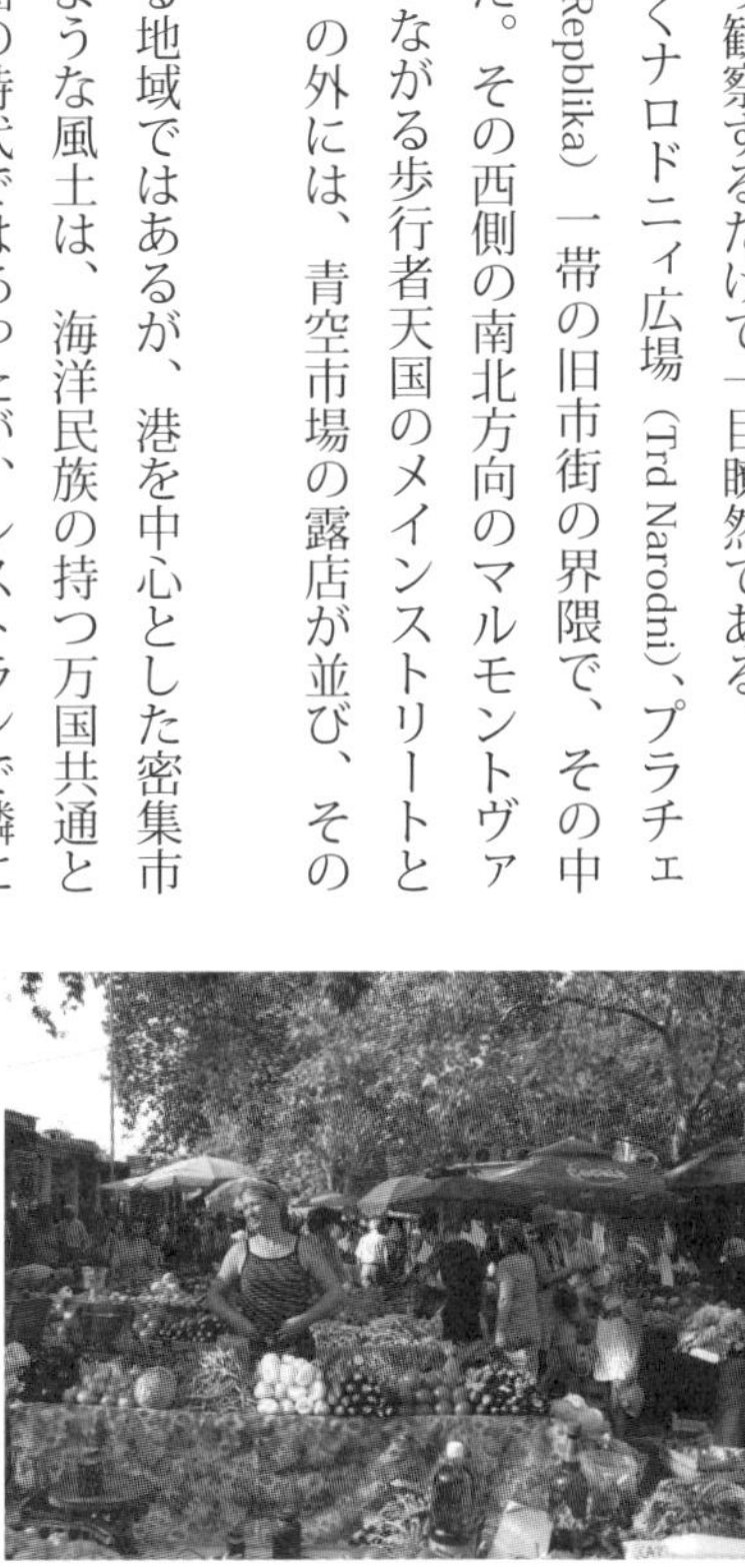

写真23-22　「銀の門」の外の青空市場の八百屋さんの露店。実に多くの農産物が売られていた

# 第24章　バルセロナの都市デザイン戦略と旧港ポルト・ベイ再生（スペイン）

次はもう一つの古代ローマの植民都市の歴史を有する西側のスペインのバルセロナ港を紹介する。同国からの独立の賛否に揺れるカタルーニャ州の州都バルセロナ（人口約１６０万人）は、古くから地中海を代表する港町として栄え、現在も国際都市として知られている。このまちは第二次世界大戦後の民主主義を謳歌した欧州諸都市の中で、永きにわたり都市計画の行政権限を国の中央政権（フランコ政権：１９３９〜75年）によってはく奪されてきた。その政権が終焉し、新憲法下のもとでバルセロナ市民のための都市計画のスタートしたのが78年、これを機にバルセロナ市独自の都市計画が始まり、大胆な都市デザイン戦略を展開していく。この70年代末こそ、欧州諸都市が中心市街の衰退すなわちインナーシティ問題克服の手法を模索・試行する時代でもあった。バルセロナは、そのポスト近代都市計画の実践成果を体現しえた都市の代表例でもある。それはやはり、旧港区域の再生と連動した形で進められてきた。

## 1　バルセロナ港の繁栄と衰退その歴史を留める旧市街・港

地中海に面する港町として、古代ローマからの歴史を有するバルセロナは、12世紀には地中海の海上交易の覇権を握り、その経済力を背景にカタルーニャ王国の首都として栄えてきた。しかし18世紀

写真24-1　整備されたバルセロナ旧港（ポルト・ベイ）のフスタ埠頭と海のランブラ（可動橋）をロープーウェイから望む

注24-1　イルデフォンソ・セルダ（Ildefonso Cerdá, 1815-1876）：都市計画家で土木技師、バルセロナの拡張都市計画の立案者として知られる

にはスペイン王国の支配下となり、19世紀にはイベリア半島で最も早期に産業革命を成し遂げるなど、市街は大きく拡大する。その拡張の時代に土木技師セルダ（注24－1）の計画によって周縁部のグリッド式都市基盤整備が実現する（図24－2）。その中でグリッド都市とは明確に異なる形態を有するのが古代ローマからの歴史を刻む旧市街であり、もう一つが海側に半島状に突き出したバルセロネータである。

中心部に位置する歪な5角形の塊となった狭い路地の旧市街は、セルダの描いた直線的な計画道路を拒み続けてきた。そして旧市街を縦に貫く緑豊かなランブラス通りは、かつての市壁の撤去跡地を活用した街路で、周囲にはサン・ジョセップ市場など、生活街と観光のまちが実にうまく共存している。その通りの両側に広がる狭く曲がりくねった街路、それが余計に車社会からの隔絶性を助長する。

ランブラス通りの海側の円形広場の中央にそそり立つコロンブスの塔は、１８８８年に開催された万国博覧会を記念して建立されたもので、新大陸を発見して戻ってきたのがこの港であったことを内外に示す標でもある。その博覧会は18世紀の時代にカタルーニャを平定したスペイン国王・フェリペ５世が築いた要塞を撤去した広大な跡地を会場とし、30ヶ国が参加、会

図24－1 バルセロナ中心部におけるウォーターフロント地区の位置図

期中230万人が来場したとされる。博覧会終了後に造られたのが現在のシウタデリャ公園である。その後、1929年にも万国博覧会が開催されたが、この会場はモンジョイックの丘であり、92年のバルセロナオリンピックのメイン会場にもなっている。

一方のバルセロネータは18世紀、シウタデリャ公園の場所に要塞を築くため住民を強制移住させたのがその始まりで、敷地は短冊状に区切られ、連棟式の3~7層の町家群が計画的に造られている。海側に壁状に連なる町家群は、見方を変えれば戦いの際には要塞を守る市壁の役割もあったともいわれている。港に近接したバルセロネータの住民の多くは、港の最盛期には港湾従事者として大きな働きをすることとなった。前面の港側には港湾倉庫街が造られていく。

この旧市街とバルセロネータに囲まれた前面の海が、古代から長い間、地中海を舞台とした交易の拠点となり、バルセロナの繁栄の基盤となった港である。しかし、大航海時代以降、新大陸の植民

写真24-2　バルセロナを代表する緑豊かなシンボルストリート、ランブラス通り

写真24-3　バルセロナの胃袋とも言われるランブラス通り沿いのサン・ジュセップ市場前の賑わい

写真24-4　ランブラス通りとコロン通りの軸線の交点に立つコロンブスの塔

写真24-5　バルセロナ旧市街の街並み。狭い街路に稠密な市街が形成されてきた

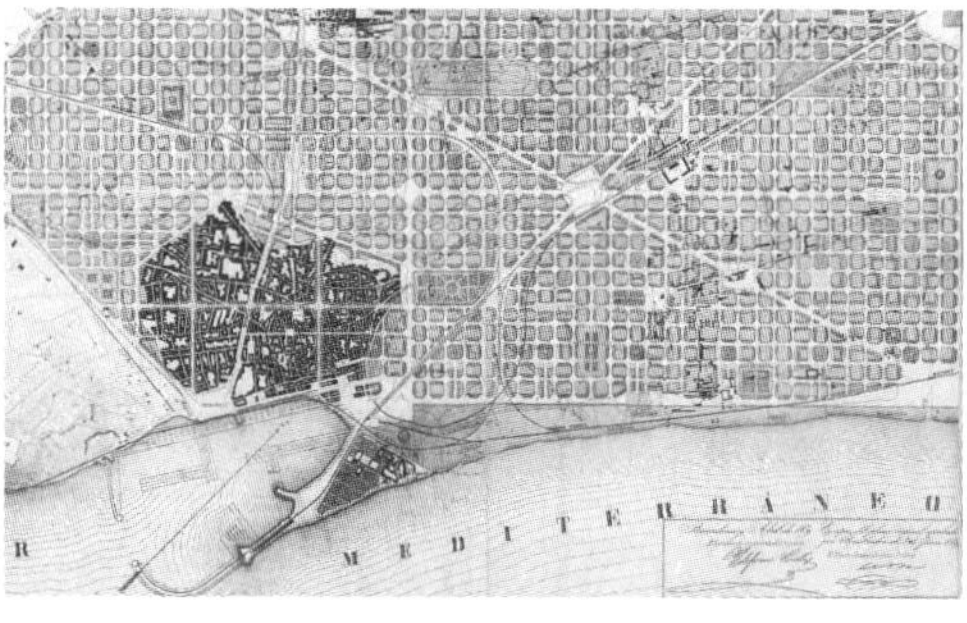

図24-2　セルダのバルセロナ整備拡張計画図の部分図。濃い部分が旧市街、その中央に縦に走るのがランブラス通り。旧市街と新市街のグリッドとの対比が一目瞭然
出典：Ildefonso Cerda: La Theorie Generale de l'Urbanisation.CERDA. de Aberasturi, Antonio Lopez. Paris: Les Editions Imprimeur, 2005.（注24-2）

注24-2　出典：Lotus International 56, Spatio, tempo, e architettula

都市の外洋向け交易はスペイン南部のセビリアにその中心が移り、また20世紀以降は船舶の大型化に伴って港の機能が外延化し、この旧港一帯も次第に寂れていく。かつてスペイン国内随一の港湾荷役量を誇っていたバルセロナも、２０００年以降はアルヘシラス、バレンシアにその地位を譲っている。しかし港湾機能については、西側に新たな物流港を建設し、最新式のコンテナ輸送に関しては国内随一の水準で、地中海の港では後章に解説するマルセイユ、ジェノヴァ港に次いで第三位となっている。これは、前章までに紹介した諸都市と同様、外延化する港湾機能の影で、旧港地区が空洞化していったことを物語っている。

## 2　新たな時代のバルセロナの都市デザイン戦略

まずは新しい時代の都市デザイン戦略から解説しておきたい。民主化後のバルセロナ市の都市計画をリードしたのが、１９８０年に市の都市計画局長となった建築家のオリオール・ボイガス（注24－3）である。彼は、近代主義的原理を批判する建築家同盟〝グループR（Grup R）〟の創始者の一人で、着任直後、旧来からの手法に基づく「バルセロナ大都市圏のマスタープラン」を根本的に見直すという都市計画の大変革を主導した。劣悪な市街地に置かれている市民を救済するために、目に見える形の環境改善手法によって都市再生事業をスタートさせる。

その内容は、稠密化した市街地の環境改善のために、①一部の建物を除却し空地を挿入する、②稼働しなくなった工場跡地を公園として整備し開放する、③空地すなわちオープンスペースの設計はコンペによって選ばれた建築家やランドスケープ・アーキテクトに委ねる、などによって、実に大小１００ものプロジェクトが短時日のうちに展開していった。

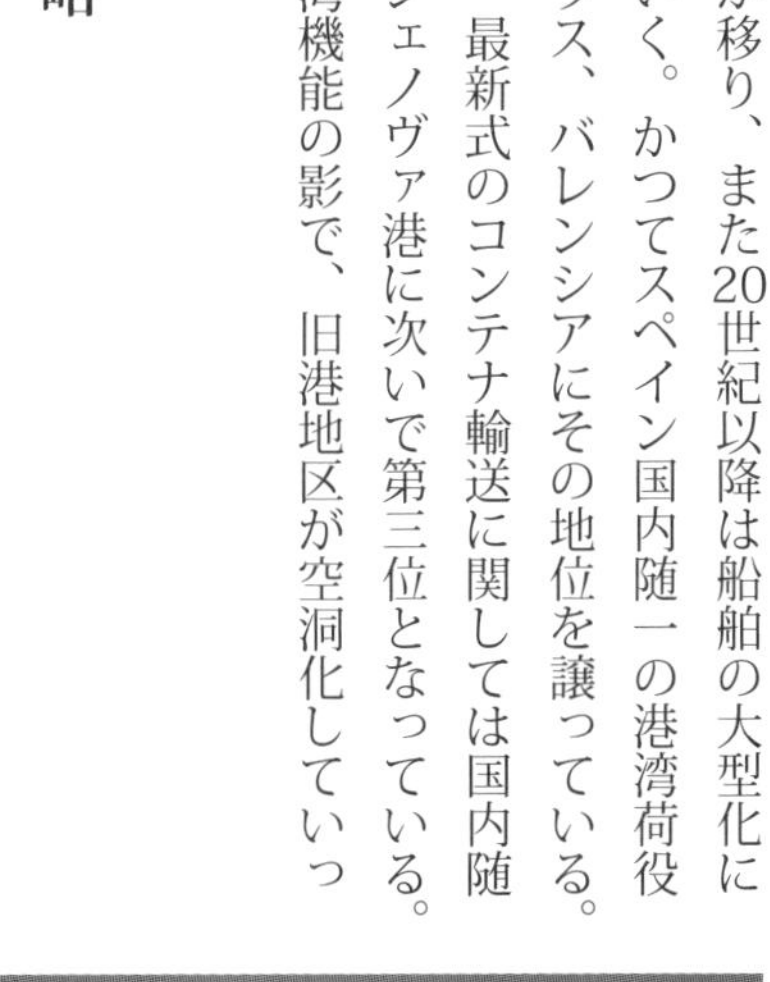

写真24－6　バルセロナ旧市街のレイアール広場（Plaça Reial）。元来は19世紀の修道院の中庭であり、周囲の建物も店舗や住居に改造されたもの。旧市街のシンボル的な広場となっている

注24－3　オリオール・ボイガス（Oriol Bohigas,1925-）：局長就任期間80～84年、その後は都市開発に関する市長顧問となる。なおボイガスの都市計画については、『バルセロナ──地中海都市の歴史と文化』（岡部明子、中公新書、２００９）、『バルセロナ旧市街の再生戦略──公共空間の創出による界隈の回復』（阿部大輔、学芸出版社）に詳しい

写真24-7　住宅街の中に新たに造られたパルメーラ広場。ここは夕方になると多くの家族連れが集まるところとなっている

写真24-8　バルセロナ・サンツ駅の駅前広場。鉄道地下化に伴い地上部に大きな歩行者広場が実現した

写真24-9　サンツ駅前の大規模な工場跡地を整備したインダストリアル公園

写真24-10　クレウェタ・デル・コイ公園。かつての石切場を改修し、池と彫刻が特徴的

写真24-11　新たに整備されたラバル地区の大通り。かつての稠密市街地の環境改善のための広場づくり

しかも92年のオリンピック招致が決まり、国の支援も設ける形で様々な斬新な都市計画プロジェクトが進展していく。そしてこのバルセロナの基礎を築いた旧港地区の再生をいち早く宣言するとともに、オリンピック競技のための各種運動施設・公園などが整備されたモンジュイックの丘、西側の鉄道の新たな玄関口のサンツ地区、大学都市・ディアゴナル地区、北東側のバャジェ・デ・エブロン地区、そして旧市街のラバル地区などにも広いオープンスペースの確保が行われるなど、様々な環境改善事業が展開される。

その結果、都市空間の魅力度が増し、それぞれ問題を抱えてきた地区が大きく様変わりしてきた。その経緯は後に「バルセロナ・モデル」と言われる先端的な都市計画手法として、広く世に知られていく。

## 3　旧港ポルト・ベイ（Port Vell）地区の再生と周辺整備

さて、ウォーターフロントの話に移ろう。オリンピックに関連する諸整備事業は、旧港の再生に追い風をもたらしていく。港湾荷役量の激減した水深の浅い内港地区の機能を整理し、マリーナを主体とした市民利用の港に特化し、ヨットやプレジャーボート、クルーザー専用の浮桟橋を整備していく。そして、市街と旧物揚場フスタ埠頭（Moll de la Fusta）との間を隔てていたコロン通りの往復十数車線の幹線道路地下化計画と上部人工地盤の遊歩道、旧埠頭のウォーターフロント公園計画である。この路線は都心環状道路整備の一環で地下化され、地上車道は縮小、中間階には地下駐車場も併設され、歩道に連続する覆蓋広場には有名なシーフードレストランが開設された。覆蓋広場との間の地先道路を跨ぐ2つの赤い可動橋が設けられ、これによって旧市街とウォーターフロントを分断する要素がなくなり、市民は容易に水辺に訪れることが出来るようになった。

対岸のかつての物流基地・旧エスパーニャ埠頭（Moll d'Espanya）には国際会議場、海洋博物館、シネコンやショッピングモール、水族館、そして港の緑地が整備され、市街地側のコロン通り、ウォーターフロント公園とは、可動橋「海のランブラ」で結ばれている。旧港の水面には多くのヨットやプレジャーボートが係留され、岸壁には遊覧船乗り場も設けられている。

次にオリンピック関連整備の中で特筆すべきは、旧市街の北東に広がるかつての

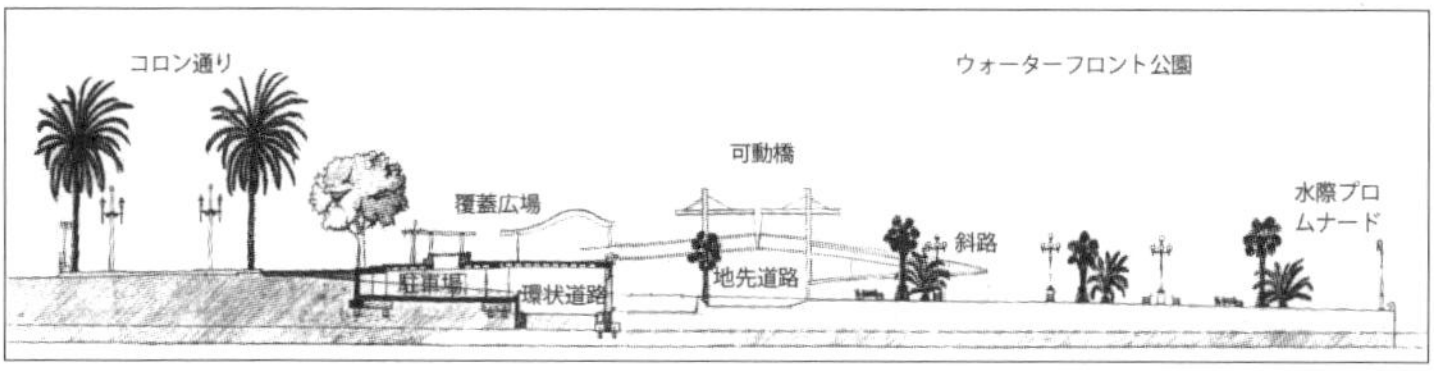

図24-3　コロン通りとウォーターフロント公園の関係を表す断面図　出典：注24-2（日本語表記は筆者記入）

写真24-12　改修前のコロン通りとフスタ埠頭の鳥瞰写真　出典：注24-2

写真24-13　現在のコロン通りとウォーターフロント公園および旧港の風景。モンジュイックの丘公園より撮影

写真24-14　改修後のコロン通り。コンクリート製照明柱と鋳鉄の灯具アームの意匠が特徴的

写真24-15　ウォーターフロント公園のコロン通り側の地下環状道路上部は駐車場と人工地盤広場、側道の構成

写真24-16　可動橋「海のランブラ」。マリーナ係留のヨットの出入時に水平方向にスライドする

写真24-17　ポブレ・ノウ地区の前面に広場る人工ビーチ

写真24-18　旧港（ポルト・ベイ）を上空から見る。国際会議場、水族館、可動橋「海のランブラ」、マリーナ、向こうがフスタ埠頭の緑地

工場地帯ポブレ・ノウ地区の再生と、前面の海岸線の人工ビーチ造成プロジェクトである。このポブレ・ノウ地区はかつてカタルーニャのマンチェスターと呼ばれたほどの工業地であったが、20世紀後半になると沈滞化し、工場の廃屋に不法占拠住民が住み着くなど、治安そして衛生上の問題を抱えてきた。そこを新たな業務と集合住宅地とし、公共主導の土壌浄化やインフラ整備等を経て、オリンピックの選手村として活用した。多くの建物やオープンスペース群は都市デザイン戦略のもとでの、内外の著名・若手の建築家やランドスケープ・アーキテクトたちの作品である。

延長約4㎞の人工ビーチと埠頭状にせり出た計画的なマリーナとシーフードレストラン街が造成され、市街地との間を走る幹線道路は覆蓋化され、周囲の水際一帯には広い公園が設けられ、住民は自由に海辺にアクセスできるようになった。その後も着々と複合型の新市街の建設が進められ、今ではこのウォーターフロント地区一帯は、バルセロナの最も魅力的なまちとして定着してきている。

## 4　バルセロネータ地区の再生

旧港の対岸バルセロネータと呼ばれる一帯は、旧港に面する広い緑豊かなプロムナード、そして外海には人工ビーチが造成され、その間は新旧入り混じった職住の活気のある市街が展開する。これこそバルセロナの再生を象徴する地区と言ってもよい。18世紀の時代にカタルーニャを平定したスペイン国王・フェリペ5世が、前掲のように現在のシウタデリャ公園の場所に要塞を築く目的で住民をこの地に強制移住させるために造成させたのがその始まりという。その後、19世紀から20世紀初頭にかけてバルセロナ港の荷役量は爆発的に増加し、それを支える港湾就業者たちの居住区としても賑わったが、20世紀後期に始まる港の衰退に伴い、一時は密輸に深く関わる貧民窟と言われていた。筆者も70年代末のここに間違って入り込んだ一人だが、今の健全なまちに変身した姿は実に隔世の感がある。

ここも90年代より始まるバルセロネータ地区再生計画によって、内港に沿って広々としたプロムナードが整備され、そして外海側には前掲のビーチ沿いにも同じくプロムナードが造成されていく。それによってかつての荒れ果てた海岸線は一新されている。そして幾つかの建物は新しい中層、高層の集合住宅や複合ビルに再開発されていった。一方で地区内の老朽家屋のリノベーション事業が行われ、多くの住宅が改修・再生されていく。下図は空き家となっていた町家を減築・改修提案の一例だが、それは順次実施に移されていった。そして住民の生活基盤とも言うべき古いマーケット（１８８４年築、設計：Antoni Rovira）も改修され、斬新な金属とガラスの外皮を施されるなど装いを一新した。

図24－4　バルセロネータの町家群の改修提案。上立面図が改修前、下が減築・改修計画案立面図・屋根伏図　出典：CITY AND PORT-Transformation of Port Cities London, Bacelona, New York, and Rotterdam; Han Meyer, Intl Books,1999

写真24・19　バルセロネータの前面の人工ビーチを楽しむ市民たち

写真24・20　バルセロネータ地区の市場（Caprabo）。1884年築／2007年改修

写真24・21　バルセロネータ地区の路地街にみる生活感溢れる光景。窓から洗濯物が突き出している

写真24・22　オリンピック港のフィッシャーマンズワーフ・レストラン街

地区内を歩いてここが生活街であることを実感したのが、路地街に突き出された洗濯物の列、そして狭い街路の入口に掲げられたスペイン版ボンエルフサインである。これは歩行者優先の生活領域を意味するオランダ発祥の交通標識で、そこには遊ぶ子供たちの姿が描かれ、現実にこのまちでは多くの子供たちの姿がある。また周囲のバールやレストランには、地元住民の間に観光客の姿が見られ、彼らの交流の風景など、実に心地よいまちの姿が出現している。活きたまちの姿、そして新旧の共存が、このまちの最大の魅力と言ってもよいであろう。

## 5　バルセロナの都市再生の評価

80年から始まる都市デザイン戦略に基づくまちづくりの手法、それは着実に市民生活を豊かにし、

写真24・23　新しくなったバルセロネータの旧港側の街並み。以前とは見違える風景になっている

写真24・24　バルセロネータ地区内で見つけたスペイン版ボンエルフサイン（歩車共存道路）

実に魅力的なまちを創り上げてきた。その成功要因は、いち早く土地利用計画すなわち職住分離と自動車交通のための施設整備を旨とする近代都市計画を根本的に見直し、職住の混在を回復し、市民の生活空間そして歩行者主体のまちづくりを実践したこと、それに尽きるのである。実際、旧港の周囲を巡れば、水際に憩う子供を連れた家族の姿を目にする。つまりこの中心部一帯に、これは欧州都市共通の話であるが、新たな生活街としての機能が付与されていったのである。それは「定住あっての都市再生」という視点に立脚している。

そのバルセロナの都市デザイン行政の特筆すべき点を象徴する出来事が、旧港近くのボルンカルチャーセンター（El Born Centre Cultural・Mercat del Born）の、古代から18世紀の、バルセロナがスペインに征服される前の街並み遺構などの保存であろう。この建物は１８７６年に建築家ジョセップ・フォントセレ・イ・メストレ（Josep Fontsere）の設計で完成したバルセロナで最初の鉄の建造物で、１９２０年から71年まで中央市場としても使われた。図書館建設のための工事で遺跡が発見され、工事中断の後、市民意見交換などを経て、市場の建物を改修しつつ遺跡を保存した形の新たなカルチャーセンターとして、２０１３年に完成したものである。その周囲の市街地にも数多くの遺跡が存在し、それらは市民生活に同居する形で大事に保存活用されている。ここでは、都心機能と生活街、そして港町を形づくってきた新旧の歴史が共存する都市デザインが定着していると言えるだろう。

写真24-25　旧港近くのボルンカルチャーセンター内の保存された遺構

# 第25章 マラガ港のラ・ペルゴラ（スペイン）

スペイン最南端、地中海に臨むアンダルシア地方の国際的なリゾート地として名高いコスタ・デル・ソル（太陽の海岸）の中心地で、人口約57万人のマラガは、元来地中海に臨む港町として栄えた。今では鉄道、航空輸送も含めた交通結節都市であり、スペイン国内だけでなく、対岸のアフリカ大陸や地中海諸都市とのつながりの深い国際業務都市でもある。中世以降はアラブ支配の最大の遺構でイスラム最後の楽園とも言われるアルハンブラ宮殿を擁するグラナダ、そして白い街ミハスやカサレスなどへの観光拠点としても知られ、また同国を代表する画家パブロ・ピカソの生家そして美術館がある。古代ローマからイスラム支配時代の歴史的資産も多数遺され、強い日差しを遮るための狭い路地が連なった、アンダルシア特有の雰囲気を醸し出している。

その中心部のマラガ公園前面にある港湾区域が市民に開かれ、２０１１年にラ・ペルゴラ（la pérgola、直訳・パーゴラ＝日よけ棚）またの名をパルネラル・デ・ラス・ソプラサス（Palmeral de las Sorpresas、直訳・驚きのヤシ並木の道）と呼ばれる素晴らしい遊歩道が実現した。筆者が90年代に訪れたときは、この中心部の港一帯は高い柵や塀で区切られた物流港であったが、その後の港湾再編とともに、かつての物揚場は市民に開かれた緑地、遊歩道と各種文化施設やショッピングセンターの連なる賑わいの拠点に生まれ変わっている。筆者は17年にほぼ20年ぶりにここを訪れ、夕暮れ時になれば、南欧特有の家族連れの多くの市民が水辺に繰り出す実に素晴らしい光景を目の当たりにした。まずはマラ

写真25－1　整備されたラ・ペルゴラの遊歩道。連続する波をうつパーゴラが実に特徴的である

注25－1　フェニキア人：紀元前３０００年頃にペルシャ湾から東地中海地方に進出し、船を操り地中海沿岸各地に交易拠点を築いた。現在のアルファベットはフェニキア人のつくった22文字から発展してきたと言われる

ガ港の歴史そして現在の港の賑わいを解説しておこう。

## 1　マラガ港を背景とした都市の成立～発展

マラガの歴史はBC1000年頃地中海沿岸に進出したフェニキア人（注25‐1）が、この街を流れるグアダルメディナ川の河口にBC800年頃に築いた港町が起源とされ、その後ギリシャ、カルタゴ、ローマ帝国の支配下の交易都市として発展し、5～7世紀のゴート王国の後、743年にアラブの支配都市となる。そして1492年のレコンキスタ（注25‐2）までの約

写真25‐2　マラガから日帰り圏のグラナダの世界遺産、アルハンブラ宮殿のライオンの庭

写真25‐3　アンダルシア地方の「白い街・ミハス」の伝統的な通り

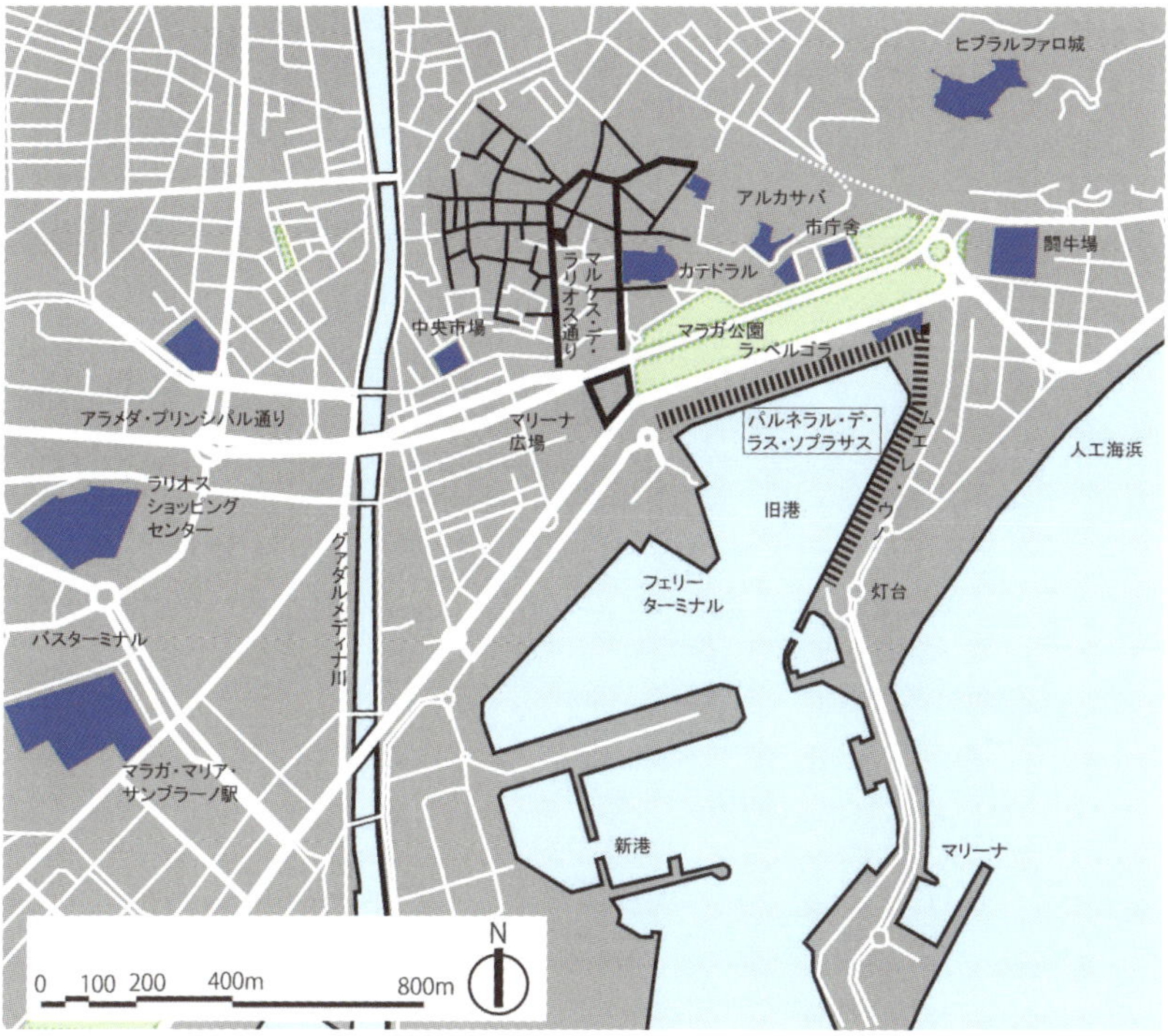


図25‐1　マラガ中心部におけるウォーターフロント地区の位置図

７００年間の永きにわたり、ナスル王朝の首都グラナダとアフリカ大陸とをつなぐ玄関口（港）となっていた。ちなみに同川はアンダルシアの標高１４３３ｍのシエラ・デ・カマロロス・クロス山地に水源を持つ、市街北のモンテ・デ・マラガ自然公園を流れる河川延長わずか47㎞の川だが、この雨の少ない地域にあって貴重な水を供給してきたことが、まちの発展の基盤をつくったとされる。

しかし一方で急峻な地形ゆえに、大量の降雨時には市街を襲う洪水を幾度か経験してきた。そのため、市街はグアダルメディナ川の東側の丘の上に築かれたアルカサバ（古代ローマの要塞の跡に築造）、ヒブラルファーロ城（要塞）の南側に外敵そして水からもまちを守るように、５つの門を持つ城壁が築かれた。

マラガの港は地中海諸都市との交易の拠点となり、まちはグラナダやセビージャなどを繋ぐ東西方向の街道の往来で大いに賑わった。市街に残る要塞や宮殿に造られたイスラム式庭園に、古代から中世、近世に至る重層した繁栄の痕跡を見ることができる。イスラムの時代にはジェノヴァ人やユダヤ人の商業地区が成立したという、まさに国際都市であった。

マラガ港のカトリック王による奪還はレコンキスタの５年前の１４８７年で、その後はイスラム時代の都市基盤の上にキリスト教の宗教施設である聖堂や修道院などが建造され、大広場（現在のプラサ・デ・ラ・コンスティトゥシオン）や緑地・庭園などの都市改造が加えられていく。そしてレコンキスタの実現する１４９２年には、ユダヤ教徒追放令が出されユダヤ人街は消滅し、そして１５０２年にイスラム教徒追放令によって、アラブ系の人たちは脱出もしくは改宗の道を選択することとなった。その後、16～17世紀にはグアダルメディナ川の氾濫や疫病などの苦難が続くが、18世紀には復興し、港湾は拡張され、マラガは港を背景とした同国南部の代表的な工業都市として大きく発展していく。その港の交易が大きな富をもたらしたことは想像に難くなく、19世紀に至り、道路築造などの大規模な市

注25-2　レコンキスタ（Reconquista）：キリスト教国家によるイスラムのナスル王朝との戦いの末にイベリア半島を取り戻した活動の総称

図25-2　港周辺案内図。ラ・ペルゴラ遊歩道の背後には公園や闘牛場、アルカサバの要塞などが控えている

街地改造が行われ、現在のマルケス・デ・ラリオス通りやアラメダ・プリンシパル通りの広幅員の目抜き通りが造られたのもこの時代である。

そして1862年に鉄道が敷かれ、玄関口となるマラガ・マリア・サンブラーノ駅が川の西岸に開設され、市街地の拡張が行われている。そして川の上流に洪水対策と貯水目的のアグジェロダムが建設（1921年）されたことに連動し、下流域は広い川幅と直立護岸の現在の姿が形づくられている。それとともに港の機能は旧市街の南東側のヒブラファロ城の麓に新たに造成された埠頭に移されていく。それは欧州の産業革命後に始まる蒸気船、そして動力船時代に対応する近代港湾の造成でもあった。ここが今回解説する港湾再生の舞台である。

1936年から39年にかけてのスペイン内戦で、マラガ市街はフランコ側の反乱軍とイタリア軍によって空爆を受けるなどの被害を受けるが、その後立ち直り、第二次大戦後は観光地として成長する

写真25-4　98年時点でのヒブラルファーロ城から見た港の一帯。港湾荷役の埠頭となっていた

写真25-5　高台のアルカサバの要塞から港の前面の公園を望む。実に豊かな緑が続いている

写真25-6　港の背後の公園脇のスペイン通りの歩行者専用道。ここも豊かな緑が続く

写真25-7　新たに整備された港の遊覧船乗り場。背後には90年代に開発された集合住宅が並ぶ

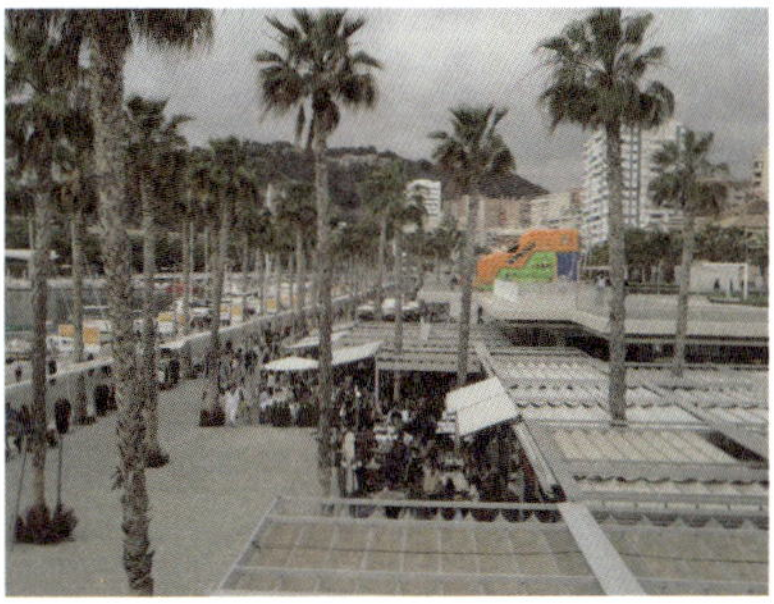

写真25-8　かつての物揚場が開放され、ショップと飲食店街が出現した。ここもヤシ並木が続く

コスタ・デル・ソルの中心地としての発展を遂げ、そして92年のセビリア万国博覧会開催の年にマラガ空港が開設され、翌93年にはスペイン超高速鉄道ＡＶＥ線が開通している。

## 2　1990年代以降のマラガ港の大転換

筆者は98年にこのまちを訪れたが、その際、丘の上のヒブラルファーロ城から撮影した市街と港の写真がある。眼下の港前面に連なる豊かな緑のマラガ公園（Parque de Malaga）や闘牛場、その背後にはマラガ港の全景が広がるが、港一帯は物流の港として高い塀で仕切られていることが読み取れる。ここがその後大きく変貌していくのである。

他の港と同様、輸送船舶の大型化とコンテナ化への対応のために、更なる水深のある沖合の埋立地に新たな埠頭を建設することとなった。そのための資金調達も含め、旧埠頭区域は住宅地や商業地への土地利用転換が図られていく。その先鞭をつけたのが東側の第一埠頭の背後地であり、物流専用の埠頭も２０００年以降は客船専用バースへ、そして一部はヨットやクルーザーのマリーナへと転換されていく。その前段階として背後地の転換がいち早く進められ、この一帯には続々と高層集合住宅が建設されていった。それらは90年代後半にはすでに完成を見ている。

次いで港の最奥部、マラガ公園の前面の第二埠頭からも物流機能が消え、高い塀が撤去されて市民に開放され、そこには歩行者プロムナードが整備されることとなった。それに沿って海事博物館（Museo Alborania）やマラガ・ポンピドゥセンター（注25‐3）の誘致計画が進められていく。そのプロムナードは第一埠頭側ともつながり、奥行きのある埠頭用地の市街側にはレストラン等を併設した複合商業施設が建設されることとなった。05年にプロムナードの設計者選定のための指名コンペが開催され、

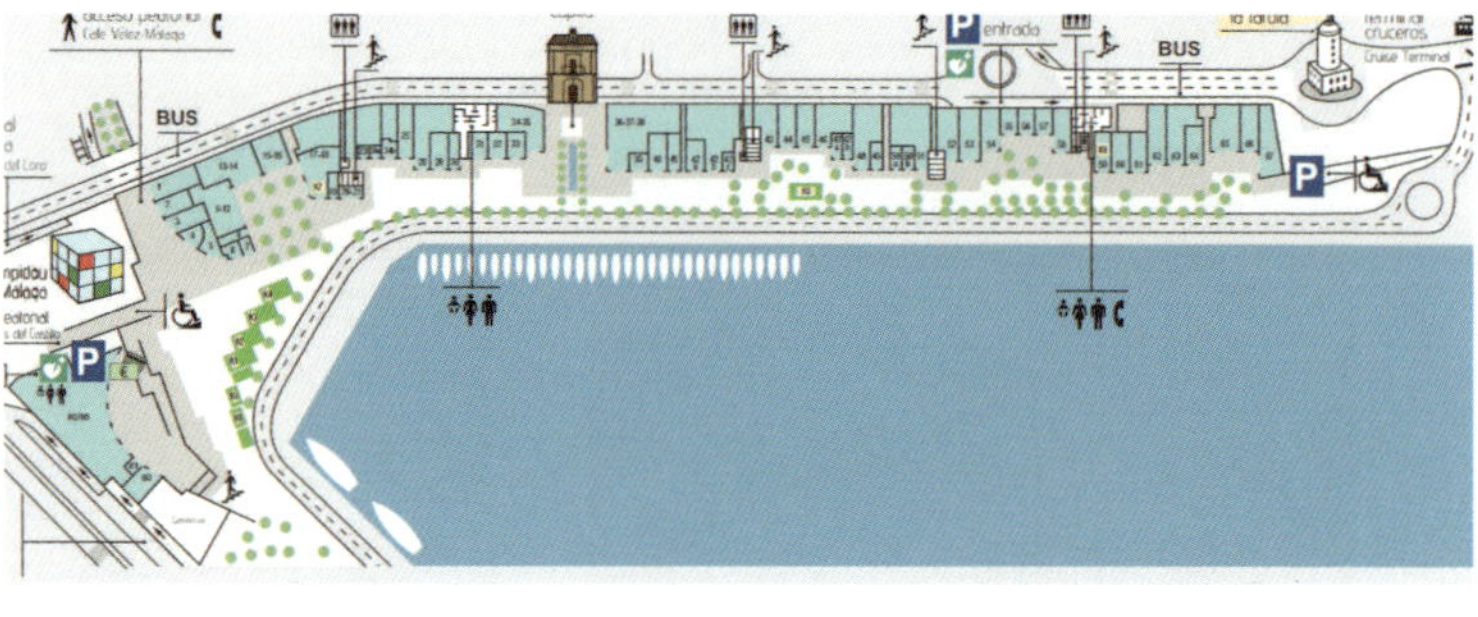

図25‐3　新しくなった旧第一埠頭のパルネラル・デ・ラス・ソプラサスの商業棟の案内図（現地案内図撮影）

選ばれたのがマドリッドに拠点を置くフンケラアーキテクツ（注25-4）である。その後設計～工事へと移行し、11年にはプロムナード全線が完成、ほぼ同時期に海事博物館、各種複合商業施設群がオープンしている。

## 3　ラ・ペルゴラ＝パセオ・ムエジェ・ウノ／パルネラル・デ・ラス・ソプラサス

筆者があらためて訪れた17年夏、この延長約1・5㎞のプロムナードには連日多くの市民が集まっていた。そもそも地中海沿岸都市には、夕暮れから夜の時間帯に自然の風に吹かれながら家族連れもしくは友人たちと海辺を散策、そして外食する習慣がある。それは地元の飲食産業を支え、夜遅くまで賑わいが続いていく。このマラガも例外ではなく、ウォーターフロント一帯が多くの市民で賑わう

注25-3　マラガポンピドゥセンター（Centre Pompidou Málaga）：パリ・ポンピドゥセンターの分館、芸術文化センター

注25-4　フンケラアーキテクツ：1973年に設立された建築設計事務所。オフィスや集合住宅、駅舎、都市デザインなどの幅広い範囲で活動。マドリッドヒポドローム競馬場、コルーナ港再生計画を手掛ける

写真25-9　旧第二埠頭のラ・ペルゴラ遊歩道の西端部。案内板サインが置かれている

写真25-10　ラ・ペルゴラ遊歩道の中央部にはプレハブ式の店舗にはカフェや本屋、案内所がある

写真25-11　ラ・ペルゴラ遊歩道から海側を望む。透明ガラス高欄とベンチの構成

写真25-12　ラ・ペルゴラ遊歩道に集まる市民の姿

写真25-13　港の入口に置かれたラ・ペルゴラ遊歩道のサイン

写真25-14　有名な帆船が寄港する際は大勢の見物客が集まる。透明ガラスの高欄の存在がよくわかる

写真25-15　パルネラル・デ・ラス・ソプラサスの商業棟のオープンレストラン風景

写真25-16　保存された歴史的な建物も夜にはライトアップされている

写真25-17　ラ・ペルゴラ遊歩道の夜景。波打つパーゴラがライトアップされ、幻想的な風景となる

のである。以前来たときにはこの埠頭一帯は物揚場で占拠され、塀の背後のマラガ公園で散策を楽しみ、人びとは街なかの飲食街に誘導されていたが、この水際の開放によって、旧第二埠頭はラ・ペルゴラとして、また旧第一埠頭はパセオ・ムエレ・ウノへと整備されていったのである。第一、第二埠頭のプロムナードに共通のヤシ並木、それが総称としてのパルネラル・デ・ラス・ソプラサスと呼ばれる由縁である。

　旧第二埠頭に併設された緑地には、列植されたヤシの並木と多数の灌木や芝生があり、その種類は計４０８種と、生物多様性を象徴する様々な植物が採用されている。そこにはデザインされた噴水が沸き、それを波打つデザインのペルゴラが繋ぐ構成となっている。遊歩道に沿って適宜ベンチが置かれ、風除けと下段の船付場への転落防止のガラス高欄が連続し、中央部には仮設店舗を設ける区域が定められている。そして夜になると、足元か

図25-4　パルネラル・デ・ラス・ソプラサスの第二埠頭区域に植えられた様々な樹木や草花の配置図　出典：EL PALMERAL DE LAS SORPRESAS : INTEGRACIÓN DEL PUERTO EN LA CIUDAD DE MÁLAGA,©JUNQUERA arquitectos

らペルゴラや柱脚、床面が上下から照らされ、光の連なり具合が実に心地よい。

一方の旧第一埠頭側は海際にヤシの並木が続き、背後の遊歩道、そして延べ床面積5万㎡を超える平屋の複合商業施設が連なり、屋上階は周囲の市街と同レベルの人工地盤テラスになっている。その間に前掲の文化施設が配され、床面積総計は６３００㎡にも及んでいる。

遊歩道と施設との間には仮設の屋外飲食施設があり、ほぼ満席状態が続く。ここは中欧・北欧と異なり温暖な気候の南欧であり、冬でも屋外飲食が可能な地である。それは周囲に存在する住宅街の住民が下支えし、それにコスタ・デル・ソルの観光客からの収益が加わるのであろう。ここに、南欧におけるウォーターフロントの賑わいの秘訣を垣間見たような気がする。ちなみに15年に開館したマラガ・ポンピドゥセンターは、５年間の期間限定ながらパリ以外では初の分館とされ、実に多くの集客を誇る。市内には04年に開館したピカソ美術館をはじめとする、かつての邸宅を改造した数多くの芸術文化施設があるが、その束ね役となりマラガ観光の新たな拠点ともなっている。

## 4　公共オープンスペース整備と生活空間の質的向上

港の背後地に新たに整備された高層住宅街の前面には、西側の港内に整備されたマリーナに加え、南東側すなわち旧第一埠頭の東面に人工海浜が造成され、コスタ・トロピカルの海岸へとつながっていく。加えて足元の港の複合商業施設の存在は、明らかに若者たちの活動ニーズにマッチする住環境を用意していると筆者はみたい。

新たに建設された新市街の高層住宅群だが、建物の住居階は海面からは概ね10ｍ以上高く設定されているようで、低層階は店舗やオフィスの非居住用途、つまり立体用途指定が徹底している。旧市街

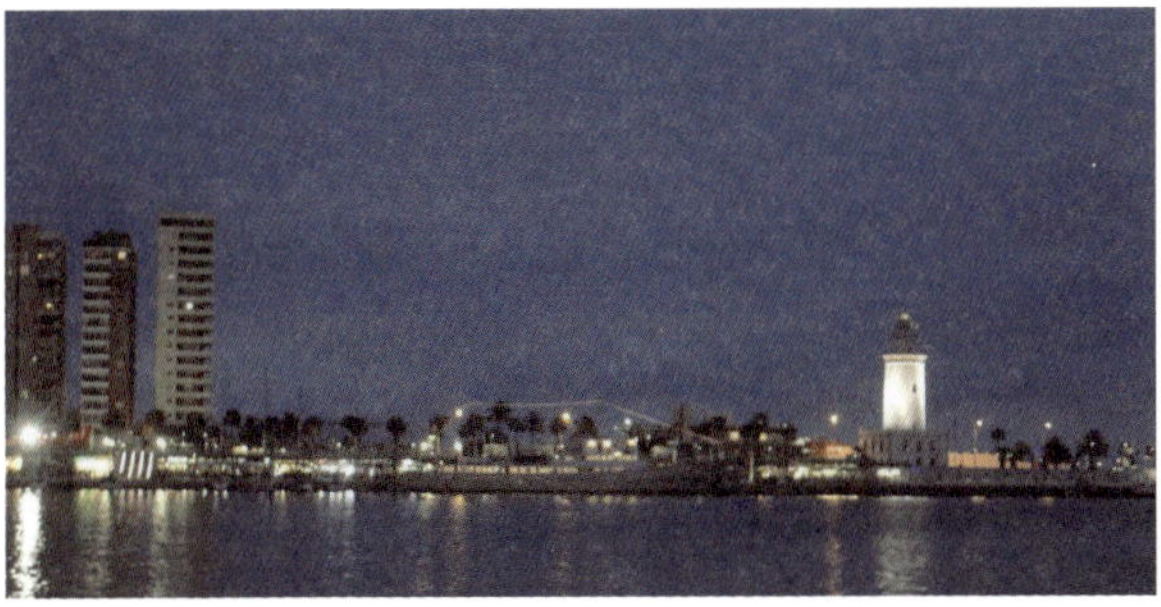

写真25-18　港の西岸側から見た旧第一埠頭のパルネラル・デ・ラス・ソプラサ側の夜景。右の強い明かりはライトアップされた先端の灯台

写真25・19　ポンピドゥセンターの前に置かれたオープンカフェ風景

写真25・20　港の背後地に高層住宅街、1階は非住居施設、住居は2階以上となっている

写真25・21　新たに整備されたバス停。このまちではバスが主要な交通手段となっている

写真25・22　歩行者空間化されたメインストリートのマルケス・デ・ラリオス通り

の伝統的な仕組みがこの港の新市街にも適用されている訳だが、これは結果として津波等の自然災害への備えともなっていると言えよう。確かこの地中海の港町にも、幾つかの地震津波被害の歴史が刻まれている。例えば、１７５５年の波高15mの大津波を経験したリスボン大地震（マグニチュード８・９との説）の際は、このまちも少なからず津波を経験したに違いない。28章に紹介するイタリアの港町アマルフィの衰退の要因は、１３４５年の地震と津波であったという。このマラガも、１６８０年の地震によりサン・ファン・バティスタ教会の鐘楼などが崩壊し、また１８８４年、１９５４年と大きな地震を経験している。その意味で、数千年の歴史をもつ地中海都市には、先人の知恵が何らかの形で伝えられているような気がする。

一方で旧市街に目を転じれば、ウォーターフロントから旧市街へと連なる歩行者環境整備も着実に進行している。旧市街の歩行者環境整備では、スペイン諸都市は欧州のなかでは後発組とされるが、

写真25・23　飲食店の連なる中心市街、グラナダ通りの夜間の賑わい風景

写真25・24　グラナダ通りの一帯は歩行者天国となり、オープン・レストランが夜遅くまで賑わっている

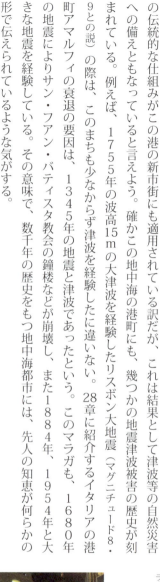

近年そのペースは上がっている。ここでもすでに、旧市街の繁華街主要街路から、車は昼前から翌朝まで締め出され、多くの市民が路上を楽しむ光景が現出する。レストラン街の街路はわずかな通路空間を残してあとは路上飲食スペースになり、夜遅くまで人の気配が続く。

そして港に引き続き、２０１２年から始まる川の再生計画は、目を見張るものがある。1章に紹介した、首都マドリッドのマンナレス川マドリッド・リオのマラガ版と言うべきだろうか、２０５０年を目途の河川改修計画が進行中で、これも壮大なプロジェクトである。これが実現すれば、マラガもコスタ・デル・ソルへの中継地ではなく、拠点都市に大変身するに違いない。この港町も、大いなる変化を遂げようとしている。

写真25-25　本格的な再生計画が予定される現在のグアダルメディナ川の河口部

# 第26章 マルセイユ港の旧港ヴュー・ポール（フランス）

フランス南部の港町マルセイユはフランス最古の都市と言われ、ＢＣ６００年頃の古代ギリシア時代にフォカイア人が築いた植民都市「マッシリア」がその地名の由来という。その後はローマ帝国、中世にはプロヴァンス王国に組み込まれるが、港湾都市としての自律性は保ち続けてきた。それが近世のフランス王国の時代となり、ルイ14世の治世下での要塞築造や市街地拡張を経て、現在の港の骨格が形づくられた。その天然の港町としての地形的特徴を活かし、後章に紹介するイタリア・ジェノヴァ港と比肩する地中海の拠点都市として成長する。双方の距離は約４００km、その間の海岸線はコート・ダジュール（仏 Côte d'Azur、直訳は紺碧海岸）と呼ばれ、モナコやカンヌ、ニースなどの有名な高級保養地が続く。その豊かさの根源は、この陽光あふれる海にあることを疑う人はいないであろう。

このまちの拠点となったのが、２６００年前に拓かれた細長い湾状の旧港ヴュー・ポール（Vieux Port）である。それは湾奥の旧漁村集落と先端まで広がった交易の港で、その共存関係が永らく続いてきた。その後、18〜19世紀の産業革命以降の蒸気船そして動力船の出現、20世紀以降のコンテナ化で港湾機能が外延化するなかで、「旧港」はいち早く物流の港から地中海の島々への旅客港、そしてマリーナへと転身を遂げた。そして産業革命期以降に北側に拡張され物流機能を担った「新港」も、後期にはその機能を、北西側に拡張整備された「西港」に譲ることとなる。

写真26‐1　旧港の北岸側から水面越しに南岸の街並みと高台のノートルダム・ド・ラキャルド・バジリカ聖堂を望む

注26‐1　マルセイユ・プロヴァンス・メトロポール都市圏共同体は18コミューン（自治体）で構成される＝CUMPM: Communauté urbaine Marseille Provence Métropole

## 1　3つの顔を持つマルセイユ港

マルセイユの人口は約86万人、フランス国内ではパリに次ぎ第2位の規模で、広域行政圏のマルセイユ・プロヴァンス・メトロポール都市圏共同体（CUMPM、注26－1）は人口ではパリ、リヨン、リールに次ぐ第4の約105万人規模である。その経済力を支えた源こそが、永い歴史を誇る港の交易である。港から約1kmの丘の上に開設されたマルセイユ・サンシャルル駅（1848年開業）は鉄道の拠点駅となり、また市街から27km西にはマルセイユ・プロヴァンス空港があり、今では地中海沿岸最大規模の金融、経済等の中核都市と言ってもよい。繁栄の基となったマルセイユ港は港湾機能の変革とともに遷移し、今では大きく3つの顔を有している。

### (1) 天然の港＝旧港・ヴュー・ポール

古代から続く天然の港、旧港ヴュー・ポール

図26－1　マルセイユ中心部におけるウォーターフロント地区の位置図

写真26・2　ノートルダム・ド・ラキャルド・バジリカ聖堂からみた旧港。奥には新港、西港を望む

写真26・3　旧港の南岸から水面越しに北岸の街並みと高台のパニエ地区を望む

写真26・4　旧港の南岸のサン・ニコラ要塞の麓より北岸のサン・ジャン要塞を望む

(Vieux Port) は、漁船と観光船にヨット、クルーザーの停泊する幅330m×長さ約1300mの港域である。周囲の丘に聳えるノートルダム・ド・ラキャルド・バジリカ聖堂の鐘楼上部には黄金のマリア像があり、航海に出る船乗りたちを見守ってきた。その他、壮麗な姿のロンシャン宮、湾口の南の丘はサン・ニコラ要塞 (Fort Saint-Nicolas、1664年築造) とファロ宮、北にはサン・ジャン要塞があり、長い間この港が様々な外敵をはねのけてきた歴史を伝えている。15～17世紀に埠頭や造船所が建設されるなど、その賑わいは20世紀の第二次世界大戦前まで続いていく。実は18～19世紀の蒸気船の発達によって、水深の浅い旧港から深い北側の第二の港すなわち「新港」に続々と新たな埠頭が建設され、次第に旧港の勢いは失われつつ

図26・2　ルイ14世時代（1700年頃）のマルセイユ地図。市街は城壁で囲まれ、南岸には造船所（工廠）などが置かれていた　出典：Le fort Saint-Jean/Marseille le gardien du Vieux Port (Manufacturer: La Provence2 (2017/07/24)（注26・2）

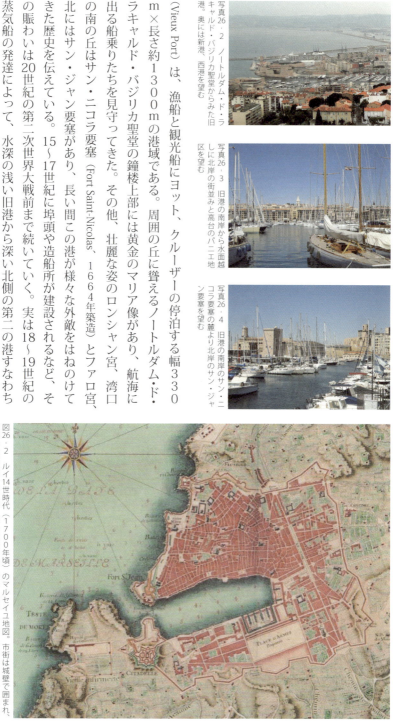

あった。それを決定付けたのが、大戦時のドイツ軍侵攻による港および市街地の破壊であった。

### （2）「新港」一帯のユーロ・メディテラネ再開発区域

第二の港の区域は、サン・ジャン要塞から北側に歩行者ブリッジを介して連なるヨーロッパ・地中海文明博物館（MuCEM、通称ミュセム、注26－3）、ヴィラ・メディテラネ（Villa Méditerranée、注26－4）や旧い倉庫を改造したJ1のフェリー発着場と展覧会場などの複合施設（注26－5）などの新しい大型施設群が居並ぶ一帯である。旧港ヴュー・ポールに対して「新港」と呼ばれる区域で、外海の波浪を防ぐため、当時の土木技術によって造られた連続離岸堤を備えた外港で、1844年のジュリエット新泊地の着工にはじまり、大戦前には現在のフェリーターミナルのあるミラボー泊地まで拡張されている。当時としては最先端のクレーンなどが併設された近代港湾で、周囲には巨大な倉庫群が建設されていったが、それも第二次世界大戦後の更なる船舶の大型化とコンテナ化の進行とともに、70年代以降は新たに拡張整備された「西港」にその役割を譲ることとなる。その結果、この巨大な「新港」地区も新たな活用の道が模索され、その再生のためのプロジェクトが、後述するユーロ・メディテラネ（Euro mediterranée）再開発計画であった。

### （3）「西港」の現代物流港湾

第三の港は「新港」の北西側に広がる、80年代以降に整備されてきた「西港」と呼ばれる区域で、大型のガントリークレーンなどの最新施設、最先端のコンテナターミナル、LNG基地などが建設されてきた。その港域はローヌ川のかつてのフォス港（Port de Fos）までの広がりで、マルセイユ港の港湾取扱貨物量ランキング（2015年）は欧州ではロッテルダム、アントワープ、ハンブルグ、アムス

注26－3　ヨーロッパ・地中海文明博物館（MuCEM ＝ Musée des civilisations de l'Europe et de la Méditerranée）：地中海文明に関する博物館。延べ面積約4万㎡の規模。設計：リサ・リコッティ（Lisa Ricciotti）

注26－4　ヴィラ・メディテラネ（Villa Méditerranée）：地方圏地中海センター。文化を通じてさまざまなネットワークが生まれる交流の場として「空と海の間」を表した展示スペースのほか、同時通訳ブースを備えた国際会議場もある。設計：ポール・ラドウス（Paul Ladouce）

注26－5　1930年にエッフェル社製のクレーン付の埠頭倉庫、2013年欧州文化首都イベントの際にはフェリー発着場に併設された臨時の展覧会場などに活用された

写真26－5　サン・ジャン要塞（左）から歩行者ブリッジで繋がれたヨーロッパ・地中海文明博物館（右）

写真26-6　ヨーロッパ・地中海文明博物館の屋上部分、建物外壁と一体的な屋上日除けデザイン

写真26-7　ヴィラ・メディテラネの外観。大きくせり出した建物意匠が特徴的

写真26-8　J1のフェリーの発着場と展覧会場などの複合施設の外観

写真26-9　ミラボー泊地に整備された「新港」のフェリーターミナル。大型客船が幾艘も停泊している

写真26-10　旧港のシンボル施設となったノーマン・フォスター設計の天蓋・オンブリエール。鏡面の天井に水面が映り込む

テルダムに次ぐ第5位となっている。地中海都市では最大を誇るが、その機能の大半はこの西港が支えている。

## 2　旧港ヴュー・ポールの繁栄と衰退・再建

今では地中海観光の拠点として、旧港の周囲にはカフェや名物料理のブイヤベースのレストランが並び、目の前の水面には青い空を背景に帆を張るヨットや夥しい数の豪華クルーザーの光景が広がる。湾の付け根のベルジュ河岸には毎朝漁船が横付けされ、獲れたての魚介を商う露店が並び、沖のイフ島への遊覧船などが行き交う。週末には河岸の乗り場に列を成すこの場所に、2013年、建築家ノーマン・フォスターのオール鏡面ステンレスの天蓋（オンブリエール＝Ombrière）が出現した。観覧車の広場との似つかわしくない新旧の対比こそ、このマルセイユの魅力と言える。

一方、背後地の坂のあるパニエ地区（Quartier du Panier）は、２６００年前にフォカイア人たちが入植して築いてきた歴史地区である。由緒ある町家が並ぶ迷路状の狭い路地には、民宿のペンション街、職人の工房、アーティスト、クリエーターなどのショップが連なり、レストランを巡る多くの観光客が行き交う様は、ここが欧州を代表する港湾業務都市であることを忘れさせてくれる。半世紀前まではれっきとした物流港であったのである。

この旧港が近代港湾としての装いを整えるのが19世紀半ば以降、フランスのアフリカやアジアの植民地拡張期とも重なり、スエズ運河（１８６９年）の開通によって、その地位は確固たるものとなっていく。それはアジアや日本の近代化とも連動し、絹製品などの様々な物資はこの港を経由し、ローヌ川を遡りリヨンへ、中央運河を経てパリへと運ばれていく。その中継玄関口がマルセイユ港で、鉄道の開通・発達とともに荷役量は格段に増えていく。港には最先端のクレーン機械が並んだが、その究極は、１９０５年に湾口に完成した橋長１６５ｍのマルセイユの運搬橋（仏 Pont transbordeur、注26‐6）であろう。高さ86・6ｍの2つのパイロン（橋塔）から吊られた海面50ｍの橋の下を、重量20ｔ・１２０㎡の大きなゴンドラが行き来し、人や荷物が運ばれていた。その姿はまさに発展する港のシンボルでもあった。

その港の活況も、１９４２年11月から44年8月までの間、ナチス・ドイツ軍の占領によって一変する。ユダヤ人の強制収容、そしてレジスタンス活動を鎮圧する目的で、北岸市街一帯の大規模な破壊が行われたのである。運搬橋は爆破され、サン・ジャン要塞の弾薬庫の爆発など市街は瓦礫の山となり、その中で唯一残ったのが、17世紀に建てられた市庁舎（Hôtel de ville de Marseille）であった。

45年から街の復興が始まり、旧港に面する現在の北岸の一連の建物群はフェルナン・プイヨン

注26‐6　マルセイユの運搬橋（仏 Pont transbordeur）、設計：フェルディナン・アルノダン（Ferdinand Arnodin）。現存する同様の形式の運搬橋は第2章に紹介したビルバオ・ネルビオン川に架かる１８９３年に造られたビスカヤ橋

写真26‐11　旧港の北岸の連続する建物群（フェルナン・プイヨン設計）と広くなった水際歩道

写真26-12　ベルジュ埠頭での朝市の光景。後ろの漁船から獲れたての魚が運ばれ、露店に並ぶ

写真26-13　ベルジュ埠頭の広場に置かれた観覧車

写真26-14　ベルジュ埠頭の船着場前。島に渡る人たちが乗船のために並んでいる

写真26-15　ベルジュ埠頭の夕刻の風景。涼を求めて地元の人たちが集まってくる

(Fernand Pouillon, 1912-1986) の設計により48年に竣工したものである。各建物の1階には飲食店舗が配され、港側には、地中海特有の夏の日差しを避けて通行できる連続したポルティコが設けられ、前面にはオープンカフェ・レストランが展開する。当然のことながら上層階は住居となっている。

　周囲の市街の復興も50～60年代まで続き、サン・ジャン要塞の再建は71年のことであった。その間、海外の植民地の崩壊や背後地の工業化の進展とともに多くの移民が流入し、まちは様々な問題を抱えていく。それは湾状の地形から港の周囲を走る自動車交通の増大、そして貧富の差から多発する犯罪などである。今ある湾口の南北をつなぐ海底トンネルは、交通緩和のために67年に完成したものである。

　筆者は戦後復興がほぼ形を成した70年代にこの界隈を訪れたが、今の姿を見るとまさに青天の霹靂という賑わいぶりである。そして実に健全な市街の姿が実現しているが、それは復興後70年代から始まるＰＳＭＶ風致保全計画が大きく寄与している。80年代以降はＺＰＰＡＵ（都市・建築・文化遺産保全

写真26-16　パニエ地区の坂道を行き交う地元の家族

写真26-17　パニエ地区内の街角風景。路地街の一角の小広場のオープンカフェには家族連れの姿があった

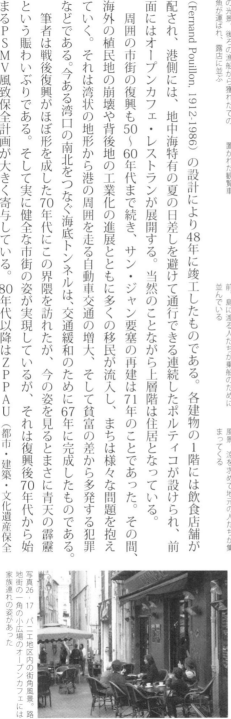

地区制度）、93年のZPPAUP（都市・建築・景観文化遺産保全保存地区制度）へと受け継がれ、これによって住居だけでなく都市内生活環境の質が向上した。まさに、2600年もの持続した生活街が、このマルセイユの旧港一帯の市街地に脈々と続いているのである。

## 3 旧港再生の起爆剤となった2013年欧州文化首都イベント

旧港の、建築家ノーマン・フォスターのオンブリエール建設のきっかけとなったのが、欧州文化首都イベント「マルセイユ＝プロヴァンス2013」の開催である（注26‐7）。市が開催指定に名乗りを挙げたのが04年のこと、「マルセイユ＝プロヴァンス」構想を隣接都市と協同で策定し、07年の正式立候補を経て、08年に最終決定に至っている。それはこの旧港、新港を含む港湾区域を市内開催の主会場として位置づけ、市中心部交通計画の抜本的見直しも含む、大胆な都市整備の推進であった。21世紀の環境シフトの先端を行くための計画であり、その中身は、従来の自動車交通中心から歩行者・自転車・公共交通への転換、商業と住居の複合型コンプレックスシティの希求、そして歴史的建造物群の保存・修復・活用など周到に練られたものである。

まず交通計画だが、公共交通である既存のバス網を再編するための、新たな地下鉄の整備と新型LRTが導入された。そして周囲の環状道路の位置づけを明確化し、一方で旧港を巡る自動車のための空間は、車両の一方通行化も含め全面的に縮小する。それによって旧港の水際線に沿って十分な幅員を備えた歩行者空間を確保する。湾奥部のペルジュ埠頭前面の片側最大5車線の道路が周回する長大な交通広場は整理され、車道は山側に寄せられ、バス専用道路と一般車道路とに分離し、海際には大きなシンボリックな歩行者広場が創出される。その計画は市とマルセイユ・プロヴァンス・メトロポー

注26‐7　欧州文化首都「マルセイユ＝プロヴァンス2013」マルセイユとエクス・アン・プロヴァンスを含む一帯を舞台に、年間を通じて展覧会、公演、イベントなど大小さまざまなプログラムが組まれ、その数は全部で900近く、うち650がマルセイユにて開催

写真26‐18　欧州文化首都「マルセイユ＝プロヴァンス2013」の共同開催地となったエクス・アン・プロヴァンスの豊かな並木で知られるミラボー通り

写真26-19　ペルジュ埠頭広場のオンブリエールの日影空間には多くの人々が集まっている

写真26-20　旧港の周囲の頬道や広場には随所にオープンレストラン・カフェが配されている

写真26-21　旧港の水際空間。右の水面上には木製の小さなフォリーが置かれている

写真26-22　旧港の水面には夥しい数のヨットやクルーザーが係留されている

ル（MPM）議会の承認を得て、実施へと移される。設計者選定のための公開国際コンペが09年に実施され、数多くの提案者の中から特定されたのが、前掲の建築家ノーマン・フォスターとペイザジストで都市デザイナーのミシェル・デスヴィニエ（注26-8）の共同チームであった。

改造工事は11年から始まり13年に竣工した。その広場は前掲の鏡の天蓋のオンブリエールと実にシンプルな自然石の舗装、そこにデザインされた街灯やオブジェ類、拡張された歩道が連続するボラード、ベンチや自転車ラックが配されている。強い日差しを遮るための街路樹は意外と少なく、実に清楚な空間となっている。そしてマリーナの浮桟橋上に木製の小さなフォリー、これもフォスターのデザインによる。加えて大きく改変されたのが、旧港を巡る南北の道路と水際空間で、かつての両者を仕切る連続柵は取り払われ、自由に行き来できるボラードに替わった。アスファルトの車道は整理され小舗石の石畳となり、広くなった歩道は歩きやすい石舗装となり、デザインされた街路灯が規則正しく

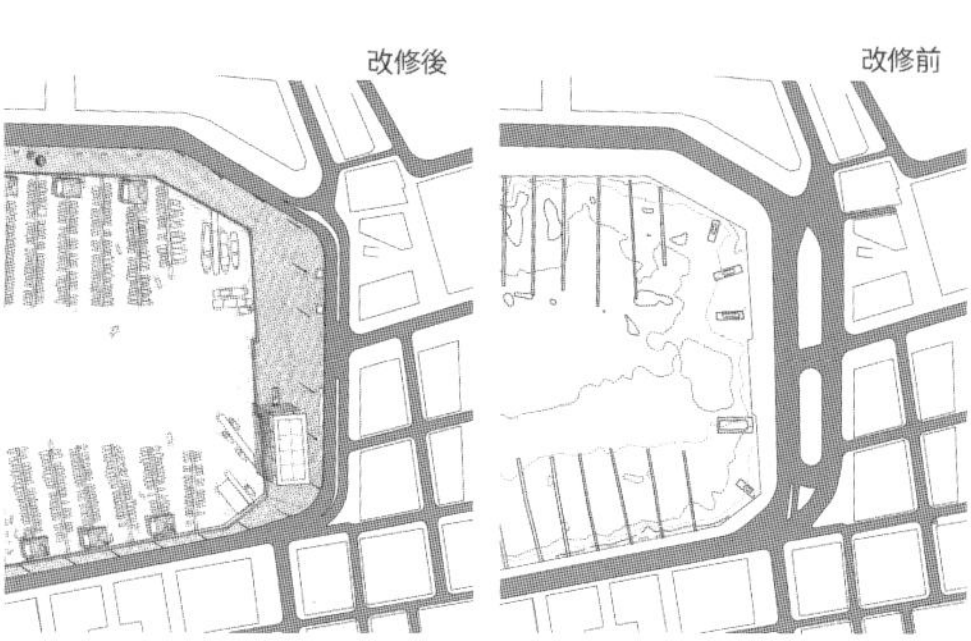


図26-3　旧港のペルジュ埠頭前の改修前（右）と改修備後（左）の比較図。かつての片側4〜5車線の周回の車道が縮小され、広場が実現したことが判る（筆者地図と写真をもとに作成）

注26-8　ミシェル・デスヴィニエ（Michel Desvigne）：ペイザジスト・都市デザイナー。マルセイユのプロジェクトに関しては、主宰デザイナーはノーマン・フォスターだが都市計画のプランニング作業やランドスケープをミシェル・デスヴィニエが分担する協働方式が採られている

並んでいる。そこには港の先端に位置する北のサンジャン要塞、南のサン・ニコラ要塞に向かう多くの観光客の集団が行き交う。

周囲を巡って思うのは、やはり港の景観の主役は水面を行き交う船舶であり、ここでは林立するヨットのマスト、居並ぶクルーザーの白い艇体の集団、そして背後の街並みがそれを囲み、その中から歴史的な城塞や聖堂の鐘楼などが浮かび上がる。それらを舞台に、観光客や市民の様々なアクティビティが展開する。夕刻ともなれば涼を求めて多くの市民が集まり、夜遅くまで若者たちや家族連れが水際を楽しんでいる。その空間づくりの基盤を担った名前の出てこない行政担当者、そして都市計画家たちにも、敬意を払いたい。

## 4 周辺地域の都市計画――ユーロ・メディテラネ計画

「マルセイユ＝プロヴァンス」構想を受ける形で、市内の交通計画は脱自動車社会のための公共交通網の充実が進められていく。それを象徴するのが、07年に2路線に増強された低床式の新型車両の走るLRT網である。60年代以降、多くの都市が廃止を選択した中で、マルセイユは1路線3㎞だが残した同国内でも数少ない都市で、既存路線（T1）の全面改修と延伸、新設（T2）が行われ、それは既存の地下鉄（A・B線2路線）、そしてバスや鉄道との連携が図られていく。そして鉄道玄関口のマルセイユ・サンシャルル駅の大改修は13年に完了し、地下鉄、高速バス、市内バスなども含めた総合交通結節拠点としても機能することとなる。

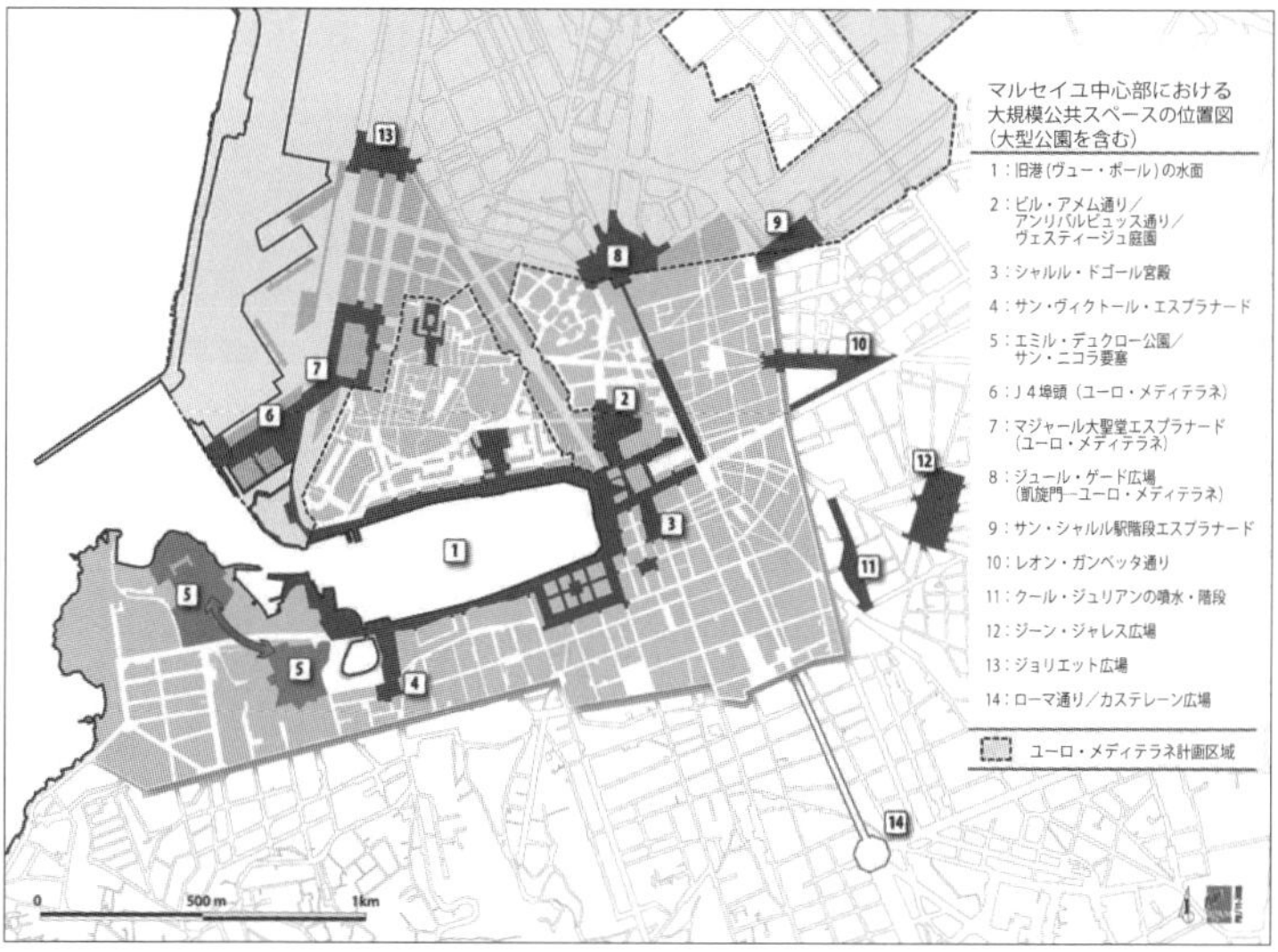

図26‐4　旧港（ビュー・ポール）周辺の公共オープンスペースのネットワーク　出典：PROJET VIEUX PORT : SEMI - PI ETONISATION DUVIEUX PORTA MARSEILLE ETUDED IMPACT : Marseille Provence Métropole（MPM＝マルセイユ・プロバンス・メトロポール）、2011,9（注26‐8）

写真26・23　マルセイユ市内を走る新型LRT

写真26・24　改修・増設されたマルセイユの玄関口、サン・シャルル駅の外観

写真26・25　改修されてかつての巨大倉庫のレ・ドック・ヴィラージュの内観

写真26・26　国道55号線の高架区間が地下区間に移行する部分。右の建物はレ・ドック・ヴィラージュ

写真26・27　マジャール大聖堂エスプラナードの東側区間、広い歩道に牛のオブジェが置かれている

一方、13年の欧州文化首都を記念して行われた各種イベント会場となったのが、新港を含む背後地一帯である。すなわちミラボー泊地のメディテラネ地下鉄駅からサン・ジャン要塞までの約1・5km、約310haの範囲であり、港湾用地や倉庫街などが区域指定され、計画的な土地利用転換が図られてきた。マルセイユの新都心とも言うべき一帯は、先端的な業務、コンベンション、商業そして居住の複合都市への脱皮であり、再開発は州、国の支援を得て進められていく。例えば、サン・ジャン埠北側のかつての物流拠点J4埠頭には、前掲のヨーロッパ・地中海文明博物館とヴィラ・メディテラネに加え、50年代のマルセイユ港保健センターを改造したプロヴァンス視点美術館（musée Regards de Provence）、マルセイユタワー（la Tour Marseillais）、現代アート地域基金機構（FRAC＝le Fonds Régional d'Art Contemporain）などの現代を代表する建築作品が並ぶ様は圧巻である。そして巨大な物流倉庫を改造したレ・ドック・ヴィラージュ（Les Docks Village）やレ・テラス・デュ・ポール（Les

注26・9　マジャール大聖堂エスプラナード。設計：ブルーノ・フォルティ＋ジャン＝ミシェル・サヴァディ

注26・10　2つの超高強度繊維補強コンクリート橋。①パセレル・パルヴィ・サンジャン：橋長70m、桁高1・6m、総幅員4・6m、②パセレル・フォール・サンジャン：橋長115m、桁高1・6m、総幅員4・6m。設計：ともにリチオッティ

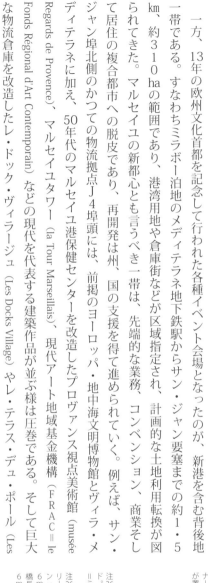

Terrasses du Port）に加え、新フェリーターミナルの大型商業施設がオープンした。とはいえ、広大な新港地区に居並ぶ巨大な箱物群との印象もあり、その成否の評価は不明と言わざるを得ない。

また、「新港」と市街との間のジュリエット通り上空に20世紀に築造された国道55号線の高架道路が撤去され、通過交通は地下化された。跡地の地上部の陸側歩道は広幅員のマジャール大聖堂エスプラナード（注26-9）として整備され、実に多くの通行人の利用に供されていた。その名の言われであるマジャール大聖堂は、新港と旧港との接点にあるジョリエット地区の高さ70ｍのランドマーク的存在で、足元の人工地盤広場からは眼下のエスプラナードが見渡せる。そのレベルはパニエ地区の旧市街に連なり、夕涼み時には多くの家族連れで賑わうという。

そしてその広場から同レベルでサン・ロレンツォ教会を経て、新たに整備された２つの超高強度繊維補強コンクリートの歩道橋（注26-10）がある。サンジャン要塞とＪ４埠頭はヨーロッパ・地中海文明博物館の屋上広場にも繋がれ、計画地の回遊性を高めるための整備が着々と進められてきたことも、付け加えておきたい。

マルセイユ港は、筆者が始めて訪れた40年前、そして2度目の30年前とはまったく異なる、実に魅力的なウォーターフロントへと大変身を遂げている。その中で、旧市街の旧漁村集落であるパニエ地区の佇まいが以前と変わらぬ生活街として続いてきたことは、最大の魅力ということもできるだろう。その生活街の存在が、ベルジュ埠頭の毎朝繰り広げられる新鮮な魚の露店市を支えている。この坂のある港の路地界隈も、訪れられることをお勧めしたい。

写真26-28　ヴィラ・メディテラネ脇の広場からマジャール大聖堂を望む

写真26-29　超高強度繊維補強コンクリート（ダクタル）の歩道橋の内観

# 第27章　ジェノヴァ・ポルト・アンティーコ（イタリア）

本章ではマルセイユと並ぶ地中海の港湾都市、イタリア北西部のジェノヴァ（伊 Genova、人口約60万人）を紹介しよう。その成立の基盤となったのは歴史的港湾＝旧港・ポルト・アンティーコ（Porto Antico）だが、この港も前章までに解説した都市と同様、20世紀以降の船舶の大型化や輸送の近代化の流れのなかで取り残されていく。その再生の契機となったのが、1992年に開催されたジェノヴァ・エキスポ（国際博覧会）を契機とする港湾再開発であり、その計画の中心的役割を果たしたのが、同市出身の建築家レンゾ・ピアノ（Renzo Piano, 1937-）であった。しかし実は、それに先立つ80年代初頭から、もう一人の著名な建築家で同市生まれのジャンカルロ・デ・カルロ（Giancarlo de Carlo, 1919-2005）が、港の背後地すなわちチェントロ・ストリコの再生に地道に関わってきた。その2つが連動する形で進められてきたのが、ジェノヴァ旧港一帯すなわち中心市街地の再生プロセスである。

## 1　歴史的港湾＝旧港の繁栄と衰退

ジェノヴァの地形は旧港ポルト・アンティーコを中心に、急峻な地形が東から北、西に半円状に囲み、港自体は深い入り江となって冬の北西風からの波浪を防ぐ、まさに天然の良港としての特徴を備えている。古代ローマ時代には欧州一円に拡大する勢力圏へ物資輸送の拠点となり、また中世の時代には

写真27-1　ジェノヴァ旧港のシンボル施設グランデ・ビーゴ。1992年の「コロンブス大陸発見500年記念国際博覧会」の中心施設。建築家レンゾ・ピアノの設計

強大な商船艦や軍艦を所有する海洋国家ジェノヴァ共和国の首都として、アドリア海側のヴェネチアとの覇権を争ったことでも知られる。両都市は１３７８～80年のキオッジアの海戦で戦い、ヴェネチアの勝利とともにジェノヴァは東地中海貿易から撤退し、西方に大きく傾斜していく。その交易先はポルトガルや北西アフリカ、そしてジブラルタル海峡を越え、オランダ・ベルギーのフランドル地方へと拡がる。

その繁栄の極まる16世紀、交易先からの賓客を迎えるためにジェノヴァの貴族たちはストラーデ・ヌオーヴ（直訳・新通り）に面した宮殿や邸宅を建て、「パラッツィ・デイ・ロッリ」と呼ばれるリストに登録した。これらの建物は、広い玄関そして立派な中庭を備えた装飾が施された３～４階建てに統一されてきた。そしてこれらの

写真27‐2　チェントロ（旧市街）の公開されているパラッツォ（邸宅）の中庭

写真27‐3　チェントロ（旧市街）のパラッツォ（邸宅）の建物の内観。天井装飾など見事である

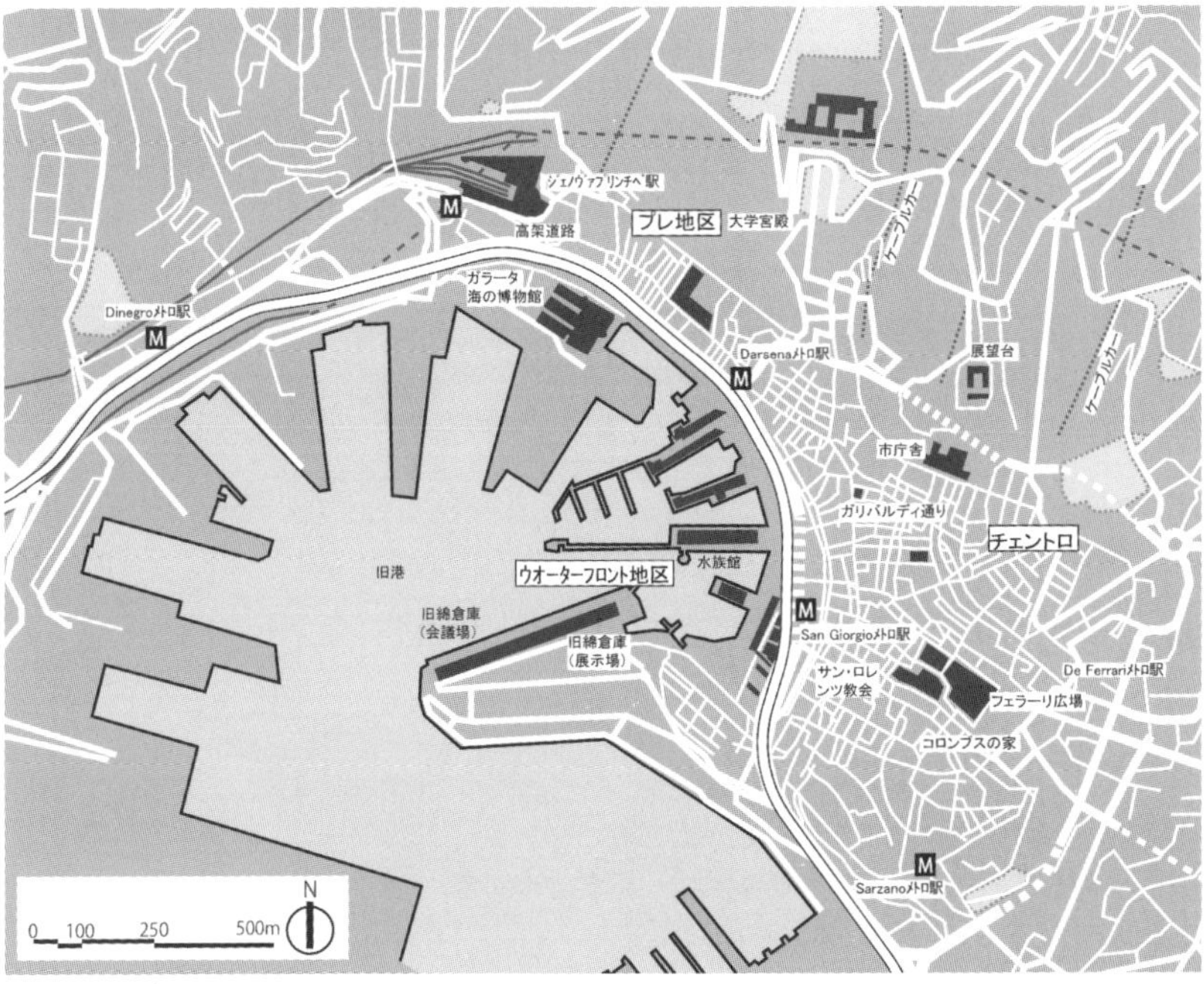

図27‐1　ジェノヴァ中心部における旧港のウォーターフロント地区位置図

写真27-4　ジェノヴァ鉄道の西側玄関口のピアッツァ・プリンチペ駅の駅前空間

写真27-5　チェントロのフェラーリ広場の光景。正面の建物はカルロ・フェリーチェ劇場

写真27-6　ジェノヴァの東側の鉄道玄関口ジェノヴァ・ブリニョーレ駅の、１９０５年に完成した荘厳な駅舎

歴史的建物群を保全してきた中心部は、２００６年にユネスコ世界遺産「ストラーデ・ヌオーヴェとパラッツィ・デイ・ロッリ」に指定されている。

19世紀の産業革命以降、トリノやミラノなどの北イタリアは大きく工業化が進み、原材料の荷揚げと製品積み出しのジェノヴァ港の重要性は高まる。これらの都市との間に鉄道が敷かれ、１８５４年に旧港の近くに鉄道の西側の玄関口のピアッツァ・プリンチペ駅（Genova Piazza Principe）が、そして東側のジェノヴァ・ブリニョーレ駅（Genova Brignole）が１９０５年に開設される。鉄道は港にまで延び、とりわけ港の背後のピアッツァ・プリンチペ駅一帯は大いに賑わい、港の発展とともに稠密な市街地が形成されていく。

しかし20世紀以降の自動車の発達と輸送のトラックへのシフトが、この地域に大きな

図27-2　１５７９年のジェノヴァ港を描いたクリストフォロ・デ・グラッシの絵図　出典：CITY AND PORT: Urban Planning As a Cultural Venture in London, Bacelona, New York, and Rotterdam; Changing Relations Between Public Urban Space and Large-Scale infr; Han Meyer, 1999.3

変化をもたらす。港と市街の間に存在していたいわゆる臨港道路は、大型車の通行量が増し、双方を分断する要素となる。地上部の交通量を軽減するために高架道路が１９６４年に建設されたことも、その分断を一層際立たせることとなり、増加する交通量とともに周囲の居住環境が悪化し、居住人口の一層の転出につながっていく。

一方で寄港する船舶も大型化し、コンテナ輸送へとその主力は切り替わる。トラック輸送との接続性も含め、港の機能は大きく西側に外延化し、その区域は延長約22㎞の範囲に拡大するなど、港湾荷役の中心は周縁部に移動することとなり、港湾労働者も先端設備を有する近代的な港湾地帯へと移動していく。旧港一帯の市街地は坂道の狭い路地に稠密な環境の石造りの家屋が連なり、自動車の通行も難しい区域であり、空き家の増加に拍車がかかる。市街地も19世紀までは港の背後の平地に限定されていたが、20世紀以降は海抜３００ｍまでの傾斜地に広がり、山の高いところまで住宅が立地していく。そして自動車社会の進展の著しい50～60年代には、郊外部への住宅開発が急速に進行し、商業施設の郊外立地なども進み、チェントロ・ストリコの歴史的市街の活力は次第に失われていく。

## 2 旧港の再生計画のはじまり

旧港の港湾機能の衰退・空洞化は、80年代には目を覆うばかりとなり、市は旧港地区の再生を図るべく、空き家となった倉庫群や港湾物揚場一帯の遊休地と化した土地を一括取得し、本格的な再生計画に取り組む。それは旧港一帯の港湾荷役を廃止し、観光港として旅客輸送と商業活動等にシフトするとともに、一般市民への開放を目指すものであった。市は再生の起爆剤とすべく、84年、92年開催のご当地ジェノヴァ生まれのクリストファー・コロンブスにまつわる「アメリカ大陸発見５００年祭」

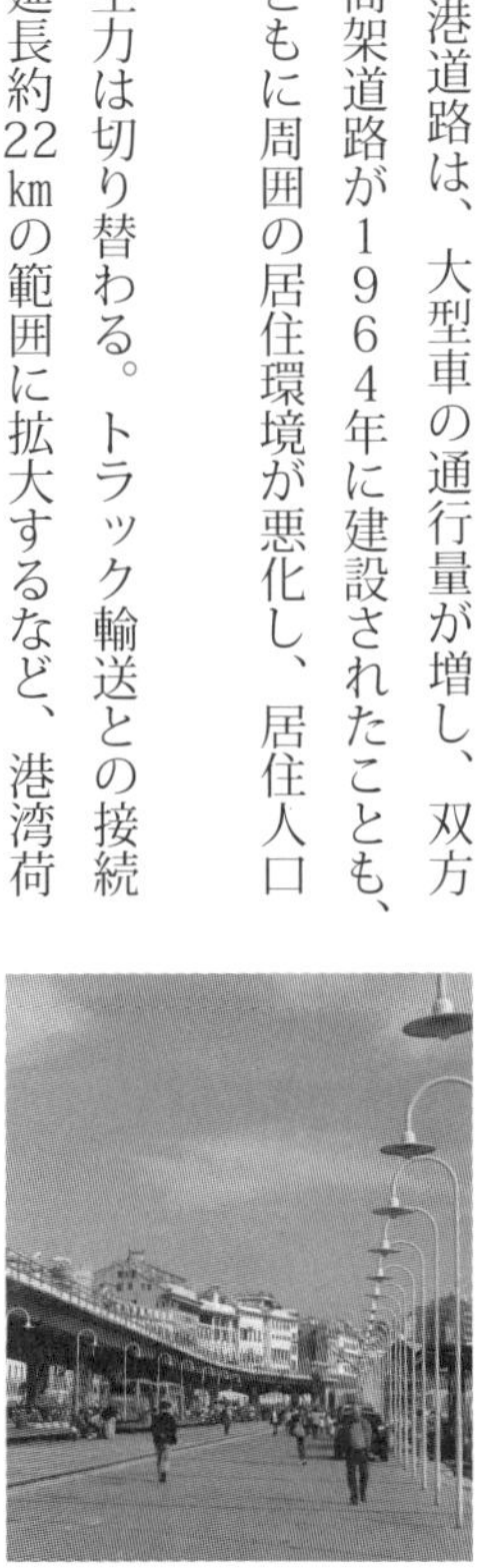

写真27-7　ジェノヴァ旧港と市街の間を走る高架高速道路。１９６４年に造られている

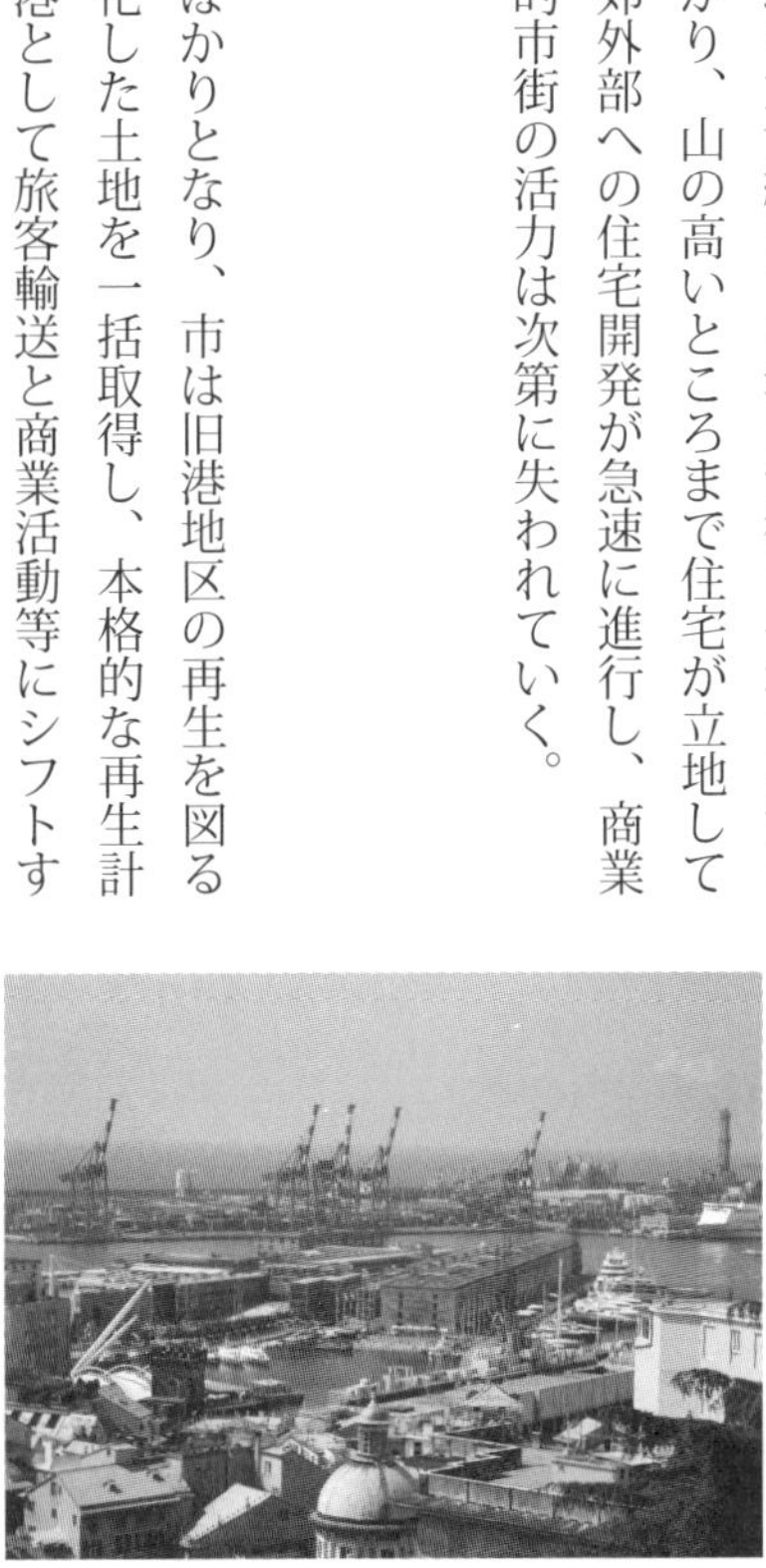

写真27-8　ルイージ・モンタルド展望台から旧港方向を望む。右上にサンピエルダレーナ地区の旧ジェノヴァ灯台ランテルナが見える

なる万国博覧会開催地に名乗りを挙げることとなった。翌85年には、市は建築家レンゾ・ピアノに博覧会会場計画と港湾再生のための基本プランの策定を委ね、86年には、イタリア政府の承認とともに博覧会国際事務局（BIE、注27-1）に計画書を提出した。

開催テーマは「クリストファー・コロンブス――船と海」とされ、500年前にこの地に生誕したコロンブスが航海の末にアメリカ大陸を発見した偉業を記念し、船と海に関わるこの歴史的な旧港一帯の再生を図るための契機とすることを目論んだ提案であった。その計画は見事に認められ、かくして、市港湾当局、市議会、リグーリア州、地元事業者等で構成される特定目的会社ポルト・アンティーコ・ジェノヴァ（Porto Antico di Genova）が組織され、博覧会開催に向けての諸計画が動き出す。

92年万国博覧会の開催期間は同年5月から4ヶ月間、参加は54ヶ国および地域、会期期間中には171万人が来場したと報告されている。一日あたり約1・4万人であり、他の開催都市例と比較して意外と低調であったとも言われるが（注27-2）、見方を変えれば、

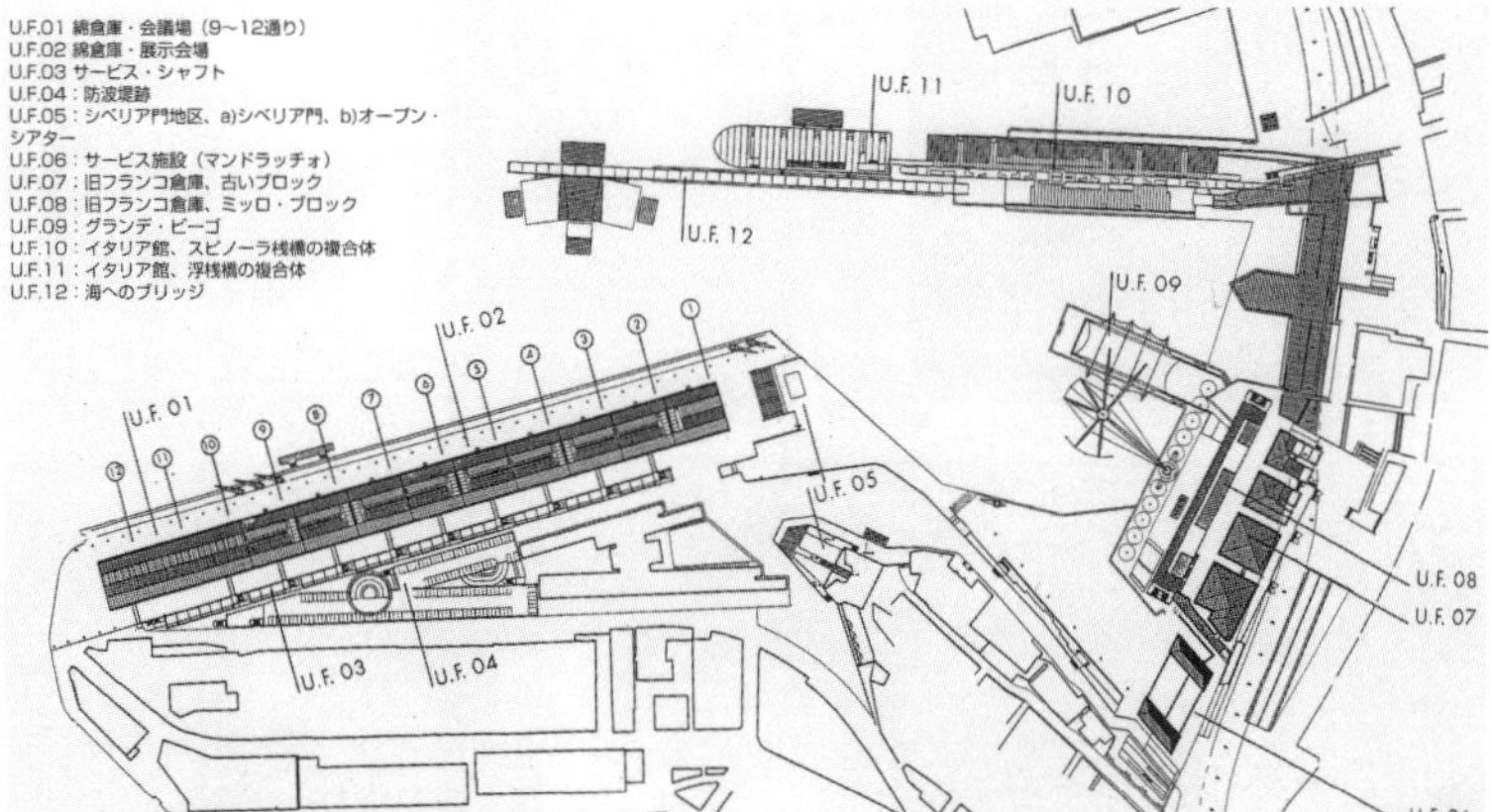


図27-3　1992年のジェノヴァ万国博覧会の会場計画図
出典：『造景』1998年11月別冊1「イタリアの都市再生」（注27-2）

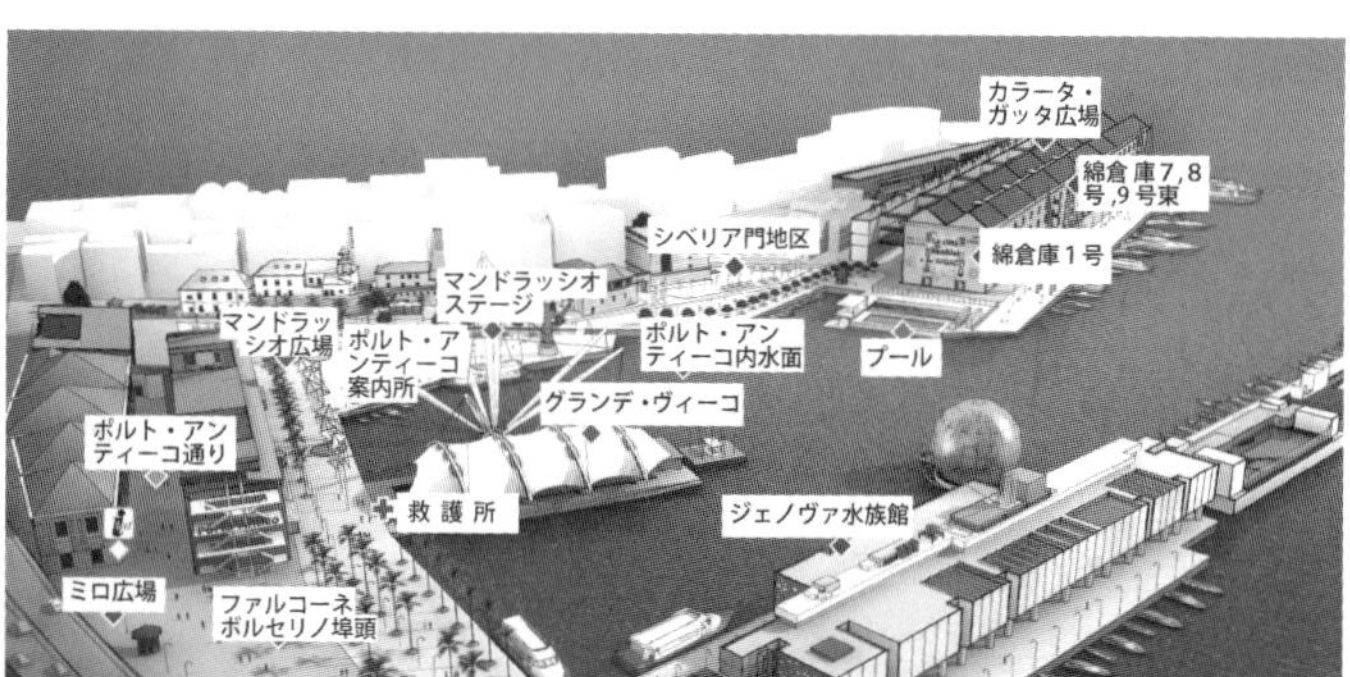


図27-4　ポルトアンティーコ施設案内図。92年の博覧会会場計画がベースとなり、着々と実現していることが判る　出典：http://www.portoantico.it/ 日本語表記記入

注27-1　博覧会国際事務局（BIE＝The Bureau International des Expositions）：1928年に設立、本部はフランス・パリに置かれている

会場陸域面積も小さい（約6ha）うえに、博覧会開催は将来に向けての港湾再生の布石で、それを広く市民や関係者に知らしめることに主眼があったとも言える。とはいえ、時限を切って集中的な基盤整備を進めた結果、市の財政には大きな負担となったことは、その後のウォーターフロント地区再生に少なからず影響があったともされる。

## 3　92年ジェノヴァ万国博覧会の遺したもの

当時の会場計画については雑誌『造景　1998・11月別冊1』に紹介され、これを引用すると、メイン施設となった「グランデ・ビーゴ（注27-3）」を中心に欧州最大規模と言われる水族館、スフェーラ（Sfera・球体）という名の熱帯植物園、遊園地、浮桟橋や歩道橋やプロナード、歴史的な港湾施設

注27-2　万国博覧会入場客数比較：
1992年セビリア万国博覧会↓約4181万人（開催期間6ヶ月）
1998年リスボン万国博覧会↓約1012万人（4・5ヶ月）
2000年ハノーヴァー万国博覧会↓約1800万人（5ヶ月）
出典：博覧会国際事務局 The Bureau International des Expositions（BIE）サイト http://www.bie-paris.org/

注27-3　グランデ・ビーゴ（Grande Bigo）：高さ40m360度回転の観覧エレベーター

写真27-9　旧港の綿倉庫側から見たグランデ・ヴィーゴ。港のシンボルになっていることが判る

写真27-10　旧港の水際にはベンチが置かれ、多くの市民や観光客が休んでいる

写真27-11　旧港の水族館、週末には多くの入館者が並んでいる。仮設っぽいデザインが特徴的

写真27-12　保存された旧港の歴史的なクレーン。水際広場のランドマークになっている

写真27-13　シベリア門近くの保存された歴史的な護岸の前の遊歩道、向こうに綿倉庫が見える

写真27‐14　綿倉庫の突端の風景。対岸の旧ジェノヴァ灯台ランテルナがまじかに見える

写真27‐15　巨大な綿倉庫の側面。ここも市民に開放され、ベンチが置かれている

写真27‐16　綿倉庫の瀟洒な端部ファサードデザイン。右隣に観覧車が配されている

写真27‐17　高架高速道路脇の水際プロムナードのヤシの木並木とベンチで休憩する市民たち

写真27‐18　高架高速道路下のかつての幹線道路が閉鎖され、今は石畳の露店の並ぶ広場となっている

である灯台や広場などが今も残されている。また仮設のパビリオンとなった旧倉庫群はその後、国際会議場や見本市会場、アトリエ、劇場、子供博物館、商業施設、アイススケート場など様々な施設に転用改修されている。

一見旧い港に新しい集客施設群が挿入されたかの錯覚を受けるだろうが、筆者が注目するのは、歴史的港湾の遺構である石積みの旧波止場や鉄のクレーン、１５５３年築の石造のかつての税関施設ポルタ・ズィベリア（Porta Siberia、設計：Galeozzo Alessi）やヴェッキオ埠頭（Molo Vecchio）の突端に位置する延長３００ｍのかつての綿倉庫（Magazzini del Cotone）などの数々の産業遺構の保存に尽力してきたことだ。とりわけ博覧会期間中の暫定利用によって、その活用価値をアピールしたことが、その後の本格改修への呼び水となっていく。

その中で注目されたのが、臨港道路上空の高架高速道路は残ったものの、地上の車道部が地下化され、跡地が短い区間ながら完全な歩行者広場となったところで、ここでは様々なイベントが開催され、露店や仮設施設などが置かれた賑わい空間となっている。これによって市街地と港の連続性が高まり、地下鉄も整備され、ポルト・アンティーコ＝旧港地区のパブリック・アクセスが格段に向上したのである。今では高架道路部も耐震強度上の理由で大型車通行規制が行われ、交通量も抑制され騒音などは大きく軽減されている。

２０００年以降は西側のかつての共和国時代の旧造船所跡がガラタ海洋博物館（Galata Museo del Mare）に改造され、埠頭部にはマリーナに併設された集合住宅などが建設されるなど、旧港一帯は続々と市民に開放されていく。例えば埠頭に建てられた集合住宅の足元にはレストランやカフェ、店舗が配され、上層の住宅からは1階に引き込まれた水面に係留されたクルーザーに直に乗り込むことができるなど、水辺の魅力を最大限に生かす仕掛けが盛り込まれている。その側にある長い倉庫はこれまた集合住宅にコンバージョンされ、この一角には完全に生活街が復活している。そして旧倉庫群と高架道路の間の大きな建物群は、新築されたジェノヴァ大学経済学部の校舎である。このように、旧港の水際には新旧建物が共存する新しいまちが次々と建設されており、内港のマリーナ最奥部の一角には営々と続く漁港が残され、漁師さんたちが網を繕う姿をプロムナードから覗くことができる。

最も巨大な施設である綿倉庫も国際会議場や映画館やイベント会場、ショップ、オフィス等の複合施設に再利用され、埠頭の先端には観覧車が設置されている。なお、この国際会議場では２００１年のG8主要国首脳会議が開かれたが、04年の欧州文化首都指定、06年のユネスコ世界遺産地区指定への呼び水となったことは想像に難くない。

写真27‐19　旧倉庫群に挿入された新築のジェノヴァ大学経済学部の校舎

写真27‐20　埠頭に建てられた新たな集合住宅。1階のピロティ空間のマリーナから直接船に乗ることができる

写真27-21　プレ地区内の新しくなった建物。旧い建物の間に新しい構造の建物が挿入されている

写真27-22　プレ地区内で見かけた旧建物への新しい要素の挿入例

写真27-23　ジェノヴァ・プレ通り。通り沿いには商店街が形成されている

写真27-24　ジェノヴァの中心部にあるアーバンデザインセンターの内観。ここには市内の各地区の計画案や模型が置かれ、市民は自由に意見を言うことができる

## 4　ジェノヴァ・プレ地区〜チェントロ・ストリコの再生

一方、旧港の背後地のプレ地区の再生事業だが、それにいち早く関わってきたデ・カルロ自らが、前掲の『造景別冊』に「ジェノヴァ・港湾工業都市の再構築」の章を寄稿している。彼はジェノヴァのチェントロ・ストリコの6つの地区の1つ「プレ地区（Prè）」の再生計画を行う主任建築家として81年から関わり、ここに様々な再生プロジェクトを手掛けてきた。

プレ地区は、厳密にはかつての城壁外ではあるが、鉄道玄関口のピアッツァ・プリンチペ駅に近く、また旧港の前面に位置する。港の繁栄期には大いに賑わい、稠密な市街地が形成されてきた。プレ地区もまた、前面を走る高架道路の存在に加え、建物の老朽化などによる劣悪な居住環境から空き家が増え、問題地区になっていった。そのため、市では旧港のウォーターフロント整備とあわせ、当該地区の居住推進を含む本格的な再生事業に着手した。

デ・カルロの主宰する設計チームＩＬＡＵの提案は、①地区の各通りの歴史的な意味付けを読み取りその役割を明確化する、②既存の建物に対し全体としての統一感を生み出すこと、③環境確保のために建物の屋上に増築されている仮設建築物・バラック等の除去、④通りを広げるために地上階を開放し、既存の街路・小広場と新設するオープンスペースの連続性確保、などを提唱し、（1）街区単位での全面建て替え、（2）街区内の部分改修、（3）単体での建て替え、などを提案、具体の改修設計提案を行っている。

その改修手法は90年代以降、プレ地区だけでなく隣接する5つの地区すなわちチェントロ・ストリコ全体で展開されていく。その再生プロセスが、中核を担った市内のアーバンデザイン・センターのパネルに掲示されているが、かつての宮殿や邸宅「バラッツィ・デイ・ロッリ」の復原改修とあわせ、市井の町家の生活環境の改善へと大きな展開をみせている。その地道な改修の成果が着実に実り、市内には次第に賑わいが復活していったのであった。

チェントロ・ストリコの再生は旧港の再生事業と連動し、前掲のユネスコ世界遺産「ストラーデ・ヌオーヴェとバラッツィ・デイ・ロッリ」指定（06年）の原動力となっている。そこに息づいているのは、レンゾ・ピアノが提唱した再開発のキーコンセプト「毎日24時間楽しめる地中海に浮かぶ広場」、デ・カルロが提唱した「生活街の再興」であり、ジェノヴァのウォーターフロントとチェントロ・ストリコとの再結合というキーワードであった。それはジェノヴァのまちで着実に成果を挙げつつ、まだその途上にあることも付け加えておきたい。

写真27-25　プレ地区内街路で見かけた風景。定着した生活街の雰囲気が伝わってくる

# 第28章　魅力の地中海沿いの港町・集落（イタリア）

水辺探訪の最終章として紹介するのは、筆者が訪れた中で最も美しい海辺のまちと評価するイタリアの地中海沿いの８つの港町・集落である。いずれもユネスコ世界文化遺産およびイタリア地域国立公園区域に指定され、歴史的街並みや自然環境、そして伝統産業等に関わる様々な保全そして修復が繰り返し行われ、今では多くの観光客を受け入れている。その意味では前章までのウォーターフロント再生とは趣を異にするが、やはりこれこそ水辺に立地するまちの理想形とも言えるだろう。

ここで紹介するのは、リグーリア州のジェノヴァ県に属する「美しきポルトフィーノ半島」の高級リゾート地として名高いポルトフィーノ（Portfino）とその玄関口でもあるサンタ・マルゲリータ・リグレ（Santa Margherita Ligre）の２つの港町。次にはさらに南に80～１００㎞の同じくリグーリア州のラ・スペツィア県のこれも世界遺産の集落群「チンクエ・テッレ（Cinque Terre）及び小島群（パルマリア、ティーノ及びティネット島）」を構成するチンクエテッレのなかの４つの港町、モンテロッソ・アル・マーレ（Monterosso al Mare）、ヴェルナッツァ（Vernazza）、マナローラ（Manarola）、リオマッジョーレ（Riomaggiore）とさらに南につながる港町ポルトヴェネーレ（Portovenere）を取り上げる。最後に大きく南に下り、首都ローマを越えナポリから約40㎞南に位置するカンパニア州サレルノ県に属する世界遺産「アマルフィ海岸」の中心地アマルフィ（Amalfi）の港町を紹介したい（注28－1）。

図28－1　対象となったイタリアの地中海沿いの港町・集落の位置図

注28－1　各集落図は現地入手地図とグーグル航空写真・地図をもとに筆者が書き下ろしている

# 1　「美しきポルトフィーノ半島」のリゾート地
## ――ポルトフィーノとサンタ・マルゲリータ・リグレ

前章のジェノヴァ港から南に約35～40㎞圏に位置するリグーリア州ジェノヴァ県の「美しきポルトフィーノ半島」先端にあるリゾート地として知られるポルトフィーノは、人口はわずか500人、一方のサンタ・マルゲリータ・リグレは人口約1万人、双方の距離はわずか5㎞である。

### （1）ポルトフィーノ

東リヴィエラ海岸の中でも最も有名な高級リゾート地とされるポルトフィーノ（Portofino）は、半島の岬の先の小さな入江に面する小さな漁村集落である。1920年代にここを訪れた英国人やドイ

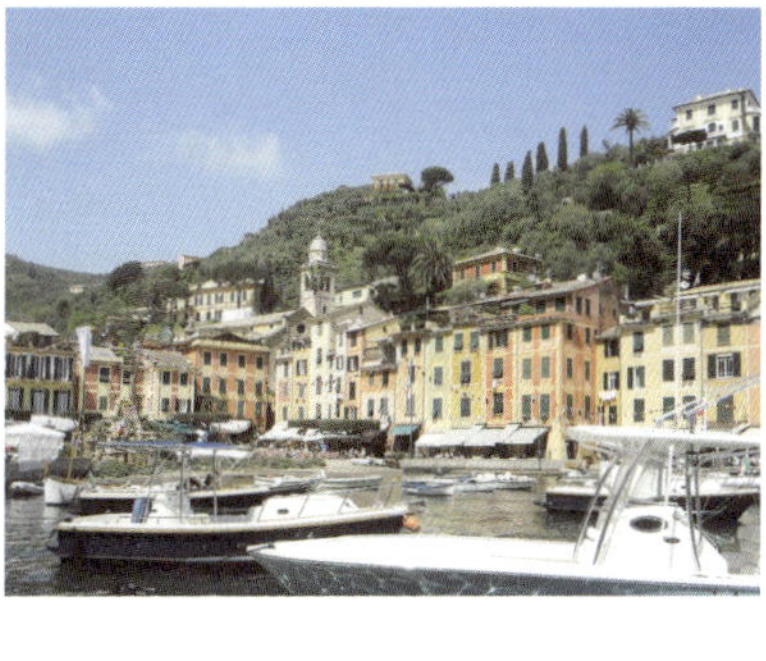
写真28‐1　ポルトフィーノの美しい漁村集落の家並みと入江の景観。多くのプレジャーボートが海面に浮かぶ

写真28‐2　ポルトフィーノ港の入江の南岸から北側の望む。海の向こうにリグリア山系が見える

写真28‐3　ポルトフィーノ港の広場でのレストラン前の光景。テント下で食事する人々

写真28‐4　ポルトフィーノ港の南岸から市街側を望む。連絡船乗り場に並ぶ観光客

写真28‐5　入江の南岸から山の上のブラウン城方向を見る。海面に浮かぶ船、絵になる風景である

写真28‐6　ポルトフィーノの街なかの路地風景。多くの来街者が行き交う道となっている

ツ人の旅行者がこの美しい港と集落を発見し、内外に伝えたことが契機となり、50年代以降、世界的に知られる映画スターや大富豪が別荘を構えるようになった。丘の上には高級リゾートホテルも立地し、港には漁船に加え、実に多くの大型クルーザーやヨットが浮かぶようになっていく。それらが中世から続くパステルカラーに彩られた町家群と重なり合い、「地中海の真珠」と謳われる、映画の一シーンを思い浮かべるほどの実に印象的な光景を見せるのであった。

いつしか、欧米の多くの雑誌や観光ガイドブックに紹介され、漁村集落は高級リゾート地へと変身していく。しかし、半島の突先ゆえに交通の便も悪く、鉄道駅のあるサンタ・マルゲリータ・リグレとは海岸線の崖地を縫って走る道路もしくは海路の船での連絡のみとなっている。地元ではマイカー規制も含め、「観光」への極度な傾斜を抑え、歴史的な家並みや港の秩序を守り続けることとし、1935年にいち早く様々なルールを定めたことも、この集落の価値をより高めることとなった。その高級イメージは、後にアメリカ・オーランドの有名ホテルに名付けられるなど、この地名は一躍世界のセレブたちに知られることとなる。むしろ私共には、東京ディズニーシーのテーマポート「メディテレーニアンハーバー」のイメージモデルとなったまちと言ったほうがわかりやすいかも知れない。

この集落の歴史を少し解説しておこう。地名の謂れは3世紀の文献

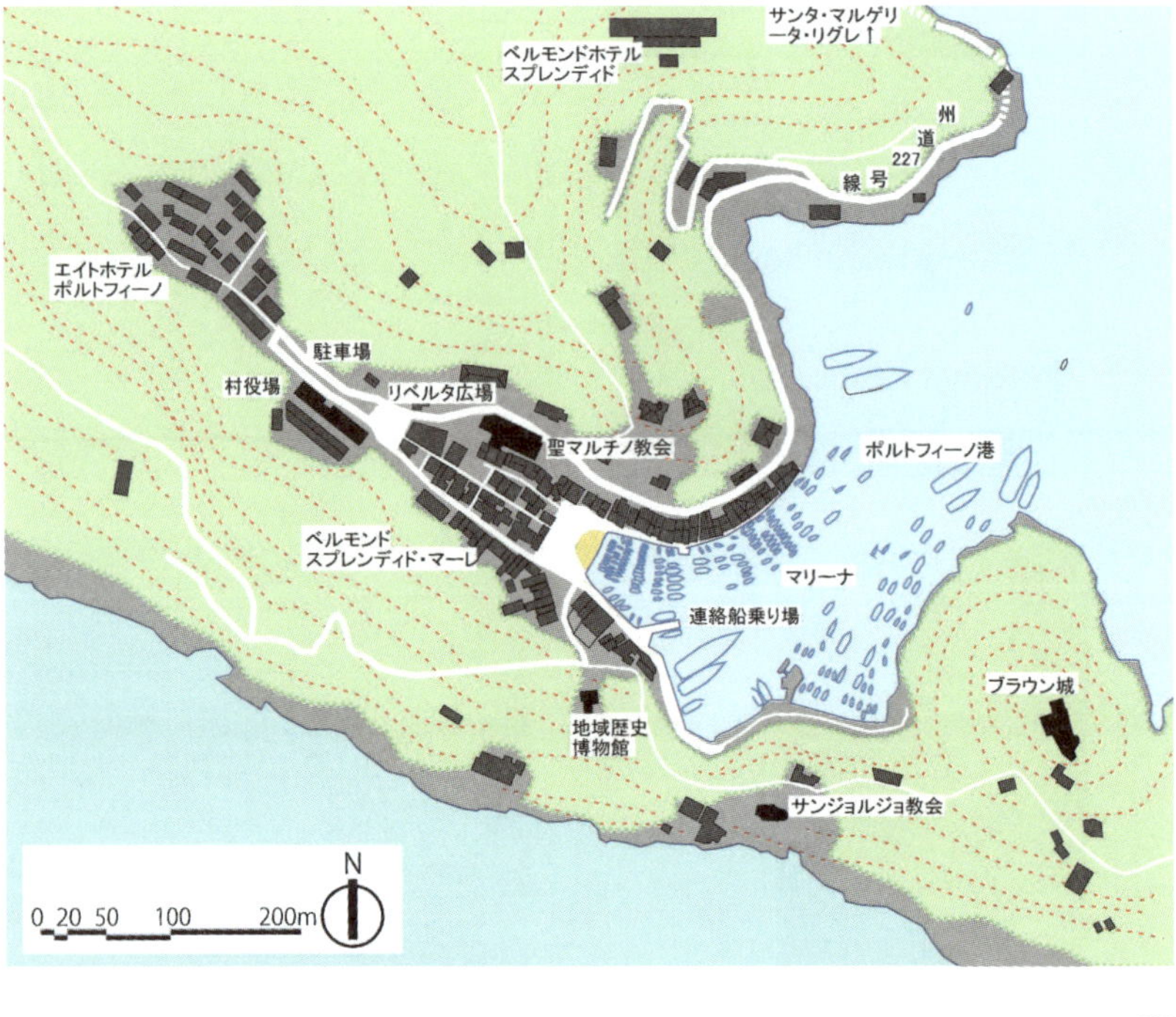


図28-2 ポルトフィーノの集落図

にみる「ポルトゥス・デルフィニ（Portus Delphini）」すなわち「イルカの港」が転じたとされ、古代ローマいやそれ以前のフェニキア人やギリシャ人の航海時代から、半島の先の海を行き交う船が嵐を避けるための入江であったと言われている。中世の10世紀には北の隣村に建てられたサンフルトゥーゾー修道院（注28-2）の所領となり、12世紀にはジェノヴァ共和国に編入され、その後はフィレンツェ共和国、リグーリア共和国、サルデーニャ王国の所領となり、1861年のイタリア統一から現在に至っている。そして1935年に指定されたポルトフィーノ地域自然公園の一部に含まれ、周囲のリグーリア州内の6つのコムーネ（基礎自治体）とともに、海面および動植物を含む海洋保護区となっている。

その間にイスラム圏の攻撃やピサとの戦いに備えるべく、10世紀にブラウン城（Castero Brown）が築かれ、港近くには986年に聖マルチノ教会（Chiesa Divo Martino）がローマン・ロンバルド様式で

注28-2　サンフルトゥーゾ修道院（San Fruttuoso Abbey）：8世紀にギリシャ修道士によって建てられ、10世紀にイスラムの攻撃で破壊され、ベネディクト家による修復、13世紀にジェノア・ドリア家の手で現在の姿となる。「深みのキリスト」の水中のキリスト像が湾の底に立つことで知られる

写真28-7　港の前でも屋外飲食空間が展開する。向こうの海面には着いたばかりに連絡船が見える

写真28-8　市街には至る所にレストランがあり、屋外飲食が当たり前となっている

写真28-9　市街で見かけたホテルとレストランの門、敷地内には手入れの行き届いた庭園がある

写真28-10　市街の商店街、小さな集落にも様々なお店が存在している

写真28-11　サンフルトゥーゾ修道院の前面の入江は海水浴場となり、ビーチパラソルやデッキチェアが並んでいた

建てられている。岬の崖の上にあるサン・ジョルジョ教会（Chiesa di San Giorgio）は１１５４年の築で、現在までに4回の破壊と再建が繰り返され、最後は20世紀の第二次大戦時の破壊とされる。

ちなみにこの村の歴史的な景観は約70年以上前から、条例で行政の許可なしに新築や増改築が禁じられ、外壁の意匠、色彩は伝統的な佇まいの維持が図られてきたというが、それはポルトフィーノ地域国立公園の指定に相呼応する形で進められたようである。それが現代版高級リゾート地として脚光を浴びる要因となっていることは、言うまでもないであろう。そこに、入江に浮かぶ漁船や豪華なクルーザーやヨット、沖合いに浮かぶ豪華客船、そして山々の緑、その山の頂や斜面地そして集落に存在するランドマークとなる城や教会、灯台がまさに絵のような構図を創り出している。ちなみに海面は、船舶の種類やサイズに応じ係留場所が区分けされ、それが街並みと相俟って実に美しい秩序をもたらしている。

## (2) サンタ・マルゲリータ・リグレ

半島の付け根の港町、サンタ・マルゲリータ・リグレのまちは、ジェノヴァからは鉄道で35㎞、前掲のポルトフィーノへはバスまたは船に乗り換えて向かうポルトフィーノ観光の玄関口で、後述するチンクエテッレ観光の拠点都市としても知られている。そのため、街の中心部には商店街や飲食街、多くのホテルなど、まちとしての集積を有している。また、美しい砂浜や港湾設備も整い、高台にある駅から海やまちを望む景観も、海岸端の街並みも、実に美しく整っている。それもそのはず、ここもまち全体がポルトフィーノ地域国立公園内に包含され、市独自の街並み景観や自然保護に関する規制が定められている。

このまちの歴史も古代ローマの時代に遡る。それは13世紀に起源をもつマルゲリータ・ディ・アン

写真28‐12　サンタ・マルゲリータ・リグレ港（向こうの船の停泊先）と市街の前面の砂浜

注28‐3　マルゲリータ・ディ・アンティオキア大聖堂（Chiesa di Santa Margherita d'Antiochia）：現在の聖堂は１６４６年の築とされる

ティオキア大聖堂（注28－3）のラテン語の碑文にある3世紀の記述であり、その後は641年にランゴバルド王国、そして1229年にはジェノヴァ共和国に組み込まれていく。その間に城塞都市としての発展を見るが、10世紀のイスラム圏のサラセン帝国、1432年にはヴェネチア、1549年にはオスマン・トルコからの攻撃を受ける。現存するサンタ・マルゲリータ城はオスマン・トルコの攻撃の翌50年に再建されたが、中世の地中海を舞台とした戦争そして復興の経緯が、この市街にも刻まれている。

そしてまちの発展の基盤をかたちづくったのが、ジェノ

写真28－13　サンタ・マルゲリータ・リグレ駅名サイン

写真28－14　サンタ・マルゲリータ・リグレの海際前面の整った街並みとヤシの木並木

写真28－15　港の前面の遊歩道、右に1550年築のサンタ・マルゲリータ城の一部が見える

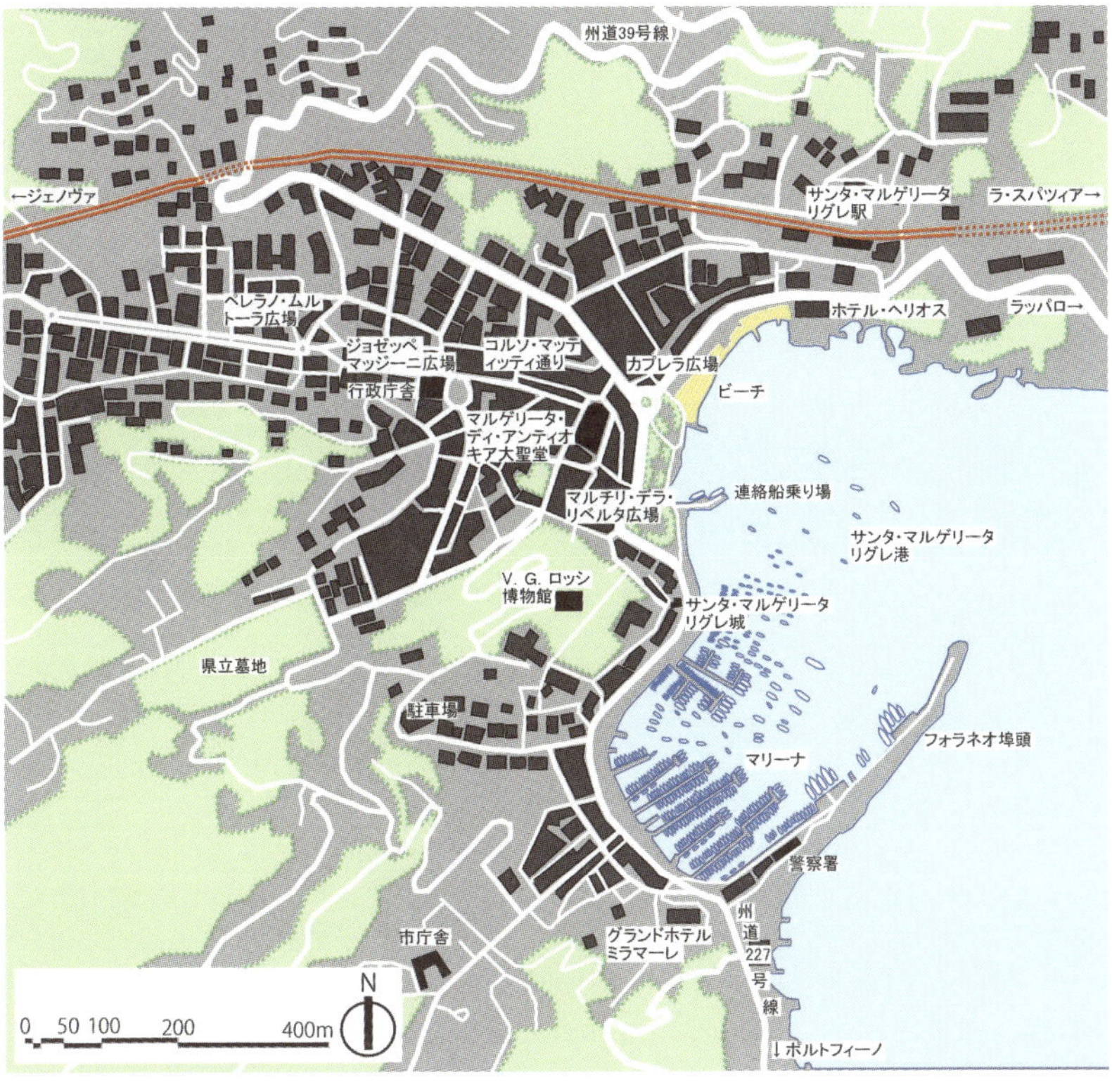


図28－3　サンタマルゲリータ・リグレ市街地図

写真28・16　サンタマルゲリータ・リグレの砂浜。4月でも水着姿の人たちが日光浴

写真28・17　ポルトフィーノやラッパロへの連絡船乗り場。背後の海を望む高台には邸宅や別荘が立地

写真28・18　サンタマルゲリータ・リグレの海際のラウンドアバウト。周囲は整った街並みが続く

写真28・19　サンタマルゲリータ・リグレの商店街コルソ・マッティッテイ通り、八百屋さんの街角

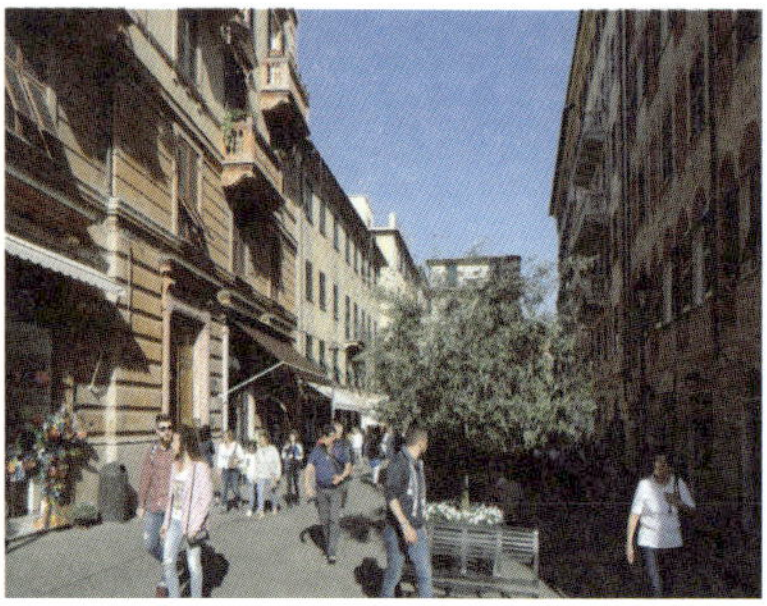
写真28・20　サンタマルゲリータ・リグレの中心部の商店街、コルソ・マッティッテイ通りにはいつも多くの市民の姿がある

ヴァとラ・スパティア間（Genoa-La Spezia、約79㎞、1874年）の鉄道開通である。サンタ・マルゲリータ・リグレ駅が海際の北の高台に開設、ジェノヴァへは1時間圏内で直結されることとなった。これを機に駅の背後の高台や背後地への邸宅の立地が進められ、海水浴場の背後のパームツリー並木など、実に美しい整った街並みが形成されていく。自動車の普及とともに、海水浴やマリンスポーツへのニーズが高まり、来街者は飛躍的に増加する。そして鉄道駅の存在により、ポルトフィーノだけでなく半島の各集落への交通拠点としての性格も高まるのであった。

今では歴史的な市街すなわちチェントロ・ストリコには多くの商店やオフィスが集積し、カフェやバール、レストランなどの飲食店街も成立している。人口1万人の街には似つかないほどの集積に見えるが、これは交通拠点として近郷の村々の生活を支える役割も担うとともに、海際特有ともいうべき、狭く濃密なコミュニティを持続する生活街の存在が大きいのである。ある意味ではコンパクトシティが歴史的に築き上げられてきたわけだ。実際、街なかでは多くの子連れの家族や子供たちが商店街で遊ぶ姿が見られる。ちなみに、このサンタ・マルゲリータ・リグレのメイン通りのコルソ・マッティッテイ通りでは毎週金曜日には朝市が立ち、食料品などの日用品の露店が並び、多くの市民が集まってくるという。ここは観光地というより、むしろ活きた生活街としての魅力に溢れている。

## ２ チンクエテッレの港町
## ——モンテロッソ・アル・マーレ、ヴェルナッツア、マナローラ、リオマッジョーレ

チンクエテッレ（Cinque Terre）とはイタリア語で５つの集落を意味し、北西から南東に延長約９kmの急峻な崖地にモンテロッソ・アル・マーレ、ヴェルナッツア、マナローラ、コルニーリア、リオマッジョーレと並び、ともにリグーリア州ラ・スペツィア県に属している。チンクエテッレから後述するポルトヴェーネレに至る海岸線は切り立つ崖になっているが、その厳しい自然条件を克服し、千年以上にもわたって受け継がれたそれぞれの集落の営みと、周囲の自然景観とが調和した、実に感動的な美しさを醸し出している。それが世界文化遺産に指定された背景なのである。

ちなみに５つの集落群を合計しても人口はわずか４５００人程度、そこに年間数百万人もの観光客が訪れる。村人たちは背後にそそり立つ高さ４００～５００m級の山々に石を積み、ぶどう栽培のための段々畑としていった。その段を支える石壁は高さ２m、厚さ50cmほど、最大斜度45度の危険な急斜面に営々と築き上げたもので、その総延長は７千kmにも及ぶという。この岩山の痩せた土地、地中海の陽光と雨の少ない気候、大きな寒暖差などの条件のなかで考え出されたのがぶどう栽培で、弱酸性の土壌に水はけの良さが奏功したと言われている。各集落ともにワインの名産地としても知られ、

図28-4 チンクエテッレの各集落位置図

中でもイタリア最高級のワインとされる「シャケトラ」は、良質のぶどうを地中海からの風に晒して乾燥させた後に手間ひまかけて醸造され、中世から現代も垂涎の的となってきた。

各々の集落も中世の時代には、周囲に連なる急崖、背後の高い山という地形が天然の防御壁となり、海岸線の中に築かれた城塞集落の役を担ってきた。集落を見下ろす岬や高台に城や聖堂を築き、V字状の沢と海との接するところに漁村集落が開かれる。背後の斜面地ではぶどうやオリーブを栽培し、村ではワインなどの加工といった平時の光景が、外敵が攻めて来た際には砦となる。相互の集落間の行き来は海上が最も楽だが、港を持たない高台のコルニーリアも含め、日常は高い崖の上の狭い道をもっぱら歩いて移動した。そのルートも今は観光用の遊歩道となっている。

永い間陸の孤島とも言われた集落群も、19世紀後半には崖地を穿って鉄道が敷かれ、4つの集落の近傍には駅が開設され、一躍その不便さが解消されることとなった。そして今では山側を走る国道や高速道路を介して車で各集落へのアクセスが可能となっているが、集落内は階段の存在や交通規制で、ほぼ終日歩行者天国が維持されている。

## (1) モンテロッソ・アル・マーレ

通称モンテロッソ、正式名がモンテロッソ・アル・マーレ、その直訳は「海のそばの赤い山」となるらしい。ここもリグーリア州ラ・スペツィア県に属し、チンクエテッレのなかで最大の集落である。人口は約1500人のコムーネ（基礎自治体）で、5つの集落の最も西に位置し、後述のポルトヴェーネレの北西約3㎞に位置する。その間の移動は崖地の遊歩道（約2時間）、鉄道（トンネル）、船だが、車でのグーグル検索では約37㎞と、険しい地形の海岸線を物語っている。ここは千年もの歴史の東の旧市街と鉄道開設後の西のフェニナ（Fegina）の新市街とで構成され、一本のトンネルで結ばれている。

写真28-21　モンテロッソ・アル・マーレの港から旧市街を望む。向こうに鉄道の高架橋が見える

どちらも砂浜を有するが、新市街の前面に広がる海岸は、春先から秋にかけて色とりどりのパラソルが並ぶ海水浴場としてチンクエテッレ最大のリゾート基地となり、多くの別荘やホテルが立地している。双方の市街を隔てるのが急峻なサン・クリストフォロの丘で、頂にサンフランチェスコ教会（Chiesa di San Francesco、1622年築）が建っている。

海に突き出した岬の中腹には16世紀に建てられたとされる石積みのオーロラ塔（Torre Aurora、現在は海を望むレストラン）、その東側に船着場があり、その奥の入江は漁港となっている。そして砂浜のわずか150m程度東側には切り立った崖があり、険しい岩の岬が海に突き出している。その海と旧市街の間には19世紀に開通した鉄道が高架で走り、そこを越えた旧市

写真28-22　モンテロッソの港の前のガルバルディ広場。チンクエテッレの村々に向かう観光客の姿

写真28-23　鉄道の高架橋をくぐれば旧市街のメインストリートのローマ通りに続く

写真28-24　海から見たモンテロッソの新市街の街並み。岬を越えれば、全く別の街のイメージ

図28-5　モンテロッソ・アル・マーレの集落図

街の入口にはサン・ジョヴァンニ・バティスタ教会（Chiesa di San Giovanni Battista）が建てられている。村役場は東の崖の麓の鉄道線路の北側に位置している。

このモンテロッソの地名が文献のなかに登場するのは9〜11世紀の頃のようだが、古代ローマ時代の遺跡もあり、古くから陽光溢れるこの海岸地帯に人びとが住み着いていたことが伺える。しかし本格的な集落形成は、ジェノヴァ共和国の治世下で外敵の侵入を防ぐ城塞集落が始まりとされる。他の後に紹介する崖地の集落と大きく異なるのは、平地の広がりにゆとりがあることで、これはブラーノ川の河口に広がる砂州の上に集落が造られたからと見ることができよう。記録では13世紀初頭に城が築かれ、村は市壁で護られたとされるが、現在のまちの姿からは全く窺い知ることはできない。そして集落内の最古の教会が前掲のサン・ジョヴァンニ・バティスタ教会で、これは14世紀の築だが、創始は1244年とされている。

改めて集落の構成原理を紐解けば、海からの外敵を防ぐ城を見晴らしの良い高台に築き、教会を平地に配して周囲に生活街が展開する。それは狭い平地から斜面に立体的に広がっていく。一方、イタリア国内の城のデータを収集公開するインターネットサイトでは、岬のオーロラ塔をかつてのモンテロッソ城跡と示している。以降は筆者の推測の域を出ないが、おそらく初期の城はオーロラ塔から山側のサンフランチェスコ教会、隣接するカプチン修道院（Convento Frati Cappuccini）を経由して更に登る、現在の山上の墓地（Cimitero di Monterosso）一帯だったのではないだろうか。記録では周囲には城壁が築かれ、13もの数の塔を頂いていたとされる。この墓地の周囲のネット画像には城壁址と幾つかの塔らしき痕跡が読み取れる。残念ながら筆者が訪れた際には、旧市街に魅了され、この高台までの急傾斜地を登ることを諦めたため写真が存在しないが、帰国後の検証でそれを確認した次第である。詰まるところ岬の先端のオーロラ塔は当初は城の一部の見張り塔で、それが時代とともに城が里に下りて

写真28-25　モンテロッソの旧市街のメイン通りのローマ通り。多くの人たちが行き交う姿がある

来たとも推測できる。日本の戦国時代の山城から、江戸期には平城に変わる経緯と重ね合わせれば合点がいくであろう。

では記録に残る市壁は何処にあったのか。この役割は集落を海から攻め上がる敵から守る高い連続壁である。東西の山の間は最短で１５０ｍ、ちょうどその位置にあるのが港の前を走る現在の鉄道の連続高架橋で、おそらくこの位置に市壁があったものと推理する。港から市街に入る高架橋の門の前面にあるのがガルバルディ広場（Piazza Garibaldi）、そこをくぐれば左手にバティスタ教会そしてメイン通りのローマ通りへと繋がり、坂を上り現在の観光案内所あたりで集落が終わる。ここに周囲の沢が集まるところを見れば、ローマ通りの地下にも覆蓋されたブラーノ川が流れていることが容易に推測できる。その脇道は中世の匂いのする狭い路地で、展開する生活街はチンクエテッレの他の集落とまったく共通である。今では観光がこの村の経済を支えているが、もともとは漁業のまち、豊かなリグリア海を舞台にマグロ漁も行われるという。その活動を証明するのが港に並ぶ漁船の存在である。

一方の新市街は、19世紀の鉄道開通以降本格的なリゾート地として開発され、駅の前面には広い砂

写真28‐26　モンテロッソの旧市街。狭い路地が入り組んでいることが判る

写真28‐27　旧市街の街角。ここもバールの前には必ずオープンカフェが展開する

写真28‐28　同じく旧市街の路地街。狭い通路にせり出した商品の陳列やカフェ

写真28‐29　モンテロッソの新市街の海水浴場。地中海の4月はもう夏の雰囲気

浜が続く。旧市街からの移動は当初は山を登るか岬の急崖を伝って行くルートしか無かったようだが、いまは１００m足らずの山の下のトンネルをくぐれば容易に移動できる。

水際には遊歩道が整備され、そこにはジェラートやジュースを販売する露店が、通りの山側にも多くの飲食店が並び、パラソルやテントのもとでのオープンカフェ・レストランが展開する。そして背後の市街には瀟洒な住宅街そしてホテルが並び、山腹には高級別荘、邸宅などの光景が続く。この新旧の対比もこのモンテロッソの魅力のひとつでもある。そして新市街のビーチ前に並ぶ多くの宿泊施設の存在が、チンクエテッレの観光拠点としての地位を確立させている。

いろいろ調べ事をしていると、このモンテロッソの旧市街も11年10月の豪雨で川が溢れ、ローマ通り沿いは2m以上の鉄砲水に襲われたという記事が目に飛び込んできた。大きな竜巻も発生した大量の降雨で、チンクエテッレ全域の広範囲な被害に及んだという。その復旧はすぐさま開始され、2年後の映像ではほぼ従来通りの生活に戻っている。そもそもイタリアのまちは伝統的に高密市街ゆえに1層が店舗や職人工房などの非住居、生活空間は2層以上で、この村も当然のことながらそれを踏襲している。また急峻な沢の集まる地形的特徴から水害発生頻度が高いことは自明の理で、そこに覆蓋道路の課題も抱えている。しかしそれは永い歴史から住民も熟知し、敢えて歴史的景観そして伝統的な生活を継承する。これもこの地域が世界遺産を選択した時点から織り込み済みで、ここでは自然災害を無理に防ぐのではなく、それを受け入れ、被害を最小限に止め、早期に復旧できることを選択している。これも先人から受け継いできた遺産なのであろう。

### (2) ヴェルナッツア

ヴェルナッツアはこのチンクエテッレの集落の中で唯一小さな内湾を有する人口約８５０人の漁村

写真28-30　モンテロッソの鉄道駅近く（新市街）の水際の歩道。下は海水浴場である

集落で、内湾の港の奥には僅かばかりの砂浜が広がり、その先には中世の雰囲気を漂わせる街並みが続く。港の前には三角洲状の小さな平地があり、重層した立体集落は南側の岬の崖に偏り、北の崖地にはぶどうやオリーブの段々畑や樹林地が続く。ここは、前面のリグリア海に突き出した天然の要塞となる岬と背後の崖地に護られた、僅かばかりの平地に拓かれた海辺集落で、自然の切り立った崖と岬が冬の荒波を防ぎ、崖が水中に沈み込んだ囲繞水面がチンクエテッレ随一とされる天然の良港を造り出してきた。内湾の水面には多くの漁船が浮かび、明らかに崖地の集落とは異なる漁村集落の風情を醸し出している。

ここもジェノヴァ共和国の要塞都市の起源を有し、11世紀に港の南側の山頂に筒型の塔を有するドリア城（Castello Doria）、ベルフォート要塞（Torre Belforte）、そして港の前面に城のような高い壁を有するサンタ・マルゲリータ・ディ・アンティオティア教会（Chiesa di Santa Margherita d'Antiochia、注28-

写真28-31　ヴェルナッツァの内湾奥の入江の風景。正面にマルコーニ広場が見える

写真28-32　ヴェルナッツァのメインストリートのローマ通り、多くの人々が行き交う賑わいの道

写真28-33　ローマ通りの上空には鉄道のホームがある（ヴェルナッツァ駅）

写真28-34　港の前面のマルコーニ広場にはオープンカフェ風景が展開する

写真28-35　ローマ通りの八百屋さん、店頭には季節の果物が並ぶ。まさに生活街を象徴する光景

４）が建てられ、そして教会前の港の前面に広がるマルコーニ広場（Piazza Marconi）から東のデル・カドウティ広場（Piazza Dei Caduti）を結ぶビスコンティ通り（Via Visconti）とローマ通り（Via Roma）の緩やかな坂のメイン通りの構成となっている。実は前掲の11年の豪雨被害が最も激しかったのがこのヴェルナッツアの集落で、このメイン通りを濁流が下って行ったという。今回の訪問はそれから7年後のことだが、その痕跡を見つけることはできなかったことも付け加えておきたい。

　そしてこの２つのメイン通りの人通りがきわめて多い理由に、19世紀後半に開設された鉄道のヴェルナッツア駅が通りの上空に高架駅として位置し、海と鉄道のこの集落の２大交通手段が２００ｍを隔てて対峙する形となったことがある。その間の通りの沿道には観光客向けの土産物やワインショップ、レストランなどに加え、地元住民のための生活必需品のお店やバールも並び、その道端には休憩する人など、実に賑やかな光景が展開する。これは地形的特徴に由来するのであろうが、すべての道・路地は水際の教会前のマルコーニ広場に集まり、ここには多くの人々が集い、日差しを和らげるパラソルが並び、オープンカフェ・レストランが展開する。地元民の交歓の場となり、そこに観光客がこのまちの雰囲気を楽しむべくその輪に加わっていくのである。加えて砂浜から船着場の道すがらの石の上には、日向ぼっこを楽しむ観光客も連なる。前面の水面には水上タクシーが浮かび、沖には漁船が網を打つ。そして砂浜には水遊びの子供たち、岩

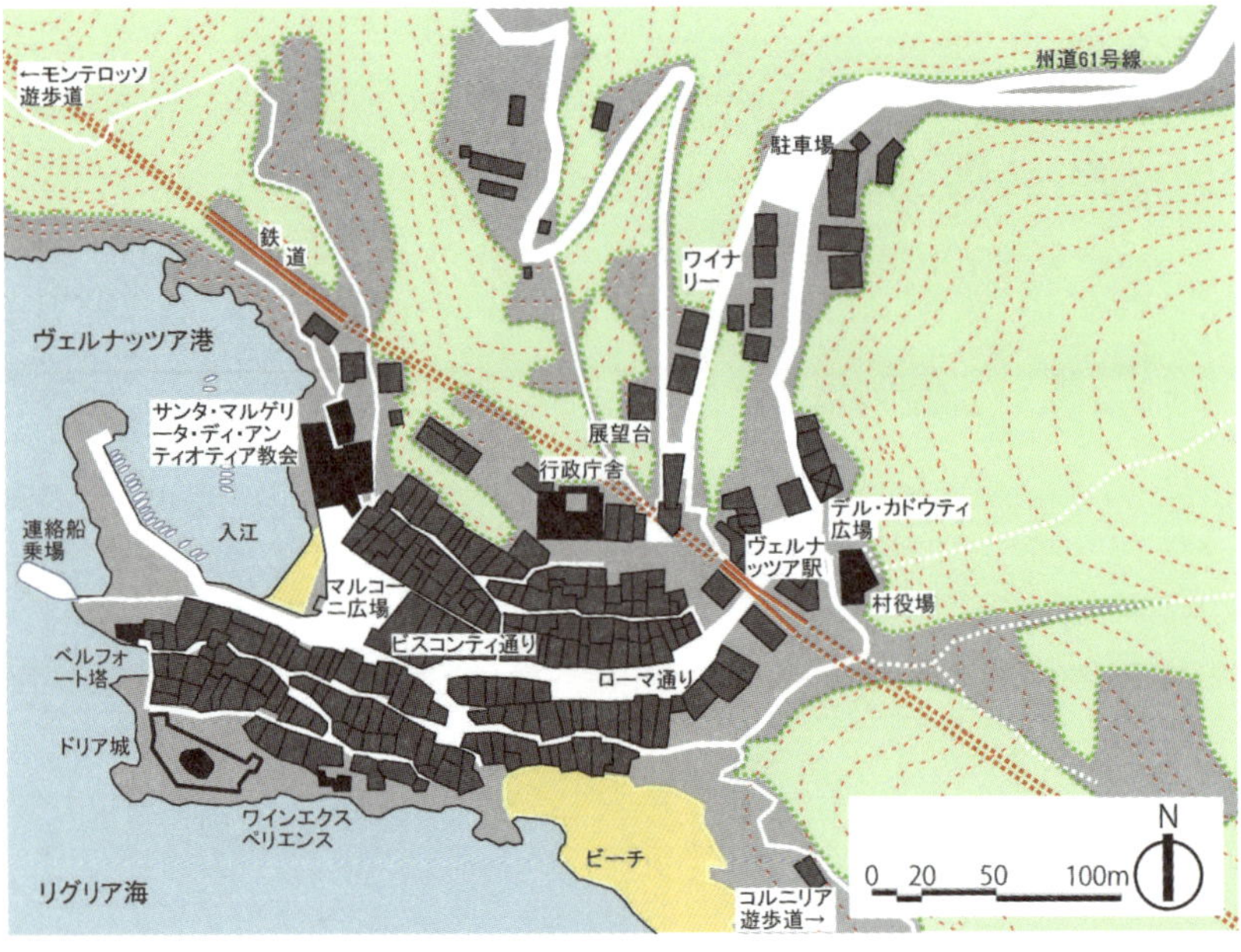


図28-6　ヴェルナッツアの集落図

場には日光浴する大人たち、実に多彩なアクティビティが広場周囲に凝集している。

その表側の賑わいの傍ら、一歩裏の道に入ればそこは狭い路地や階段道に息づく生活街が続いている。その中を観光客の一団が行き交う不思議な光景が散見される。ここは隣のモンテロッソとコルニーリア、マナローラへと続く遊歩道であるためだが、それを地元の人たちは平然とやり過ごす。

集落の背後の斜面地には石を積み上げた段々畑の仕切りが連なり、そこにはぶどうやオリーブの栽培畑が広がっている。その収穫は村で加工されて芳醇なワインや良質のオリーブ油となり、メイン通りのワインショップや食料品店で売られる。とりわけワイン産業は有名で、このモンテロッソの高級品を求めて内外から多くのバイヤーが訪れ、また観光客もお土産品として購入する。そしてワイナリー巡りやテイスティングのツアー、これらがアグリツーリズムの流れのなかで完全に定着しつつあるという。もうひとつの漁業も、漁獲高はチンクエテッレ一位を誇り、集落内の家庭やレストラン、ペンションなど、地産地消の仕組みが確立しているのである。この村も、観光と生活とが実に上手く共存している。

注28-4　サンタ・マルゲリータ・ディ・アンティオティア教会（ヴェルナッツァ）：11～12世紀のロマネスク様式の建物基礎の上に1318年に再建されたものとされ、16～17世紀に大きく増築され、現在の姿になったとされる

写真28-36　背後に山を控えるサンタ・マルゲリータ・ディ・アンティオティア教会。前面の広場には沢山の人々が集まっている

写真28-37　マルコーニ広場から一本裏の通りに生活街が続く

写真28-38　ローマ通りのワインショップには多くの観光客の姿がある

写真28-39　ローマ通りの街角に展開するオープンレストランの光景

### （3）マナローラ

マナローラもかつてのジェノヴァ共和国の要塞集落の一つで、現在の人口は約３５０人である。ここは隣の高台の村・コルニーリアに次ぐチンクエテッレ内で2番目の小さな集落だが、ワインの生産高は最大量を誇っている。また隣村・前掲のリオマッジョーレとの間の延長約１㎞の「愛の小道（Via dell' Amore）」と名付けられた遊歩道には多くの観光客が訪れ、高台からの海や村々の風景を眺める視点場にもなっている。

その港から見る、海抜70ｍの断崖絶壁の岩山を建物群が登っていく様はまさに圧巻と言うしかない。観光船は小さな入江には入れず、岩場の先の小さな船着き場に停まり、そこから狭い通路で集落に導かれる。

マナローラの地名は12～13世紀頃の村にあった大型水車の「マグナ・ロア」に由来するとされるが、この水車も要塞集落の成立期に急峻な川を下る水力で粉を引き、そしてぶどう畑などへの灌漑用に用いたのであろうか、今も集落の中で大きな水車が動き続けている。ジェノヴァ共和国からの命を受けた一団がここに入植し、港を見下ろす南側の突先の高台にマナローラ城を築き、東の山側の現在の聖ロレンツォ教会（Chiesa di San Lorenzo、１１６０年築の説）を建てている。その教会も１３３８年に現在のリグリア・ゴシック様式といわれる建物に改修され、鐘楼は別棟式となっているが、これも防御のための見張り台の役割も担っていたようである。岩場に守られる形の港を望む位置に広場があるが、これは上流から下る沢の覆蓋の石積みボールトの終点で、海側からはその大きな水路の断面形を確認することができる。

港の広場には、陸置きの小さな漁船とともにパラソルのカフェが多数並んでいる。そして広場から東側へは傾斜の付いたメインストリートであるレナート・ビロッリ通り（Via Renato Birolli）とアント

写真28-40　北側の展望台近くから見るマナローラの集落。崖地に家々がへばり付くように重層している

ニオ・ディスコヴォロ通り（Via Antonio Discovolo）が続き、ここも中腹に、人工地盤と思しき台地上にダリオ・カッペリーニ広場（Piazza Dario Capellini）が造られている。その広場の上側の東側斜面に穿たれた長い歩行者トンネルがある。ここは19世紀後半（１８７４年）に開設された鉄道のマナローラ駅からのアクセス路で、メイン通りを電車到着にあわせて多くの人々が行き来していた。ある意味では港が歴史的な海の玄関口であることに対し、近代の陸の玄関口なのである。もう一つが海沿いの崖地を伝うハイキングコースであり、また山側には車利用の人のための駐車場が用意されている。

集落の建物は急崖を登り、高台のかつてのお城にまで到達し、今では

写真28-41　集落の南の斜面地の家並み。先端の円形の建物はかつての見張り台との説もある

写真28-42　港の船着場への通路から見上げた崖の上にギッシリと建つ住居群

写真28-43　集落の高台に延びる急な階段道、ここを住民の人たちは日常行き交う

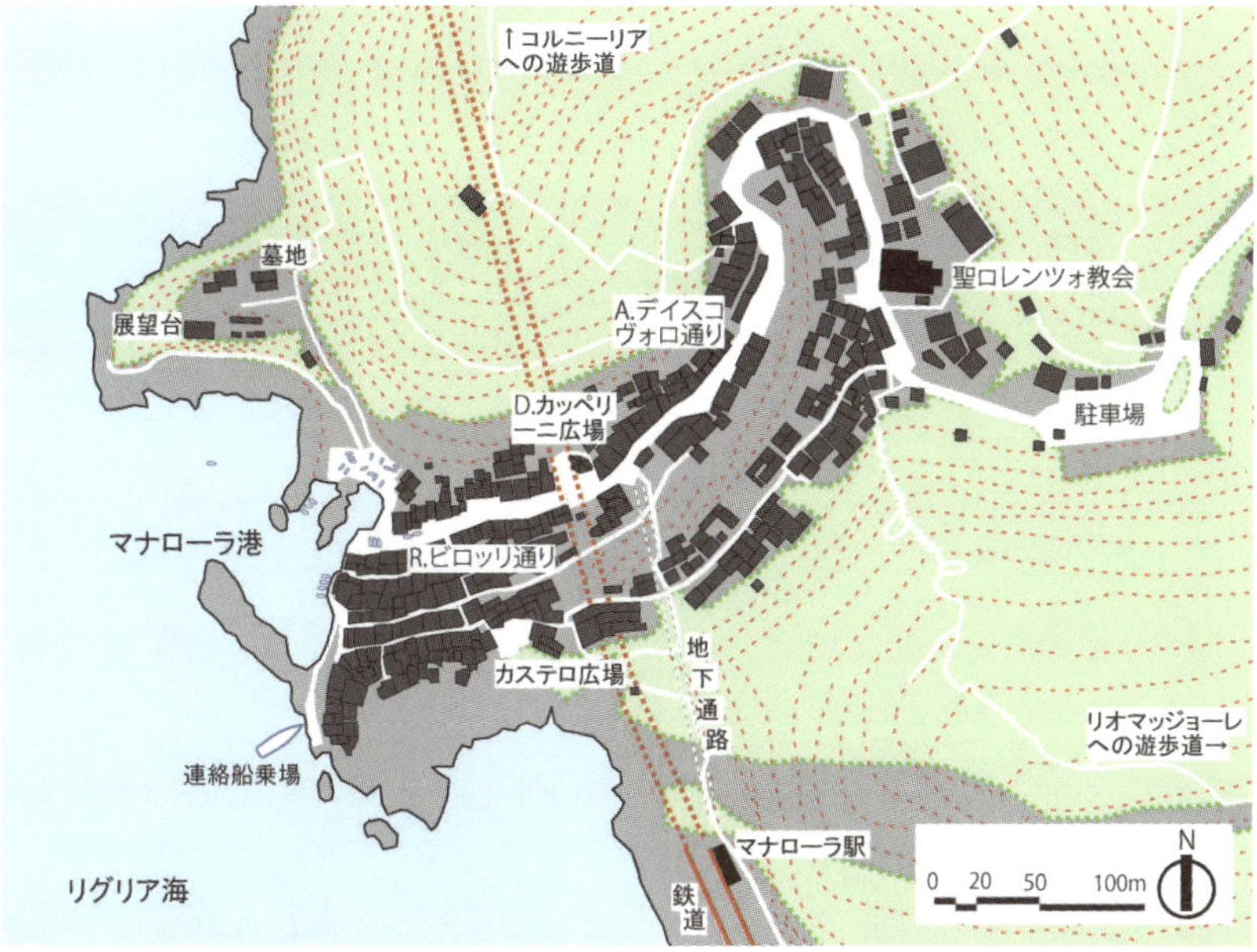

図28-7　マナローラの集落図

写真28・44　ダリオ・カッペリーニ広場からレナート・ピロッリ通りの海側を望む。通りには陸揚げされた船が置かれている

写真28・45　ダリオ・カッペリーニ広場から見た山側のレナート・ピロッリ通り

写真28・46　カッペリーニ広場から見た山側のアントニオ・デイスコヴォロ通り

その一帯は見晴らしの良い住宅街となり、その中央にある広場の名（Piazza Castero、カステロ広場）に、以前はお城の一部であったであろう痕跡を留めている。また先端部の中腹に見られる円形の基壇と思しき存在はかつての城郭の見張り台の一部で、これも今は住宅の一部として転用されていると聞く。このように、千年近く昔の遺構も今の村人たちの生活街の中に取り込まれていることが判る。とはいえ、沢に蓋かけした集落の中心軸の通り、そして斜面を登る階段道や斜路、斜面に張り付いた集落建物の構成はチンクエテッレの他の集落とほぼ共通と言ってよい。車の入れる道はメインの通りに限られるが、そこも午前中の一定時間のみサービス車両に限って開放され、一般の車は東側の集落の入り口の手前の駐車場までに規制されている。ここも集落内は面的な歩行者天国なのである。

そして集落の背面の急斜面に幾団にも積み上げられた石の擁壁が見える。これこそこの地域の特産品の原料となるぶどうやオリーブの畑である。これを千年もの間守り続けてきた労苦は、並大抵のものではなかったであろう。今もそれが営々と繰り返されていることに驚嘆する。その斜面の下に続いているのが、前掲のヴェルナッツアやモンテロッソにつながる遊歩道である。

写真28・47　集落の西側の海岸沿いの斜面地。幾段もの石積の上部にぶどうやオリーブの畑、下に遊歩道が続く

この村では、教会からメインの通りから港を舞台に行われる夏と冬のイベントがある。8月10日に開催される聖ロレンツォ祭り（La festa di San Lorenzo）の花火とイリュージョン、そしてクリスマスの光のプレゼピオ（Il presepe di Manarola）のキャンドルと伝統衣装の村人が練り歩くイルミネーションで、多くの観光客を魅了するという。このように、街並みそして地元の人びとの生活、漁業やワイン産業、観光産業そして宗教、伝統などが渾然一体として上手く共存し、それが次世代に営々と受け継がれている。訪問をお勧めしたい村である。

### (4) リオマッジョーレ

チンクエテッレの南端に位置するリオマッジョーレは、5つの集落の中では2番目に大きく、人口は約1500人。港の入口に聳える岩山に、赤やピンク、黄、白色などのパステルカラーの家屋群が立体的に重なり合い、頂部にこの地方特有の大きな笠松のある光景が実に印象的で、このアングルがチンクエテッレを代表する有名な観光写真スポットとして知られる。

大きな笠松の背後の山にあるリオマッジョーレ城（Castello di Riomaggiore）は、ジェノヴァ共和国の命を受けたターコッティ伯爵が外敵からの攻撃を防ぐために1260年に築いたものとされ、以来、城塞集落としての歴史を刻んで来た。集落の東側の中腹に位置する聖ジョヴァンニ・バッティスタ教会（Chiesa di San Giovanni Battistae）は1340年の築、またお城の側に建てられた聖ロコ礼拝堂（Oratorio di San Rocco）は15世紀の築で、当時蔓延した疫病で多くの村人を失った記憶を今に伝えているという。

城塞としての装いづくりとあわせ、背後の崖地に石を営々と積み続け、ワイン栽培を定着させていく。斜面地からの幾筋かの水の流れは集落の東側で一本のV字の沢となるが、そこに石積みのボールト状の蓋をかけ、わずかばかりの平場を造りあげ、両側の山裾に沿って連続的な家並みを形成する。それ

写真28-48　崖地に立体的に家々が重なるリオマッジョーレの集落。港の船着場からの衝撃的な写真でもある

は他の集落と同じく、周囲の斜面に立体的なまちが拡がっていく。その中心軸となったのが現在のメインストリートであるコロンボ通り（Via Colombo）であり、今では沿道には多くのお店やレストランが並んでいる。そして中腹に集落のシンボル的なヴィナイオーリ広場（Piazza Vignaioli）が同通りの上に人工地盤の形で造られ、そこで多くの地元の子供たちが遊んでいる光景が来街者の心をくすぐり、何とも微笑ましい。

一方で、港の防波堤の築造も進められ、港の先には大きな石が細長く積み上げられている。そして前面の豊かな海からの収穫も村民の糧となり、水面に浮かびかつ陸揚げされた数多くの漁船がここが漁村集落でもあることを示す。また小さな港も産物の輸送にも一役買うことになる。とりわけ、南に位置する後述の外航船の出入りするポルトヴェーネレやラ・スパテイアの港を介して、ワインが輸出されたとの記録が残されているとも聞き及ぶ。以来、漁業とワインづくりを主産業として、営々とこの急崖地の集落を守り続けてきたという。その間、16世紀には外敵を見事に撃退したとの記録も残されており、小さな集落とはいえ、計画的に街づくりが行われたことで、千年近くの歴史を刻み続けてきたと言える。

19世紀の鉄道の開通を経て観光客が訪れるようになり、いつ

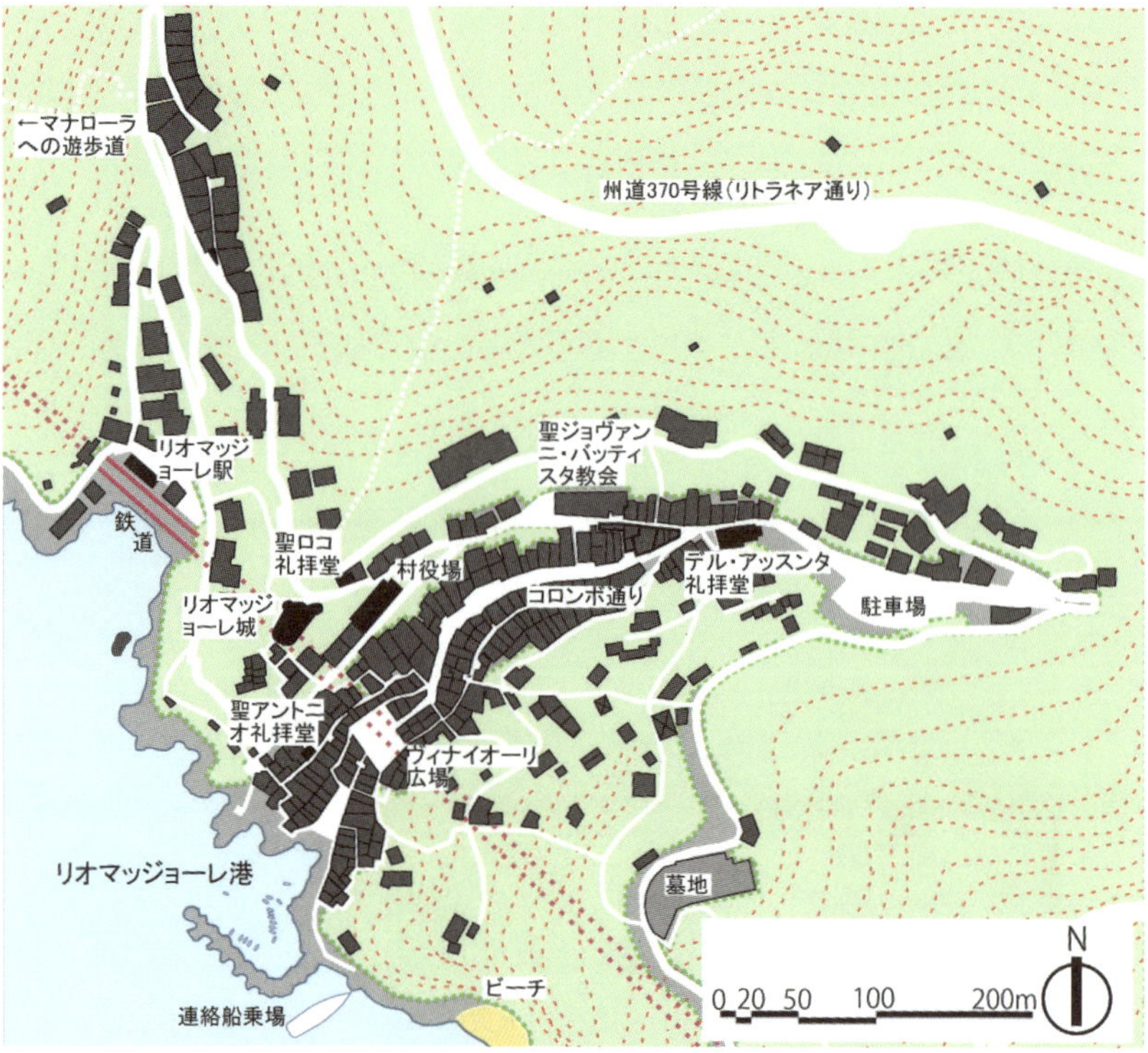


図28-8 リオマッジョーレの集落図

しかチンクエテッレの名が国内外に知られ、新たな観光産業が定着していく。そして20世紀の自動車社会を迎えるが、いち早く東側の集落のはずれに集合駐車場を用意することで、集落内の生活環境の保全に努めてきた。

それが世界文化遺産の登録で大きく花開くわけだが、港に陸揚げされた漁船の数々、日常的な商店の営業、それを支える住民たちの生活、それらが観光と実に上手く共存していることに感心させられる。住民も観光客もその共存のための暗黙のルールをわきまえながら行動しているのである。また前掲のマナローラとは距離で約９００ｍ、崖伝いに歩くかつての村民の生活道は今では多くの観光客を受け入れるツーリストウォーキングトレイル「愛の小道」となっている。その道は約10km南の「女神の港」ポルトヴェーネレまでつながっている。

写真28-49　リオマッジョーレの港の広場の南側の立体的に重層する家並み

写真28-50　ヴィナイオーリ広場から見る入江の水面。海際の広場には陸揚げされた漁船が並ぶ

写真28-51　ヴィナイオーリ広場の光景。多くの家族連れが集まり、子供たちが遊んでいる

写真28-52　岩場に設けられた連絡船の船着場。細い桟橋と階段通路を介して集落に至る

写真28-53　入江の水際広場には多くの陸揚げされた漁船が並び、ここが漁村であることを示している

写真28-54　集落内のトンネル状の通路に面するお店。壁面が陳列棚になっている

## 3　リグリア海の中世城塞集落「女神の港」ポルトヴェーネレ

ジェノヴァの南東約114㎞に位置するポルトヴェーネレ（Portovenere）は、同国リグーリア州ラ・スペツィア県にある人口3600人のコムーネ（基礎自治体）の港町で、地中海のリグリア海に面するこの一帯の伝統的な集落群が97年に「ポルトヴェーネレ、チンクエテッレ及び小島群（パルマリア、ティーノ及びティネット島）」の名でユネスコ世界文化遺産に指定され、一躍有名となる（注27－5）。その対象区域の南端に半島状に突き出した位置にあるのがポルトヴェーネレであり、その地名は古代のローマ神話の海の泡から生まれたとされる「愛と美の女神＝ヴェーネレ（伊 Venere）、英語のヴィーナス（Venus）」に由来し、その場所がこの港の近くとの伝承があり、紀元前2世紀の古文書にもこの地名が記されているという。

　この集落の起源は新石器時代の遺跡の存在が示すように実に古く、古代から漁労と船の航行の中継港として成立していたとされる。6世紀には集落の南端の岬の高台にサン・ピエトロ聖堂が築かれ、以来、近くを航行する船の目印であるだけでなく、守り神の役を果たしてきた。その後、中世の時代の12世紀半ばに後述のアマルフィ、ヴェネチア、ピサなどと地中海交易の覇を競ったジェノヴァ共和国の支配下となり、まさにその出城の城塞集落として大きな存在となる。とりわけ至近のピサとは幾度も衝突を繰り返し、そこに沖合のコルシカ島そしてシチリア島やサルディーニア島までもがイスラム圏の支配地となり、度々イタリア半島を攻撃する。それらの外敵からの攻撃を防ぐための出城として、西側が急崖で守られた港の背後の山にドリア城を築き、港も防波堤を築造し、水際に防御要塞を兼ねた石造りの堅牢で連続的な建物群を並べたのが現在の集落の始まりとされる。当初は高い城壁の

注27－5　ポルトヴェーネレ、チンクエテッレ及び小島群：Portovenere, Cinque Terre, and the Islands (Palmaria, Tino and Tinetto)

写真28－55　港の船上からみたポルトヴェーネレの街並み。左端がサン・ピエトロ聖堂、集落背後のサンロレンツォ教会、高台にドリア城が見える

ように海側に分厚い石の壁で、その中に小さな狭間の防御窓が穿たれていたという。

そして集落は、住民の増加とともに次第に山側に拡張していく。１１３０年に集落中央の山側に建てられたサン・ロレンツォ教会は13世紀にはロマネスク様式に改修されるなど、その城塞化された集落も平時には船の寄航地として活況を呈していった。とりわけチンクエテッレの各集落から集まる良質のワインの積出港として、イタリア国内はもとより、広くフランスやイギリスにも輸送され、そのための酒蔵が13世紀頃には港の周囲にあったと記録が残されている。

15世紀半ばになり、勢力を拡大しつつあったナポリ王国のアルフォンソ・アラゴナ王の軍船の攻撃を受け、ポルトヴェーネレの集落は大きく破

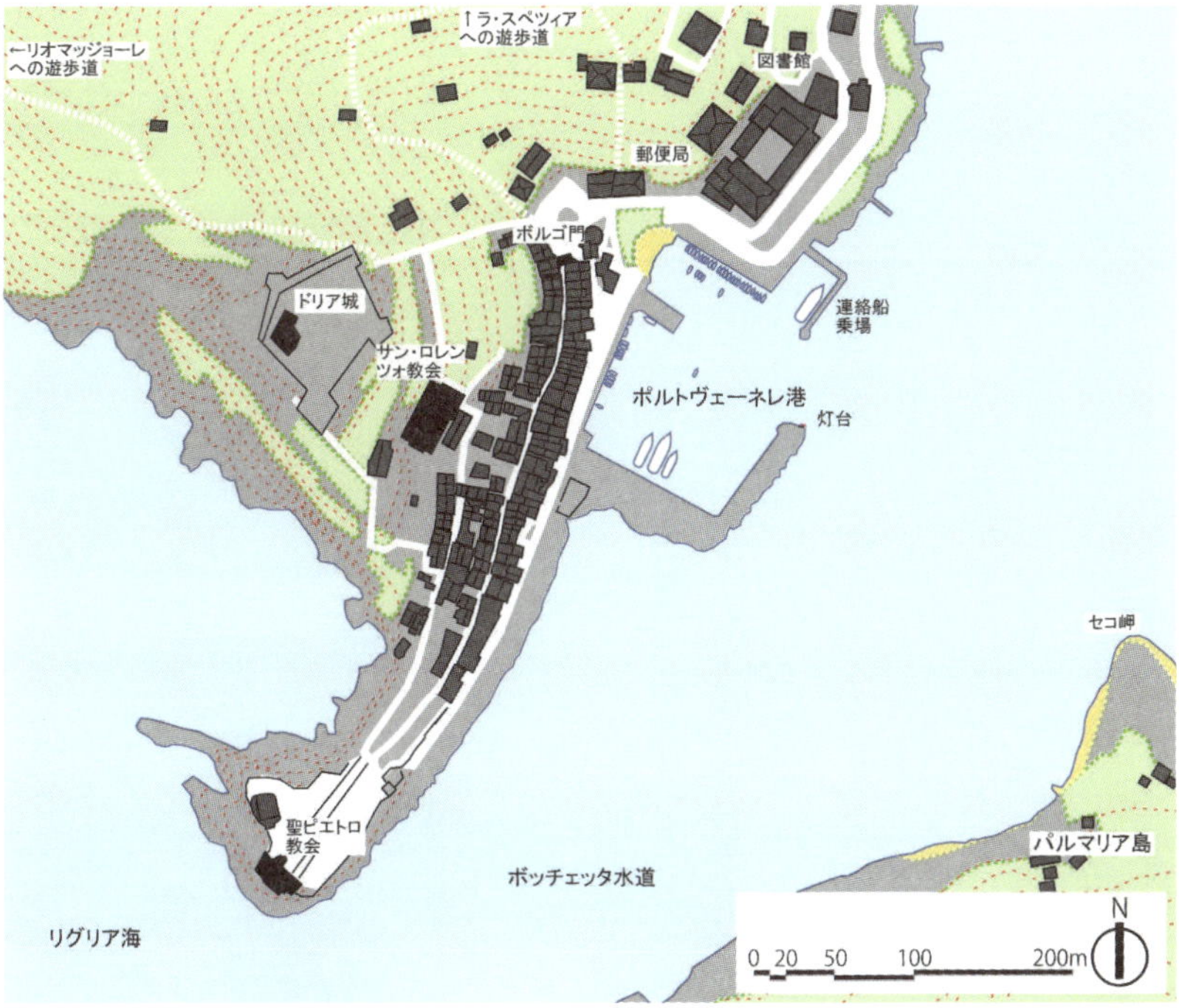

図28-9 ポルトヴェーネレの集落図

写真28-56 ポルトヴェーネレ港で見かけた結婚式を挙げたばかりの新郎新婦。お幸せに

写真28-57 裏手のジョバンニ・カペッリーニ通りはまさに地元住民の行き交う生活道路

写真28・58　岬越しの船上からポルトヴェーネレ集落高台のドリア城の遺構と急崖の地形を望む

写真28・59　ポルトヴェーネレ港からみた街並みとサンロレンツ教会

写真28・60　ポルトヴェーネレ港の前面の街並みとショップ群

写真28・61　ポルトヴェーネレ港に並ぶ多くのプレジャーボート

壊されてしまった。その復興は16～17世紀まで続き、現在の街並みの大半はその時代に造られたものである。その中でかつての海側の防御のための小窓は、陽光を採り入れる現在の姿に改造されていった。

現在の歴史的な「女神の港」の街並みは、山頂に城を配し、対岸のパルマリア島との水道を行き交う船の守護神のように岬の端に聖堂が聳え、前面の港には沢山の船が繋がれ、その背後には4～7層の壁が連なり、パステル調の色調に整えられた美しいものである。その中に白い教会の鐘楼がまちを見下ろす形で屹立する。周囲の山並みは豊かな緑に覆われ、その中に高級別荘や邸宅が点在する。水際の遊歩道には多くの観光客が行き来し、建物の1～2階は土産物店やレストラン、そしてパラソルの下のオープンカフェが連なっている。

港の一本裏手のジョバンニ・カペッリーニ通りは水際の建物のほぼ3階レベルの位置に相当するが、そこに上がれば、そこはまさに地元民の生活街の領域で背面は山が控えるなど、切り立った斜面地に

写真28・62　港の前面に並ぶ建物。2階までがレストラン、3階以上が住居となっている

写真28・63　建物の2層分のピロティ状の階段通路。背後のジョバンニ・カペッリーニ通りにつながる

張り付いた線状集落であることが初めて認識できる。つまり海上からの光景は巨大な城塞都市と見紛うほどで、その背後は一皮の集落、まさに映画のセットのようなトリックである。しかもその集落は沖の海上からは前に広がる島影に隠れ、近寄って初めてこの港を見た敵はこの巨大な城塞集落に怖れを成すという仕掛けで、それを企図したようにも思える。そして、水際の遊歩道と背後の生活路、つまり表と裏の連絡路は建物下の細く折れ曲がった路地状のトンネル式の階段路や隙間の急階段で、空間の切り替えなど実に魅力的である。この千年以上も営々と続けられる生活街の歴史的景観要素、これが世界文化遺産の評価に値するのであろう。それを再認識させられた訪問でもあった。

ここも毎年8月17日に行われるお祭りマドンナ・ビアンカ（Madonna Bianca）の夜には村中の電灯が消され、数千本ものトーチやキャンドルが灯され、サンロレンツ教会から岬のサン・ピエトロ聖堂へ続く崖や坂までもが光で包まれる見事なページェントが行われる。１３９９年から伝わる行事だが、当時蔓延した疫病ペストが村人たちの祈りで発した光の奇跡で収まったことが起源という。

なお、この集落への車のアクセスは山越えの細い陸路だが、中心部への車の進入は8時から20時まで規制され、来街者は隔地駐車場（Cavo area Parking）から徒歩またはシャトルバスを利用することとなり、集落内は歩行者天国となっている。やはり、この集落には船からアクセスすることをお勧めしたい。この城塞集落は海側からの景観を意識して造られてきたこと、それも遠景から次第に近づくにつれ大きくなるそのシークエンスは実に感動的である。

19世紀後半にジェノヴァとラ・スパティア間（Genoa-La Spezia、約79km）間の鉄道路線が開通し（１８７４年）、ローマからピサを経てジェノヴァそしてミラノ、トリノ、フランス国境へと繋がれていった。とりわけリビエラ・ラベンテ（Riviera di Levante）～ラ・スパティア間は、44km区間のうちトンネルが55区間計28km、橋梁が23箇所計１kmに及ぶ難工事の果ての開通で、半島の先のこのポルトヴェー

写真28-64　ポルトヴェーネレやチンクエテッレへの連絡船の拠点となるラ・スパティアの港

ネレの集落は取り残された感があるものの、近傍のラ・スパティアとは約15㎞で車や船で容易に到達できるようになった。その結果、新たな高級別荘地としてのニーズが高まっていったことも事実である。その多くは旧集落を避けた豊かな自然のなかで、伝統的景観そして自然環境保全の規制の枠内開発に留まっている。このように集落そして周囲、対岸の島々も含めた広範な区域が、冒頭に解説したようにユネスコ世界文化遺産に、そして1997年には国立公園区域（チンクエテッレ国立公園海洋保護区、注28－6）に指定されている。

## 4 「立体迷宮都市」・アマルフィ

アマルフィ（Amalfi）はイタリア南部のカンパニア州サレルノ県の、人口約5200人の小さなまちである。紺碧の海に切り立った岩山の続くリアス式の海岸線のなかで、一筋の渓谷の急峻な斜面地に家々が重層する、まさに「立体迷宮都市」である（注28－7）。ここは9～12世紀、ヴェネチアやジェノヴァを凌駕して地中海を支配した海洋都市国家・アマルフィ公国の中心地であった。それを物語るのが、その歴史は833年に遡るとされるアマルフィ大聖堂（伊 Cattedrale di Sant'Andrea/Duomo di Amalfi）と、ロレンツォ・ダマルフィ通りからカプアーノ通りの商店の連なる山すそのメイン通り（幅員4～7m程度）である。そして南北に枝葉のように広がる斜路や階段の狭い路地状通路が至るところで折れ曲がりつつ斜面をのぼり、その両側に稠密な市街地が連なるという光景が延々と続く。しかも通りや路地の上には建物が覆い被さり、それがトンネル状に繋がっている。まさに「迷宮」というべき密度感と路地のシークエンスであり、その両側には活きた「生活街」が展開する。

迷路のようなまちを歩いてみると、いつしか方向性を見失わないある法則を発見する。水の流れの

注28－6　チンクエテッレ国立公園保護海　域（Parco Nazionale Cinque Terre Area Marina Protetta）：対象区域3860ha、99年から鯨類保護区も加えられている

写真28－65　アマルフィの集落を船上から望む。切り立った崖のV字谷を軸に立体的な家屋群が重なり合う様がよく判る

ように重力のおもむくままに坂を下れば、必ずメイン通りに到達し、港への道を見つけることができるのだ。逆は樹木の枝のように複雑に枝分かれし、街並みが途切れた先は開放的なレモン果樹園があり、さらに山の上にはぶどうやオリーブの畑が広がる。中腹の高台からは空が開けて下界を見下ろすことができる。その道すがら、路地の上には生活観の表現である洗濯物が飾られ、窓辺には花が置かれている。そこから子供たちの声が聞こえ、生活物資を抱えた人びとが日常的に行き来する。そのひと気のある温かみのある光景、それが実に心地よい感覚を呼び起こすのである。

そして至るところに狭い階段が出没するまちであるがゆえに、当然のことながらある一角を除き車は進入して来ない。それがこの小さな港町に大

注28-7 「立体迷宮都市」：この呼び名は陣内秀信氏が著書『興亡の世界史08・イタリア海洋都市の精神』（講談社、2008年）の第3章「斜面の迷宮・アマルフィ」のなかで「南イタリアの立体迷宮」と称しており、これを借用している。なお、アマルフィに関する解説も同書のほか『イタリア水都の再発見』（陣内秀信、2018年）を参考にさせていただいた

写真28-66 アマルフィ海岸の砂浜に並ぶ大量のビーチパラソル、多くの海水浴客が集まる

写真28-67 沖の大型客船からボートでアマルフィに上陸する人々、手前はビーチパラソルのカフェ

図28-10 アマルフィの集落図

写真28‐68　アマルフィ大聖堂前の広場から望む大聖堂と石階段

写真28‐69　アマルフィの目抜き通り、ロレンツォ・ダマルフィ通りの賑わい

写真28‐70　アマルフィ大聖堂前のドゥォモ広場の周囲にはオープンカフェが展開する

写真28‐71　ロレンツォ・ダマルフィ通りで見かけた食料品店。生活街であることを物語る

量の来街客を惹き付けるのであろう。下界の賑わいとは異なる高台のヴィラ（邸宅、別荘）からの海への見晴らしや開放感、海辺の港の南側に広がるビーチに並ぶカラフルなパラソル群、日光浴の水着姿の老若男女の姿……その多彩な光景そして対比が、多くのリピーターや長期リゾート滞在者を溢れさせる所以なのかも知れない。

さて、この素晴らしいまちの歴史的経緯を知ることは、このまちの魅力を倍加させることにつながる。これは心象風景すなわち物語性という新たな価値を付与させる効果を果たすこととなる。アマルフィの地名の謂れはギリシャ神話の英雄・ヘラクレスが愛した女神の名前に由来するとされ、97年にユネスコ世界遺産に指定された延長約30㎞にわたる「アマルフィ海岸」の中心地でもある。その歴史は5～6世紀に遡る。周囲の急峻で複雑な地形ゆえに外敵から守られつつ発展した港の交易、それが839年のアマルフィ共和国としての独立に繋がり、その後は地中海を舞台に広くは東ローマから北

写真28‐72　砂浜の背面のアマルフィ・ドライブ通りから集落の入口を望む

写真28‐73　ロレンツォ・ダマルフィ通りから続くカプアーノ通りの賑わい風景

アフリカへと航海技術を背景にその通商を拡大し、海運国家としての全盛期を迎える。周辺の集落も含め、人口数万人を擁する地中海最大の港湾通商都市であったという。それは後に台頭したジェノヴァやピサ、ヴェネチアにその地位を譲る14世紀近くまで続いていく。

その間にV字状の沢を下るかつてのカントーネ川の上に石でアーチ断面の連続ボールトの蓋かけをして細長い人工土地を造り、両側に市街を形成し、また海には防波堤を築き、港を拡大し、造船所や交易に必要な施設群を建設していった。その先端的な水中構造物の築造技術には、交易先のイスラムの技術が取り入れられてきたとされる。一方でその交易で獲得した富で、人びとの住む器である市街を斜面上に展開させ、教会などを建設し、それらの装飾には東方のビザンチン様式が用いられるなど、当時の技術の粋を集めたまちが形成されている。それは土木・建築分野に留まらず、様々な産業や文化にも大きな影響を与えた。その代表的なものがヨーロッパ最高級とされるアマルフィ紙の製法で、今もローマ法王の用いる重要書類に使われるこの技術もイスラム由来という。その歴史を展示する「アマルフィ手漉き紙美術館（Museo della Carta a Mano di Amalfi）」も重要な観光拠点となっている。

共和国栄華の時代も、自然の猛威の前についえることとなる。1343年11月24日のティレニア海で発生した大きな地震によって、港の堤防や造船所などが海に沈み、市街は津波によって壊滅的な打撃を受ける（注28-8）。大波がこの急峻なリアス式海岸の集落のV字谷を上って行ったであろうことは、わが国の3・11の地震・津波を思い起こせば容易に推察しうる。復興には多くの時間を要し、これを機にア

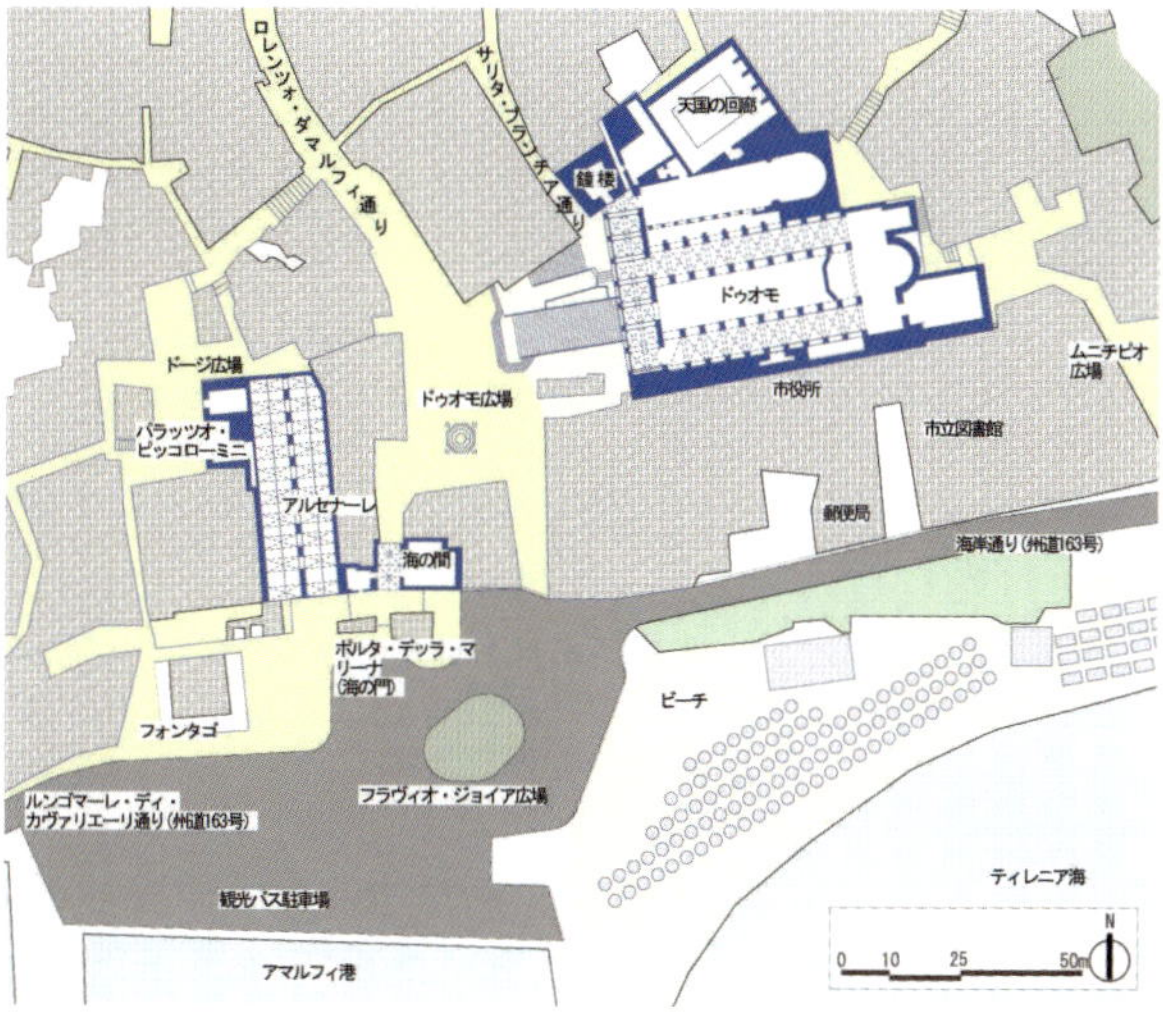


図28-11 アマルフィの中心地・ドゥオモ広場とフェッラーリ広場の周辺
『興亡の世界史08・イタリア海洋都市の精神』（陣内秀信、講談社、2008年）掲載図とグーグルアースをもとに筆者作成

注28-8 多くの書では嵐や地滑りと表記されているが、同年のティレニア海地震による津波の説もある。本書ではわが国の3・11と重ね合わせ、地震・津波と表記することとした

写真28‐74　カプアーノ通りから繋がる路地状通路。随所に上に住戸がつながる通り抜けの道が存在する

写真28‐75　路地の奥の生活空間のひとコマ。路地にテーブルとイスを出して読書する主婦の姿、隣には洗濯物のラックが置かれている

写真28‐76　集落内には至るところに路地状の階段通路があり、そこには植木鉢が。明らかに生活街が息づいている

写真28‐77　目抜き通りから一歩入った路地街で見つけた八百屋さん

マルフィは力を失い、ジェノヴァなどからの攻撃を受け、歴史の表舞台から消えていくこととなった。当然のことながら、かつての大型土木構造物が復元されることは無かったという。

それから500年後の19世紀前期のナポリ王ジョアミン・ミュラの時代、東隣のアトラーニへとつながる海際の道路（アマルフィ・ドライブ通り、現SS163号線）が開通し、また1890年には西側の崖を穿ってポタジーニへの道路が完成、ティレニア海沿いにナポリからサレルノへと結ばれることとなった。自動車の普及に加え、18世紀に始まる健康増進のための海水浴のニーズはこのまちに大きな変革をもたらすこととなった。陽光あふれるアマルフィ海岸があらためて注目され、多くの利用者を集めることとなり、1910年頃には海辺のパラッツォが撤去され、海際のプロムナードが整備されたという（注28‐9）。それに伴って浜に引き揚げられていた漁船は船着場の突堤の西側に移動し、また付け根の部分に観光バス駐車場が造られていく。

とはいえ、この歴史的な市街は自動車の進入を受け入れるための改造は上記に留め、当然のことながらV字の沢に折り重なった中世からの雰囲気を今も伝える「立体迷宮」の修復・保全を選択した。

注28‐9　出典：『アマルフィ海岸の地域構造——海と山を結ぶテリトーリオの視点から』（陣内秀信・稲益祐太＋法政大学陣内研究室、法政大学エコ地域デザイン研究所発行、2015年）

それが97年の世界遺産指定の中心地となり、多くの観光客を受け入れることによって、あらためて脈々と続けられてきた伝統的な地域産業が見直され、歴史的景観および界隈で展開される生活街の雰囲気とその継承が再評価され、地域の再活性化に結びついたのである。

現地に赴き、過去の地震と津波で壊滅的被害を受けたであろうアマルフィが、800年の時を経て旧来の集落構成を踏襲して今の姿となり、多くの来街者を魅了するまちになったことを思うと、わが国とは大きな違いを痛感させられる。全国各地の狭い路地を有する旧漁村集落では、災害復興そして事前防災を目的として、自動車社会の受容を目指した道路拡張などの都市計画が推奨されている。とりわけ、3・11で被災した同じリアス式海岸の大規模地形改変ともいうべき巨大な土木事業で、整然とした区画で広い道路造りを選択した地域が今後どのような復興を遂げていくのか、そこに不安と期待が入り交じる複雑な気分を抱いた訪問でもあった。

確かに筆者の生まれ育った瀬戸内の海際集落では、狭い路地が海に向かって一直線に延び、その狭さが夏の強い日差しを遮り、夕方になると涼しい海風が吹き込み、冬の寒風から守ってくれた。このように、先人たちの英知が積み重ねられたのが地域の街並み文化であり、それには数百年いや千年近くもの時間の蓄積が込められている。

20世紀初頭に始まる、万国共通ともいうべき近代都市計画思想が優先される時代は終焉しつつあるようにも思えるが、読者諸氏はどのようにお考えであろうか。あえて本章を補遺のつもりで入れた意味を読みとっていただければ幸いである。

写真28・78　港の船着場から西側の崖を望む。中腹にポタジーニにつながる道路のトンネルが見える

# あとがき

以上、筆者が40余年の間に訪れた海外の都市・集落記録集の「水辺編」であり、本書では全28章にまとめあげた。ここに取り上げた事例に共通しているのが、今ある魅力的な水辺風景は永年の先人たちの努力によって実現し、守られ、受け継がれてきたことである。それを現地で確認し、その後の追跡調査によって補い、本書ではその現実を極力客観的に解説したつもりである。

その点で、筆者の主張の乏しさに物足りなさを感じる方も少なくないであろう。ここでは、普遍的な観察録に徹することで、それが時代の経過の中で改めて評価されるものになるとの確信のもと、淡々と列挙することに努めてきた。そして、素晴らしい光景の存在を知らしめることで、翻って、私どもの身の回りの現実の姿と対比し、今のわが国に欠けているものは何か、その改善を阻んでいる要因は何であるのか、それを改めて考える縁にしていただきたいと思う。

一方で、水辺の都市やまちといっても、それぞれ気候風土も異なり、水にかかる諸条件も、海、川、湖、それぞれ千差万別である。改めて悟ったのだが、海では地域ごとに異なる干満較差そして暴風雨、季節風等で、日常の水面利用や防災の考え方が大きく異なっている。また川では、わが国の急流河川と緩やかに複数の国や都市を流れる大陸の川は、明らかに異なっている。そして閘門によって水位調整される人工の運河網など、その状況は実に多様で、地形的要素、歴史的経緯もまちまちである。それゆえ、水辺再生のための処方箋も異なってくるのだが、多くに共通しているのは、1960～70年代に大きく寂れた水辺のまちが、かくも見事に再生され、賑わいが復活したことである。そしてそういった水辺には、実に幸せな光景が展開しているのである。

あらためて、本書に収録した事例から、それぞれの時代的な流れを整理してみると、次のように帰着できるであろう。

古今東西の多くのまちは水辺に成立した↓それは当然のことながら自然災害から身を守る手立てを講じてきた↓18～19世紀

の産業革命期以降、水辺は産業、物流の拠点として大いに賑わう↓20世紀の都市拡張期、水辺から「生活街」が減退・消滅し、賑わいが失われていく↓１９６０年代以降の自動車社会の進展のなかで、河川・運河の覆蓋道路や高架高速道路などが各地で建設されていく↓70年代以降、各地で水辺と市街地を隔てる高速道路等の撤去、地下化を求める市民の声が広がる↓80年代以降、水辺に遺された歴史的建物や街並み保存の運動が各地で広がりを見せる↓各地で水辺の「生活街」復活への機運が高まっていく↓水際の遊歩道などの整備が積極的に進められ、そこを日常的に楽しむ市民の姿が見られるようになる――このような流れが読み取れるのである。あらためてこれを解説しておこう。

**（1）古今東西の多くのまちは水辺に成立した**

人類が初めて手にした最も環境負荷の少ない乗り物、かつ輸送手段は舟運で、陸路との交点には港が築かれ、まちが拓かれた。その交易はまちに大きな富をもたらし、多くの人々が集まり、様々な文化が生まれた。そして水のもたらす生産手段、農業や漁業は人々の暮らしを支える大きな糧となる。

**（2）それは当然のことながら自然災害から身を守る手立てを講じてきた**

自然は時として、洪水や高潮、津波など、水に関わる災禍をもたらしてきた。先人たちは永い歴史の中、より安全な地域に集落や都市を築き上げ、再配置などを行いつつ、自然の脅威を代々子孫に伝えてきた。それゆえに、千年以上にもわたるまちの歴史が積み重ねられているのである。

一方でわが国では20世紀以降の市街化の進展のなかで先人の知恵は顧みられず、また土木技術の革新は自然を征服し得たかに見えたが、先の東日本大震災の津波被災、そして昨今の関東や西日本の豪雨被災など、各地の災禍はあらためて自然の猛威を思い知らせている。これからの人口減少社会の中で、都市やまちのあり方、そして自然との共生の仕組みを再確認していくべき時機が到来しつつあるように思われる。

### （3）18～19世紀の産業革命期以降、水辺は産業、物流の拠点として大いに賑わう

産業革命を機に水辺は大きく変化していく。化石燃料の消費によって得たエネルギーとともに大量生産への道を突き進み発達する工業、それは製造や排熱に水を必要とし、原材料物資の輸送のために水辺に工場や物流基地を立地させていく。低湿地は埋め立てられ、続々と工場が進出し、労働者は農村地帯から集まり周囲に居住する。工場からの廃液やばい煙、そして住宅街からの生活雑排水の流入は、周囲の水辺環境を悪化させることとなった。

### （4）20世紀の都市拡張期、水辺から「生活街」が減退・消滅し、賑わいが失われていく

産業革命以降の混乱のなかで、20世紀以降、都市拡張期を迎える。市民の生活環境と産業振興、そして健全な都市の成長のために、様々な都市論が登場し、その中で確立された近代都市計画の理想像が追い求められていく。その大筋が、住宅地と商業・業務地そして生産・物流の拠点とを分離し、それぞれを結ぶ道路等のインフラ整備を進める考え方である。それは人口の郊外転出を促し、水辺の多くは工業地や物流倉庫地帯へと変貌していく。その分離策を支えたのが、自動車社会の進展であった。

### （5）1960年代以降の自動車社会の進展のなかで、河川・運河の覆蓋道路や高架高速道路などが各地で建設されていく

自動車社会の進展とともに河川や運河の機能は廃れ、生活雑排水の流入から悪臭も放つようになり、各地の水路は蓋掛けされ上部は道路と化していく。わが国に限らず世界各地で、水面上部には高架高速道路などが続々と建設されていく。そして川や海沿いには幹線道路や高速道路が築造され、市街地と水辺が続々と切り離されていく。

### （6）70年代以降、各地で水辺と市街地を隔てる高速道路等の撤去、地下化を求める市民の声が広がる

70年代は世界の経済高度成長が行き詰まりを見せ、先進諸国における公害問題の発生、そして73年のオイルショックを機に価値観が大きく転換する。自動車社会を牽引してきたアメリカにおける、ベトナム戦争敗北後の市民意識の変革――物質文明

偏重からより精神文化的なものへの傾倒――も大きかったとされる。各地で市街地と水辺を隔てる幹線道路の廃止、地下化の議論が始まり、市街地内の高架高速道路見直しの機運が高まっていく。その先鞭を付けたのがスイス・チューリッヒのジール川の高架高速道路反対運動であり、ドイツのケルン、デュッセルドルフ、アメリカ・ボストンの道路地下化が続いた。それは都市内高架構造物の耐久性や維持修繕との関係も絡み、ソウルの清渓川の復元やマドリッド・リオの水辺再生などの事例へとつながっていく。

### (7) 80年代以降、水辺に遺された歴史的建物や街並み保存の運動が各地で広がりを見せる

必ずしも水辺に限ったことではないが、各地で歴史文化の尊重、地域のアイデンティティの再評価の機運が高まり、歴史的建物や街並み保存の運動が展開されていく。とりわけ、舟運で栄えたまちに残された数多くの歴史的建物群そして街並みは、かつての繁栄の歴史が建造物の高い文化財的価値につながり、保存修復を経て、多くの観光客の訪れる、あらたな地域産業へと結びついていく。本書に紹介したユネスコ世界遺産に指定された港町の多くは、歴史的建造物はもとより、広くまち全体が保存再生される方向となっている。国内事例では筆者が関わってきた門司港なども、まさにその流れのなかで読みとることができる。

### (9) 各地で水辺への「生活街」の復活への機運が高まっていく

本文のなかで幾度も繰り返してきた「生活街」再生だが、海外諸都市では当たり前のように都心居住が定着し、旧いまちの町家群が改修され、そこに多くの市民が定着している。また、かつての港湾物流地帯の水辺には様々な集合住宅が造られ、新たな居住区が続々と生まれている。それは、土地利用分離を旨としてきた「近代都市計画」の呪縛から解き放たれたかのように計画的に進められ、いったん山側にシフトした人口重心を水辺側に戻し、その間に位置する中心市街の復活を企図していた。そして職住近接の豊かな家族生活を可能にすべく、生活に必要な施設が計画的に立地誘導され、余暇活動のための公共オープ

ンスペースも積極的に整備が行われている。

### （10）水際の遊歩道などの整備が積極的に進められ、そこを日常的に楽しむ市民の姿が見られるようになる

水辺の生活を享受する最大の魅力は前面に広がる水面であり、水際を散歩やジョギングなどで楽しむことであろう。水際の遊歩道整備などを契機に、各地で素晴らしい水辺景観が実現してきた。水辺のオープンレストラン・カフェなどごく自然な形で定着し、多くの市民が日常的に集まる空間となり、様々なアクティビティが展開するようになる。

以上、10項目の流れを解説してきたが、このうち何項目かは、残念ながらわが国では定着しきれていないことを、読者の方々は感じられたのではないだろうか。というのは、姉妹本の『まちの賑わいをとりもどす』で解説したが、わが国の都市計画は１９６８（昭和43）年に制定された「新都市計画法」に基づき、土地利用分離を旨とする用途地域指定と、道路等のインフラ整備のための都市施設計画に基づいて定められ、多くの水辺が商業地や工業または物流のための地区に定められているのである。そして港の指定区域では「臨港地区」の縛りが住宅立地を規制している。つまり、水辺について正面切って「生活街」の復活を唱えることは、禁句と言ってもよい。

そのなかで、東京の江戸期の旧河川港の一帯は、明治初期の幸運もあり臨港から外れるなど、大都市部では意外と曖昧さは存在するが、地方部では極めて厳格に運用されがちである。まして地方の中心市街の多くは高容積の商業地に指定され、いち早く「生活街」が消滅した。せめて水辺からだけでも、規制緩和によって「生活街」の復活を、と訴え続けてきたつもりだが、やはり国民全体の意識が変わらない限り、それは難しい。

わが国では近世以降の数百年の間、身分制土地利用ゾーニングが定着してきた。そして木造家屋ゆえに火災時の安全性から上層階に住むことが敬遠され、平面的な土地利用がごく当たり前のように受け取られてきた。それが近代に至り、都市計画で定める、働くところと住むところの分離が素直に受け入れられ、自動車社会の進展とともに、郊外住宅地から働くところに通

勤する構図が定着した。それが結果としてまちの空洞化、すなわち賑わいの喪失につながったと筆者はみる。

実は欧米諸都市では１９３０～50年代にいち早くインナーシティ問題すなわち中心市街の衰退を招き、60年代以降、都市計画を転換、用途分離から複合へと大きく舵を切り、70年代以降大きく中心市街の再生を実現した。その契機となったのが、ハーバード大学を舞台に１９５７年に始まり、70年代まで続けられた「アーバンデザイン会議」の開催である。当時の行き過ぎた自動車社会、土地利用分離によって衰退する中心市街等の問題を憂う欧米の都市計画家や建築家、社会学者、政治家、学者等で構成されていた。本文で紹介した、お膝元・ボストンのウォーターフロントの再生事業はその大きな転換点に立脚している。

水辺の高速道路の撤去もしくは地下化の議論についても、海外諸都市とわが国とは技術的側面の立脚点が異なるなど、同一視することは難しい。局所的となるか面的となるかは、事業費との兼ね合いで決するのであろうが、近い時期に必ずや東京の日本橋川には青空が復活すると筆者は確信している。

あらためて、本書を読まれた方一人ひとりが自らのまちの進むべき方向を考え、それが複数そして大きな世論となって、自らのまちの環境改善そして水辺の再生への大きな力となることを願うものである。最後に、この書のもとになった最終講義限定配布本の作成に協力してくれた芝浦工業大学中野研究室の学生諸君、大学関係者、退職直前まで編集を手伝ってくれたアプル総合計画事務所の押沢みわさん、加えて断続的ながらこの40年近くの間、海外行脚中の自宅の留守を守り、原稿執筆の環境を用意し、またこの10年近くは幾度も同行してくれた妻、そしていまや成人となった3人の子供たちに加え、近居でたまに遊びに来てくれるようになった3人の孫たちも含む家族のみな、そしてこの出版の機会を与えていただいた花伝社の平田勝代表そして担当いただいた佐藤恭介さん、装丁を担当いただいた三田村邦亮さんに深く感謝したい。本書が日本各地の水辺環境再生そして賑わいのあるまちづくりに何らかの形で貢献することを願っている。

２０１８年8月　中野恒明

# 引用文献・参考文献・URLリスト


## 第1章（マドリッド）

*Landscapes in the City: Madrid Rio: Geography, Infrastructure and Public Space*, Francisco Burgos, Gines Garrido, Fernando Porras-Isla ed., Turner, 2015

*MEMORIA HISTÓRICA PARA EL PROYECTO DE Rehabilitación del antiguo Matadero Municipal de MADRID*, Miguel Lasso de la Vega Zamora, Fundación COAM, 2005

*Madrid RIO / Burgos & Garrido + Porras La Casta + Rubio & Álvarez-Sala + West 8*, ArchDaily website Kelly Minner, 2011

*Waterfront Promenade Design: Urban Revival Strategies;* Thorbjorn Andersson, Images, 2018

*a+t: THE PUBLIC CHANGE Nuevos paisajes urbanos New urban landscapes*, a+t architecture publishers, 2008

『スペイン・フランス・アートとまちづくり視察報告書〜アート県大分を目指して』大分経済同友会、2014

“West 8 Urban Design & Landscape Architectur” http://www.west8.com/

マドリッド市ホームページ https://www.madrid.es

## 第2章（ビルバオ）

*BILBAO BIZKAIA-Industria y Navegación de Bilbao*, Cámara de Comercio, 1976

*Waterfont in Post Industrial Cities*, Richard Marshall ed., Routledge, 2001

*Bilbao: Basque Pathways to Globalization (Current Research in Urban and Regional Studies)* , Gerardo Del Cerro Santamaria, 2007

*Poster-aquitectura-emblematica de Bilbao*, García de la Torre Arquitectos, 2009

*GRAN BILBAO*, Ricardo Perez Franco ed., Ralph Shuurmann Productions, 2007

*Waterfront Promenade Design: Urban Revival Strategies;* Thorbjorn Andersson, Images, 2018

『文化による都市の再生〜欧州の事例から・スペイン1　ビルバオ市における都市再生のチャレンジ—グッケンハイム美術館の陰に隠された都市基盤整備事業—』吉本光宏、独立行政法人国際交流基金、2004

ビルバオ市ホームページ http://www.bilbao.eus/

## 第3章（ボルドー）

*Bordeaux, port de la lune*, Patrimoine mondial, MOLLAT ed., Collectif Mickaël Colin Pierre Legros Madeleine Legros Michel Borjon, 2008

*LE PORT AUTONOME DE BORDEAUX*, IMPRIMERIE DELMAS ed., 1973

*On Site: Landscape Architecture Europe*, Landscape Architecture Europe Foundation, Birkhauser Architecture, 2009

*Garden and Landscape Architects of France/ Architectes De Jardins Et Paysagistes De France*, Michel Racine, Stichting Kunstboek, 2007

ボルドー市ホームページ http://www.bordeaux.fr/

## 第4章（リヨン）

*Rivers in the City*, Roy. Mann, Praeger Publisher, 1973

*Waterfront Promenade Design: Urban Revival Strategies;* Thorbjorn Andersson, Images, 2018

*a+t architecture*, 35-36 STRATEGY Series Landscape Urbanism Strategies, STRATEGY PUBLIC, 2010

“In Situ Architectes Paysagistes” http://www.in-situ.fr

“rhone-river-banks” http://www.landezine.com/index.php/2011/06/rhone-river-banks-by-in-situ-architectes-paysagistes/

「連載　ヨーロッパから学ぶ「豊かな都市」のつくり方1　アイデンティティを発露する人間中心の心の都心空間の創造」服部圭郎、配信：公益財団法人ハイライフ研究所

リヨン市ホームページ https://www.lyon.fr/

## 第5章（ケルン）

*Baukultur*, THEMA; Flexibilität und Variabilität, Köln, ehv Niedernhausen, EHV, 1983/3

*Streets for People*, Organization for Economic Co-operation and Development, OECD Publications, 1975

“STÄDTEBAULICHER MASTERPLAN INNENSTADT KÖLN”, Unternehmer für die Region Köln, 2008, http://www.masterplan-koeln.de/

“RHEINAUHAFEN” https://www.rheinauhafen-koeln.de/

ケルン市ホームページ https://www.koeln.de/

## 第6章（デュッセルドルフ）

*La reconquista de Europa: espacio publico urbano 1980-1999(= La reconquesta d'Europa: espai public urba)*, Published by Institut d'Edicionis, 1999

*Tieflegung Rheinuferstraß: Landeshauptstadt Düsseldorf und Arbeitsgemeinshaften*, Die Stadt kehrt zurück an den Rhein ed., 1994

*JAHRHUNDERTPROJEKT RHEINUFERTUNNEL DÜSSELDORF*, Waaser Erich, Kerpen Barbara, artcolor Verlag, Hamm, 1995

*RHEINUFERPROMENADE (RIVER RHINE PROMENADE)*, Matthias Bauer, Project for Public Spaces/case study Great Public Spaces, 2005
『ライン河岸プロムナード・道路地下化で河辺を取り戻したデュッセルドルフ』春日井道彦著 http://www.kasugai.de/buero/mirror/Gakugei/mi04001.htm
「連載　ヨーロッパから学ぶ「豊かな都市」のつくり方３　デュッセルドルフ」服部圭郎、配信：公益財団法人ハイライフ研究所
"Atelier Fritschi + Stahl Architektur und Stadtraum" http://www.fritschi-stahl.de/
デュッセルドルフ市ホームページ https://www.duesseldorf.de/

## 第7章（チューリッヒ）

*Rivers in the City*, Roy. Mann, Praeger Publisher, 1973
*Ideen für Zürich*, Rudolf Schilling, Orell Füssli Verlag, 1982
*Züri z'Fuess Unterwegs in der Innenstadt - Stadt Zürich*, Dölf Wild, Amt für Städtebau. Zürich.,2012
『近自然河川工法の研究――生命系の土木建設技術を求めて』クリスチャン・ゲルディ・福留脩文（編著）、信山社、1994
チューリッヒ市ホームページ https://www.stadt-zuerich.ch

## 第8章（ポートランド）

*Bridges of Portland*, Ray Bottenberg, Arcadia Publishing Library Editions, 2007
*Robert Murase: Stone and Water (The Land Marks Series)*, Michael Leccese, Spacemaker Pr, 1997
*The New Waterfront A world-A Worldwide Urban Success Story*, Ann Breen,Dick Rigby, McGraw-Hill Professional, 1996
*Where the Revolution Began: Lawrence and Anna Halprin and the Reinvention of Public Space*, Randy Gragg ed., Spacemaker Press, 2009
*New City Spaces*, Jan Gehl & Lars Gemzoe, Danish Architectural Press, 2008
『アーバンデザインレポート１９９２――A City in Step with Humanity-World Urban Design 1992』ヨコハマ都市デザインフォーラム実行委員会（編著）、1992
ポートランド市ホームページ https://www.portlandoregon.gov/

## 第9章（シカゴ）

*MAIN BRANCH FRAMEWORK PLAN, Chicago Department of Zoning and Planning*, Chicago Department of Transportation,Goodman Williams Group,Terry Guen Design Associates, AECOM,Construction Cost Systems, 2009
*Riverfront Planning - Case Study of the Chicago River Corridor Development Plan*, Felix Weickmann, Grin Publishing, 2013
*Waterfronts: Cities Reclaim Their Edge*, Ann Breen & Dick Rigby, 1993
*Between Loop and Lake A Network of Great Downtown Chicago Landscapes*, ASLA2015 Annual Meeting & Expo, 2015
*Waterfront Promenade Design: Urban Revival Strategies;* Thorbjorn Andersson, Images, 2018
『世界の街なみ』水谷頴介＋環境構造スタディチーム（作業・構成）、1975
『世界都市開発ＮＯＷ』関西情報センター（編）、学芸出版社、1989
『アメリカの都市再開発――コミュニティ開発、活性化、都心再生のまちづくり』日端康雄・木村光宏、学芸出版社、1992
『町並み保存運動 in U.S.A.』矢作弘、学芸出版社、1989
シカゴ市ホームページ https://www.cityofchicago.org/city/en.html

## 第10章（ソウル）

*Cheonggyechon: Flowing through Seoul and Reflecting Seoul's History*, Seoul Museum of History, 2016
『清渓川復元　ソウル市民葛藤の物語――いかにしてこの大事業が成功したのか』黄祺淵、羅泰俊、邊美里、金光鎰（著）、リバーフロント整備センター（監修）、周藤利一（訳）、2006
『ソウル清渓川　再生――歴史と環境都市への挑戦』朴賛弼、鹿島出版会、2011
『都市伝説ソウル大改造』李明博、屋良朝建（訳）、マネジメント社、2007
『清渓川博物館パンフレット２０１８年版』同博物館
『情報誌「ネルシス」VOL.5 特集清渓川復元プロジェクト――都心部の清流復元でヒートアイランドの緩和なるか』一ノ瀬俊明・島谷幸宏、ＴＯＥＸネルシスネット、2004
ソウル清渓川博物館公式ホームページ http://eng.museum.seoul.kr/eng/index.do
ソウル路７０１７公式ホームページ http://seoullo7017.seoul.go.kr/
ソウルｄｄＰ公式ホームページ http://www.ddp.or.kr/
ソウル市ホームページ（日本語）http://japanese.seoul.go.kr/

## 第11章（パリ）

*Paris projet, numero17: L'aménagement du Canal Saint Martin*, Editions de l'Imprimeur, 2007
*Rivers in the City*, Roy. Mann, Praeger Publisher, 1973
*Paris projet, numéro 30-31: Espaces publics Broché*, Editions de l'Imprimeur, 2006

*Politiques urbaines et gentrification*, Anne Clerval et Antoine Fleury, l'espace Politique, 2009, https://journals.openedition.org/espacepolitique/1314
パリプラージュ公式ホームページ http://www.paris.fr/portail/pratique/
パリ市ホームページ https://www.paris.fr/

## 第12章（アヌシー）

『パリ以外のフランスへ～前編～モンブラン（シャモニー）・アヌシー・リヨン・ペルージュ』沢口はるか、Amazon Services International, Inc.
『東京都議会海外視察報告書・河川事業編・アヌシー市』2010
アヌシー市ホームページ https://www.annecy.fr/

## 第13章（サンアントニオ）

*A Dream Come True: Robert Hugman and San Antonio's River Walk*, Vernon G.Zunker, Vernon G. Zunker Self-Published, San Antoni,1983
*Crown Jewel of Texas: The Story of San Antonio's River Walk*, Lewis F. Fisher, 1997
*San Antonio: The Wayward River*, Burkhalter, Lois W, Paseo Del Rio Association, 1988
『サンアントニオ水都物語——ひとつの夢が現実に』ヴァーノン・G・ズンカー、神谷東輝雄（訳）、都市文化社、1990
『アメリカの都市再開発——コミュニティ開発、活性化、都心再生のまちづくり』日端康雄・木村光宏、学芸出版社、1992
『フェスティバル・マーケットＵＳＡ——アメリカ最新商空間のデザイン・経営戦略』田口泰彦、学習研究社、1988
"A Special Place/ San Antonio River Brochure", American Institutes for Research(AIR), Warren Skaaren,2015, http://www.sedl.org/pubs/a-special-place/brochure.html
サンアントニオ市ホームページ https://www.sanantonio.gov/

## 第14章（ユトレヒト）

*Bustling Wharves*, A Medieval Port in the Heart of Utrecht, René de Kam, C.J.M. Rampart, city of Utrecht, StadsOntwikkeling, Stedenbouw en Monumenten, Stadswerken, Gemeente Utrecht, 2009
*Werk aan de werf_Een middeleeuwse haven dwars door de stad*, Gemeente Utrecht, 2008
*Werf in uitvoering: over de renovatie van de Utrechtse werfkelders aan de Oudegracht*, Annemarie de Wit, Cees de Wit
*Montmartre aan de Oudegracht. 25 jaar Werftheater 1978-2003*, Wout, Robert van't, 2003
『世界の水辺の町』若菜晃子、ピーピーエス通信社、2011
"GREEN STRUCTURE AND URBAN ECOLOGY OF UTRECHT" http://www.greenstructureplanning.eu/COSTC11/Utrecht/Utrecht.htm
ユトレヒト市ホームページ https://www.utrecht.nl/

## 第15章（ゲント）

*GENT VERLICHT/ GHENTILLUMINATED. Het lichtplan*, bouwsteen voor een feeërieke stad/ The light plan: stepping stone to an enchanting city, 2008
*lichtplan II gent globaal lichtplan en deelverlichtingsplannen voor deel stad*, stad gent RAPPORT – definitief ontwerp eindrapport, 2009
*Reclaiming city streets for people Chaos or quality of life?*, EUROPEAN COMMISSION
*STAD GENT/ Ghent International 6th volume No.14*, Chantal Claeys ed., Urban Policy and International Relations Department/ STAD GENT, 2005
*Ruimtelijke Kwaliteit van de voetgangersruimte en –mobiliteit in het stadscentrum van Gent*, Door Maider Otal Astigarraga/ Promotor: Prof. Ir. Dirk Lauwers, UNIVERSITITEIT GENT FACULTEIT INGENIEURSWETENSCHAPPEN, Academiejaar: 2005-2006
ゲント市ホームページ https://stad.gent/

## 第16章（ボストン）

*Downtown waterfront - Faneuil Hall*, Boston Redevelopment Authority, 1964
*Development projects and status of major facilities on Boston's downtown and North End Waterfront*, Boston Redevelopment Authority, 1987
*Remaking the Urban Waterfront*, Bonnie Fisher and others, Urban Land Inst, 2004
*Waterfronts: Cities Reclaim Their Edge*, Ann Breen & Dick Rigby, 1993
『米国北東部の水都・調査報告書、平成23～27年度科学研究費補助金基盤研究（S）・「水都に関する歴史と環境の視点からの比較研究」』陣内秀信・他、法政大学エコ地域デザイン研究所、2016
『プロセスアーキテクチュア№97　特集・デザインされた都市ボストン』神田駿・小林正美、1991
『アメリカの都市再開発』木村光宏・日端康雄、学芸出版社、1992
『都市再生のパラダイム——Ｊ・Ｗ・ラウスの軌跡』窪田陽一他、ＰＡＲＣＯ出版、1988
『活気ある都市センター（中心市街地）を創る——都市設計と再生の原則』シィポーミア、山本儀子（訳）、三井不動産、2006
『季刊まちづくり41　特集・欧米の最新都市デザイン』学芸出版社、2014

『Water Front in USA & CANADA　沿岸域開発・北米調査報告書』㈳日本海洋開発建設協会海洋工事技術委員会、1991
『フェスティバル・マーケットUSA——アメリカ最新商空間のデザイン・経営戦略』田口泰彦、学習研究社、1988
『世界の街なみ』水谷頴介＋環境構造スタディチーム（作業・構成）、1975
『アーバンデザインレポート1992——A City in Step with Humanity-World Urban Design 1992』ヨコハマ都市デザインフォーラム実行委員会（編著）、1992
ポートランド市ホームページ https://www.portlandoregon.gov/
ボストン市ホームページ https://www.boston.gov/

## 第17章（ボルチモア）

*Waterfronts: Cities Reclaim Their Edge*, Ann Breen & Dick Rigby, 1993
*Waterfont in Post Industrial Cities*, Richard Marshall ed., Routledge, 2001
『北米のウォーターフロント開発』㈶日本開発構想研究所北米ウォーターフロント研究会編、㈶日本開発構想研究所、1989
『Water Front in USA & CANADA　沿岸域開発・北米調査報告書』㈳日本海洋開発建設協会海洋工事技術委員会、1991
『フェスティバル・マーケットUSA——アメリカ最新商空間のデザイン・経営戦略』田口泰彦、学習研究社、1988
『世界の街なみ』水谷頴介＋環境構造スタディチーム（作業・構成）、1975
『アーバンデザインレポート1992——A City in Step with Humanity-World Urban Design 1992』ヨコハマ都市デザインフォーラム実行委員会（編著）、1992
ボルチモア市ホームページ http://www.baltimorecity.gov/

## 第18章（リヴァプール）

*Liverpool: Shaping the City*, Stephen Bayley, RIBA Publishing, 2010
"Regeneration & Development in Liverpool City Centre 2005-2011" http://www.liverpoolvision.co.uk/
リヴァプール市ホームページ https://liverpool.gov.uk/

## 第19章（アムステルダム）

*The Conservation of European Cities*, Donald Appleyard ed., The MIT Press, 1979
*Waterfont in Post Industrial Cities*, Richard Marshall ed., Routledge, 2001
*Eastern Harbour District Amsterdam-Urbanism and Architecture*, Bernard Hulsman, Hans Ibelings, Allard Jolles, Jaap Evert Abrahamse ed., Nai Uitgevers Pub, 2003/12
*Waterfront Regeneration: Experiences in City-building*, Harry Smith & Maria Soledad Garcia Ferrari ed., Routledge, 2012
『都市をつくった巨匠たち——シティプランナーの横顔』新谷洋二・越沢明（監修）、都市みらい推進機構（編）、ぎょうせい、2004
『世界の街なみ』水谷頴介＋環境構造スタディチーム（作業・構成）、1975
アムステルダム市ホームページ https://www.amsterdam.nl/

## 第20章（コペンハーゲン）

*Conservation and Sustainability in Historic Cities*, Dennis Rodwell, Wiley-Blackwell, 2007
*New City Spaces*, Jan Gehl & Lars Gemzoe, Danish Architectural Press, 2008
*Omkring Nyhavn og Kongens Nytorv Spredte træk af livet bag facaderne i det gamle København*, Axe Kjerulf, Boghallen Ukendt, 1962
*Bauwelt*, 35/1975. THEMA: Denkmalpflege - Macht und Ohnmacht., Bertelsmann Berlin,1975
*Waterfront Regeneration: Experiences in City-building*, Harry Smith & Maria Soledad Garcia Ferrari ed., Routledge, 2012
"Byrumsstrategi for Nyhavnsområdet" Københavns Kommune v/ Teknik og Miljøforvaltningen 2009, https://www.kk.dk/
コペンハーゲン市ホームページ https://www.kk.dk/

## 第21章（ベルゲン）

*BRYGGEN The Hanseatic Settlement in Bergen*, DET HANSEATISKE MUSEUMS SKRIFTER, 1982
*La reconquista de Europa: espacio publico urbano 1980-1999 (= La reconquesta d'Europa: espai public urba)*, Published by Institut d'Edicionis, 1999
*New City Spaces*, Jan Gehl & Lars Gemzoe, Danish Architectural Press, 2008
『世界の水辺の町』若菜晃子、ピーピーエス通信社、2011
『週刊世界遺産68号　ベンゲルのブリッゲン地区と北欧の遺産』講談社、2011
ベルゲン市ホームページ https://www.bergen.kommune.no/

## 第22章（ハンブルグ）

*HAFENCITY HAMBURG STÄDTEBAU, FREIRAUM UND ARCHITECTURE*, Hafencity Hamburg, 2002

*Hamburgs Speicherstadt: Kaufmannsträume hinter Backsteinmauern*, Dahm Bärbel Dahms & Michael Zapf, Medien-Verlag Schubert, 2002

*Die Hamburger Speicherstadt*, Manfred Sack, Hans Meyer-Veden, Wilhelm Ernst & Sohn Verlag fur Architektur und technische Wissenschaften, 1989

*Waterfront Regeneration: Experiences in City-building*, Harry Smith & Maria Soledad Garcia Ferrari ed., Routledge, 2012

*a+t: THE PUBLIC CHANGE Nuevos paisajes urbanos New urban landscapes*, a+t architecture publishers, 2008

『中世ドイツ都市地図集成１０００～１６５７　１～２』ドイツ都市地図刊行会（編）、東京遊子館、2004（『北ヨーロッパ港町研究』掲載論文「ハンブルグの港湾空間の形成とその発展、衰退、再生」長屋静子（著）、陣内秀信・石神隆（監修）、法政大学）

"turmflut-Hamburg-Hochwasser-Hamburg" http://www.pro-wohnen.de/Hochwasser/Sturmflut-Hamburg-Hochwasser-Hamburg.htm

"EMBT Arquitectes Associates = Enric Miralles-Benedetta Tagliabue" http://www.mirallestagliabue.com

ハンブルグ市ホームページ https://www.hamburg.com/

## 第23章（スプリト）

*URBS-Problems and techniques of preservation of historic urban centres*, international symposium, Split, 16-18. XII URBS, 1970. (Tomislav Marasovic, ed.)

*The Conservation of European Cities*, Donald Appleyard ed., The MIT Press, 1979

*Streets and Squares*, Song Jia ed., Artpower Intl, 2013

『西洋建築史図集』（第７版第９刷）日本建築学会編、彰国社、1971

Studio 3LHD architects 公式ホームページ http://www.3lhd.com/en

スプリト市ホームページ http://www.split.hr/Default.aspx

## 第24章（バルセロナ）

*La Theorie Generale de l'Urbanisation*, Ildefonso Cerda, Antonio Lopez de Aberasturi, Paris: Les Editions, Imprimeur, 2005.

*Lotus* Vol.56, (Lotus International), Pierluigi Nicolin ed., Rizzol, 1988

*CITY AND PORT-Transformation of Port Cities London, Bacelona, New York, and Rotterdam*, Han Meyer, Intl Books, 1999

『バルセロナ――地中海都市の歴史と文化』岡部明子、中公新書、2010

『バルセロナ旧市街の再生戦略――公共空間の創出による界隈の回復』阿部大輔、学芸出版社、2009

「Kukan No.6　特集バルセロナ 1990、都市・建築・インテリア」『ＦＰ別冊商空間＆インテリア』学習研究社、1990

『南欧水辺空間整備調査報告書』㈶リバーフロント整備センター、1994

『世界の街なみ』水谷頴介＋環境構造スタディチーム（作業・構成）、1975

『スペイン・フランス・アートとまちづくり視察報告書～アート県大分を目指して』大分経済同友会、2014

バルセロナ市ホームページ https://www.barcelona.cat/ca/

## 第25章（マラガ）

*Waterfront Promenade Design: Urban Revival Strategies*; Thorbjorn Andersson, Images, 2018

"EL PALMERAL DE LAS SORPRESAS" INTEGRACIÓN DEL PUERTO EN LA CIUDAD DE MÁLAGA,©-JUNQUERA arquitectos, https://www.puertomalaga.com/empresas/palmeral-las-sorpresas/

Jerónimo Junquera 公式ホームページ Jerónimo Junquera

マラガ港公式ホームページ https://www.puertomalaga.com/en/

マラガ市ホームページ http://www.ayto-malaga.es/

## 第26章（マルセイユ）

*Le fort Saint-Jean/Marseille le gardien du Vieux Port*, Manufacturer: La Provence MUCEM, 2017

*PROJET VIEUX PORT: SEMI - PI ETONISATION DUVIEUX PORTA MARSEILLE ETUDED IMPACT*, Marseille Provence Métropole, 2011

『フランスの旅№８　総力特集　何度行っても憧れの南仏』エイ出版社、2009

『スペイン・フランス・アートとまちづくり視察報告書～アート県大分を目指して』大分経済同友会、2014

"Foster + Partners: Architectural Design & Engineering Firm" https://www.fosterandpartners.com/

"MDP Michel desvigne paysagiste" http://micheldesvignepaysagiste.com/

マルセイユ市ホームページ http://www.marseille.fr/

## 第27章（ジェノヴァ）

*CITY AND PORT-Transformation of Port Cities London, Bacelona, New York, and Rotterdam*, Han Meyer, Intl Books, 1999

*Waterfont in Post Industrial Cities*, Richard Marshall ed., Routledge, 2001

*Laboratorio Genova/ The Genova Lab*, M. Sabini, M. Ricci, Alinea, 2010

*Geno(V) A: Sviluppo E Rilancio Di Una Citta Marittima/Developing and Rebooting a Waterfront City*,

Giovanna Carnevali, Giacomo Delbene, Veronique Patteeuw, 2003
『造景別冊1　イタリアの都市再生』オアオラ・ファリーニ＋植田暁（編）、陣内秀信（監修）、建築資料研究所、1998
『CREA Traveller ２０１６年冬号 イタリア奇跡の海岸へ憧れのリヴィエラ』文藝春秋、2016
ポルトアンティーコホームページ http://www.portoantico.it/
博覧会国際事務局 The Bureau International des Expositions (BIE) ホームページ http://www.bie-paris.org/
“Comune di Genova Urban Center” http://www.urbancenter.comune.genova.it/
ジェノヴァ市ホームページ http://www.comune.genova.it/

## 第28章（ポルトフィーノ、サンタマルガリータリグレ、チンクエテッレ、アマルフィ）

*Italian Riviera*, Dana Facaros, Michael Pauls, Cadogan Book, 1999
*CINQUE TERRE Portfino Folded Map*, Freytag-Berndt und Artaria KG ed., Freytag-Berndt; Neuauflage, Laufzeit bis, 2007
『興亡の世界史08　イタリア海洋都市の精神』陣内秀信、講談社、2008
『イタリア水都の再発見』陣内秀信、秋田印刷工房出版部、2018
『世界遺産 CINQUE TERRE 現代に息づく12世紀の佇まい 荒井明写真集』荒井明、日本写真企画、2005
『アマルフィ海岸の地域構造─海と山を結ぶテリトーリオの視点から─』陣内秀信・稲益祐太＋法政大学陣内研究室、平成23－27年度科学研究費補助金・基盤研究(S)「水都に関する歴史と環境の視点からの比較研究」、2015
『世界の水辺の町』若菜晃子、ピーピーエス通信社、2011
『週刊奇跡の絶景８　Miracle Planet 世界で一番美しい海岸線アマルフィ海岸』講談社、2016
『CREA Traveller ２０１６年冬号 イタリア奇跡の海岸へ憧れのリヴィエラ』文藝春秋、2016
『THE GOLD　海外特集イタリア・アマルフィ海岸　太陽と海のバカンス』ＪＣＢ、2014
コムーネポルトフィーノホームページ http://www.comune.portofino.genova.it/
コムーネサンタ・マルゲリータ・リグレホームページ http://www.comune.santa-margherita-ligure.ge.it
チンクエテッレホームページ http://www.cinqueterre.it/it
コムーネモンテロッソ・アルマーレホームページ http://www.comune.monterosso.sp.it/hh/index.php
コムーネヴェルナッツアホームページ http://www.comune.vernazza.sp.it/
チンクエテッレ マナローラホームページ http://www.cinqueterre.it/it/content/manarola-0
コムーネリオマッジョーレホームページ http://www.comune.riomaggiore.sp.it/
コムーネポルトヴェネーレホームページ http://www.comune.portovenere.sp.it/
アマルフィホームページ http://www.amalfi.gov.it/

# 掲載図版・写真・引用・トレース原図リスト

図1-2/1-3/1-4　*Landscapes in the City: Madrid Rio: Geography, Infrastructure and Public Space*, Francisco Burgos, Gines Garrido, Fernando Porras-Isla ed., Turner, 2015
図2-2　*BILBAO BIZKAIA-Industria y Navegación de Bilbao*, Cámara de Comercio, 1976
図3-2　*BORDEAUX, PORT DE LA LUNE*, PATRIMOINE MONDIAL: AREA MOLLAT
写真3-10　*LE PORT AUTONOME DE BORDEAUX*, IMPRIMERIE DELMAS ed., 1973
図3-2　*On Site: Landscape Architecture Europe*, 2009/7/1
図4-1/写真4-8　*Rivers in the City*, Roy. Mann, Praeger Publisher, 1973
図4-3　*a+t architecture*, 35-36 STRATEGY Series Landscape Urbanism Strategies, STRATEGY PUBLIC, 2010
図5-3/5-4　*Baukultur*, THEMA; Flexibilität und Variabilität, Köln, ehv Niedernhausen, EHV, 1983/3
写真6-9　*La reconquista de Europa: espacio publico urbano 1980-1999(= La reconquesta d'Europa: espai public urba)*, Published by Institut d'Edicionis, 1999
写真6-11/図6-3　*Tieflegung Rheinuferstraß: Landeshauptstadt Düsseldorf und Arbeitsgemeinshaften*, Die Stadt kehrt zurück an den Rhein ed., 1994
図7-3/写真7-2/図7-4/7-5/7-6/7-7　*Rivers in the City*, Roy. Mann, Praeger Publisher, 1973
図8-3　*The New Waterfront A world-A Worldwide Urban Success Story*, Ann Breen, Dick Rigby, McGraw-Hill Professional, 1996
図9-3/9-4/9-5　*MAIN BRANCH FRAMEWORK PLAN,Chicago Department of Zoning and Planning*, Chicago Department of Transportation, Goodman Williams Group, Terry Guen Design Associates, AECOM, Construction Cost Systems, 2009
図10-4/10-5/10-6/10-7　*Cheonggyechon: Flowing through Seoul and Reflecting Seoul's History*, Seoul Museum of History, 2016
図11-3/11-4/11-5/11-6/写真11-4/11-13　*Paris projet, numero17: L'aménagement du Canal Saint Martin*, Editions de l'Imprimeur, 2007
写真11-6　*Rivers in the City*, Roy. Mann, Praeger Publisher, 1973
図11-7　*Paris projet, numéro 30-31: Espaces publics Broché*, Editions de l'Imprimeur, 2006
図11-9　*Politiques urbaines et gentrification, une analyse critique à partir du cas de Paris*/ ©Anne Clerval et Antoine Fleury

図13－2／13－5／13－6／13－7／13－8　*A Dream Come True: Robert Hugman and San Antonio's River Walk*, Vernon G.Zunker, Vernon G. Zunker Self-Published, San Antoni,1983

図13－3／13－4／注13－3　*Crown Jewel of Texas: The Story of San Antonio's River Walk*, Lewis F. Fisher, 1997

図13－9　A Special Place/ San Antonio River Brochure, American Institutes for Research (AIR), Warren Skaaren; 1, 2015

図13－10　『アメリカの都市再開発――コミュニティ開発、活性化、都心再生のまちづくり』日端康雄・木村光宏、学芸出版社、1992

図14－2　Bustling Wharves, A Medieval Port in the Heart of Utrecht, René de Kam, C.J.M. Rampart, city of Utrecht, StadsOntwikkeling, Stedenbouw en Monumen-ten,Stadswerken, Gemeente Utrecht, 2009

図14－3　GREEN STRUCTURE AND URBAN ECOLOGY OF UTRECHT

写真14－5／14－6　Werk aan de werf_Een middeleeuwse haven dwars door de stad, Gemeente Utrecht, 2008

写真14－20　Montmartre aan de Oudegracht. 25 jaar Werftheater 1978-2003, Wout, Robert van・t, 2003

写真15－21／15－22　*GENT VERLICHT/ GHENTILLUMINATED. Het lichtplan*: bouwsteen voor een feeërieke stad/ The light plan: stepping stone to an enchanting city, 2008, JANSSEN, Luk (eindredactie) / DONCKERS, Niels (fotografie)

図15－2　*Reclaiming city streets for people Chaos or quality of life?*, EUROPEAN COMMISSION

図16－2　*Downtown waterfront - Faneuil Hall*, Boston Redevelopment Authority, 1964

図16－4／16－5　『米国北東部の水都・調査報告書』平成23-27年度科学研究費補助金基盤研究(S)・「水都に関する歴史と環境の視点からの比較研究」』陣内秀信・他、法政大学エコ地域デザイン研究所、2016

写真17－2／17－3　*Waterfont in Post Industrial Cities*, Richard Marshall ed., Routledge, 2001

写真17－13　Google Earth Street View　http://www.silopoint.com/flash.html

図18－2　Liverpool Development Control Plan 2008

図19－2／19－5　公益財団法人都市づくりパブリックデザインセンター（ｕｄｃ）視察団アムステルダム市公式訪問時受領資料

図19－3／19－4　*The Conservation of European Cities*, Donald Appleyard ed., The MIT Press, 1979

写真19－5／19－6　*Eastern Harbour District Amsterdam*, 2003/12

図20－2　"Byrumsstrategi for Nyhavnsområdet" Københavns Kommune v/ Teknik og Miljøforvaltningen 2009, https://www.kk.dk/

図20－3　copenhagen_a_city_for_life_holiday_concept,2013

図21－2／21－3／21－4／写真21－10／21－12　*BRYGGEN The Hansaeatic Settlement in Bergen*, DET HANSEATISKE MUSEUMS SKRIFTER, 1982

写真21－27　la reconquesta de la reconquessta d'EUROPA 1980-1999

図22－2／22－3　『中世ドイツ都市地図集成１０００～１６５７　１～２』ドイツ都市地図刊行会（編）、東京遊子館、2004（『北ヨーロッパ港町研究』掲載論文「ハンブルグの港湾空間の形成とその発展、衰退、再生」長屋静子（著）、陣内秀信・石神隆（監修）、法政大学）

図22－4　Sturmflut-Hamburg-Hochwasser-Hamburg　http://www.pro-wohnen.de/Hochwasser/Sturmflut-Hamburg-Hochwasser-Hamburg.htm

図22－6　*HAFENCITY HAMBURG STÄDTEBAU, FREIRAUM UND ARCHITECTURE*

図22－8　*a+t: THE PUBLIC CHANGE Nuevos paisajes urbanos New urban landscapes*, a+t architecture publishers, 2008

図23－2／23－7　*The Conservation of European Cities*, Donald Appleyard ed., The MIT Press, 1979

図23－3／23－4　*Problems and techniques of preservation of historic urban centres*; international symposium, Split, 16 - 18. XII 1970.URBS (Tomislav Marasovic, ed.)

図23－5／23－6　日本建築学会（1965）『西洋建築史図集　改訂新版第7版』彰国社（Fletcher, Sir Banister: A History of Architecture on the Comparative Method, 17th edition, University of London, 1963）

図23－10／23－11　*Streets and Squares*, Song Jia ed., Artpower Intl, 2013

図24－2　*La Theorie Generale de l'Urbanisation, Ildefonso Cerda*, Antonio Lopez de Aberasturi, Paris: Les Editions, Imprimeur, 2005.

図24－3／写真24－12　*Lotus* Vol.56, (Lotus International), Pierluigi Nicolin ed., Rizzol, 1988

図24－4　*CITY AND PORT-Transformation of Port Cities London, Bacelona, New York, and Rotterdam*, Han Meyer, Intl Books, 1999

図25－4　EL PALMERAL DE LAS SORPRESAS: INTEGRACIÓN DEL PUERTO EN LA CIUDAD DE MÁLAGA, ©JUNQUERA arquitectos

図26－2　*Le fort Saint-Jean/ Marseille le gardien du Vieux Port*: Manufacturer: La Provence, 2017

図26－4　PROJET VIEUX PORT: SEMI- PI ETONISATION DUVIEUX PORTA MARSEILLE ETUDED IMPACT: Marseille Provence Métropole (MPM), 2011.9

図27－2　*CITY AND PORT-Transformation of Port Cities London*, Bacelona, New York, and Rotterdam, Han Meyer, Intl Books, 1999

図27－3　『造景別冊１　イタリアの都市再生』オアオラ・ファリーニ＋植田暁（編）、陣内秀信（監修）、建築資料研究所、1998

図27－4　http://www.portoantico.it/

図28－3　『興亡の世界史08　イタリア海洋都市の精神』陣内秀信、講談社、2008

**中野恒明**（なかの・つねあき）

芝浦工業大学名誉教授／㈱アプル総合計画事務所・代表取締役。

1951年山口県生まれ。74年東京大学工学部都市工学科卒業、槇総合計画事務所を経て、84年アプル総合計画事務所設立、2005～17年芝浦工業大学理工学部教授（環境システム学科）。専門は都市デザイン、都市計画から建築設計、景観設計まで幅広く実践活動を行う。代表的な作品・業務に、門司港レトロ地区まちづくり、皇居周辺道路景観整備、新潟駅駅舎・駅前広場整備、新宿モア街歩行者環境整備、葛飾柴又帝釈天参道周辺街並みデザイナー派遣、横浜みなとみらい21新港地区景観計画、横浜山下町地区KAAT・NHK街区施設建築物設計および都市デザイン調整など。

主な著書に『都市環境デザインのすすめ』（学芸出版社）、『まちの賑わいをとりもどす――ポスト近代都市計画としての「都市デザイン」』（花伝社）、共著に『建築・まちなみ景観の創造』（技報堂出版）、『まちづくりがわかる本――浦安のまちを読む』（彰国社）、『日本の都市環境デザイン（1／2／3）造景双書』（責任編集、建築資料研究社）、『都市をつくりかえるしくみ』（彰国社）、『別冊環ジェイン・ジェイコブズの世界1916-2006』（藤原書店）など。

その他、在京ＴＶ６局新タワー（東京スカイツリー）候補地選定委員会委員・幹事長、同ネーミング選定委員、都市環境デザイン会議・代表幹事、墨田区景観審議会会長を歴任。東京大学工学部・同まちづくり大学院、東京藝術大学、日本大学などの非常勤講師等も兼務。

**水辺の賑わいをとりもどす――世界のウォーターフロントに見る水辺空間革命**
2018年９月25日　初版第１刷発行

著者 ――― 中野恒明
発行者 ―― 平田　勝
発行 ――― 花伝社
発売 ――― 共栄書房
〒101-0065　東京都千代田区西神田2-5-11出版輸送ビル2F
電話　03-3263-3813
FAX　03-3239-8272
E-mail　info@kadensha.net
URL　http://www.kadensha.net
振替 ――― 00140-6-59661
装幀 ――― 三田村邦亮
印刷・製本―中央精版印刷株式会社

ISBN 978-4-7634-0867-9　C0052